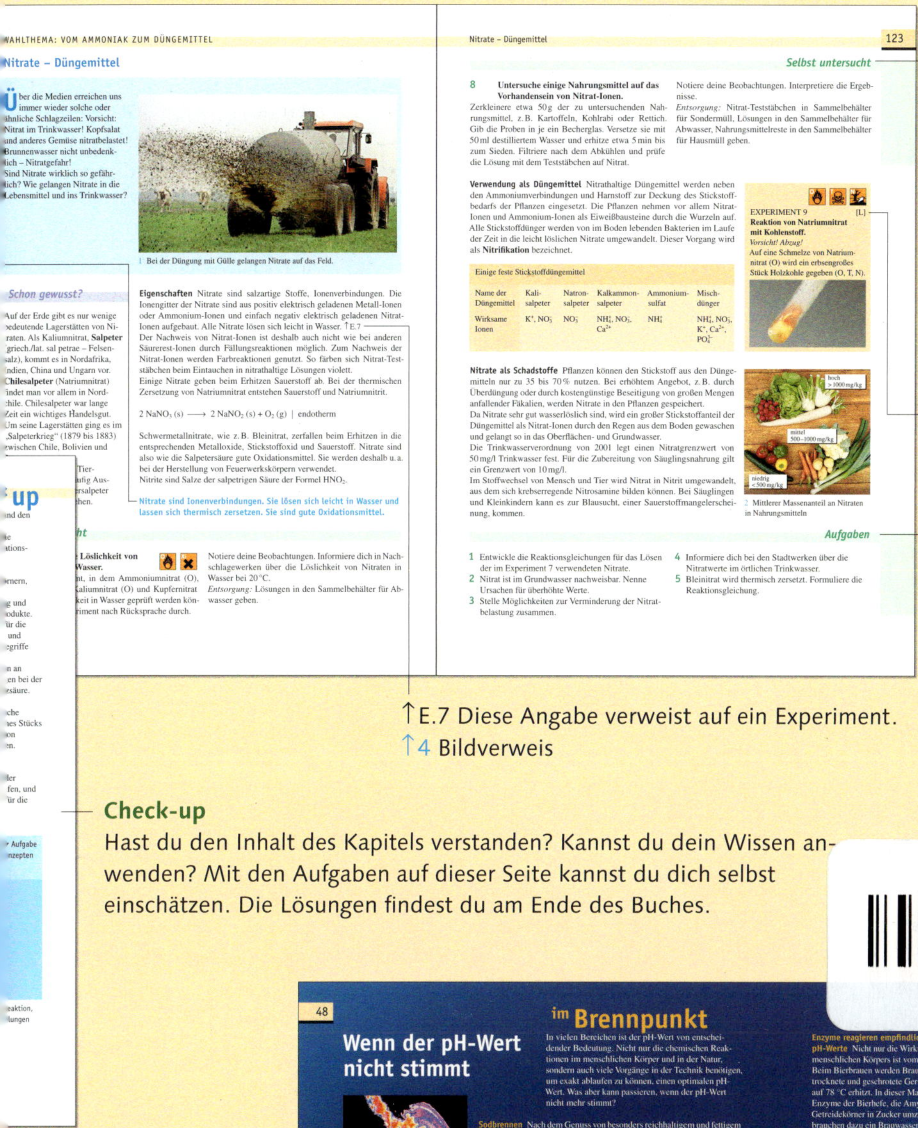

Selbst untersucht

Diese Experimente kannst du selbstständig unter Aufsicht deiner Chemielehrerin oder -lehrers durchführen. Dabei ist es erforderlich, dass du die Hinweise zum Arbeitsschutz sowie zu den Gefahrstoffen und deren Entsorgung beachtest. Weitere Vorschläge für Experimente findest du auf den Seiten **Selbst erforscht**. Diese Seiten geben dir Anregungen zum selbstständigen Bearbeiten eines Projekts.

Die mit [L] gekennzeichneten Lehrerexperimente dürfen nur von einer Lehrkraft durchgeführt werden.

Aufgaben

Mithilfe der Aufgaben kannst du dein Wissen überprüfen. Darüber hinaus eignen sich die Aufgaben zum Wiederholen und Üben. Auf den Seiten **Weitergedacht** am Ende des Kapitels findest du besondere Aufgaben zur Vertiefung und Vernetzung deiner Fähigkeiten.

↑E.7 Diese Angabe verweist auf ein Experiment.

↑4 Bildverweis

Check-up

Hast du den Inhalt des Kapitels verstanden? Kannst du dein Wissen anwenden? Mit den Aufgaben auf dieser Seite kannst du dich selbst einschätzen. Die Lösungen findest du am Ende des Buches.

Im Brennpunkt

Auf diesen Seiten kannst du dich über interessante Themen z. B. aus den Bereichen Umwelt, Gesundheit und Energie informieren. Dabei werden Fragen aufgeworfen, die nur im Zusammenwirken verschiedener Fächer wie Biologie, Physik und Erdkunde umfassend beantwortet werden können.

Inhalt

Basiskonzepte für das Fachwissen in Chemie

Wie du bereits feststellen konntest, ist die Chemie aus unserem Leben nicht mehr wegzudenken, und sie stellt an uns ständig neue Fragen. Damit du mit der Vielfalt an fachlichem Wissen aus dem Chemieunterricht besser umgehen kannst, werden dir auf dieser Seite stark vereinfacht die Inhalte in Form von vier **Basiskonzepten** vorgestellt, um die es im Chemieunterricht immer wieder geht.
Mithilfe der Check-up-Seiten kannst du danach dein Fachwissen selbst überprüfen, weiter festigen und das Wesentliche aus den einzelnen Kapiteln leichter erkennen.

Stoff-Teilchen-Beziehungen

T

- Eigenschaften und Besonderheiten von Stoffen
- Modelle vom Bau der Teilchen
- Modelle vom Aufbau der Stoffe
- Zusammenhalt in Stoffen
- Vielfalt und Nachweis der Stoffe
- Chemische Zeichensprache

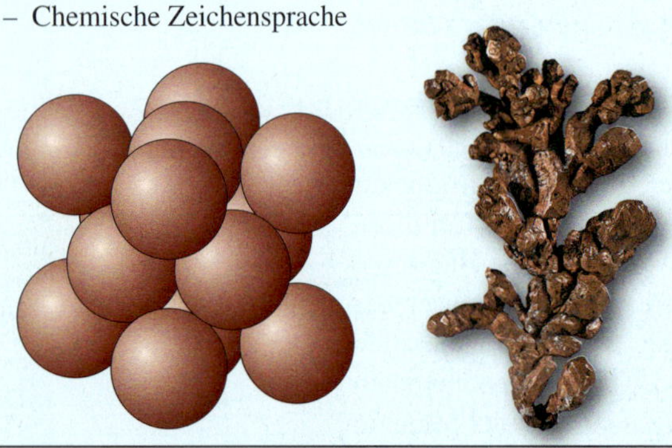

Struktur-Eigenschafts-Beziehungen

S

- Ordnungsprinzipien für Stoffe
- Modelle zur Deutung von Stoffeigenschaften auf Teilchenebene
- Aus den Eigenschaften der Stoffe auf ihre Verwendung schließen; Auswirkungen auf die Umwelt erkennen

Chemische Reaktion

R

- Umwandeln von Stoffen in andere
- Chemische Zeichensprache
- Veränderung von Teilchen bei chemischen Reaktionen
- Reaktionsarten
- Stoffkreisläufe in Natur und Technik

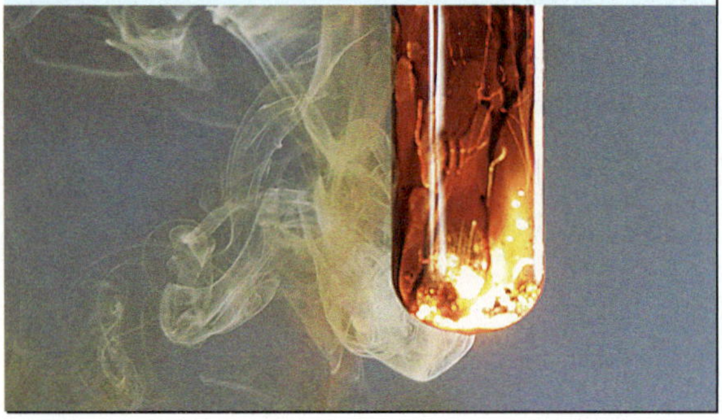

Energetische Betrachtungen bei Stoffumwandlungen

E

- Energetische Erscheinungen bei chemischen Reaktionen
- Energieumwandlung bei chemischen Reaktionen
- Beeinflussbarkeit chemischer Reaktionen durch den Einsatz von Katalysatoren

Saure und basische Lösungen – Säuren und Basen

Der saure Geschmack vieler Früchte ist von alters her bekannt. Essig schmeckt ebenfalls sauer. Er ist nicht nur ein saures Würzmittel, sondern dient seit Jahrtausenden als wichtiger Konservierungsstoff für Lebensmittel.

Sowohl saure als auch basische Lösungen haben eine ätzende und antibakterielle Wirkung. Daher werden sie häufig in Reinigungsmitteln eingesetzt.
Oft sind saure und basische Lösungen Gefahrstoffe. Viele aber sind ungefährlich. Eine genaue Kenntnis ihrer Eigenschaften und ein sicherer Umgang mit diesen Stoffen helfen gegenüber Mensch und Umwelt verantwortungsvoll zu handeln.

- Welche Eigenschaften haben saure und basische Lösungen?
- Welche Teilchen kennzeichnen sie?
- Welche weitere Bedeutung kommt sauren und basischen Lösungen im Alltag und in der Technik zu?

Selbst untersucht Saure Lösungen

1 Prüfe Lebensmittel mit Universalindikatorlösung und mit Lackmuslösung.
Gib in sechs Reagenzgläser jeweils 1 ml Wasser und dann einige Tropfen Tee, Zitronensaft, Milch, Honig, Essig, Seifenwasser und Joghurt.
Versetze jede Probe mit vier Tropfen Universalindikatorlösung.
Notiere deine Beobachtungen.
Gib in ein Reagenzglas etwa 2 ml Wasser. Versetze es mit fünf Tropfen Lackmuslösung. Betrachte die Lösung, beschreibe die Farbe. Prüfe danach die oben genannten Stoffe mit Lackmuslösung.
Deute dein Ergebnis.
Entsorgung: Lösungen in den Sammelbehälter für Abwasser geben.

2 Stelle Rotkohlsaft her und prüfe seine Wirkung auf wässrige Lösungen.
Schneide ein Rotkohlblatt in kleine Stückchen. Gib in einem Becherglas zum Rotkohl so viel Wasser, dass die Blätter gerade bedeckt sind. Erhitze und lass etwa 3 min sieden. Dekantiere den entstandenen Saft nach dem Abkühlen ab.
Gib in vier Reagenzgläser jeweils 2 ml Essig, 2 ml Zitronensaft, 2 ml Seifenwasser und 2 ml 1%ige Natronlauge. Versetze die Lösungen mit einigen Tropfen Rotkohlsaft.
Notiere deine Beobachtungen.
Entsorgung: Natronlauge in den Sammelbehälter I, übrige Lösungen in den Sammelbehälter für Abwasser geben.

3 Versetze schwarzen Tee mit Zitronensaft und Seifenwasser.
Gib in zwei Reagenzgläser jeweils 5 ml schwarzen Tee. Gib in das erste Reagenzglas einige Tropfen Zitronensaft und in das zweite einige Tropfen Seifenwasser.
Notiere deine Beobachtungen.
Entsorgung: Lösungen in den Sammelbehälter für Abwasser geben.

4 Prüfe verschiedene Lösungen mit Indikatoren.
F C Xi
Gib in vier Reagenzgläser jeweils 2 ml folgender Lösungen: Mineralwasser, Vitamin-C-Brause, Essigessenz (C), Entkalker (Xi).
Versetze jede Probe mit vier Tropfen Bromthymolblaulösung (F).

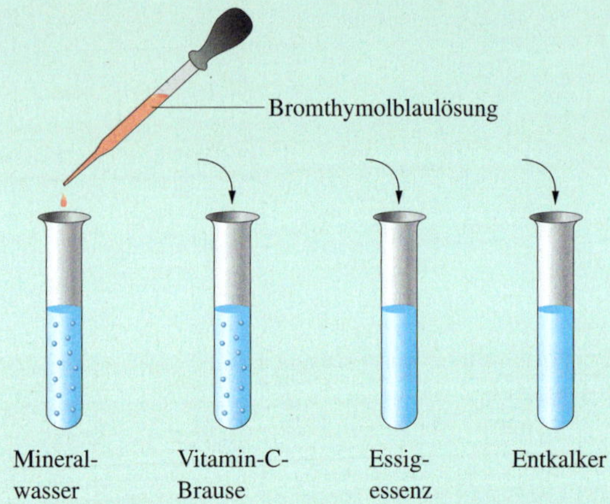

Notiere deine Beobachtungen mit Farbstiften in einer Tabelle.
Wiederhole die Versuchsreihe mit Lackmuslösung und Universalindikatorlösung.
Welche Schlussfolgerung lässt sich aus den Färbungen der Universalindikatorlösung ziehen?
Entsorgung: Lösungen in den Sammelbehälter für Abwasser geben.

5 Prüfe die elektrische Leitfähigkeit von Fruchtsäuren.
Prüfe feste Citronensäure und feste Ascorbinsäure auf elektrische Leitfähigkeit.
Löse anschließend in zwei Reagenzgläsern etwas Citronensäure und Ascorbinsäure in jeweils 5 ml Wasser. Prüfe nacheinander die elektrische Leitfähigkeit beider Lösungen.
Notiere deine Beobachtungen. Leite Schlussfolgerungen daraus ab.
Entsorgung: Lösungen in den Sammelbehälter für Abwasser geben. Feste Stoffe wieder verwenden.

6 Untersuche verschiedene saure Lösungen mit dem Universalindikator und auf elektrische Leitfähigkeit.

Gib in drei Reagenzgläser jeweils 5 ml 5%ige Salzsäure, 2%ige Schwefelsäure und 2%ige Phosphorsäure. Versetze jede Probe mit vier Tropfen Universalindikatorlösung.
Prüfe nacheinander die elektrische Leitfähigkeit der Lösungen wie in Experiment 5.
Notiere deine Beobachtungen und deute das Ergebnis.
Entsorgung: Lösungen in den Sammelbehälter I geben.

7 Leite Kohlenstoffdioxid in Wasser ein.

Verschließe eine halbgefüllte Flasche frisches Mineralwasser mit einem passenden durchbohrten Stopfen mit kurzem Ableitungsrohr. Verbinde eine Glaspipette über ein Schlauchstück mit der Flasche.
Tauche die Pipettenspitze in ein mit 10 ml Leitungswasser und einigen Tropfen Universalindikatorlösung gefülltes Reagenzglas.
Schüttle nun vorsichtig die Mineralwasserflasche, sodass Gasblasen aus der Pipette durch die Indikatorlösung geleitet werden.
Verschließe zwischendurch das Reagenzglas mit einem Stopfen und schüttle, bevor du weiteres Gas einleitest.

Beobachte und deute die Beobachtungsergebnisse.
Entsorgung: Lösungen in den Sammelbehälter für Abwasser geben.

8 Untersuche die Wirkung von sauren Lösungen auf Marmor.

Gib auf ein glattes, ebenes Stück Marmor an verschiedenen Stellen jeweils einige Tropfen Essigessenz (C) und Entkalker (Xi).
Beschrifte die Stellen mit einem Bleistift und beobachte mit einer Lupe.
Spüle nach einigen Minuten das Marmorstück mit Wasser ab und trockne es mit einem Tuch.
Schau dir die beschrifteten Stellen noch einmal an und streiche mit dem Finger darüber.
Notiere deine Beobachtungen.
Entsorgung: Marmorstücke einsammeln, werden wieder verwendet.

9 Versetze Rost mit einer sauren Lösung.

Lass auf einige rostige Stellen eines Eisenblechs ca. 30 min lang 10%ige Phosphorsäure (Xi) einwirken. Spüle anschließend das Blech mit Wasser ab und trockne es.
Vergleiche das Eisenblech vor und nach der Behandlung. Notiere deine Beobachtungen und fertige eine Skizze des Blechs an.
Entsorgung: Bleche einsammeln, werden wieder verwendet.

10 Untersuche eine Lösung von Kochsalz und Salzsäure mit Universalindikatorpapier.

Gib in zwei Reagenzgläser jeweils 5 ml 5%ige Kochsalzlösung und 5%ige Salzsäure. Tauche in beide Gläser je einen 3 cm langen Streifen Universalindikatorpapier. Untersuche zum Vergleich destilliertes Wasser.
Notiere deine Beobachtungen und deute die Beobachtungsergebnisse.
Entsorgung: Lösungen in den Sammelbehälter für Abwasser geben.

Saure oder basische Lösung?

Blaukraut bleibt Blaukraut und Brautkleid bleibt Brautkleid. – Ist die Aussage über das Blaukraut in dem Zungenbrecher wirklich richtig?
Ein und dasselbe Gemüse wird im Süden Deutschlands als Blaukraut, im Norden hingegen als Rotkohl bezeichnet.
Warum sind beide Bezeichnungen berechtigt? Warum ist diese Kohlart mal rot und mal blau gefärbt? Gibt es Stoffe, bei deren Zugabe sich die Farbe des Kohls verändert?

1 Blaukraut oder Rotkohl?

2 Angenehm sauer schmeckender Fruchtsaft

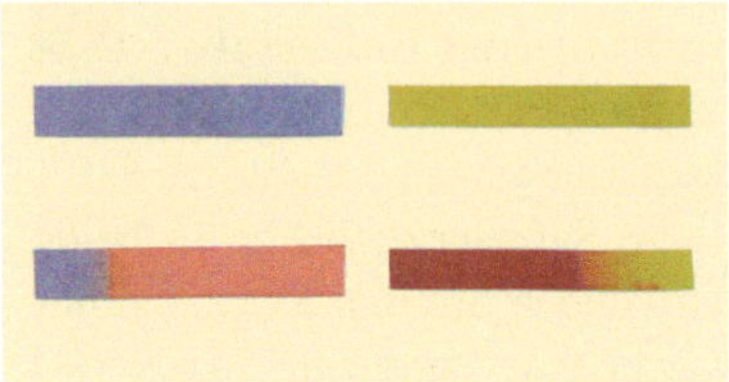

3 Lackmuspapier und Universalindikatorpapier vor und nach Auftropfen einer sauren Lösung

Saure Lösungen Beim Verkosten verschiedener Fruchtsäfte ist dir sicher schon aufgefallen, dass sich deine Mundwinkel manchmal etwas zusammenziehen. Zitronensaft, Orangensaft, Sauerkirschsaft und auch Essig haben eine Gemeinsamkeit, sie schmecken sauer. Bei all diesen Flüssigkeiten handelt es sich um wässrige Lösungen, die als **saure Lösungen** bezeichnet werden.

Nachweis saurer Lösungen Schon im Altertum wussten die Menschen, dass manche Farbstoffe, die zum Färben von Textilien eingesetzt wurden, in sauren Lösungen ihre Farbe ändern. Solche Farbstoffe können zum Nachweis saurer Lösungen benutzt werden. Sie werden **Indikatoren** (lat. indicator – Anzeiger) genannt. Jeder Indikator zeigt eine typische Farbänderung. Bei Zugabe saurer Lösungen zu Lackmusfarbstoff, einem Stoff der aus einer Gebirgsflechte gewonnen wird, lässt sich ein Farbumschlag von Violett nach Rot beobachten. Universalindikator ist ein Farbstoffgemisch. Gelbe, orange und rote Farben zeigen hier saure Lösungen an. ↑E.1 S.10 Es gibt auch Papierstreifen, die mit der Indikatorlösung getränkt und getrocknet worden sind. Diese Indikatorpapiere müssen vor ihrer Verwendung angefeuchtet werden. ↑3 Auch Farbstoffe aus Rotkohl, roten Beten oder schwarzem Tee ändern bei Zugabe von sauren Lösungen die Farbe. Wird Rotkohl zusammen mit etwas Essig und einem sauren Apfel gekocht, färbt er sich rot. ↑E.3 S.10
Unbekannte Lösungen sind grundsätzlich mit einem Indikator zu prüfen. Viele saure Lösungen wirken stark ätzend. Eine Geschmacksprobe kann zu schweren gesundheitlichen Schäden führen.

Saure Lösungen sind wässrige Lösungen. Sie bewirken bei Indikatoren eine charakteristische Farbänderung und sind dadurch nachweisbar.

Basische Lösungen Die wässrigen Lösungen von Abflussreiniger, Backofenreiniger, aber auch Seifenwasser und Natronlauge bewirken im Vergleich zu sauren Lösungen eine andere Farbänderung der Indikatoren. Diese Lösungen färben Universalindikator und Lackmus blau und Phenolphthalein rotviolett. ↑4 Lösungen, die dieses Verhalten zeigen, werden als **basische (alkalische) Lösungen** bezeichnet.
Ebenso wie saure Lösungen wirken basische Lösungen ätzend und bakterientötend, weshalb sie in Reinigungsmitteln verwendet werden.

Der pH-Wert Bisher können wir von einer Lösung nur sagen, ob sie sauer oder basisch ist. Wir können jedoch keine Aussage darüber machen, wie sauer oder wie basisch sie ist.
Der **pH-Wert** ist eine Zahlenangabe zur genauen Kennzeichnung des sauren oder basischen Verhaltens einer Lösung. Er kann mit einem pH-Meter gemessen werden. Der angezeigte Zahlenwert drückt aus, wie stark oder schwach sauer oder basisch eine Lösung ist. Ein Universalindikator zeigt durch unterschiedliche Farbänderungen den pH-Wert an. Über den Vergleich mit einer Farbskala lässt sich der Zahlenwert zuordnen. Die pH-Skala umfasst den Bereich von pH = 0 bis pH = 14. Der pH-Wert einer sauren Lösung ist kleiner als 7. Lösungen mit einem pH-Wert größer als 7 sind basisch. Lösungen, die weder sauer noch basisch sind, werden als **neutrale Lösungen** (lat. neutrum – keins von beiden) bezeichnet. Ihr pH-Wert ist 7.

Schon gewusst?

Das Wasser aus ägyptischen Salzseen und die durch Auslaugen von Pflanzenasche entstandenen Lösungen wurden schon im Altertum zum Waschen und wegen ihrer ätzenden Wirkung zum Gerben von Tierhäuten genutzt. Solche Stoffe wurden mit dem arabischen Wort „al calia“ bezeichnet. Daraus entwickelte sich die Bezeichnung alkalische Lösung.

4 Saure, neutrale und basische Lösungen mit Universalindikator

5 Universalindikator-Vergleichsskala für den Bereich pH = 1 bis pH = 11

Der pH-Wert ist eine Zahlenangabe zur Kennzeichnung von sauren, basischen und neutralen Lösungen. Saure Lösungen weisen einen pH-Wert von kleiner als 7, basische einen von größer als 7 auf. Neutrale Lösungen besitzen einen pH-Wert von 7.

Aufgaben

1 Warum darf im Chemieunterricht der mögliche saure Geschmack einer Lösung nicht geprüft werden?

2 Nenne weitere saure Lösungen, die dir im Alltag schon begegnet sind.

3 Auch bei unserer Verdauung sind saure Lösungen beteiligt. Informiere dich, wo diese zu finden sind und welche Funktion sie haben.

4 Erläutere, wozu Indikatoren dienen.

5 Erläutere die Wirkung von Rotkohlsaft als Indikator. Unter welchen Bedingungen ist die Farbe des Kohls rot und unter welchen blau?

6 Weise verschiedenen pH-Werten die Begriffe schwach sauer, sauer, basisch, stark basisch zu.

Saure Lösungen im Alltag

Wir schätzen den erfrischend säuerlichen Geschmack von Fruchtsäften und Limonaden. Sie enthalten Fruchtsäurelösungen. Auch in vielen anderen Getränken, in Konserven oder Haushaltsreinigern begegnen uns saure Lösungen. Was sind saure Lösungen? Welche Eigenschaften haben sie?

1 Viele Stoffe im Haushalt enthalten saure Lösungen.

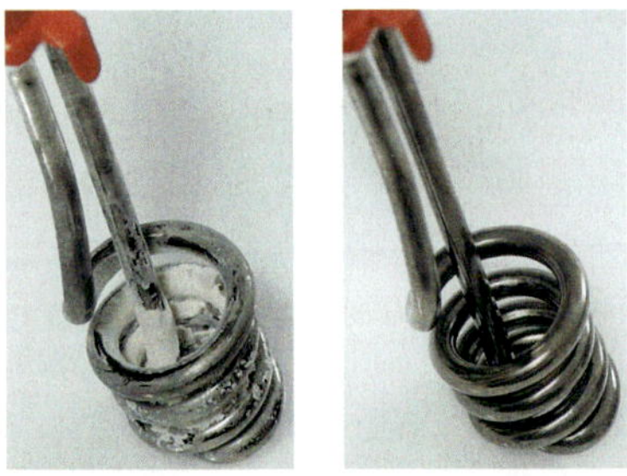

2 Tauchsieder vor und nach dem Entkalken

Gehalt an Vitamin C in einigen Lebensmitteln	
Lebensmittel	Masse an Vitamin C in 100 g Lebensmittel
Apfelsinen	50 mg
Zitronen	53 mg
Brokkoli	90 mg
Paprikaschoten	139 mg
Schwarze Johannisbeeren	177 mg
Hagebutten	1250 mg
Tagesbedarf eines Jugendlichen:	75 mg

Essig und andere saure Lösungen Viele Salatsoßen enthalten Essig und Speiseöl. Der saure Geschmack des Essigs wirkt appetitanregend und trägt entscheidend zum Geschmack bei. In Sauerkonserven wie Gurken, Paprika oder Zwiebeln wirkt Essig zudem als Konservierungsmittel und sorgt für eine längere Haltbarkeit. Bei der Verwendung von Essig in Haushaltsreinigern und Entkalkern wird dessen kalklösende Eigenschaft genutzt. ↑2

Fruchtsäfte sind wegen ihres erfrischend säuerlichen Geschmacks sehr beliebt und in großer Auswahl erhältlich: Apfelsaft, Orangensaft, der Saft von Johannisbeeren, Kirschen, Weintrauben oder Ananas – alle diese Fruchtsäfte enthalten gelöste Fruchtsäuren. Zu den häufigsten Fruchtsäuren gehören Citronensäure, Äpfelsäure und Weinsäure. Viele Früchte und Gemüsesorten enthalten in rohem Zustand außerdem Ascorbinsäure, besser bekannt unter dem Namen Vitamin C. Es wird beim Erhitzen, z. B. beim Kochen, schnell zerstört. In Lebensmitteln oder Medikamenten dient Ascorbinsäure häufig als Vitaminzusatz. Citronensäure wird in großen Mengen auch industriell hergestellt. Sie dient als Säuerungsmittel in Süßigkeiten und Limonaden.

In Milchprodukten wie Joghurt, Crème fraîche, Quark oder Käse ist Milchsäure enthalten. ↑4 Sie entsteht, wenn Milchsäurebakterien den in der Milch vorhandenen Milchzucker umwandeln. Auch bei der Herstellung von Sauerkraut entsteht Milchsäure.

Neben Milchsäure dienen noch andere saure Lösungen in der Lebensmittelindustrie als Konservierungsstoffe. So bleibt z. B. Fleischsalat durch den Zusatz von Benzoesäure länger haltbar. Verpacktes Brot wiederum enthält Sorbinsäure als Konservierungsmittel. ↑5

Viele Mineralwässer und Limonaden enthalten Kohlensäure, genau genommen das in Wasser gelöste Gas Kohlenstoffdioxid. Dieses hinterlässt auf der Zunge ein angenehmes Prickeln und sorgt dafür, dass aus Wasser „saurer Sprudel" wird. ↑E.7 S.11 Auch Regenwasser enthält durch den Kontakt mit dem Kohlenstoffdioxid aus der Luft geringe Mengen Kohlensäure.

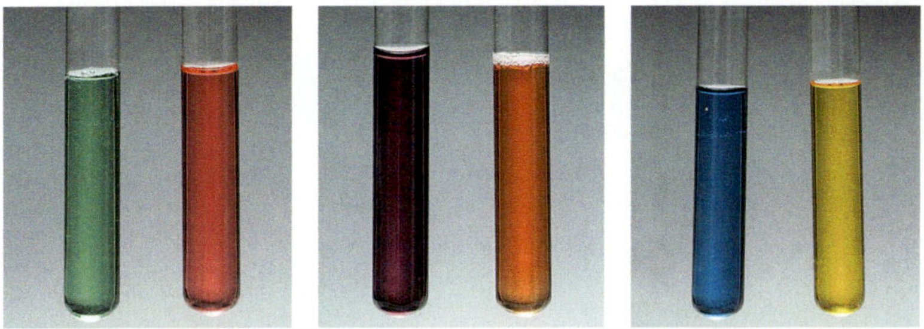

Universalindikator — Lackmus — Bromthymolblau

3 Verschiedene Indikatoren jeweils in neutraler und saurer Lösung

Eigenschaften von sauren Lösungen Neben dem sauren Geschmack zeigen saure Lösungen weitere gemeinsame Eigenschaften. Sie färben Indikatoren charakteristisch: Universalindikator- und Lackmuslösung rot, Bromthymolblaulösung gelb. ↑E.4 S.10, ↑3 Fruchtsäurelösungen und andere saure Lösungen leiten den elektrischen Strom, feste Fruchtsäuren dagegen nicht. ↑E.3,5 S.10 Saure Lösungen lösen Kalk und Rost. ↑E.8,9 S.11 Im Haushalt werden sie daher zum Entkalken und Rostlösen eingesetzt. Da saure Lösungen oft stark ätzend wirken, ist im Umgang mit ihnen Vorsicht geboten.

Saure Lösung – Säure Saure Lösungen sind die wässrigen Lösungen bestimmter Stoffe. Solche Stoffe, die in Wasser gelöst saure Lösungen bilden, werden allgemein als **Säuren** bezeichnet. Während saure Lösungen bei Zimmertemperatur immer flüssig sind, können Säuren entweder als Feststoff wie Citronensäure oder als Flüssigkeit wie Essigsäure auftreten. Säuren bilden also unter Zugabe von Wasser saure Lösungen. Dafür können Wortgleichungen aufgestellt werden:

Essigsäure	+	Wasser	⟶	Essigsäurelösung
Citronensäure	+	Wasser	⟶	Citronensäurelösung
Milchsäure	+	Wasser	⟶	Milchsäurelösung
Säure	+	**Wasser**	⟶	**saure Lösung**

Säuren sind Stoffe, die in Wasser gelöst saure Lösungen ergeben.

Werden Kohlenstoffdioxid ↑E.7 S.11 und Schwefeldioxid in Wasser gelöst, so entstehen ebenfalls saure Lösungen. Kohlenstoffdioxid reagiert dabei mit Wasser zu Kohlensäure. Schwefeldioxid reagiert mit Wasser zu schwefliger Säure. Für die Bildung von Säuren aus Nichtmetalloxiden und Wasser kann eine allgemeine Wortgleichung aufgestellt werden.

Nichtmetalloxid + Wasser ⟶ Säure

Schon gewusst?

In der Lebensmittelindustrie wird feste Citronensäure in großen Mengen hergestellt. Sie stammt aber nicht aus Zitronen, sondern wird biotechnisch von dem Schimmelpilz *Aspergillus niger* produziert. Der Pilz verarbeitet zuckerhaltige Abfälle zu Citronensäure, die dann in mehreren Reinigungsschritten aus der Nährlösung gewonnen wird.

4 Viele Milchprodukte enthalten Milchsäure.

5 Benzoesäure und Sorbinsäure machen Lebensmittel länger haltbar.

Aufgaben

1 Formuliere die Wortgleichungen zur Bildung der sauren Lösungen von Sorbinsäure, Ascorbinsäure, Weinsäure und Benzoesäure.

2 Als Paul eine Mineralwasserflasche öffnet, ist ein deutliches Zischen zu hören. Sein Kommentar: „Das ist die entweichende Kohlensäure!“ Stelle die Aussage richtig.

Kennzeichen saurer Lösungen

Chlorwasserstoffgas, Essigsäure und feste Ascorbinsäure – drei Stoffe mit unterschiedlichen Eigenschaften.
Gibt es zwischen ihnen auch Gemeinsamkeiten? Wie verhalten sich ihre wässrigen Lösungen?

1 Chlorwasserstoff, Essigsäure und Ascorbinsäure

EXPERIMENT 11 [L]
Elektrische Leitfähigkeit von Chlorwasserstoff und Eisessig.
Trockener Chlorwasserstoff (T, C) und Eisessig werden auf elektrische Leitfähigkeit geprüft.

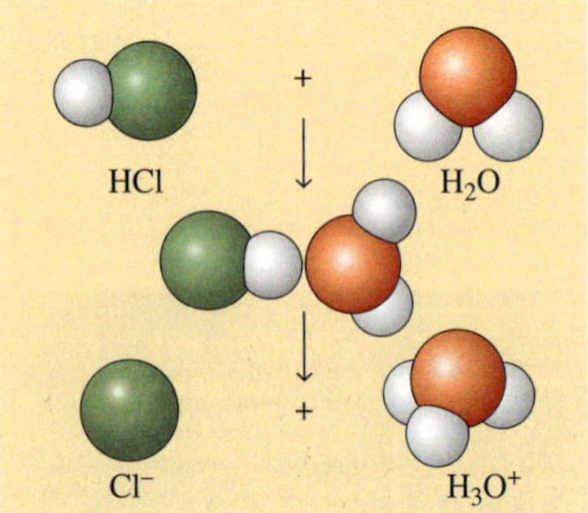

2 Bildung des Hydronium-Ions

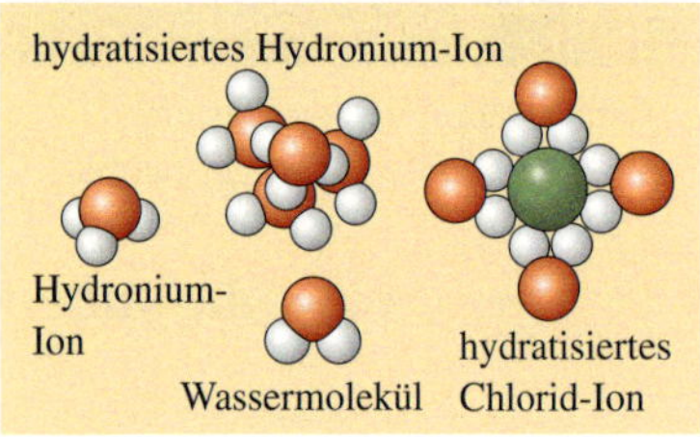

3 Teilchen in Salzsäure

Teilchen in Säuren und sauren Lösungen Trockener Chlorwasserstoff, Eisessig (reine Essigsäure) ↑4 und feste Ascorbinsäure leiten den elektrischen Strom nicht. ↑E.5 S.10, E.11 Ihre wässrigen Lösungen dagegen reagieren sauer und sind elektrisch leitend. ↑E.2 S.10, E.12

Alle drei genannten Stoffe sind aus Molekülen aufgebaut. Sie leiten daher den elektrischen Strom nicht. Die elektrische Leitfähigkeit eines Stoffes setzt das Vorhandensein von frei beweglichen elektrisch geladenen Teilchen, z. B. Ionen, voraus. In den sauren Lösungen müssen also Ionen enthalten sein. Wie entstehen diese Ionen? Um welche Ionen handelt es sich? Das soll am Beispiel des Lösens von Chlorwasserstoff in Wasser beantwortet werden.

Es ist bekannt, dass Chlorwasserstoffmoleküle mit der Formel HCl aus einem Chloratom und einem Wasserstoffatom bestehen, die durch polare Atombindung miteinander verbunden sind. Beim Lösen von Chlorwasserstoff in Wasser reagieren in einer stark exothermen Reaktion die Dipolmoleküle des Chlorwasserstoffs mit denen des Wassers zu positiv geladenen **Hydronium-Ionen (H_3O^+)** ↑2 und negativ geladenen Chlorid-Ionen (Cl^-). Für Hydronium-Ionen wird oft auch der Begriff Oxonium-Ionen verwendet.

HCl	+	H_2O	⟶	H_3O^+	+	Cl^-
Chlorwasserstoffmolekül		Wassermolekül		Hydronium-Ion		Chlorid-Ion

Das Hydronium-Ion lässt sich formal in ein Wasserstoff-Ion (H^+) und ein Wassermolekül (H_2O) zerlegen. Vereinfacht wird daher in Reaktionsgleichungen auch das chemische Zeichen H^+ (aq) verwendet. Das Hydronium-Ion lagert in wässriger Lösung Wassermoleküle an. Die wässrige Lösung des Chlorwasserstoffs, die Salzsäure, enthält also hydratisierte Hydronium-Ionen, hydratisierte Chlorid-Ionen und Wassermoleküle. ↑3 Hydronium-Ionen liegen immer hydratisiert vor. Vereinfacht wird aber häufig nur von Hydronium-Ionen gesprochen.

Wie ist das saure Verhalten einer Lösung zu erklären? In der Salzsäure sind drei verschiedene Teilchen vorhanden: positiv geladene Hydronium-Ionen, negativ geladene Chlorid-Ionen und Wassermoleküle. Auf welche Teilchen ist das saure Verhalten zurückzuführen?
Wären die Chlorid-Ionen für die sauren Eigenschaften verantwortlich, müsste auch eine Lösung von Natriumchlorid in Wasser sauer reagieren. Aber weder die Natriumchloridlösung noch destilliertes Wasser färben Universalindikator rot. ↑E.10 S.11 Folglich können weder Chlorid-Ionen noch Wassermoleküle für das saure Verhalten verantwortlich sein. Nur die Hydronium-Ionen können die Farbänderung des Indikators bewirken.
Auch in anderen sauren Lösungen liegen Hydronium-Ionen vor. Wird z. B. Eisessig in Wasser gelöst, reagieren die Essigsäuremoleküle mit den Wassermolekülen zu Acetat-Ionen und Hydronium-Ionen:

Essigsäuremolekül + Wassermolekül ⟶ Acetat-Ion + Hydronium-Ion

Es zeigt sich, dass alle sauren Lösungen Hydronium-Ionen enthalten.

Säurerest-Ionen Die in sauren Lösungen neben den positiv geladenen Hydronium-Ionen vorliegenden negativ geladenen Ionen, werden als **Säurerest-Ionen** bezeichnet. In der Salzsäure beispielsweise sind dies die Chlorid-Ionen, in der Essigsäurelösung die Acetat-Ionen.
Ausgehend von den Teilchen kann für das Lösen einer Säure in Wasser folgende allgemeine Wortgleichung aufgestellt werden:

$$\underset{\text{Salpetersäuremolekül}}{HNO_3} + \underset{\text{Wassermolekül}}{H_2O} \longrightarrow \underset{\text{Hydronium-Ion}}{H_3O^+} + \underset{\text{Nitrat-Ion}}{NO_3^-}$$

$$\underset{\text{Schwefelsäuremolekül}}{H_2SO_4} + \underset{\text{Wassermolekül}}{2\,H_2O} \longrightarrow \underset{\text{Hydronium-Ion}}{2\,H_3O^+} + \underset{\text{Sulfat-Ion}}{SO_4^{2-}}$$

Säuremolekül + Wassermolekül ⟶ Hydronium-Ion + Säurerest-Ion

Säure		Säurerest-Ionen	
Name	Formel	Formel	Name
Salzsäure	HCl	Cl^-	Chlorid-Ion
Salpetersäure	HNO_3	NO_3^-	Nitrat-Ion
Kohlensäure	H_2CO_3	HCO_3^- CO_3^{2-}	Hydrogencarbonat-Ion Carbonat-Ion
Schwefelsäure	H_2SO_4	HSO_4^- SO_4^{2-}	Hydrogensulfat-Ion Sulfat-Ion
Phosphorsäure	H_3PO_4	$H_2PO_4^-$ HPO_4^{2-} PO_4^{3-}	Dihydrogenphosphat-Ion Hydrogenphosphat-Ion Phosphat-Ion

Säuren sind Stoffe, deren wässrige Lösungen hydratisierte positiv geladene Hydronium-Ionen und hydratisierte negativ geladene Säurerest-Ionen enthalten. Die Hydronium-Ionen bestimmen die Eigenschaften einer sauren Lösung.

EXPERIMENT 12 [L]
Einleiten von Chlorwasserstoff in Wasser.
In ein Becherglas mit Rührstäbchen werden etwa 200 ml destilliertes Wasser und zehn Tropfen Universalindikatorlösung gegeben. Das Glas wird auf einen Magnetrührer gestellt. Die Leitfähigkeitsmesszelle ist so in das destillierte Wasser zu tauchen, dass sie vom rotierenden Rührstäbchen nicht berührt wird. Über einen Trichter, dessen Rand sich etwa 5 mm über der Oberfläche der Lösung befindet, wird Chlorwasserstoff (T, C) auf die Oberfläche der Lösung geleitet. Die Änderung der Leitfähigkeit wird ermittelt.

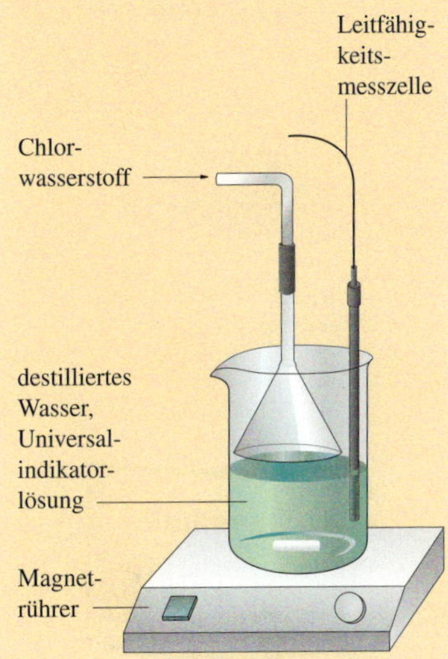

4 Reine Essigsäure erstarrt unter 16 °C zu „Eisessig".

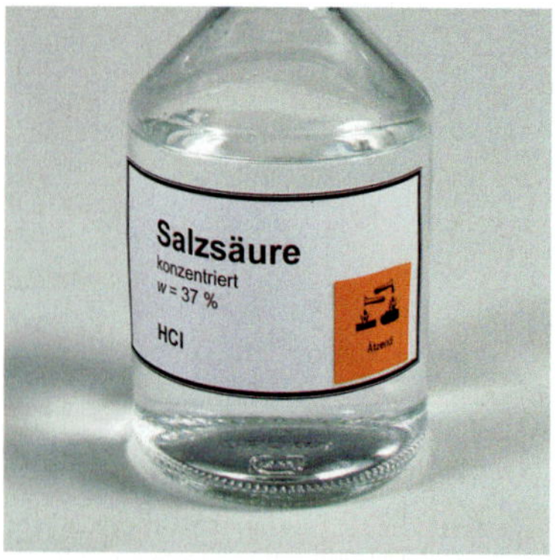

1 Konzentrierte Salzsäure

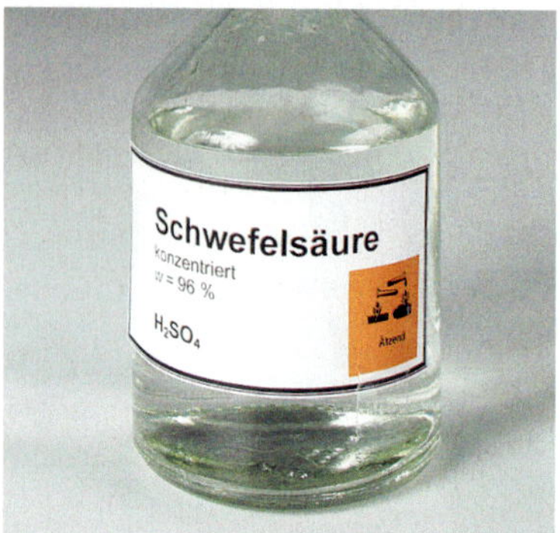

2 Konzentrierte Schwefelsäure

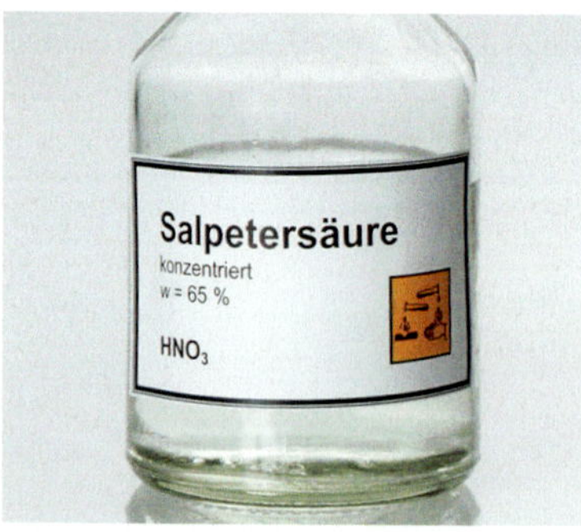

3 Konzentrierte Salpetersäure

Reaktion mit Protonenübergang Beim Lösen von Chlorwasserstoff in Wasser stoßen die Dipolmoleküle aufgrund ihrer unterschiedlichen Teilladungen so zusammen, dass das Chlorwasserstoffmolekül ein Wasserstoff-Ion (H^+) abgibt. Ein Wasserstoff-Ion besteht nur aus einem Proton im Atomkern und besitzt keine Elektronen in der Atomhülle. Es wird deshalb auch als **Proton** bezeichnet. Das gemeinsame Elektronenpaar verbleibt beim Chloratom, sodass ein negativ elektrisch geladenes Chlorid-Ion entsteht. Das abgegebene Proton wird von einem freien Elektronenpaar am Sauerstoffatom des Wassermoleküls gebunden. Es bildet sich eine Elektronenpaarbindung aus und es entsteht ein positiv elektrisch geladenes Hydronium-Ion.

Bei der Reaktion von Chlorwasserstoff mit Wasser findet zwischen den reagierenden Teilchen ein **Protonenübergang** statt. Das Chlorwasserstoffmolekül gibt ein Proton ab, es wirkt als **Protonendonator** (lat. donare – schenken). Das Wassermolekül nimmt ein Proton auf, es wirkt als **Protonenakzeptor** (lat. accipere – aufnehmen).

Für die Protonenabgabe und die Protonenaufnahme können folgende Teilgleichungen aufgestellt werden:

Protonenabgabe: $\underset{\text{Protonendonator}}{HCl} \longrightarrow H^+ + Cl^-$

Protonenaufnahme: $H^+ + \underset{\text{Protonenakzeptor}}{H_2O} \longrightarrow H_3O^+$

Protonenübergang: $HCl + H_2O \longrightarrow H_3O^+ + Cl^-$

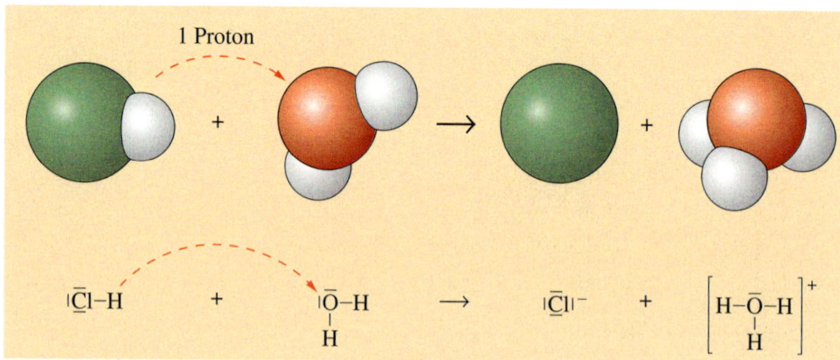

4 Protonenübergang bei der Reaktion von Chlorwasserstoff mit Wasser im Modell

Aufgaben

1 Trockenes Indikatorpapier zeigt in reinem Chlorwasserstoff keine Farbänderung. Erkläre dies.

2 Begründe, warum Indikatorpapier vor seiner Verwendung angefeuchtet werden muss.

3 Beschreibe die Teilchenveränderungen beim Lösen von Chlorwasserstoff in Wasser.

4 Die elektrische Leitfähigkeit nimmt beim Verdünnen von Salzsäure erst zu und dann wieder ab. Was lässt sich daraus schlussfolgern?

5 Salpetersäure (HNO_3) bildet mit Wasser Hydronium-Ionen. Formuliere die Gleichungen für die Protonenabgabe und -aufnahme sowie für den Protonenübergang. Benenne die Teilchen, die in der wässrigen Lösung vorliegen.

6 Weise nach, dass in einer Salzsäurelösung die Hydronium-Ionen für die Säureeigenschaften bestimmend sind.

7 Warum ist die Bildung von Salzsäure aus Chlorwasserstoff und Wasser eine chemische Reaktion?

Schwefelsäure – die *Grande Dame* der chemischen Industrie

1 Farben machen unser Leben bunter.

2 Schwefelsäure ist ein Grundstoff in der Waschmittelindustrie.

3 Bleiakkumulator

Mit fast 200 Millionen Tonnen Jahresproduktion weltweit ist die Schwefelsäure seit über einem Jahrhundert der Spitzenreiter bei den anorganischen Produkten der chemischen Industrie.

Zwei Drittel davon werden zur Herstellung von Düngemitteln verwendet und bilden damit eine der Grundlagen für eine ausreichende Ernährung vieler Millionen Menschen.

Schwefelsäure wird auch zur Erzeugung unzähliger chemischer Produkte wie Farben, Textilfasern, Medikamente oder Waschmittel benötigt. In Autobatterien dient sie als Akkumulatorsäure.

„Man wird nach dem Vorhergehenden die Behauptung nicht für übertrieben halten, dass die chemische Industrie eines Landes mit großer Genauigkeit nach der Anzahl von Pfunden Schwefelsäure beurtheilt werden kann, die man in diesem Lande verbraucht ...“

4 Historischer Text von JUSTUS VON LIEBIG (1803 bis 1873) von 1844

5 Düngemittel führen dem Boden wichtige Mineralstoffe zu.

6 In solchen großtechnischen Anlagen werden täglich bis zu 1000 Tonnen Schwefelsäure produziert.

selbst erforscht

1 Die Coca-Cola-Flasche im Wandel der Zeit

Cola – süß und doch sauer

Bis heute ist die genaue Zusammensetzung der Inhaltsstoffe von Coca-Cola® nicht preisgegeben worden. Laut Etikett sind die Inhaltsstoffe von Coca-Cola: Wasser, Zucker, Kohlensäure, Farbstoff E 150, Säuerungsmittel E 338, Coffein, natürliche Aromastoffe aus Ingwer, Orangenblüten, Johannisbrot, Limettenschalen und Extrakte der Colanuss.

- Wie viel Zucker ist in Cola enthalten?
- Wie kann schwarze Cola entfärbt werden?
- Worin unterscheiden sich Cola und Cola *light*®?

Materialien zur Projektbearbeitung Nutzt das bereitgestellte Material, aber auch Informationen aus anderen Quellen zur Beantwortung eurer Fragen.

Dichte zuckerhaltiger Lösungen bei unterschiedlichen Massenanteilen an Zucker

Dichte der Lösung bei 20 °C	Massenanteil Zucker
1,0060 g/cm³	2 %
1,0179 g/cm³	5 %
1,0381 g/cm³	10 %
1,0592 g/cm³	15 %
1,0810 g/cm³	20 %

1 Bestimme den Zuckergehalt von Cola mithilfe der Dichte.
Wiege einen Messzylinder. Miss 100 ml Cola darin ab. Gib die Cola in ein Becherglas und erhitze mit dem Brenner 15 min lang bei 80 °C, um das Kohlenstoffdioxid auszutreiben. Gib die Cola nach dem Abkühlen auf 20 °C wieder in den Messzylinder. Fülle mit destilliertem Wasser auf 100 ml auf, um das zuvor verdampfte Wasser zu ersetzen. Wiege den Messzylinder erneut und bestimme die Masse der Cola. Berechne ihre Dichte. Bestimme mithilfe der Tabelle den Massenanteil an Zucker in der Cola. Bewahre die Lösung in einem Reagenzglas mit Stopfen für Experiment 5 auf.

Info

Im Jahr 1886 stellte der amerikanische Apotheker JOHN S. PEMBERTON auf der Suche nach einem Mittel gegen Kopfschmerzen und Müdigkeit einen Sirup her, der – mit Sodawasser vermischt – unter dem Namen „Coca-Cola“ zum ersten Mal in Atlanta ausgeschenkt wurde. Heute gibt es Coca-Cola in über 160 Ländern und die Marke in der Flasche mit dem berühmten Schriftzug ist das bekannteste und meistgetrunkene Erfrischungsgetränk der Welt.

Info

Neben Zucker haben mit Ausnahme von Kohlenstoffdioxid die anderen Inhaltsstoffe praktisch keinen Einfluss auf die Dichte von Cola. Daher kann durch Dichtebestimmung der Zuckergehalt des Getränks ermittelt werden.
Gelöstes Kohlenstoffdioxid würde die Dichte von Cola verringern. Daher muss es durch Erhitzen aus der Lösung entfernt werden.

2 Ermittle den Zuckergehalt von Cola.
Bestimme die Masse eines Stücks Würfelzucker. Ermittle mithilfe der Ergebnisse aus Experiment 1 die Masse an Zucker in einer Dose Cola (0,33 l), einer Flasche Cola (0,5 l) und einer Riesenflasche Cola (1,5 l). Berechne jeweils, wie viele Stücke Würfelzucker enthalten sind. Recherchiere, welche gesundheitlichen Folgen ein erhöhter Zuckerkonsum haben kann.

3 Entfärbe eine Cola-Probe.
Fülle ein 250-ml-Becherglas etwa halbvoll mit Cola und gib so viel Aktivkohle hinzu, bis eine dickflüssige schwarze Masse entsteht. Lass die Suspension 10 bis 15 min stehen und rühre gelegentlich mit einem Spatel um. Filtriere anschließend die Suspension und sammle das Filtrat in einem zweiten Becherglas.
Vergleiche das Filtrat mit unbehandelter Cola. Wie haben sich die Farbe und der Geruch verändert?
Prüfe beide Lösungen mit je einem Streifen Universalindikatorpapier. Informiere dich über den Zusammenhang von Oberfläche und Adsorptionskraft von Aktivkohle.

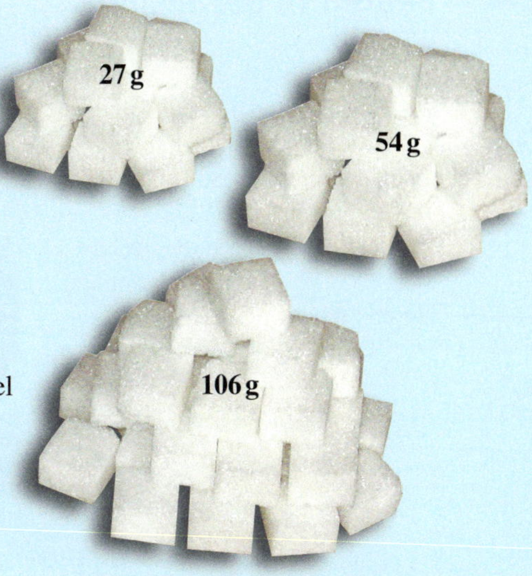

2 Wie viel Zucker ist in einem Liter Cola enthalten?

3 Verschiedene Cola-Getränke

4 Vergleiche die Masse gelöster Stoffe in Cola und Cola *light*.
Dampfe jeweils 50 ml von Cola und Cola *light* vorsichtig in zwei Porzellanschalen ein, die du zuvor genau abgewogen hast. Wiege die Porzellanschalen nach dem Abkühlen erneut.
Vergleiche das Aussehen der Rückstände und deren Massen.

5 Bestimme den pH-Wert von Cola.
Untersuche mithilfe eines pH-Meters den pH-Wert von frischer und von abgekochter Cola aus Experiment 1.
Vergleiche die Ergebnisse.

Hinweise für die Projektarbeit Notiert weitere Fragen, die euch zum Thema „Cola“ einfallen. Überlegt zusammen mit eurem Chemielehrer, welche dieser Fragen experimentell untersucht werden können. Viele Fragen können auch durch eine gezielte Recherche in der Literatur oder im Internet beantwortet werden. Teilt die Arbeiten auf verschiedene Arbeitsgruppen auf. Überlegt, in welcher Form ihr eure Arbeitsergebnisse am besten euren Mitschülerinnen und Mitschülern präsentiert.

Info

Wer nach reichlichem Genuss von Cola nicht einschlafen kann, wird durch das anregend wirkende Coffein wach gehalten. Cola enthält etwa 16 mg Coffein pro 100 ml, Kaffee dagegen drei- bis viermal so viel.

Säuren in der Technik

In Industrie und Technik spielen Säuren, z. B. Salpetersäure, Phosphorsäure und Schwefelsäure, eine herausragende Rolle.
Warum sind diese Säuren bedeutungsvoll? Was ist im Umgang mit Säuren zu beachten?

1 Kesselwagen zum Transport von hoch konzentrierter Salpetersäure

EXPERIMENT 13 [L]
Einwirkung von konzentrierter Schwefelsäure auf Kristallzucker.
Vorsicht! Schutzhandschuhe! Abzug! In einem Becherglas werden 20 g Kristallzucker mit wenigen Tropfen Wasser angefeuchtet. Im Abzug werden aus einer Pipette ca. 15 ml konzentrierte Schwefelsäure (C) zugegeben.

Schon gewusst?

Unsere Magensäure besteht aus Salzsäure mit einem Massenanteil von $w(\text{HCl}) \approx 0{,}5\,\%$. Die Magenwand schützt sich vor der sauren Lösung durch die Magenschleimhaut. Dass die Magensäure wirklich ätzend wirkt, macht sich z. B. beim Sodbrennen bemerkbar. Das brennende Gefühl rührt von leichten Verletzungen der Speiseröhre und des Rachenraums her. ↑S.48

Im Alltag und in der Technik unterscheidet man sprachlich nicht zwischen Säuren und sauren Lösungen. Saure Lösungen werden nach den gelösten Stoffen verkürzt als Säuren bezeichnet.

Schwefelsäure (H_2SO_4) Konzentrierte Schwefelsäure ist eine ölige, farb- und geruchlose Flüssigkeit. Ihr Massenanteil beträgt maximal 98 %. Sie ist stark hygroskopisch, d. h., sie entzieht ihrer Umgebung Wasser. Konzentrierte Schwefelsäure wird aufgrund dieser Eigenschaft als Trockenmittel für feuchte Gase eingesetzt. Organische Stoffe wie Zucker oder Baumwolle werden unter Abspaltung von Wasser zersetzt.
Beim Verdünnen von konzentrierter Schwefelsäure tritt eine sehr starke Erwärmung ein. Dabei können Wasser und Säure aus dem Gefäß spritzen. *Beim Verdünnen darf niemals Wasser in konzentrierte Säure gegeben werden! Spritzgefahr! Verätzungsgefahr!*
Verdünnte Schwefelsäure zerstört tierisches und pflanzliches Gewebe, z. B. Baumwolle. Verätzungen der Haut sind äußerst schmerzhaft.
Schwefelsäure wird verwendet, um Düngemittel, Chemiefasern, Farbstoffe, Wasch- und Arzneimittel sowie Salzsäure herzustellen. In Bleiakkumulatoren von Kraftfahrzeugen dient sie als leitende Flüssigkeit zwischen Plus- und Minuspol.

Salzsäure (HCl) Früher wurde Salzsäure aus Steinsalz durch Auftropfen von Schwefelsäure und Einleiten des entweichenden „Salzgeistes" (Chlorwasserstoff) in Wasser gewonnen. Davon leitet sich ihr Name ab. Heute wird sie meist direkt aus Chlor und Wasserstoff hergestellt. Konzentrierte Salzsäure [$w(\text{HCl}) = 37\,\%$] wird auch als rauchende Salzsäure bezeichnet, weil sie mit der Luftfeuchtigkeit einen Nebel aus kleinen Salzsäuretröpfchen bildet. Werden Salzsäuredämpfe eingeatmet, kann Lungenentzündung durch Verätzung entstehen. Auf die Haut verschüttete Salzsäure führt zu schmerzhaften Hautreizungen.
In der Industrie wird Salzsäure zum Ätzen und zur Reinigung von Metalloberflächen verwendet, im Bauwesen zur Mörtelablösung und zur Kesselsteinentfernung.

Salpetersäure (HNO_3) Konzentrierte Salpetersäure [$w(HNO_3) = 65\,\%$] wird in braunen Glasflaschen aufbewahrt, da sich die farblose Flüssigkeit bei Tageslicht leicht zersetzt. 50%ige Salpetersäure löst Silber auf, nicht jedoch Gold und wird daher als „Scheidewasser" verwendet. Eine Mischung aus einem Teil konzentrierter Salpetersäure und drei Teilen konzentrierter Salzsäure löst sogar Gold und Platin auf und ist als Königswasser bekannt. Konzentrierte Salpetersäure wirkt oxidierend, verdünnt ist sie stark ätzend. Salpetersäure ist hauptsächlich Ausgangsstoff zur Herstellung von stickstoffhaltigen Düngemitteln. Auch Farbstoffe, Textilfasern und Sprengstoffe werden aus Salpetersäure produziert. Zur Herstellung von Lacken, Kunstleder und Medikamenten ist Salpetersäure eine wichtige Grundchemikalie.

Phosphorsäure (H_3PO_4) Reine Phosphorsäure ist bei Raumtemperatur ein Feststoff. Gebräuchlicher ist die 80- bis 85%ige Säure, eine ölige, sirupartige Flüssigkeit. Phosphorsäure wird vor allem zur Herstellung von Phosphatdüngern, Arznei- und Pflanzenschutzmitteln genutzt. In der Autoindustrie wird Phosphorsäure zum Korrosionsschutz eingesetzt. Die Karosserie wird hierzu in ein Phosphatierbad getaucht. ↑3 Zuerst entfernt die Säure Rost und andere Verunreinigungen, anschließend erhält die Metalloberfläche eine schützende Phosphatschicht. Auf dieser Schicht haftet die nun folgende Lackierung besonders gut.

Umgang mit Säuren Viele Säuren und Säurelösungen sind stark ätzend. Sie zersetzen nicht nur Metalle und Textilien, sondern zerstören auch Haut und Schleimhäute. Zu unserem eigenen Schutz gibt es gesetzliche Vorschriften zum Umgang mit Säuren: *Schutzbrille, Schutzhandschuhe und Laborkittel sind Pflicht beim Arbeiten mit Säuren.* Entstehen beim Experimentieren mit Säuren ätzende oder giftige Dämpfe, müssen die Versuche unter dem Abzug durchgeführt werden.
Beim Verdünnen konzentrierter Säuren mit Wasser erwärmen sich die Lösungen oft sehr stark. Wird Wasser in konzentrierte Säure gegossen, kann überhitzte Säure herausspritzen. Die Säure darf also immer nur unter Rühren zum Wasser gegeben werden, niemals umgekehrt. Daher gilt:

Erst das Wasser, dann die Säure, sonst geschieht das Ungeheure!

Gelangen Säurespritzer in die Augen, müssen sie sofort mit viel Wasser ausgespült werden. Dazu ist eine Augendusche zu verwenden. Außerdem sollte ein Augenarzt aufgesucht werden.
Auch bei der Entsorgung von Säuren ist Vorsicht geboten, sie müssen in den Sammelbehälter I (Säuren und Laugen) gegeben werden. Bevor der Behälter voll ist, sollte der Inhalt neutralisiert werden. ↑S.44 f. Erst dann darf er ins Abwasser gegeben werden.

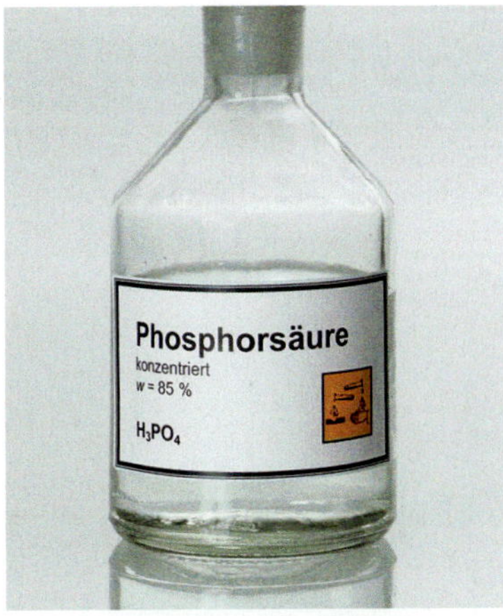

2 Konzentrierte Phosphorsäure

3 Eintauchen einer Autokarosserie in Phosphorsäure

4 Beim Arbeiten mit konzentrierten Säuren muss Schutzkleidung getragen werden.

Aufgaben

1 Begründe, warum du beim Verdünnen einer sauren Lösung besonders vorsichtig sein musst.

2 Tropft man konzentrierte Salpetersäure auf eine weiße Gänsefeder, so färbt sich diese nach kurzer Zeit gelb. Wie kommt die Gelbfärbung zustande?

3 In der Industrie fällt Schwefelsäure als „Dünnsäure" an. Recherchiere, in welchen Bereichen der Industrie dieser Stoff anfällt. Informiere dich, welche Probleme die Entsorgung des Stoffes früher hervorrief. Wie wird der Stoff heute entsorgt?

Saurer Regen

1 Folgen des sauren Regens: Schäden am Wald

Der Anblick kranker oder abgestorbener Bäume führte in den 1970er Jahren schnell zum Begriff „Waldsterben". Die Restaurierung von Schäden an Gebäuden und Kunstwerken kostet bis heute alljährlich Millionen Euro. Ursache für diese Schädigungen ist die Luftverschmutzung durch Schwefeldioxid und Stickstoffoxide. Diese Schadstoffe können die Pflanzen direkt über die Blätter schädigen oder sie wirken, in Regenwasser gelöst, als saurer Regen ätzend auf Pflanzen, Boden und Gestein.

Info

Auch ohne den Einfluss menschlicher Aktivitäten ist Regenwasser niemals neutral. Da sich das Kohlenstoffdioxid der Luft in Wolken und Regenwasser löst, bildet sich die schwach saure Kohlensäure. Daher ergibt sich ein natürlicher pH-Wert des Regens von pH 5,6.
Als sauren Regen bezeichnet man Niederschläge mit einem pH-Wert unter 5,6. Er entsteht durch Luftverschmutzungen, die beim Verbrennen von Holz, Kohle oder Erdöl entstehen. Diese sogenannten fossilen Brennstoffe enthalten Schwefel, der beim Verbrennen den Luftschadstoff Schwefeldioxid bildet. Auch Stickstoffoxide tragen zum sauren Regen bei.

Info

Der Zustand des Waldes ist nach wie vor besorgniserregend. Die Waldschadensinventur im Jahr 2006 zeigte, dass nur 32 % der Bäume keine Kronenverlichtungen aufweisen. Erheblich verschlechtert hat sich der Zustand des Waldes im Saarland, in Rheinland-Pfalz, Brandenburg und Mecklenburg-Vorpommern. Ursache für die starke Schädigung der Bäume ist neben Luftschadstoffen die Häufung extrem trockener Sommer.

- ➜ Wer sind die Verursacher der Luftverschmutzung? Wie gelangen Schwefeldioxid und Stickstoffoxide überhaupt in die Luft?
- ➜ Wie hat sich die Belastung der Luft in Deutschland in den letzten zwanzig Jahren entwickelt und welche Maßnahmen wurden gegen die Luftverschmutzung ergriffen?
- ➜ Wie haben sich die Maßnahmen auf unsere Wälder ausgewirkt?

Materialien zur Projektbearbeitung Nutzt die Materialien zur Beantwortung eurer Fragestellungen. Auch Experimente können Aufschluss über die chemischen Hintergründe von Luftverschmutzung und Schadstoffwirkung geben. Plant solche Experimente zusammen mit eurer Chemielehrerin oder eurem Chemielehrer.

1 Untersuche die Wirkung des sauren Regens auf Kressesamen.
Verteile jeweils etwa 40 Kressesamen auf Watte in sechs Petrischalen. Stelle diese Schalen nebeneinander auf, um gleiche Standortbedingungen herzustellen. Begieße eine Kressesaat mit Leitungswasser (pH ≈ 7). Verwende zum Begießen der anderen Aussaaten verdünnte Lösungen von schwefliger Säure mit pH-Werten von jeweils etwa 2, 3, 4, 5 und 6. Protokolliere zwei Wochen lang täglich, wann die Samen sprießen und wie groß die einzelnen Pflanzen sind.

2 Folgen des sauren Regens: Schäden an Bau- und Kunstwerken

Abgasnormen und Abgasgrenzwerte für PKW mit Ottomotoren in g/km

Abgasnorm	Kohlenwasserstoffe	Kohlenstoffmonooxid	Stickstoffoxide
Euro 1	–	3,16	–
Euro 2	–	2,2	–
Euro 3	0,2	2,3	0,15
D3	0,17	1,5	0,14
Euro 4	0,1	1,0	0,08
D4	0,08	0,7	0,07

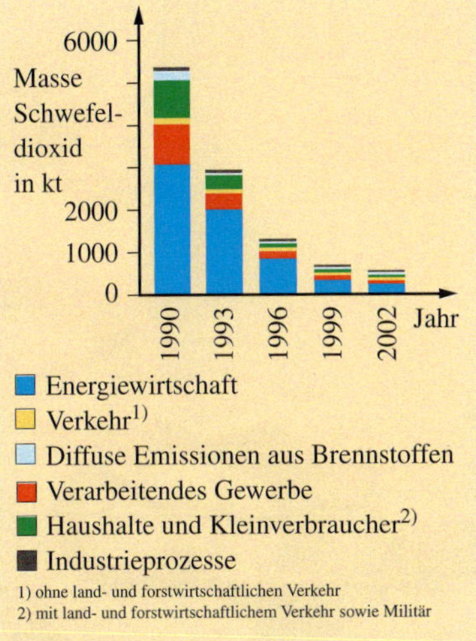

3 Schwefeldioxidemissionen nach Verursachern

2 Untersuche Kraftfahrzeugabgase auf Schwefeldioxid.

Vorsicht! Abgase nicht einatmen!
Teste mit einem Gastester und Teströhrchen für Schwefeldioxid Abgase von Kraftfahrzeugen (T), z. B. von einem Mofa. Beachte dabei genau die Gebrauchsanleitung. Ermittle die Massenkonzentration an Schwefeldioxid. Notiere deine Ergebnisse.

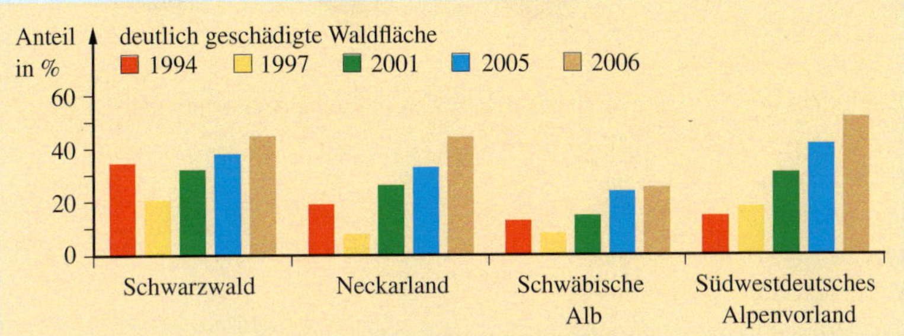

4 Zustand der Fichte in einigen Regionen Süddeutschlands

5 Vom sauren Regen geschädigte Fichte

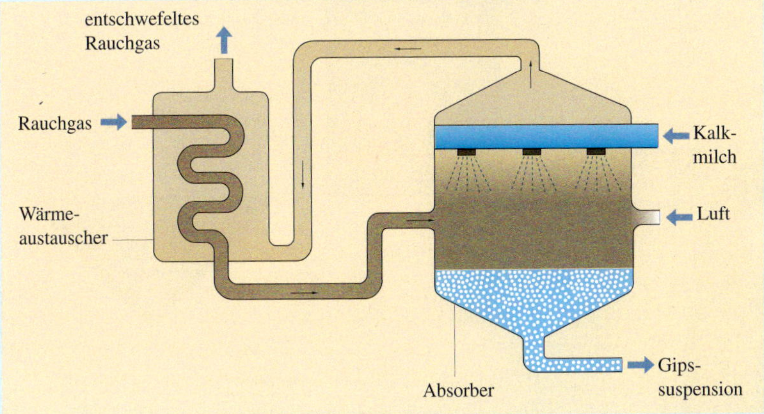

6 Prinzip einer Rauchgasentschwefelungsanlage nach dem Gipsverfahren

Hinweise für die Projektarbeit Ordnet weitere Fragen im Zusammenhang mit saurem Regen verschiedenen Themenkomplexen zu. Bildet Arbeitsgruppen, die jeweils ein Thema zur Projektarbeit wählen. Recherchiert in Fachbüchern, im Internet und bei Umweltorganisationen. Maßnahmen zur Luftreinhaltung erkundet ihr bei einer Exkursion zu einem Energieversorger oder einem Industriebetrieb mit Abgasreinigungsanlage. Über das Forstamt könnt ihr eine Waldbegehung organisieren, um euch vor Ort über den Zustand des Waldes in eurer Region zu informieren.

Info

Zwei Verfahren zur Rauchgasentschwefelung sind heute hauptsächlich im Einsatz.
Beim Gipsverfahren wird Schwefeldioxid durch eingesprühte Kalkmilch absorbiert. Das dabei entstehende Calciumsulfit wird durch heißen Luftsauerstoff zu Calciumsulfat (Gips) oxidiert. Dieser Gips findet in der Baustoffindustrie und im Straßenbau Verwendung.
Im Wellmann-Lord-Verfahren wird Schwefeldioxid nach der Absorption als reines Gas zurückgewonnen und dient so als Ausgangsstoff zur Herstellung von Schwefelsäure oder elementarem Schwefel.

Brezellauge und Laugenbrezel

1 Die Teiglinge kommen aus dem Laugenbad.

2 Laugengebäck gibt es in vielen Ausformungen.

Laugenbrezeln und anderes Laugengebäck kennen wir als Frischware vom Bäcker oder als trockene Knabberei aus der Lebensmittelabteilung.
Bei der Herstellung von Laugengebäck werden die Teiglinge vor dem Backen in Brezellauge, eine stark verdünnte Natronlauge, getaucht. Eigentlich erstaunlich, denn selbst die stark verdünnte Lauge wirkt auf der Haut noch ätzend. Wie kann es sein, dass so etwas essbar ist?

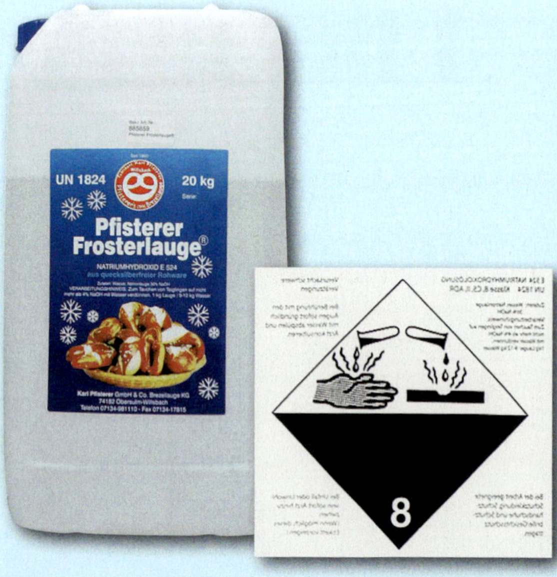

3 Beim Umgang mit Brezellauge muss der Bäcker die Sicherheitsvorschriften beachten.

Während des kurzen und sehr heißen Backvorgangs reagiert die Natronlauge mit Kohlenstoffdioxid aus dem Teig und wird zu ungefährlichem Natriumcarbonat (Soda) umgewandelt. Dieser Soda verdanken wir auch den typischen und charakteristischen Geschmack des Laugengebäcks.

4 Bereits seit 800 Jahren wird das charakteristisch schmeckende Laugengebäck hergestellt.

14 Prüfe verschiedene Lösungen aus dem Haushalt mit Universalindikator.

Löse in drei Reagenzgläsern folgende Stoffe in jeweils 5 ml Wasser: einige Späne Kernseife, eine Spatelspitze Waschpulver, drei Tropfen Geschirrspülmittel. Gib zu den Reagenzgläsern jeweils drei Tropfen Universalindikatorlösung.
Notiere deine Beobachtungen.
Entsorgung: Lösungen in den Sammelbehälter für Abwasser geben.

15 Prüfe verschiedene basische Lösungen mit Indikatoren.

Gib in fünf verschiedene Reagenzgläser jeweils 2 ml 2%ige Natronlauge (C), 2%ige Kalilauge (C), Kalkwasser, 5%ige Ammoniaklösung (Xi) sowie destilliertes Wasser. Prüfe alle fünf Flüssigkeiten mit Universalindikatorlösung.
Wiederhole die Versuchsreihe mit Lackmuslösung und Phenolphthaleinlösung.
Dampfe etwa 2 ml der Lösungen vorsichtig ein.
Notiere deine Beobachtungen.
Für welche Untersuchungen scheint der Indikator Phenolphthalein besonders geeignet zu sein?
Entsorgung: Lösungen in den Sammelbehälter I geben.

16 Prüfe die elektrische Leitfähigkeit von Natriumhydroxid und Kaliumhydroxid.

Prüfe zuerst festes Natriumhydroxid (C) und festes Kaliumhydroxid (C) auf elektrische Leitfähigkeit.
Löse anschließend in zwei Reagenzgläsern etwas Natriumhydroxid und Kaliumhydroxid in jeweils 5 ml Wasser. Vergleiche dabei die Temperatur der Flüssigkeiten vor und nach dem Lösevorgang, indem du kurz an den Glasboden fasst.
Prüfe nacheinander die elektrische Leitfähigkeit beider Lösungen.
Deute die Beobachtungsergebnisse.
Entsorgung: Lösungen in den Sammelbehälter I geben. Feststoffe wieder verwenden.

17 Untersuche die Wirkung von „Rohrfrei“ auf organische Stoffe.

Löse in fünf Reagenzgläsern jeweils 5 g „Rohrfrei“ (C) in 5 ml kaltem Wasser. Prüfe anschließend die Temperatur, indem du kurz an den Glasboden fasst.
Gib in je eines der Reagenzgläser ein Büschel Haare, einige Gewebefasern und einige Fingernägel.
Vergleiche deine Beobachtungen, die du nach 5 und 30 min und nach drei Tagen feststellen kannst.
Entsorgung: Lösungen in den Sammelbehälter für Abwasser geben.

18 Untersuche das Verhalten von Calcium in Wasser.

Baue die Versuchsanordnung auf. Gib in das Reagenzglas mit Wasser einige Stückchen Calcium (F). Verschließe es mit dem Stopfen mit Gasableitungsrohr. Fange das entstehende Gas (F+) pneumatisch auf. Führe damit die Knallgasprobe durch. Versetze die Lösung im Reagenzglas mit fünf Tropfen Phenolphthaleinlösung.

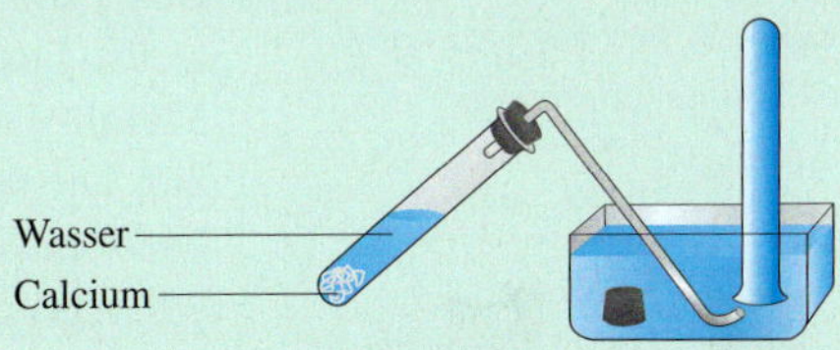

Notiere deine Beobachtungen.
Entsorgung: Lösung in Sammelbehälter II geben.

19 Untersuche das Verhalten von Metalloxiden in Wasser.

Gib in vier Reagenzgläser jeweils 5 ml Wasser. Füge jeweils drei Tropfen Phenolphthaleinlösung hinzu. Gib in die Reagenzgläser je eine Spatelspitze Calciumoxid (Xi), Magnesiumoxid, schwarzes Kupferoxid und rotes Eisenoxid. Schüttle kurz und lass die Feststoffe absetzen.
Notiere deine Beobachtungen.
Entsorgung: Lösungen in Sammelbehälter I geben.

Basen und basische Lösungen

Im Alltag begegnet uns der Begriff „Lauge“ auf vielfältige Weise: Beim Ab*laugen* oder Abbeizen alter Möbel werden alte Lackschichten aufgeweicht und abgelöst. Es gibt die Wasch*lauge* und die *Laugen*brezel. Gibt es Gemeinsamkeiten zwischen Abbeizlauge, Waschlauge und Laugenbrezeln? Welcher Zusammenhang besteht zwischen den Begriffen „Lauge“ und „Base“ bzw. „basische Lösungen“?

1 Abbeizmittel zum Entfernen alter Farbanstriche enthalten Natriumhydroxid.

EXPERIMENT 20 [L]

Einwirken von Natronlauge auf Keratin.

Vorsicht! Abzug!

In einem Reagenzglas wird eine Feder oder eine Haarsträhne mit etwa 2 ml 32%iger Natronlauge (C) versetzt. Das Gemisch wird vorsichtig mit einer Brennerflamme erwärmt. Sobald die Flüssigkeit zu sieden beginnt, wird das Reagenzglas sofort aus der Flamme genommen.

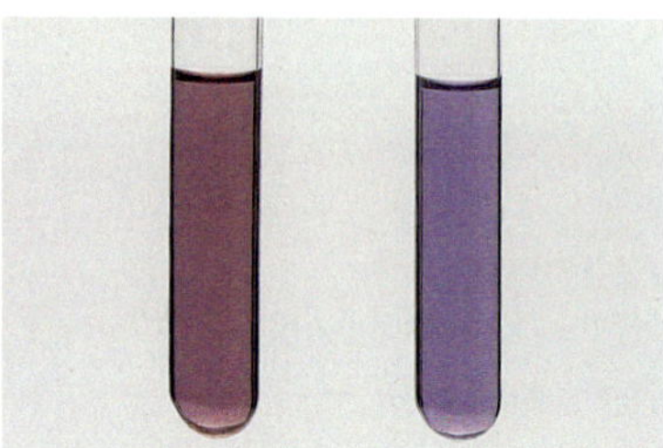

2 Lackmus in destilliertem Wasser (li.) und in basischer Lösung (re.)

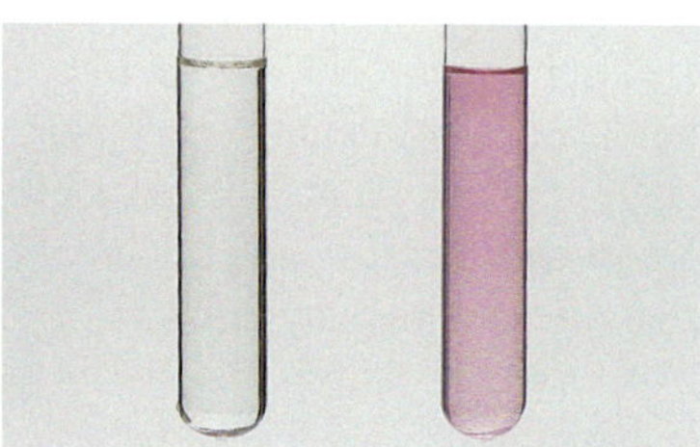

3 Phenolphthalein in destilliertem Wasser (li.) und in basischer Lösung (re.)

Eigenschaften basischer Lösungen Die wässrigen Lösungen von Kernseife, Waschpulver und Geschirrspülmittel färben Universalindikator blau. ↑E.14 S.27 Es sind basische bzw. alkalische Lösungen. Auch Natronlauge, Kalilauge und Kalkwasser bewirken bei den Indikatoren eine für basische Lösungen typische Farbänderung: Universalindikator und Lackmuslösung werden blau, Phenolphthaleinlösung wird rotviolett. ↑E.15 S.27 Lösungen von Kernseife, Waschpulver und Geschirrspülmittel fühlen sich seifig an. Ähnlich wie saure Lösungen zeigen basische Lösungen ätzende Wirkung.

Beim Eindampfen von Natronlauge, Kalilauge und Kalkwasser bleiben weiße Feststoffe zurück. Bei diesen Feststoffen handelt es sich um die **Metallhydroxide** Natriumhydroxid, Kaliumhydroxid und Calciumhydroxid. Die wässrigen Lösungen von Metallhydroxiden werden als **Laugen** bezeichnet.

Während die wässrigen Lösungen von Metallhydroxiden gute elektrische Leitfähigkeit zeigen, leiten die festen Metallhydroxide den elektrischen Strom nicht. ↑E.15 S.27

Basische Lösungen – Basen Beim Lösen von Metallhydroxiden in Wasser entstehen basische Lösungen. Stoffe, die in Wasser gelöst basische Lösungen bilden, werden allgemein als **Basen** bezeichnet. Für das Lösen von Metallhydroxiden in Wasser können Wortgleichungen aufgestellt werden.

Natriumhydroxid + Wasser ⟶ Natriumhydroxidlösung
Kaliumhydroxid + Wasser ⟶ Kaliumhydroxidlösung
Calciumhydroxid + Wasser ⟶ Calciumhydroxidlösung

Metallhydroxid + **Wasser** ⟶ **basische Lösung**

Basen sind Stoffe, die in Wasser gelöst basische Lösungen ergeben.

Natriumhydroxid und Natronlauge Natriumhydroxid (NaOH) ist ein weißer Feststoff, der stark hygroskopisch ist. Festes Natriumhydroxid wirkt stark ätzend und wurde daher früher Ätznatron genannt. Es kann sogar Glasoberflächen angreifen und wird am besten in Kunststoffflaschen aufbewahrt. Natriumhydroxid kann organische Stoffe wie Keratin, das Eiweißgerüst unserer Haare, Finger- und Zehennägel, zersetzen. ↑E.20 S.28 Aufgrund dieser Eigenschaft ist Natriumhydroxid häufig Bestandteil von Rohrreinigern. ↑E.17 S.27 Natriumhydroxid ist gut wasserlöslich, beim Lösen wird viel Wärme frei. Die wässrige Lösung von Natriumhydroxid heißt Natronlauge. Sehr stark verdünnte Natronlauge fühlt sich seifig an, da die obersten Hautschichten von der Lauge zersetzt werden. Verdünnte Natronlauge mit einem Massenanteil von $w(NaOH) = 3\,\%$ dient als Brezellauge zur Herstellung von Laugengebäck, z. B. Laugenbrezeln. Natronlauge zählt zu den wichtigsten Grundstoffen der chemischen Industrie. Seifen und Waschmittel sowie basische Reinigungsmittel werden daraus hergestellt. Natronlauge wird zur Herstellung von Zellstoff und Papier, Glas und Aluminium benötigt.

4 Laugengebäck

Kaliumhydroxid und Kalilauge Kaliumhydroxid (KOH) zeigt ähnliche Eigenschaften wie Natriumhydroxid. Entsprechend wurde früher der weiße Feststoff Ätzkali genannt. Die wässrige Lösung heißt Kalilauge, die ebenfalls Verwendung in Reinigungsmitteln und bei der Herstellung von Schmierseife findet. Auch als Leiterflüssigkeit in Akkumulatoren und Batterien wird Kalilauge eingesetzt.

5 Reinigungsmittel, die Basen bzw. basische Lösungen enthalten

Calciumhydroxid und Kalkwasser Der weiße, pulverförmige Stoff Calciumhydroxid [$Ca(OH)_2$] wird durch „Löschen" von „gebranntem Kalk", also durch die Reaktion von Wasser mit Calciumoxid, gewonnen. Daher wird Calciumhydroxid oft als „Löschkalk" bezeichnet. Calciumhydroxid wird im Bauhandwerk zur Herstellung von Kalkmörtel verwendet. Die klare wässrige Lösung des Calciumhydroxids heißt Kalkwasser. Es bildet mit Kohlenstoffdioxid einen Niederschlag und wird deshalb im Labor zum Nachweis von Kohlenstoffdioxid genutzt.

Umgang mit Laugen Die festen Metallhydroxide und ihre wässrigen Lösungen wirken stark ätzend. Selbst kleine Spritzer können zu schweren Verätzungen der Haut führen. Besonders die empfindlichen Augen sind gefährdet. Beim Arbeiten mit diesen Stoffen sind unbedingt Schutzbrille, Schutzhandschuhe und Labormantel zu tragen. Verspritzte oder verschüttete Lauge ist sofort mit reichlich Wasser abzuspülen. Gelangen Laugenspritzer in die Augen, sind die gleichen Maßnahmen zu ergreifen, die für den Umgang mit Säuren gelten. ↑S.23

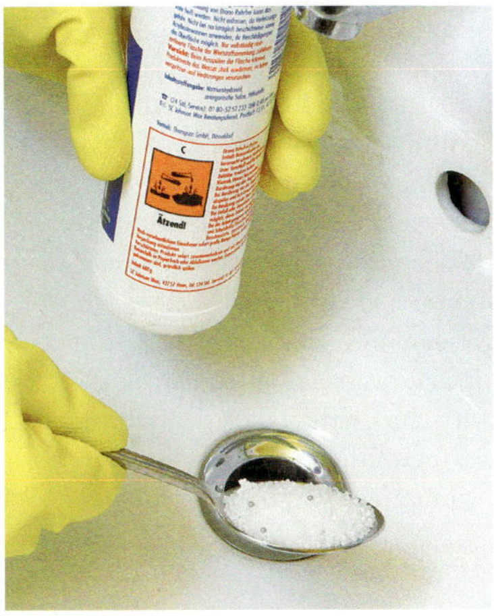

6 Verwendung von Rohrreiniger

Aufgaben

1 Wie könntest du experimentell zeigen, dass das Lösen von Natriumhydroxid in Wasser ein exothermer Vorgang ist?

2 Aluminiumpulver wird in Wasser erhitzt. Die entstandene Lösung färbt Lackmuslösung blau. Deute diese Beobachtung.

3 In Großküchen werden Kartoffelschalen mit verdünnter Natronlauge aufgeweicht und dann mit einem scharfen Wasserstrahl weggespritzt. Stelle eine Vermutung an, warum das funktioniert.

Kennzeichen basischer Lösungen

Natriumhydroxid und Natronlauge haben unterschiedliche Eigenschaften.
Worauf ist das zurückzuführen?
Wie sind diese Stoffe aufgebaut?

1 Zwei Stoffe – eine Formel?

> EXPERIMENT 21 [L]
> **Elektrische Leitfähigkeit von Natriumhydroxid.**
> *Vorsicht! Abzug!*
> Die elektrische Leitfähigkeit von festem Natriumhydroxid (C) ist zu prüfen. Natriumhydroxid wird in einem Porzellantiegel im Abzug erhitzt, bis es schmilzt. Die elektrische Leitfähigkeit der Schmelze ist mithilfe zweier Kohleelektroden zu prüfen (Wechselspannung von 6 bis 10 V).

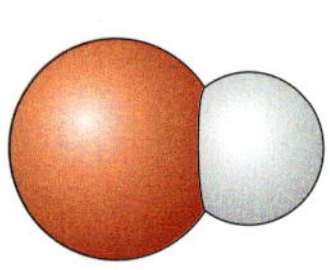

OH^-

2 Modell und Formel des Hydroxid-Ions

Bau von Natriumhydroxid Während festes Natriumhydroxid keine elektrische Leitfähigkeit zeigt, leiten geschmolzenes Natriumhydroxid und Natronlauge den elektrischen Strom sehr gut. ↑E.15 S.27, E.21 Folglich müssen sowohl im geschmolzenen als auch im gelösten Natriumhydroxid frei bewegliche Ionen enthalten sein.

Festes Natriumhydroxid ist aus Ionen aufgebaut. Die Ionen sind in einem Ionengitter regelmäßig fest angeordnet. Natriumhydroxid ist ebenso wie Natriumchlorid eine Ionenverbindung. Bei den Ionen handelt sich um einfach positiv elektrisch geladene Natrium-Ionen und einfach negativ elektrisch geladene **Hydroxid-Ionen**. In einem Hydroxid-Ion ist ein Sauerstoffatom mit einem Wasserstoffatom über eine Elektronenpaarbindung verbunden. Das chemische Zeichen für das Hydroxid-Ion lautet $\mathbf{OH^-}$. ↑2

Im Natriumhydroxid liegen Natrium-Ionen und Hydroxid-Ionen im Verhältnis 1 : 1 vor. ↑3 Die Formel für Natriumhydroxid ist daher NaOH.

In der Schmelze liegen die Ionen dagegen frei beweglich vor. Die regelmäßige Anordnung der Ionen wird beim Schmelzen zerstört.

Auch beim Lösen von Natriumhydroxid in Wasser wird das Ionengitter zerstört. Jedes frei bewegliche Ion umgibt sich mit einer Hydrathülle aus Wassermolekülen, was durch die Angabe (aq) nach der chemischen Formel gekennzeichnet wird. Es bilden sich frei bewegliche hydratisierte Natrium-Ionen und hydratisierte Hydroxid-Ionen. ↑4 Beim Lösen von Natriumhydroxid ist eine Wärmeentwicklung festzustellen. Es handelt sich um eine chemische Reaktion.

$$\text{NaOH (s)} \longrightarrow \text{Na}^+ \text{(aq)} + \text{OH}^- \text{(aq)} \quad | \text{ exotherm}$$

Wie ist das basische Verhalten einer Lösung zu erklären? Kaliumhydroxid und Calciumhydroxid sind wie Natriumhydroxid aus Ionen aufgebaut. Beim Lösen von Kaliumhydroxid und Calciumhydroxid in Wasser werden die Ionengitter zerstört. In den wässrigen Lösungen liegen die Ionen frei beweglich vor.

$KOH\,(s) \longrightarrow K^{+}\,(aq) + OH^{-}\,(aq)$ | exotherm
$Ca(OH)_2\,(s) \longrightarrow Ca^{2+}\,(aq) + 2\,OH^{-}\,(aq)$ | exotherm

Ein Vergleich der Teilchen in den wässrigen Lösungen der Hydroxide zeigt, dass nur Wassermoleküle und hydratisierte Hydroxid-Ionen gemeinsame Teilchen all dieser Lösungen sind. Da ein Indikator mit reinem Wasser keine basische Reaktion anzeigt, ist das basische Verhalten einer wässrigen Lösung offensichtlich auf das Vorhandensein von hydratisierten Hydroxid-Ionen zurückzuführen.

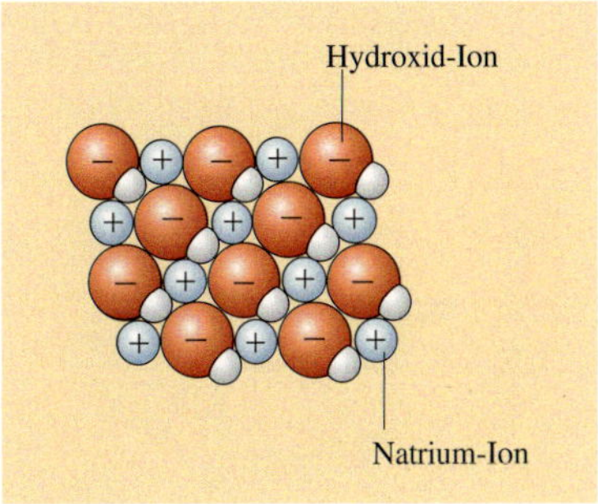

3 Modell des Ionengitters im Natriumhydroxid

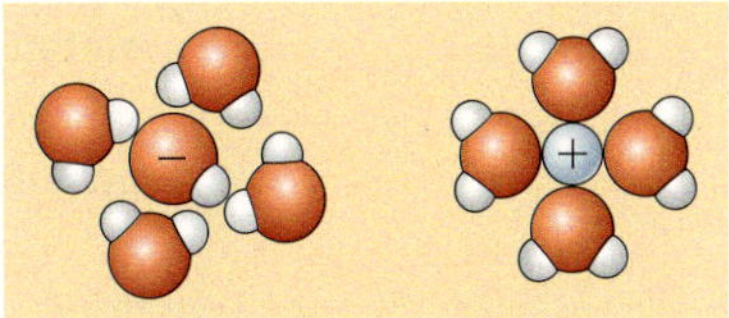
4 Modell eines hydratisierten Hydroxid-Ions und eines hydratisierten Natrium-Ions

Basische Lösungen sind wässrige Lösungen, die Hydroxid-Ionen enthalten. Die charakteristische Farbänderung bei Indikatoren wird durch Hydroxid-Ionen in der Lösung bewirkt.

Metallhydroxide können auch so entstehen Wie im Experiment 18 auf S.27 erkannt wurde, reagiert das unedle Metall Calcium mit Wasser. Es entsteht Calciumhydroxidlösung, eine basische Lösung, die mit einem Indikator nachgewiesen werden kann. Außerdem lässt sich ein brennbares Gas nachweisen, der Wasserstoff. ↑E.18 S.27

$Ca\,(s) + 2\,H_2O\,(l) \longrightarrow Ca^{2+}\,(aq) + 2\,OH^{-}\,(aq) + H_2\,(g)$ | exotherm

Auch andere unedle Metalle wie Natrium, Lithium und Magnesium reagieren mit Wasser zum Teil heftig zu Metallhydroxidlösungen und Wasserstoff.

$2\,Na\,(s) + 2\,H_2O\,(l) \longrightarrow 2\,Na^{+}\,(aq) + 2\,OH^{-}\,(aq) + H_2\,(g)$ | exotherm

Ähnlich reagieren die Oxide unedler Metalle wie Calciumoxid und Magnesiumoxid in einer exothermen Reaktion mit Wasser. Indikatoren zeigen die Bildung einer basischen Lösung an. ↑E.19 S.27 Bei der Reaktion gibt ein Wassermolekül ein Wasserstoff-Ion ab, das mit dem Oxid-Ion des Metalloxids reagiert. Es entstehen Hydroxid-Ionen.

$CaO\,(s) + H_2O\,(l) \longrightarrow Ca^{2+}\,(aq) + 2\,OH^{-}\,(aq)$ | exotherm

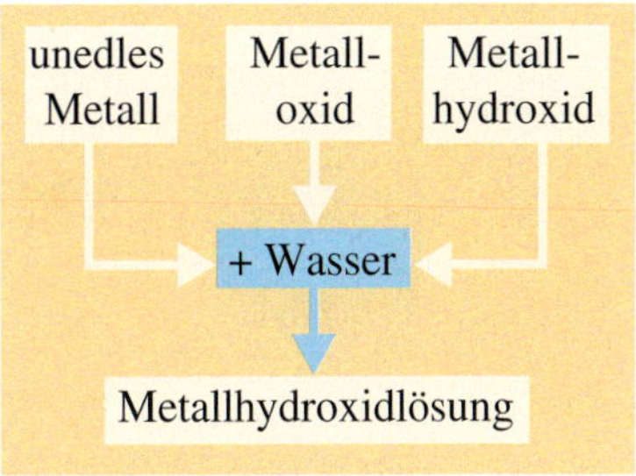

Unedle Metalle, wie Natrium und Calcium, sowie einige Metalloxide bilden bei der Reaktion mit Wasser Metallhydroxidlösungen.

Aufgaben

1 Lithiumhydroxid und Magnesiumhydroxid werden in Wasser gelöst. Stelle die Wort- und Reaktionsgleichung auf.

2 Feste Metallhydroxide leiten den elektrischen Strom nicht, wohl aber die Metallhydroxidlösungen. Erkläre.

3 Erstelle die Reaktionsgleichungen für folgende Reaktionen:
a Natrium mit Wasser
b Magnesium mit Wasser
c Natriumoxid mit Wasser

1 Vom Alkalimetall Natrium zur Ionensubstanz Natriumhydroxid

Metallhydroxide im Überblick Einzelne Vertreter der Stoffgruppe der Metallhydroxide habt ihr im Zusammenhang mit ihren basischen Lösungen schon kennen gelernt, selbst experimentell untersucht und im Alltag verwendet.

Eigenschaften, Bau und Verwendung einiger Metallhydroxide

Name und Formel des Metallhydroxids	Natriumhydroxid NaOH	Kaliumhydroxid KOH	Calciumhydroxid $Ca(OH)_2$
Eigenschaften			
Aussehen	weißer, fester Stoff	weißer, fester Stoff	weißer, fester Stoff
Eigenschaft als Gefahrstoff und daraus folgende andere Bezeichnung	ätzend (C) Ätznatron	ätzend (C) Ätzkali	reizend (Xi) Ätzkalk
Wasserlöslichkeit	gut löslich – Bildung von Natronlauge	gut löslich – Bildung von Kalilauge	weniger gut löslich – Bildung von Kalkwasser bzw. Kalkmilch
Elektrische Leitfähigkeit	keine; in Lösung gut	keine; in Lösung gut	keine; in Lösung gut
Bau			
Art der Teilchen	positiv elektrisch geladene Natrium-Ionen und negativ elektrisch geladene Hydroxid-Ionen	positiv elektrisch geladene Kalium-Ionen und negativ elektrisch geladene Hydroxid-Ionen	positiv elektrisch geladene Calcium-Ionen und negativ elektrisch geladene Hydroxid-Ionen
Chemische Bindung	Ionenbindung	Ionenbindung	Ionenbindung
Verwendung	Bestandteil von Abflussreinigern und Industriereinigern; Herstellung von Seife; Konservierung alter Schriftstücke; Herstellung von Laugengebäck (sehr verdünnt)	Bestandteil von Industriereinigern, Herstellung von Schmierseife; Bestandteil von Nickel-Cadmium-Akkumulatoren	Herstellung von Kalkmörtel und von Düngemitteln; Einsatz in Abwasseraufbereitungsanlagen und in Rauchgasentschwefelungsanlagen; Hilfsmittel bei der Zuckerherstellung

Ammoniaklösung als basische Lösung Ammoniak ist ein stechend riechendes Gas mit der Formel NH_3. Es löst sich sehr gut in Wasser. Die entstehende Lösung leitet den elektrischen Strom. ↑E.22 In der Ammoniaklösung müssen also frei beweglich Ionen vorliegen. Die Blaufärbung des Indikators deutet auf die Anwesenheit von Hydroxid-Ionen hin. Wo kommen sie her? Anhand der Formel von Ammoniak ist nicht zu erkennen, warum Ammoniak in Wasser eine basische Lösung bildet.
Wie Wassermoleküle sind auch Ammoniakmoleküle Dipolmoleküle, in denen getrennte Ladungsschwerpunkte mit positiven und negativen elektrischen Teilladungen existieren. ↑3 Beim Lösen von Ammoniak in Wasser ziehen sich die ungleichnamigen Pole der Moleküle gegenseitig an. Dabei geht ein Wasserstoff-Ion (Proton) vom Wassermolekül zum Ammoniakmolekül über. Aus dem Wassermolekül entsteht ein Hydroxid-Ion und aus dem Ammoniakmolekül ein Ammonium-Ion (NH_4^+). ↑3 Da bei dieser Reaktion ein Proton vom Wassermolekül auf das Ammoniakmolekül übertragen wird, handelt es sich um eine Reaktion mit Protonenübergang. ↑2

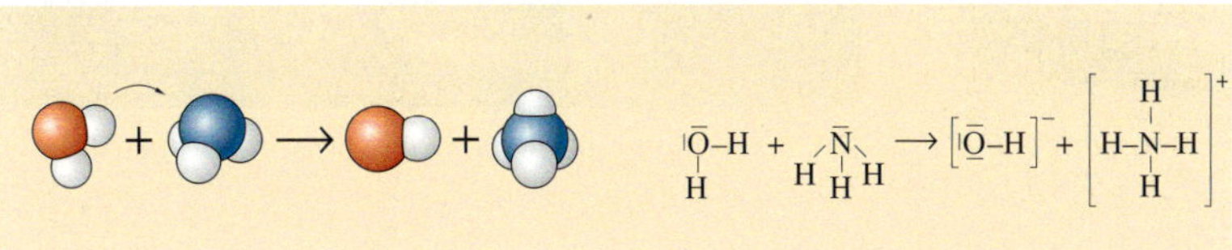

2 Reaktion mit Protonenübergang zwischen Ammoniak und Wasser im Modell

Protonenabgabe:	H_2O (Protonendonator)			$\longrightarrow H^+$	$+ OH^-$
Protonenaufnahme:	H^+	$+$	NH_3 (Protonenakzeptor)	$\longrightarrow NH_4^+$	
Protonenübergang:	H_2O	$+$	NH_3	$\longrightarrow NH_4^+$	$+ OH^-$

Säure-Base-Reaktion Der dänische Chemiker JOHANNES N. BRÖNSTED (1879 bis 1947) betrachtete Säuren und Basen auf der Teilchenebene. Er definierte Säuren als Teilchen, z. B. Moleküle, die Protonen abgeben können, die also Protonendonatoren sind. Basen sind entsprechend Teilchen, die Protonen aufnehmen können. Es sind Protonenakzeptoren.
Reaktionen, bei denen zwischen den reagierenden Teilchen Protonen übertragen werden, bezeichnete BRÖNSTED als **Säure-Base-Reaktionen**.
Vergleicht man die Reaktion von Wasser mit Ammoniak und die von Wasser mit Chlorwasserstoff, so fällt Folgendes auf: Bei beiden Reaktionen findet ein Protonenübergang statt. Allerdings nimmt das Wassermolekül bei der Reaktion von Wasser mit Chlorwasserstoff ein Proton auf, während es bei der von Wasser mit Ammoniak ein Proton abgibt. Das Wassermolekül kann also in Abhängigkeit vom Reaktionspartner sowohl als Säure (Protonendonator) als auch als Base (Protonenakzeptor) wirken.

EXPERIMENT 22 [L]
Lösen von Ammoniak in Wasser.
Vorsicht! Abzug!
Eine Kristallisierschale wird mit Wasser gefüllt, das mit Universalindikator versetzt ist. Ein mit Ammoniak (T, N) gefüllter Rundkolben wird in die Kristallisierschale getaucht. Mit einer Pipette ist etwas Wasser in den Rundkolben einzuspritzen. Die entstandene Lösung wird auf elektrische Leitfähigkeit geprüft.

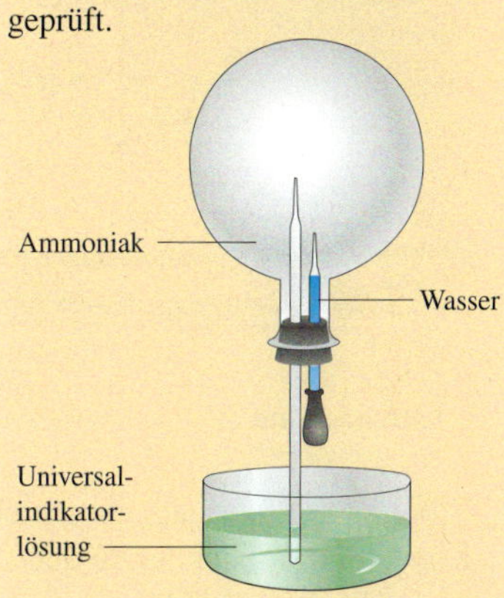

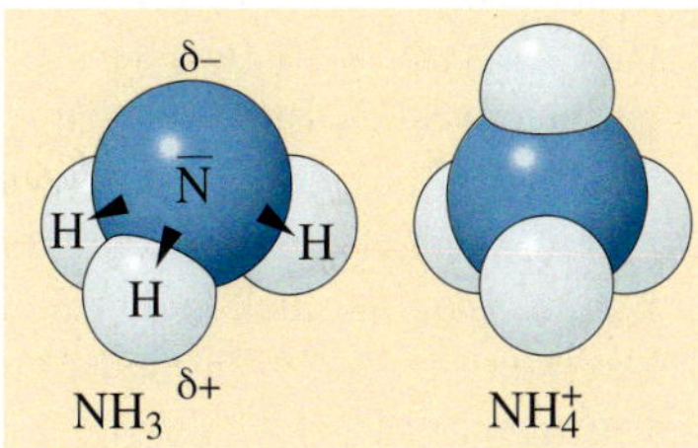

3 Modell und Formel des Ammoniakmoleküls und des Ammonium-Ions

$$\underset{\text{Säure}}{HCl} \xrightarrow{\text{Protonenabgabe}} H^+ + Cl^-$$

$$\underset{\text{Base}}{NH_3} + H^+ \xrightarrow{\text{Protonenaufnahme}} NH_4^+$$

Aufgaben

1 Entwickle einen Steckbrief von Ammoniak. Verwende dazu auch Tabellenwerke.

2 Begründe, warum in Experiment 22 zu Beginn Wasser in den Rundkolben gespritzt wird.

3 Vergleiche die Reaktion von Natriumhydroxid mit Wasser mit der Reaktion von Ammoniak mit Wasser.

weiter gedacht

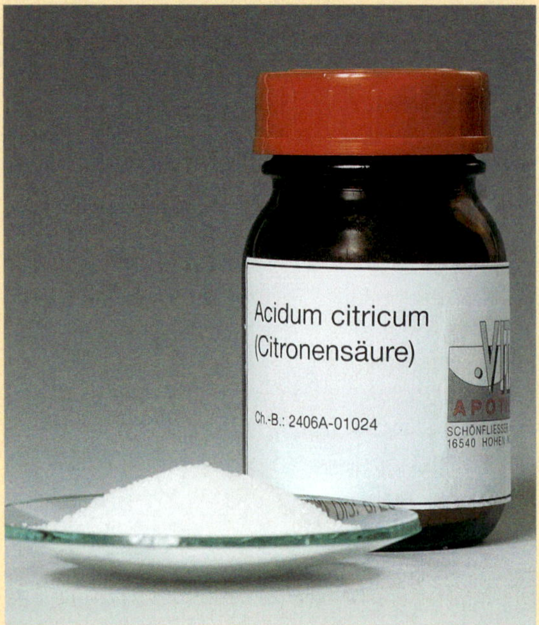

1 Citronensäure aus der Apotheke

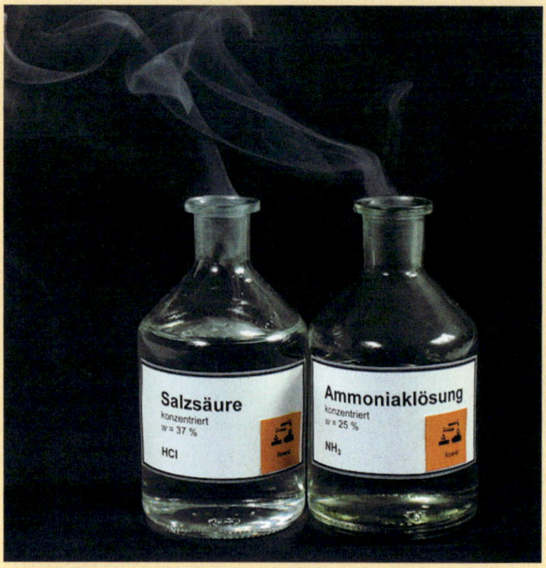

2 Chemische Reaktion von Chlorwasserstoff und Ammoniak

1 Erkunde zu Hause experimentell die geringste Konzentration, bei der du den sauren Geschmack einer Citronensäurelösung gerade noch wahrnehmen kannst. Wiege dazu mehrere Portionen zu je 0,2 g Citronensäure (aus der Apotheke) auf einem gefalteten Stück Butterbrotpapier ab (die Masse des Papiers abziehen). Gib die erste Portion in einen Liter Leitungswasser und rühre gut um. Nimm einen Schluck und prüfe, ob ein Geschmack zu erkennen ist. Gib in die Lösung weitere 0,2 g Citronensäure. Rühre gut um und nimm erneut einen Schluck. Verfahre mit einer weiteren 0,2-g-Portion in gleicher Weise. Lass die Geschmacksprobe jeweils eine Weile auf deine Zunge einwirken. Warte immer ein wenig, bevor du die nächste Probe kostest. Bei welcher Konzentration liegt deine Wahrnehmungsgrenze für „sauer“?
An welchen Stellen deiner Zungenoberfläche nimmst du „sauer“ wahr?
Hinweis: Die Volumenänderung durch das Trinken wird bei der Berechnung nicht berücksichtigt.

2 Schwefelsäure und Salzsäure sowie Natronlauge und Ammoniak sind wichtige Grundchemikalien. Recherchiere, in welchen Mengen diese technischen Säuren und Laugen jährlich in Deutschland hergestellt werden. Vergleiche diese Zahlen mit der weltweiten Jahresproduktion dieser Stoffe und bewerte die Stellung Deutschlands.

3 Treffen die gasförmigen Stoffe Chlorwasserstoff und Ammoniak aufeinander, findet eine Säure-Base-Reaktion ohne Beteiligung von Wasser statt. Formuliere die Reaktionsgleichung und stelle den Protonenübergang modellhaft dar.

4 Lebensmittelzusatzstoffe, wie Antioxidationsmittel, Farbstoffe und Emulgatoren, werden nach dem Lebensmittelrecht mit E-Nummern gekennzeichnet. Unter den Konservierungsstoffen findet man z. B. E 200, E 210, E 280, unter den Säuerungsmitteln E 330 und E 334. Finde heraus, welche Stoffe sich hinter diesen Angaben verbergen.

5 Eine wässrige Ammoniaklösung leitet den elektrischen Strom und färbt Universalindikator blau. Flüssiges Ammoniak besitzt diese Eigenschaft nicht. Erkläre das unterschiedliche Verhalten. Recherchiere, wo Ammoniak vorkommt.

3 Ein Aaskäfer benutzt 4,5%ige Ammoniaklösung zur Abwehr von Feinden.

Säuren

Stoffe, die durch Reaktion mit Wasser saure Lösungen bilden

Saure Lösungen

Wässrige Lösungen, die Hydronium-Ionen (H_3O^+) enthalten. Die Hydronium-Ionen bewirken bei Indikatoren eine typische Farbänderung.

Saure Lösungen entstehen z. B. durch:
1. das Lösen von Säuren in Wasser
   Säure + Wasser ⟶ saure Lösung
2. die Reaktion einiger Nichtmetalloxide mit Wasser
   Nichtmetalloxid + Wasser ⟶ saure Lösung

Reaktion mit Protonenübergang

Chemische Reaktion, bei der zwischen den Teilchen der reagierenden Stoffe Protonen übertragen werden

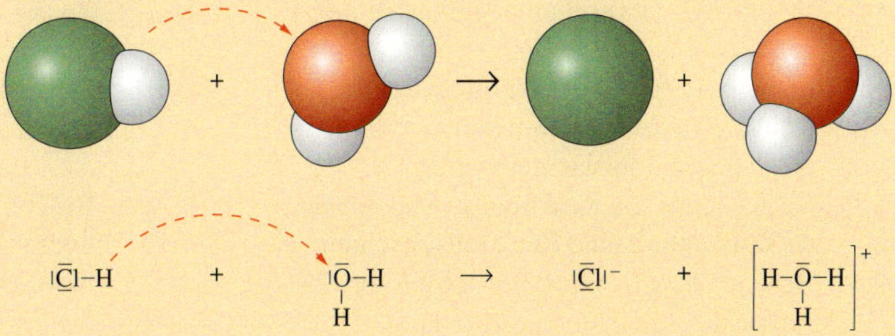

Basen

Stoffe, die durch Reaktion mit Wasser basische Lösungen bilden

Basische Lösungen

Wässrige Lösungen, die Hydroxid-Ionen (OH^-) enthalten. Die Hydroxid-Ionen bewirken bei Indikatoren eine typische Farbänderung.

Basische Lösungen entstehen z. B. durch:
1. das Lösen von einigen Metallhydroxiden in Wasser
   Metallhydroxid + Wasser ⟶ basische Lösung
2. die Reaktion der Oxide einiger Metalle mit Wasser
   Metalloxid + Wasser ⟶ basische Lösung
3. die Reaktion einiger Metalle mit Wasser
   Metall + Wasser ⟶ basische Lösung + Wasserstoff

Säure-Base-Reaktionen

Chemische Reaktionen mit Protonenübergang

Protonenabgabe: $H_2O \longrightarrow H^+ + OH^-$
(H₂O: Protonendonator)

Protonenaufnahme: $H^+ + NH_3 \longrightarrow NH_4^+$
(NH₃: Protonenakzeptor)

Protonenübergang: $H_2O + NH_3 \longrightarrow NH_4^+ + OH^-$

Check up

1 Säuren und saure Lösungen haben in der Chemie eine große Bedeutung.

a Nenne drei charakteristische Eigenschaften einer Säure.

b Nenne die typischen Teilchen einer sauren Lösung und erläutere deren Bildung.

c Gib jeweils zwei Beispiele für eine Säure und eine saure Lösung an.

2 Chlorwasserstoff wird in Wasser eingeleitet.

a Erläutere mithilfe des Teilchenmodells die Vorgänge, die dabei ablaufen.

b Ordne bestimmten Teilchen die Begriffe Protonendonator und Protonenakzeptor zu.

3 Reine Schwefelsäure leitet nicht den elektrischen Strom und reagiert nicht sauer. Wird sie mit Wasser verdünnt ändern sich ihre Eigenschaften.

a Formuliere für die Reaktion zwischen Schwefelsäure und Wasser eine Reaktionsgleichung in Ionenschreibweise.

b Kennzeichne die Reaktionsart und gib für jede Teilreaktion eine Reaktionsgleichung an.

c Benenne Protonendonator und Protonenakzeptor.

d Vergleiche die elektrische Leitfähigkeit zwischen reiner Schwefelsäure und der verdünnten Schwefelsäure. Begründe die Ergebnisse des Vergleichs.

e Erkläre, warum verdünnte Schwefelsäure sauer reagiert.

4 Durch natürliche und vom Menschen hervorgerufene Prozesse befinden sich in der Atmosphäre verschiedene Nichtmetalloxide, z. B. Kohlenstoffdioxid, Schwefeldioxid und Stickstoffoxide. Außerdem befindet sich in der Atmosphäre Wasserdampf.

a Erläutere mögliche Reaktionen, die zwischen diesen Oxiden und Wasser ablaufen können.

b Formuliere für die Reaktionen von Kohlenstoffdioxid und Schwefeldioxid die jeweilige Wortgleichung und die Reaktionsgleichung in Ionenschreibweise.

c Wie könntest du mithilfe eines einfachen Experimentes nachweisen, dass in der Atmosphäre Reaktionen unter Bildung saurer Lösungen ablaufen?

5 Basische Lösungen werden in vielen Bereichen benötigt.

a Nenne zwei Beispiele für basische Lösungen.

b Nenne die typischen Teilchen einer basischen Lösung und erläutere zwei Möglichkeiten für ihre Bildung.

6 Ammoniak färbt trockenes Universalindikatorpapier nicht. Ein Stück feuchtes Indikatorpapier wird dagegen in Ammoniakgas sofort blau. Erläutere die Vorgänge.

7 Magnesiumoxid wird unter ständigem Umrühren in warmes Wasser gegeben.

a Beschreibe die ablaufende chemische Reaktion und formuliere eine Reaktionsgleichung in Ionenschreibweise.

b Zu der Lösung wird Universalindikator getropft. Formuliere eine Voraussage über die zu erwartende Farbänderung des Indikators und begründe.

8 Beschreibe den Lösevorgang von Bariumhydroxid in Wasser mithilfe des Teilchenmodells. Formuliere die Ionengleichung für diesen Lösevorgang.

9 Auf den Etiketten vieler Reinigungsmittel befindet sich der Hinweis „Vorsicht, nicht in die Augen bringen!“. Erläutere den Grund für diesen Hinweis.

Aufgabe	Hilfe findest du auf Seite …	Verbindung der Aufgabe zu den Basiskonzepten ↑S.8
1	15, 16, 17	T R
2	16, 18	R T
3	15, 16, 17, 18	T R
4	15, 16	R
5	28, 29, 31	T R
6	33	R
7	28, 31	R
8	31	S R
9	29	T

T Stoff-Teilchen-Beziehungen, S Struktur-Eigenschafts-Beziehungen, R Chemische Reaktion

Die Lösungen findest du im Anhang.

Neutralisation

Zum Laichen verlassen die Lachse das Salzwasser der Meere und ziehen die Flüsse aufwärts. Die empfindlichen Tiere brauchen sauberes, sauerstoffreiches Wasser. Doch häufig sind die Flüsse verschmutzt und die Laichplätze der Lachse zu sauer oder auch zu basisch.

- → Was kann getan werden, damit das Wasser in den Flüssen nicht zu sauer oder zu basisch ist?
- → Wie kann die Wasserqualität bestimmt werden?
- → Was bedeutet die Aussage „Der pH-Wert stimmt nicht"?
- → Was geschieht bei einer Neutralisation und welche Bedeutung haben Neutralisationsreaktionen?

$$HCl + NaOH \rightarrow NaCl + H_2O$$

Welt der Chemie

pH-Werte im menschlichen Körper

Alle Vorgänge des menschlichen Stoffwechsels sind abhängig vom pH-Wert in den Zellen und Organen. Häufig können die verschiedenen chemischen Reaktionen in unserem Körper nur bei ganz bestimmten pH-Werten stattfinden.

Mund
Mundspeichel: pH = 6,8 bis 7,2
Bei diesen pH-Werten arbeitet das Speichelenzym Amylase optimal. Es zerlegt Stärke in den Zucker Maltose.

Haut
Frauen: pH = 5,6
Männer: pH = 4,9
Der Säureschutzmantel der Haut wehrt Bakterien und andere Krankheitserreger ab.

Lymphe
pH = 7,4
Die Lymphe bildet das flüssige Bindeglied zwischen Blut und Gewebe.

Magen
pH ≤ 2 (Magenwand)
bis 6,8 (Mageninneres)
Magensaft enthält Salzsäure mit einem Massenanteil von 0,5 % (pH = 1,0–1,5).
Die Salzsäure lässt Eiweiße gerinnen und aufquellen, sodass sie leichter verdaut werden können. Bakterien und andere Krankheitserreger, die mit der Nahrung in den Magen gelangen, werden abgetötet.

Blut
pH = 7,37 (venös), pH = 7,40 (arteriell)
Durch verschiedene Regulationssysteme wird der pH-Wert im Blut sehr konstant gehalten. Schon Abweichungen um 0,05 können zum Tod führen.

Harn
pH = 4,8 bis 7,7
Abweichungen lassen auf ernsthafte Erkrankungen schließen.

Dünndarm
pH = 5,6 nimmt bis 8,3 zu.
Wenn der saure Nahrungsbrei den Magen verlässt, wird er leicht alkalisch gemacht. In diesem Bereich wirken die Enzyme der Bauchspeicheldrüse und des Dünndarms am besten.

Dickdarm
pH-Wert zwischen 6,5 und 7,8
Im Dickdarm findet die Aufspaltung unverdauter Nahrungsreste durch Gärungs- und Fäulnisprozesse statt.

Selbst untersucht Reaktionen von sauren mit basischen Lösungen

1 Prüfe verschiedene Lösungen mit Indikatoren.

Gib in vier Reagenzgläser je 2 ml destilliertes Wasser. Gib in das zweite außerdem fünf Tropfen 5%ige Salzsäure, in das dritte fünf Tropfen 5%ige Natronlauge (C) und in das vierte eine Spatelspitze Natriumchlorid. Versetze alle Proben mit fünf Tropfen Lackmuslösung.
Wiederhole das Experiment mit Universalindikator- und Bromthymolblaulösung.
Überlege dir vorher, was du jeweils an Beobachtungen erwartest. Notiere deine Erwartungen und die Beobachtungen.
Entsorgung: Reste der Lösungen in den Sammelbehälter I geben.

2 Stelle eine Natronlauge mit einem bestimmten Gehalt her.

Stelle eine Natronlauge her, die in einem Liter Wasser 0,1 mol Natriumhydroxid enthält. Plane dazu die Vorgehensweise. Berechne die Masse Natriumhydroxid (C), die du in einem bestimmten Volumen destilliertem Wasser lösen musst.
Entsorgung: Reste der Lösungen in den Sammelbehälter I geben.

3 Untersuche das Verhalten einer sauren Lösung bei Zugabe einer basischen Lösung.

Vermische in einem kleinen Becherglas 5 ml Wasser mit fünf Tropfen 5%iger Salzsäure. Gib vier Tropfen Universalindikatorlösung zu. Tropfe mit einer Tropfpipette 1%ige Natronlauge (Xi) zu.
Mische die Lösungen nach jedem Tropfen durch vorsichtiges Umschwenken des Becherglases.
Beschreibe das Verhalten des Indikators. Gib an, welche Teilchen bei den verschiedenen Färbungen des Indikators in der Lösung vorliegen müssen.
Entsorgung: Reste der Lösungen in den Sammelbehälter I geben.

4 Untersuche das Verhalten einer basischen Lösung bei Zugabe einer sauren Lösung.

Wiederhole Experiment 3 unter Verwendung von Calciumhydroxidlösung und 2%iger Salpetersäure. Gib als Indikator vier Tropfen Phenolphthaleinlösung zu.
Beschreibe das Verhalten des Indikators. Welche Teilchen liegen bei den verschiedenen Färbungen des Indikators in der Lösung vor?
Entsorgung: Reste der Lösungen in den Sammelbehälter I geben.

5 Untersuche die Temperaturänderung bei Zugabe von Natronlauge zu Salzsäure.

Stelle ein Becherglas mit 30 ml 5%iger Salzsäure und eines mit 30 ml 5%iger Natronlauge (C) bereit. Ermittle die Temperatur beider Lösungen. Gib beide Lösungen zusammen und bestimme die Temperatur erneut.
Dampfe die entstandene Lösung vorsichtig ein. Betrachte den Rückstand mit einer Lupe.
Notiere deine Beobachtungen und deute die Veränderungen.
Entsorgung: Reste der Lösungen in den Sammelbehälter für Abwasser geben.

6 Bestimme den pH-Wert nach dem Verdünnen einer sauren und einer basischen Lösung.

Bestimme den pH-Wert einer 5%igen Salzsäure mit einem pH-Meter. Entnimm der Lösung 10 ml und verdünne sie mit destilliertem Wasser auf 100 ml. Bestimme den pH-Wert der hergestellten Lösung erneut.
Wiederhole nun den Versuch mit 5%iger Natronlauge (C).
Notiere deine Beobachtungen.
Entsorgung: Reste der Lösungen in den Sammelbehälter I geben.

Saure, basische und neutrale Lösungen

1 Süßwasseraquarium

In einem Aquarium müssen bestimmte Bedingungen vorliegen, damit sich die Fische wohlfühlen. Das Wasser darf weder zu sauer noch zu basisch (alkalisch) sein. Was ist zu tun, damit dieses Ziel erreicht werden kann?

Schon gewusst?

Im 18. Jahrhundert brachten Fürsten die blau blühende Hortensie aus Japan für ihre Gärten in Europa mit. Dabei machten sie eine eigenartige Entdeckung: Die ursprünglich blau blühende Pflanze zeigte auf bestimmten Böden eine rote Blüte. Später fand man heraus, dass die Blütenfarbe davon abhängt, ob der Boden sauer oder basisch (alkalisch) ist.

Unterschiedliches Verhalten von Lösungen Wer ein Aquarium besitzt, sollte in bestimmten Zeitabständen den pH-Wert des Wassers kontrollieren. Auch in der Landwirtschaft sowie bei Seen und Flüssen wird untersucht, ob der Boden oder das Wasser sauer oder basisch ist. Häufig werden zur Untersuchung Indikatoren verwendet.

Wie bereits bekannt, zeigen bestimmte Farben der Indikatoren an, ob eine wässrige Lösung sauer oder basisch reagiert. In neutralen Lösungen, die weder sauer noch basisch sind, zeigt die Farbe des Indikators die Übergangsfarbe zwischen sauren und basischen Lösungen an. ↑E.1 S.39

Indikator	Farbe in saurer Lösung	Farbe in neutraler Lösung	Farbe in basischer Lösung
Universalindikator	rot – orange – gelb	grün	blau
Lackmus	rot	violett	blau
Bromthymolblau	gelb	grün	blau

Wie stark oder schwach sauer oder basisch eine Lösung ist, kann mithilfe des pH-Werts genau angegeben werden.

Die Aussagen über wässrige Lösungen lassen sich aber noch weiter präzisieren. Dazu muss die Konzentration einer Lösung genauer betrachtet werden.

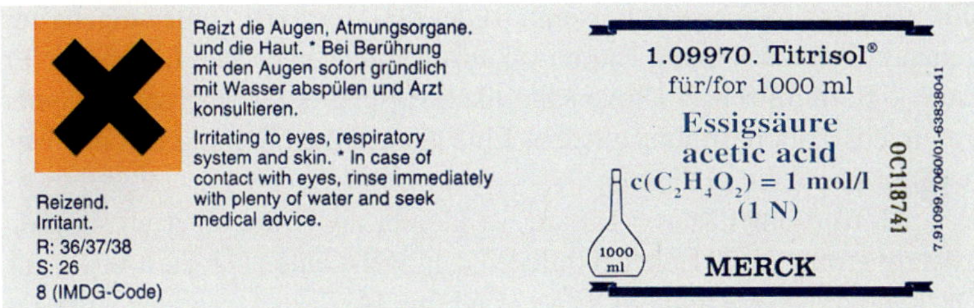

2 Etikett einer Chemikalienflasche

3 Etiketten von Essigessenzflaschen

Konzentration von Lösungen Im Labor findet man auf Chemikalienflaschen mit Lösungen neben dem Namen der Lösung auch Angaben darüber, wie viel des gelösten Stoffes gelöst ist. Auch auf den Etiketten von Lösungen, die im Haushalt verwendet werden, wie Essigessenz und Speiseessig, gibt es Angaben über den Gehalt an Essigsäure in der Lösung.
Eine Größe zur Angabe der Konzentration einer Lösung, die Massenkonzentration, hast du bereits kennengelernt. ↑Tabelle
Eine weitere Größe zur Gehaltsangabe, die sich aus der Stoffmenge des gelösten Stoffes ergibt, ist die **Stoffmengenkonzentration *c***. Die Stoffmengenkonzentration des gelösten Stoffes in einer Lösung ist der Quotient aus der Stoffmenge des gelösten Stoffes und dem Volumen der Lösung. Die Einheit wird meist in mol/l angegeben.

$$c(\text{gelöster Stoff}) = \frac{n(\text{gelöster Stoff})}{V(\text{Lösung})} \qquad [c] = 1\ \frac{\text{mol}}{\text{l}}$$

Die Berechnung der Stoffmengenkonzentration soll am Beispiel der Natronlauge näher erläutert werden. Löst man 40 g Natriumhydroxid, also eine Stoffmenge von 1 mol, in 1 Liter Wasser, erhält man eine Natronlauge mit der Stoffmengenkonzentration $c(\text{NaOH}) = 1$ mol/l. Werden dagegen 20 g Natriumhydroxid, also eine Stoffmenge von einem halben Mol, in einem Liter Wasser gelöst, so ist die Stoffmengenkonzentration der Natronlauge nur $c(\text{NaOH}) = 0{,}5$ mol/l. ↑E.2 S.39
Entsprechend besitzt eine Salzsäure mit 2 mol gelöstem Chlorwasserstoff in 1 Liter Salzsäure eine Stoffmengenkonzentration $c(\text{HCl}) = 2$ mol/l. Mithilfe der molaren Masse kann die Stoffmengenkonzentration in die Massenkonzentration β umgerechnet werden. Für die genannte Salzsäure ergibt sich eine Massenkonzentration $\beta(\text{HCl}) = 73$ g/l.

Die Stoffmengenkonzentration *c* ist der Quotient aus der Stoffmenge eines gelösten Stoffes und dem Volumen der Lösung.

Stoffmengenkonzentration c – Stoffmenge n – Volumen V

$$\boldsymbol{c}(\text{gelöster Stoff}) = \frac{\boldsymbol{n}(\text{gelöster Stoff})}{\boldsymbol{V}(\text{Lösung})}$$

$$\boldsymbol{n}(\text{gelöster Stoff}) = \boldsymbol{c}(\text{gelöster Stoff}) \cdot \boldsymbol{V}(\text{Lösung})$$

$$\boldsymbol{V}(\text{Lösung}) = \frac{\boldsymbol{n}(\text{gelöster Stoff})}{\boldsymbol{c}(\text{gelöster Stoff})}$$

Massenkonzentration β – molare Masse M – Stoffmengenkonzentration c

$$\beta(\text{gelöster Stoff}) = \frac{\boldsymbol{m}(\text{gelöster Stoff})}{\boldsymbol{V}(\text{Lösung})}$$

$$\boldsymbol{M}(\text{Stoff}) = \frac{\boldsymbol{m}(\text{Stoffportion})}{\boldsymbol{n}(\text{Stoffportion})}$$

$$\beta(\text{gelöster Stoff}) = \boldsymbol{c}(\text{gelöster Stoff}) \cdot \boldsymbol{M}(\text{Stoff})$$

Aufgaben

1 Einer farblosen, mit Phenolphthalein versetzten Lösung wird nach und nach Natronlauge hinzugefügt. Was ist zu beobachten?

2 Welche Masse an Natriumhydroxid muss man jeweils in 5 Litern Wasser lösen, um Natronlauge mit der Stoffmengenkonzentration 0,5 mol/l, 1 mol/l bzw. 2 mol/l zu erhalten?

3 Citronensäure hat eine molare Masse von 192 g/mol. Berechne die Masse, die benötigt wird, um 3 Liter Citronensäurelösung mit der Stoffmengenkonzentration $c = 0{,}5$ mol/l herzustellen.

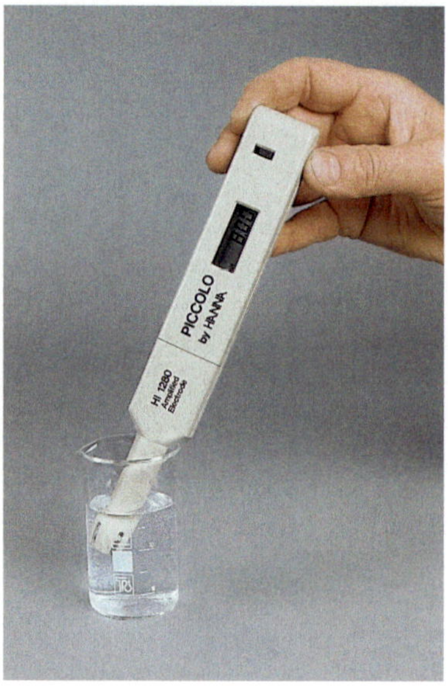

1 pH-Meter

Zusammenhang zwischen der Stoffmengenkonzentrationen der Hydronium-Ionen und der Hydroxid-Ionen und dem pH-Wert		
$c(H_3O^+)$ in mol/l	pH-Wert	$c(OH^-)$ in mol/l
$10^0 (=1)$	0	10^{-14}
10^{-1}	1	10^{-13}
10^{-2}	2	10^{-12}
10^{-3}	3	10^{-11}
10^{-4}	4	10^{-10}
10^{-5}	5	10^{-9}
10^{-6}	6	10^{-8}
10^{-7}	7	10^{-7}
10^{-8}	8	10^{-6}
10^{-9}	9	10^{-5}
10^{-10}	10	10^{-4}
10^{11}	11	10^{-3}
10^{-12}	12	10^{-2}
10^{-13}	13	10^{-1}
10^{-14}	14	$10^0 (=1)$

Der pH-Wert Wie bereits bekannt, ist der pH-Wert eine Zahlenangabe zur genauen Kennzeichnung saurer, alkalischer und neutraler Lösungen. Er kann z. B. mithilfe von Universalindikatorlösung unter Verwendung einer Vergleichsskala bestimmt werden. Eine exakte Bestimmung des pH-Wertes ermöglicht ein pH-Meter. ↑1

Der pH-Wert einer sauren Lösung ist kleiner als 7, der einer alkalischen Lösung größer als 7. Eine neutrale Lösung weist einen pH-Wert von 7 auf. Die pH-Wert-Skala umfasst Werte von 0 bis 14.

Wird eine Salzsäure auf das zehnfache Volumen verdünnt, so steigt der pH-Wert um 1 an. Verdünnt man eine Natronlauge auf das zehnfache Volumen, so sinkt der pH-Wert um 1. ↑E.6 S.39 Wie lässt sich das erklären?

Der pH-Wert beschreibt die Stoffmengenkonzentration der Hydronium-Ionen in einer Lösung. In reinem Wasser gilt: $c(H_3O^+) = 10^{-7}$ mol/l. Daraus leitet sich ein pH-Wert von 7 ab. In einer sauren Lösung mit dem pH-Wert von 6 beträgt die Stoffmengenkonzentration der Hydronium-Ionen 10^{-6} mol/l. Die Konzentration der Hydronium-Ionen ist also um den Faktor 10 größer als in einer neutralen Lösung.

Beim Verdünnen einer sauren Lösung auf das zehnfache Volumen nimmt auch die Stoffmengenkonzentration an Hydronium-Ionen um ein Zehntel ab. Folglich nimmt der pH-Wert um 1 zu.

In neutralen Lösungen sind die Stoffmengenkonzentrationen der Hydronium-Ionen und der Hydroxid-Ionen gleich. Es gilt: $c(H_3O^+) = c(OH^-)$.

Auch in alkalischen Lösungen gibt es immer eine wenn auch geringe Konzentration an Hydronium-Ionen. Deswegen kann auch für diese Lösungen ein pH-Wert angegeben werden. Beispielsweise beträgt bei einer Lösung mit $c(OH^-) = 10^{-5}$ mol/l die Stoffmengenkonzentration der Hydronium-Ionen $c(H_3O^+) = 10^{-9}$ mol/l. Die Lösung besitzt einen pH-Wert von 9. Wird eine solche Lösung auf das zehnfache Volumen verdünnt, so sinkt der pH-Wert auf 8.

Ebenso wie in alkalischen Lösungen neben den Hydroxid-Ionen auch Hydronium-Ionen vorliegen, befinden sich in sauren Lösungen neben den Hydronium-Ionen auch Hydroxid-Ionen. In sauren Lösungen überwiegen jedoch stets die Hydronium-Ionen, während in alkalischen Lösungen die Hydroxid-Ionen überwiegen.

Der Zusammenhang zwischen den Stoffmengenkonzentrationen der Hydronium-Ionen und der Hydroxid-Ionen in Lösungen und dem pH-Wert geht aus der links stehenden Tabelle hervor.

pH-Wert	0 2 3	4 5 6	7	8 9 10	11 12 13 14
Eigenschaft der Lösung	stark sauer	schwach sauer	neutral	schwach alkalisch	stark alkalisch
Ionen im Überschuss	Hydronium-Ionen (H_3O^{+})			Hydroxid-Ionen (OH^-)	

Die Stoffmengenkonzentration an Hydronium-Ionen bestimmt den pH-Wert einer wässrigen Lösung.

2 Kartoffeln gedeihen auf leicht saurem Boden.

3 Raps benötigt leicht alkalischen Boden.

Optimale pH-Werte des Bodens für Kulturpflanzen

Kulturpflanze	pH-Wert
Roggen	4,8–6,5
Kartoffeln	5,0–6,0
Tomaten	5,5–7,0
Mais	5,8–7,0
Zuckerrüben	6,5–7,5
Weizen	6,5–7,5
Bohnen	6,5–7,8
Spargel	6,5–7,8
Gerste	6,5–8,0
Raps	7,0–8,0

Bedeutung des pH-Werts Die meisten Pflanzen gedeihen nur auf einem Boden mit einem bestimmten pH-Wert. Deshalb hat der pH-Wert des Bodens für die Landwirtschaft eine besonders große praktische Bedeutung. Kulturpflanzen gedeihen nur auf Böden mit einem für sie optimalen Bereich des pH-Werts. So wächst z. B. Weizen nur auf beinahe neutralem Boden, während Kartoffeln sauren Boden vertragen. ↑2

An einigen wild wachsenden Pflanzen, den Zeigerpflanzen, kann der pH-Wert des Bodens erkannt werden. So wachsen Heidelbeeren oder Sauerampfer nur auf sauren Böden, während die Ackerkratzdistel auf schwach alkalischen Böden gedeiht.

Vom pH-Wert ist u. a. die Verfügbarkeit von Nährsalzen für die Pflanze abhängig. So lösen sich z. B. Nährsalze, die Eisen-Ionen enthalten, schlecht in alkalischen Böden und können von der Pflanze nicht aufgenommen werden. Ein zu saurer Boden, wie er beispielsweise durch den sauren Regen verursacht wird, schädigt häufig die Wurzeln der Pflanzen.

Auch die Lebewesen im Wasser benötigen einen für sie optimalen pH-Wert. Beim Einrichten eines Aquariums ist es daher wichtig, Fische auszuwählen, die die gleichen Ansprüche an das Wasser stellen. Das Wasser im Süßwasseraquarium sollte einen pH-Wert von 5,5 bis 7,5 besitzen, im Meerwasseraquarium sollte ein pH-Wert von 8,0 bis 8,5 eingestellt sein.

4 Das Wasser im Meerwasseraquarium sollte einen pH-Wert von 8 bis 8,5 haben.

Aufgaben

1 Erläutere den Zusammenhang zwischen dem pH-Wert und der Stoffmengenkonzentration an Hydronium-Ionen in einer wässrigen Lösung.

2 Zwei saure wässrige Lösungen weisen einen pH-Wert von 5 bzw. 3 auf. Gib jeweils die Stoffmengenkonzentration an Hydronium-Ionen an.

3 Berechne den pH-Wert einer Salzsäure mit einer Stoffmengenkonzentration von $c = 0{,}01$ mol/l gelöstem Chlorwasserstoff.

4 Ein Liter Salzsäure mit einem pH-Wert von 1 soll so verdünnt werden, dass die entstehende Lösung einen pH-Wert von 6 aufweist. Berechne das Volumen an Wasser, das hinzugefügt werden muss.

5 Erkundige dich über die Beschaffenheit des Waldbodens deiner Umgebung. Handelt es sich um einen sauren oder alkalischen Boden. Welche Bäume wachsen in dem Wald?

Neutrale Lösungen – Neutralisation

Saurer Regen kann zur Übersäuerung der Äcker führen. Um der Übersäuerung entgegenzuwirken, werden die Böden gekalkt. Warum kann Kalken bei der Übersäuerung des Bodens helfen? Was passiert dabei?

1 Kalken eines sauren Bodens

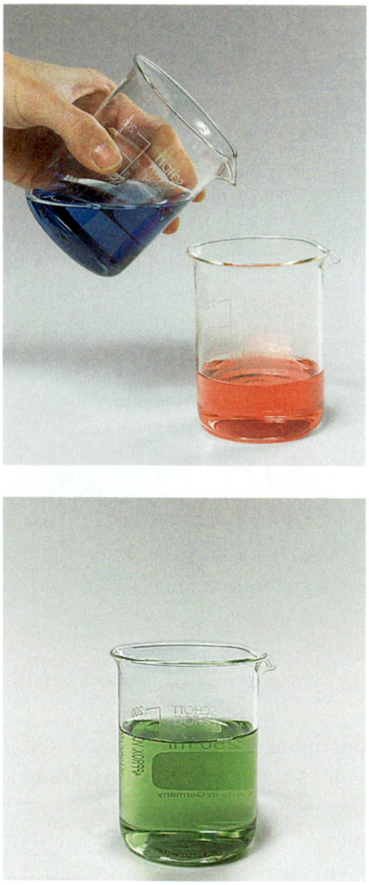

2 Zugabe von Natronlauge zu Salzsäure – vorher (oben) und nachher (unten); Lösungen enthalten Universalindikator.

Reaktion einer sauren mit einer basischen Lösung Wird zu verdünnter Salzsäure, die mit Universalindikator versetzt ist, tropfenweise verdünnte Natronlauge gegeben, so ändert sich die Farbe des Indikators nach Zugabe eines bestimmten Volumens Natronlauge nach Grün. ↑E.3 S.39 Es ist eine neutrale Lösung entstanden. Auch bei Zugabe eines bestimmten Volumens verdünnter Salpetersäure zu Calciumhydroxidlösung entsteht eine neutrale Lösung. ↑E.4 S.39 Chemische Reaktionen, bei denen saure Lösungen mit basischen Lösungen zu neutralen Lösungen reagieren, werden als Neutralisationen bezeichnet.

Die Neutralisation – eine chemische Reaktion Bei Zugabe von Salzsäure zu Natronlauge ist ein starker Temperaturanstieg festzustellen. ↑E.5 S.39 Das zeigt, dass die Neutralisation exotherm verläuft. Bei der Neutralisation von Natronlauge mit Salzsäure reagieren positiv elektrisch geladene Hydronium-Ionen der Salzsäure mit negativ elektrisch geladenen Hydroxid-Ionen der Natronlauge zu Wassermolekülen. Bei dieser Neutralisation ist also eine wässrige Natriumchloridlösung entstanden. Beim Eindampfen der entstandenen wässrigen Lösung bleiben farblose Kristalle von Natriumchlorid zurück. ↑E.5 S.39

$$\underbrace{H_3O^+ (aq) + Cl^- (aq)}_{\text{Salzsäure}} + \underbrace{Na^+ (aq) + OH^- (aq)}_{\text{Natronlauge}}$$
$$\longrightarrow \underbrace{Na^+ (aq) + Cl^- (aq)}_{\text{Natriumchloridlösung}} + 2\,H_2O\,(l) \mid \text{exotherm}$$

Aus der Ionengleichung lässt sich erkennen, dass hydratisierte Natrium-Ionen und hydratisierte Chlorid-Ionen vor und nach der Neutralisation vorliegen. Diese Ionen verändern sich nicht und können in der Ionengleichung weggelassen werden. Es ergibt sich als verkürzte Ionengleichung:

$$H_3O^+ (aq) + OH^- (aq) \longrightarrow 2\,H_2O\,(l) \mid \text{exotherm}$$

Diese Gleichung gilt für alle Neutralisationsreaktionen.

Reaktion mit Protonenübergang Bei einer Neutralisation findet ein Protonenübergang zwischen dem Hydronium-Ion und dem Hydroxid-Ion statt. Das Hydronium-Ion gibt ein Proton ab und wirkt als Protonendonator. Das Proton wird von dem Hydroxid-Ion aufgenommen. Es ist in dieser Reaktion der Protonenakzeptor. Durch den Protonenübergang bilden sich zwei Wassermoleküle.

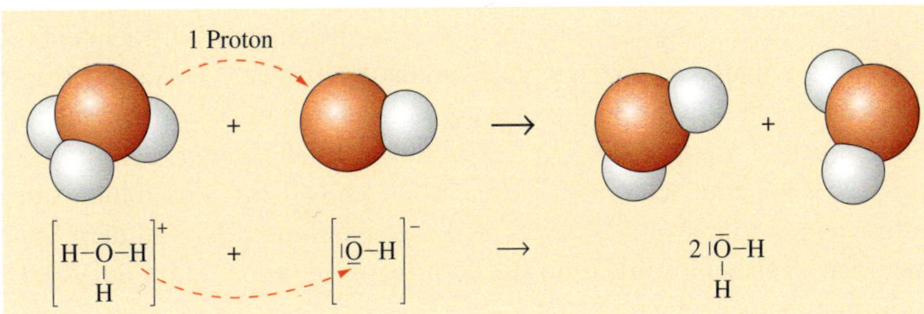

3 Protonenübergang bei der Reaktion von Hydronium-Ionen mit Hydroxid-Ionen im Modell

Die Neutralisation ist eine Reaktion mit Protonenübergang, bei der Hydronium-Ionen mit Hydroxid-Ionen zu Wassermolekülen reagieren.

Das gegenseitige Abgeben und Aufnehmen von Teilchen durch die reagierenden Stoffe ist bei vielen chemischen Reaktionen festzustellen. Es wird als **Donator-Akzeptor-Prinzip** bezeichnet und gilt als eine der Grundlagen zum Verständnis chemischer Reaktionen.

Bedeutung der Neutralisation Neutralisationen sind im Alltag, in der Natur und in der Technik von großer Bedeutung. Um saure oder basische (alkalische) Abwässer gefahrlos entsorgen zu können, werden sie in Abwasseraufbereitungsanlagen mit Salzsäure, Schwefelsäure, Natronlauge oder Calciumhydroxid neutralisiert. In der Spülmaschine wird das basische Spülmittel im Klarspülgang mit der sauren Lösung eines Klarspülers versetzt. Durch den sauren Regen oder durch Stoffwechselvorgänge in den Pflanzen kann der Boden sauer werden. Die Aufnahme von wichtigen Mineralstoffen durch die Pflanze wird dadurch eingeschränkt oder sogar verhindert. Kalkdünger schaffen einen für die Pflanzen günstigen pH-Wert. Bei der Verbrennung fossiler Brennstoffe wie Kohle entstehen schwefeldioxidhaltige Rauchgase. Diese verursachen u. a. den sauren Regen. In den Rauchgasentschwefelungsanlagen der Kraftwerke wird das Schwefeldioxid in Wasser gelöst. Die entstehende saure Lösung wird mit einer Calciumhydroxid-Aufschlämmung neutralisiert.
Im Labor lassen sich mithilfe der Neutralisation Stoffmengenkonzentrationen von sauren und basischen Lösungen bestimmen.

Schon gewusst?

Auch beim Färben von Haaren laufen Neutralisationen ab. Um das Haar für die Farbstoffe aufzuschließen, werden basische Lösungen eingesetzt. Nach dem Färbeprozess werden diese mit sauren Spülungen neutralisiert.

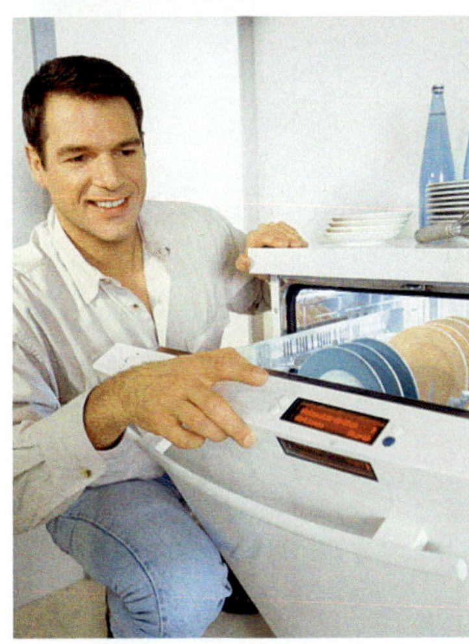

4 Spülmaschine: alkalisches Spülmittel, saurer Klarspüler

Aufgaben

1 Woran ist zu erkennen, dass eine Neutralisation stattgefunden hat?

2 Formuliere die Ionengleichungen für die Reaktionen von Phosphorsäure mit Kalilauge und Schwefelsäure mit Calciumhydroxidlösung.

3 Beim Kalken von Böden wird häufig Branntkalk (Calciumoxid) verwendet. Weise nach, dass es sich dabei um eine Neutralisation handelt.

4 Erläutere an einem Beispiel den Protonenübergang bei der Neutralisation.

1 Durchführung einer Titration

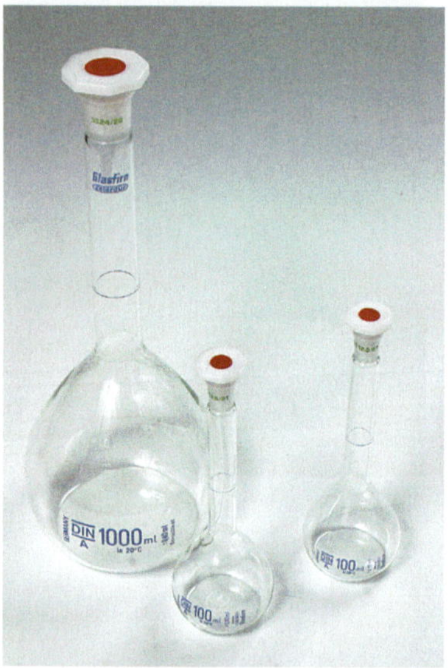

2 Maßlösungen werden in Maßkolben hergestellt.

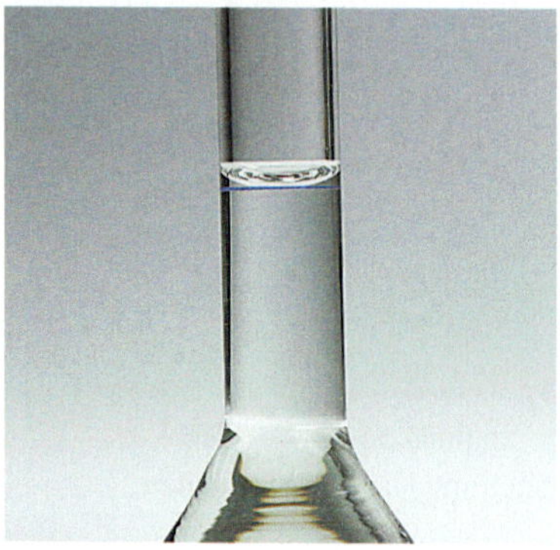

3 Abmessen des genauen Volumens

Ermitteln der Stoffmengenkonzentration durch Titration Im Labor ist es oft erforderlich, die genaue Stoffmengenkonzentration einer sauren oder basischen Lösung zu ermitteln. Dabei kann auch die Tatsache genutzt werden, dass Hydronium-Ionen einer sauren Lösung und Hydroxid-Ionen der basischen Lösung sich neutralisieren, wenn sie in gleicher Stoffmengenkonzentration vorliegen. Ein Verfahren, das die Neutralisation nutzt, ist die **Titration**.

Bei der Titration werden Lösungen mit genau bekannter Stoffmengenkonzentration eingesetzt, sogenannte **Maßlösungen**. Die Maßlösung tropft dabei aus einer Bürette in die Lösung mit unbekannter Stoffmengenkonzentration, die **Analysenlösung**. Ein Indikator zeigt das Ende der Titration an, z. B. wenn eine neutrale Lösung entstanden ist. Aus dem Volumen der verbrauchten Maßlösung, ihrer Stoffmengenkonzentration und dem Volumen der Analysenlösung kann die Stoffmengenkonzentration der Analysenlösung berechnet werden.

Aufgabe: Bei der Titration von 20 ml Natronlauge unbekannter Stoffmengenkonzentration betrug der Verbrauch an Salzsäure mit der Stoffmengenkonzentration $c(\text{HCl}) = 0{,}1$ mol/l genau 24 ml. Berechne die Stoffmengenkonzentration der Natronlauge.

Gesucht: $c(\text{NaOH})$

Gegeben: $c(\text{HCl}) = 0{,}1$ mol/l
$V(\text{HCl}) = 24$ ml
$V(\text{NaOH}) = 20$ ml

Reaktionsgleichung:
$$Na^+ (aq) + OH^- (aq) + H_3O^+ (aq) + Cl^- (aq) \rightarrow 2\, H_2O (l) + Na^+ (aq) + Cl^- (aq)$$

Lösung:
$$n(OH^-) = n(H_3O^+)$$
$$n(OH^-) = n(\text{NaOH}) \text{ und } n(H_3O^+) = n(\text{HCl})$$
$$n(\text{NaOH}) = n(\text{HCl})$$
$$c(\text{NaOH}) \cdot V(\text{NaOH}) = c(\text{HCl}) \cdot V(\text{HCl})$$

$$c(\text{NaOH}) = \frac{c(\text{HCl}) \cdot V(\text{HCl})}{V(\text{NaOH})}$$

$$c(\text{NaOH}) = \frac{0{,}1 \text{ mol/l} \cdot 24 \text{ ml}}{20 \text{ ml}}$$

$$c(\text{NaOH}) = 0{,}12 \text{ mol/l}$$

Ergebnis: Die Stoffmengenkonzentration der Natronlauge beträgt 0,12 mol/l.

Aufgaben

1 Warum ist es zulässig, bei der Auswertung der Titration von Salzsäure mit Natronlauge von folgender Annahme auszugehen: $n(OH^-) = n(H_3O^+)$?

2 Bei der Titration von 20 ml Kalilauge wurden 16 ml Salzsäure mit $c(\text{HCl}) = 0{,}25$ mol/l verbraucht. Berechne die Stoffmengenkonzentration der Kalilauge.

Titration

In der Industrie, in Klärwerken oder Laboren ist es oft erforderlich, die genaue Konzentration einer sauren oder basischen Lösung zu bestimmen. Ein geeignetes Verfahren ist die Titration.
Es soll die Stoffmengenkonzentration einer Salzsäure ermittelt werden.

1 *Fülle ein genau definiertes Volumen der zu untersuchenden Lösung ab.*
Miss mit einer Vollpipette genau 10 ml der Salzsäure ab und gib die abgemessene Lösung in einen Weithals-Erlenmeyerkolben.

2 *Versetze die zu untersuchende Lösung mit Indikator.*
Gib zu der Salzsäure einige Tropfen Bromthymolblaulösung.

3 *Stelle die Maßlösung bereit.*
Verwende als Maßlösung Natronlauge mit einer Stoffmengenkonzentration $c = 0{,}2$ mol/l.

4 *Spüle die Bürette mit der bereitgestellten Maßlösung.*
Lass zur Spülung ein wenig von der Maßlösung durch die Bürette in ein Becherglas laufen.

5 *Fülle die Bürette mit der Maßlösung auf, notiere den Anfangsstand.*

6 *Tropfe unter vorsichtigem Umschwenken aus der Bürette die Maßlösung zu, bis die Farbe des Indikators umschlägt.*

1 Der Indikator Bromthymolblau schlägt von Gelb nach Grün um.

7 *Lies den Endstand an der Bürette ab.*
Berechne aus der Volumendifferenz von Endstand und Anfangsstand den Verbrauch an Maßlösung.
In unserem Beispiel wurden 22,9 ml Natronlauge verbraucht.

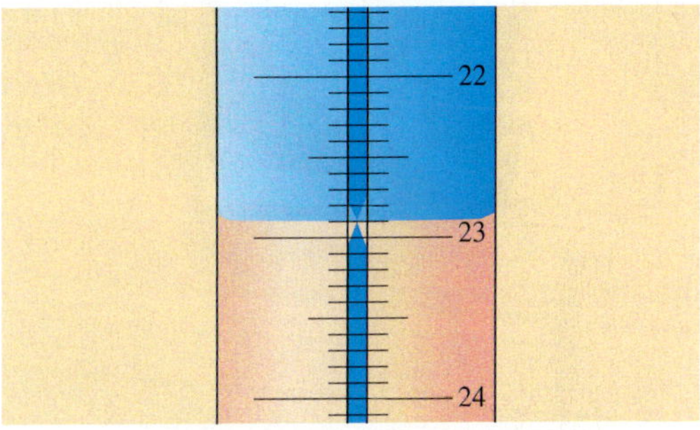

2 Bei einer Bürette markiert die Einschnürung des blauen Streifens den Ablesewert, hier 22,9 ml. Beim Ablesen muss das Auge auf der Höhe des Flüssigkeitsmeniskus sein.

8 *Überprüfe das ermittelte Volumen an Maßlösung durch zwei weitere Titrationen.*
Bilde aus den Ergebnissen der drei Titrationen den Mittelwert für den Verbrauch an Maßlösung.

9 *Berechne die Stoffmengenkonzentration der zu untersuchenden Lösung.*

Gesucht: $c(\text{HCl})$

Gegeben: $c(\text{NaOH}) = 0{,}2$ mol/l
$V(\text{HCl}) = 10$ ml
$V(\text{NaOH}) = 22{,}9$ ml

Lösung: $$c(\text{HCl}) = \frac{c(\text{NaOH}) \cdot V(\text{NaOH})}{V(\text{HCl})}$$

$$c(\text{HCl}) = \frac{0{,}2\,\text{mol/l} \cdot 22{,}9\,\text{ml}}{10\,\text{ml}} = 0{,}46\,\text{mol/l}$$

Ergebnis: Die Stoffmengenkonzentration der Salzsäure beträgt 0,46 mol/l.

im **Brennpunkt**

Wenn der pH-Wert nicht stimmt

In vielen Bereichen ist der pH-Wert von entscheidender Bedeutung. Nicht nur die chemischen Reaktionen im menschlichen Körper und in der Natur, sondern auch viele Vorgänge in der Technik benötigen, um exakt ablaufen zu können, einen optimalen pH-Wert. Was aber kann passieren, wenn der pH-Wert nicht mehr stimmt?

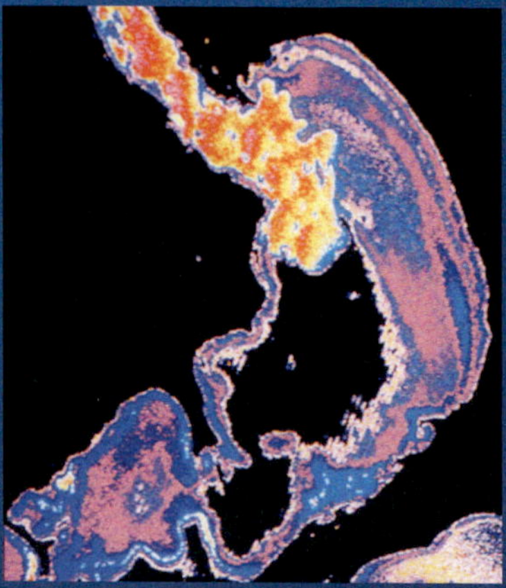

1 Beim Sodbrennen gelangt Magensäure (rote Bereiche) in die Speiseröhre.

Sodbrennen Nach dem Genuss von besonders reichhaltigem und fettigem Essen kann es zu einem brennenden oder drückenden Schmerz oberhalb des Magens, im Hals und im Rachenraum kommen. Das Sodbrennen wird durch den sauren Magensaft verursacht, der nach reichhaltigem Essen die Speiseröhre hochsteigen kann. Häufiges Sodbrennen kann zu Entzündungen der Speiseröhre und sogar zu Speiseröhrenkrebs führen. Sodbrennen lässt sich mit Kaiser-Natron® oder Bullrichsalz® behandeln. Diese Mittel enthalten Natriumhydrogencarbonat ($NaHCO_3$), das den sauren Magensaft neutralisiert.

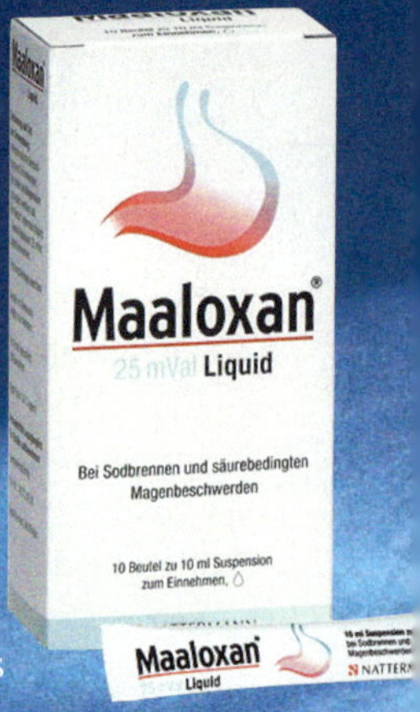

2 Medikament gegen Sodbrennen

Der pH-Wert der Weltmeere sinkt Seit 150 Jahren nimmt der Volumenanteil an Kohlenstoffdioxid in der Atmosphäre durch die Verbrennung fossiler Brennstoffe wie Erdöl und Kohle ständig zu. Das Kohlenstoffdioxid löst sich auch in den Weltmeeren, wo der pH-Wert immer geringer wird. Der pH-Wert der Ozeanoberfläche ist in den letzten 150 Jahren um 0,1 gesunken und liegt derzeit bei pH = 8,2. Bis 2100 erwarten Wissenschaftler eine weitere Absenkung um 0,5 auf pH = 7,7. Laborversuche zeigten, dass bereits eine weitere Verminderung des pH-Werts um 0,1 die Kalkschalen von Meeresschnecken binnen 48 Stunden angreift und auflöst.

Neben den Auswirkungen auf das Klima kann ein weiterer Anstieg des Volumenanteils an Kohlenstoffdioxid in der Atmosphäre demnach auch die Zerstörung ganzer Korallenriffe, Muschel- und Schneckenbestände zur Folge haben.
Auch viele andere Meeresbewohner, wie z. B. Krill, die wichtigste Nahrungsquelle der Bartenwale, benötigen einen ganz bestimmten pH-Wert. Verendet Krill, verhungern die Wale.

3 Krill – Hauptnahrung der Bartenwale

4 Bei einem zu niedrigen pH-Wert des Wassers lösen sich die Kalkskelette der Korallen auf.

Enzyme reagieren empfindlich auf falsche pH-Werte Nicht nur die Wirkung der Enzyme des menschlichen Körpers ist vom pH-Wert abhängig. Beim Bierbrauen werden Braumalz (gekeimte, getrocknete und geschrotete Gerstenkörner) und Wasser auf 78 °C erhitzt. In dieser Maische beginnen die Enzyme der Bierhefe, die Amylasen, die Stärke der Getreidekörner in Zucker umzuwandeln. Die Enzyme brauchen dazu ein Brauwasser, dessen pH-Wert zwischen 6,5 und 7,3 liegt. Wird der Wert unter- oder überschritten, können die Amylasen die Stärke nicht mehr aufspalten. Bierbrauer können den pH-Wert des Wassers durch Sauermalz oder Braugips anpassen.

5 Überwachung des Gärprozesses beim Bierbrauen

Wenn das Wasser im Freibad trübe wird Das mit Chlor versetzte Wasser in Freibädern und Swimmingpools muss einen pH-Wert zwischen 7,0 und 7,4 aufweisen. Wird dieser Wert unterschritten, leiden die Schleimhäute der Badegäste. Liegt der pH-Wert darüber, kommt es zu Kalkausfällungen im Wasser. Auch das Algenwachstum nimmt stark zu. Das Wasser wird trübe.

6 Damit das Wasser im Schwimmbad sauber bleibt, muss der pH-Wert ständig überprüft werden.

Der pH-Wert des Wassers im Schwimmbecken wird durch die Härte des Wassers, durch chemische Zusätze wie Chlor und durch die Badegäste beinflusst. Sie verunreinigen das Wasser durch Schmutz, Schweiß, Staub, Sonnencreme und Harn.

Arbeitsaufträge

1 Mit Kaiser-Natron und Bullrichsalz lassen sich die Symptome von Sodbrennen beseitigen, die Mittel verhindern aber nicht ein erneutes Auftreten. Überlege, wie man Sodbrennen vorbeugen kann. Berücksichtige dabei auch dessen Ursachen.

2 Recherchiere, unter welchen Bedingungen beim Bierbrauen Sauermalz bzw. Braugips zugesetzt werden.

3 Recherchiere die wesentlichen Aussagen von Ozeanforschern zum Thema „Übersäuerung der Meere". Diskutiere diese Aussagen in der Klasse.

4 Informiere dich über die pH-Werte in Freibädern, Seen und Flüssen deiner Umgebung. Welche Ergebnisse wurden in der letzten Zeit ermittelt und welche Maßnahmen wurden daraus abgeleitet? Stelle Möglichkeiten zusammen, wie jeder dazu beitragen kann, dass in Freibädern die Wasserqualität erhalten bleibt.

weiter gedacht

1 Saure und basische Chemikalienreste werden im Chemieunterricht in einen gemeinsamen Sammelbehälter I gegeben.
Ist das sinnvoll? Begründe deine Aussage.
Bestimme vom Inhalt des Sammelbehälters I den pH-Wert. Überlege, was zu tun ist, damit gesammelte Lösungen im Sammelbehälter I ins Abwasser gegeben werden können.

2 Die gesunde Haut des Menschen besitzt einen Säureschutzmantel u. a. gegen bakterielle Einflüsse. Erläutere in diesem Zusammenhang die Aufschriften „hautfreundlicher pH“ oder „hautneutral pH 5,5“ auf vielen Hautpflege- und Hautreinigungsmitteln.

1 Verschiedene Hautreinigungs- und Hautpflegemittel

3 Informiere dich über die pH-Werte von folgenden Lösungen: Geschirrspülmittel, Speiseessig, Magensaft, Kalkwasser, Blut, destilliertes Wasser, Kaffee, Seifenlösung, Regenwasser.
Entwickle eine Übersicht, in der eine pH-Wert-Skala, die Eigenschaft der Lösung, die Zunahme der Hydronium-Ionen bzw. Hydroxid-Ionen und die genannten Lösungen enthalten sind.

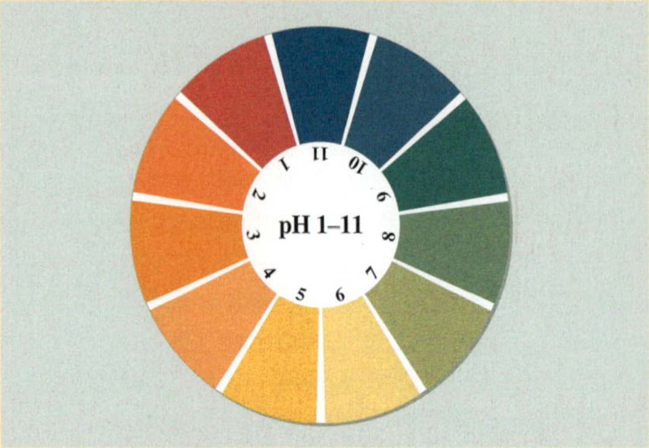

2 Universalindikator-Vergleichskala für den Bereich pH = 1 bis pH = 11

4 **Untersuche das Verhalten einer Vollwaschmittellösung bei Zugabe einer sauren Lösung.**
Stelle in einem Becherglas aus 10 ml Wasser und einer Spatelspitze eines Vollwaschmittels eine Lösung her. Versetze die Lösung mit fünf Tropfen Universalindikatorlösung.
Bestimme den pH-Wert der Lösung. Tropfe mit einer Tropfpipette 1%ige Salzsäurelösung zu.
Notiere deine Beobachtungen. Überlege, wie sich eine schon genutzte Waschmittellösung im Abwasser verhalten kann.
Entsorgung: Lösungen in Sammelbehälter I geben.

5 Bei einem Verfahren zur Rauchgasentschwefelung in Kraftwerken wird das Schwefeldioxid durch eine Calciumhydroxid-Aufschlämmung gebunden und neutralisiert.
Benenne dieses Verfahren. Erkunde das Prinzip einer solchen Rauchgasentschwefelungsanlage. In welchen Stoff wird dabei das Schwefeldioxid umgewandelt und wozu wird dieser verwendet? Wie viel Schwefeldioxid kann auf diese Weise aus den Abgasen entfernt werden?

3 Kohlekraftwerk mit Rauchgasentschwefelungsanlage

6 Ein Stückchen Lithium wird in 20 ml destilliertes Wasser gegeben. Für die Titration der entstandenen Lösung werden 35,7 ml Salzsäure ($c = 0{,}1$ mol/l) benötigt. Berechne die Masse des Lithiumstückchens.

Neutrale Lösung

Eine neutrale Lösung enthält genauso viele Hydronium-Ionen wie Hydroxid-Ionen. Sie ist weder sauer noch basisch. Ihr pH-Wert beträgt 7.

pH-Wert

Der pH-Wert ist ein Maß für den Gehalt einer Lösung an Hydronium-Ionen. Er wird aus der Stoffmengenkonzentration der Hydronium-Ionen berechnet.

Stoffmengenkonzentration

Quotient aus der Stoffmenge des gelösten Stoffes und dem Volumen der Lösung. Die Einheit ist mol/l.

$$c(\text{gelöster Stoff}) = \frac{n(\text{gelöster Stoff})}{V(\text{Lösung})} \qquad [c] = \frac{\text{mol}}{\text{l}}$$

pH-Wert von Lösungen

Lösung	Saure Lösung	Neutrale Lösung	Basische Lösung
Charakteristische Teilchen	Hydronium-Ionen H_3O^+	Wassermoleküle H_2O	Hydroxid-Ionen OH^-
pH-Wert	$pH < 7$	$pH = 7$	$pH > 7$
Stoffmengenkonzentration	$c(H_3O^+) > c(OH^-)$	$c(H_3O^+) = c(OH^-)$	$c(OH^-) > c(H_3O^+)$
Nachweis mit Lackmus	rot	violett	blau
Nachweis mit Universalindikator	rot – orange – gelb	grün	blau

Neutralisation

Chemische Reaktion, bei der Hydronium-Ionen einer sauren Lösung mit den Hydroxid-Ionen einer basischen Lösung zu Wassermolekülen reagieren. Neutralisationen verlaufen exotherm.

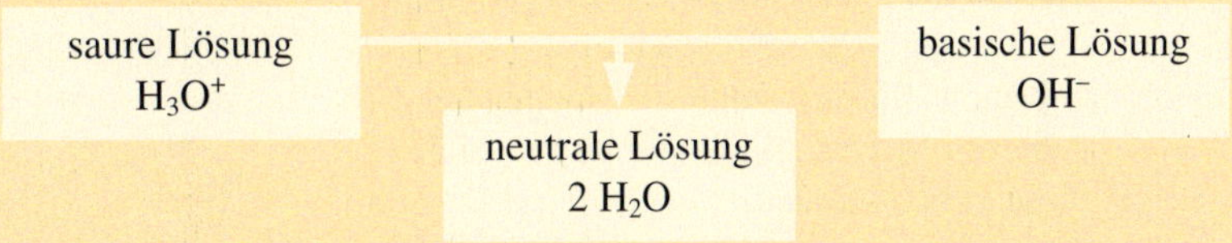

Bei der Neutralisation findet ein Protonenübergang zwischen dem Hydronium-Ion und dem Hydroxid-Ion statt.

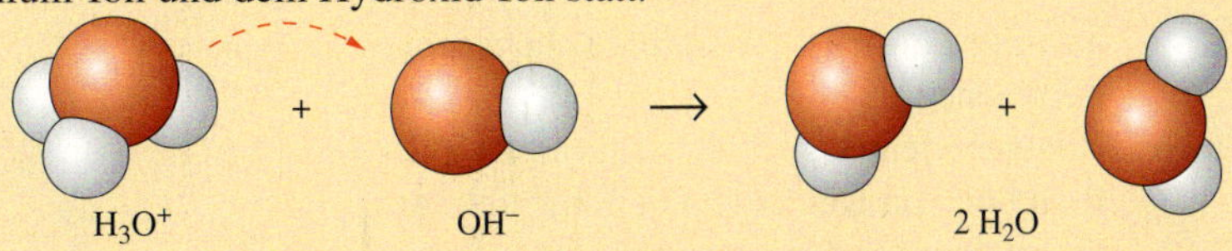

Titration

Verfahren zur Bestimmung der unbekannten Stoffmengenkonzentration einer Säure oder Lauge. Dabei führt man eine Neutralisation mit einer Säure oder Lauge bekannter Stoffmengenkonzentration durch.

Check up

1 In einem medizinischen Labor wird eine Urinprobe untersucht. Der pH-Wert der Urinprobe beträgt pH = 5,0.

a Handelt es sich bei dieser Probe um eine saure, neutrale oder basische Lösung?

b Ermittle die Stoffmengenkonzentrationen an Hydronium- und Hydroxid-Ionen in dieser Urinprobe.

c Vergleiche die Stoffmengenkonzentrationen an Hydronium- und Hydroxid-Ionen in der Urinprobe mit den Stoffmengenkonzentrationen in einer neutralen Lösung. Gib jeweils die Faktoren an.

2 In drei Reagenzgläsern befinden sich farblose und geruchlose Flüssigkeiten. Beschreibe eine experimentelle Möglichkeit, um herauszufinden, bei welcher Flüssigkeit es sich um eine saure, eine neutrale oder eine basische Lösung handelt. Formuliere die zu erwartenden Beobachtungen und Schlussfolgerungen.

3 Der pH-Wert der Tränenflüssigkeit liegt zwischen 7,1 und 7,8. Augentropfen müssen genau dem pH-Wert der Tränenflüssigkeit entsprechen.

a Begründe diese Festlegung.

b Erläutere den Begriff pH-Wert.

c Erläutere, wie in einem Labor der pH-Wert einer Lösung genau geprüft werden kann.

4 Spülmittel, die in Spülmaschinen zum Einsatz kommen, sind häufig basisch, während die Klarspüler sauer reagieren.

a Gib an, wie die genannten Lösungen bei Zugabe von Universalindikator und Lackmus diese färben würden.

b Begründe, warum der Einsatz der genannten Stoffe in der Spülmaschine durchdacht ist.

5 Neutralisationen sind wichtige chemische Reaktionen.

a Erläutere den Begriff Neutralisation an der Reaktion von Kalilauge mit Schwefelsäure.

b Formuliere für diese Neutralisation die ausführliche Ionengleichung.

c Erläutere an dieser Neutralisation den Protonenübergang. Benenne Protonendonator und Protonenakzeptor.

6 Das basische Abwasser eines Industriebetriebs wird mit Salzsäure titriert. Bei der Titration von 20 ml dieses Abwassers mit Salzsäure mit der Stoffmengenkonzentration $c(\mathrm{HCl}) = 0{,}2\ \mathrm{mol/l}$ beträgt der Verbrauch an Salzsäure $V(\mathrm{HCl}) = 15{,}6\ \mathrm{ml}$. Berechne die Stoffmengenkonzentration der Lauge im Abwasser unter der Annahme, dass das basische Abwasser nur Kalilauge enthält.

7 Neutralisationsreaktionen haben im Alltag und in der Technik große Bedeutung. Gib dafür drei Beispiele an.

Aufgabe	Hilfe findest du auf Seite …	Verbindung der Aufgabe zu den Basiskonzepten ↑S.8
1	42	T
2	15, 28, 40	T S
3	42,46, 47	T S
4	12, 13, 40, 44	T S R
5	44, 45	R T
6	46	R T
7	45	S

T Stoff-Teilchen-Beziehungen, S Struktur-Eigenschafts-Beziehungen, R Chemische Reaktion

› Die Lösungen findest du im Anhang.

Salze – Gegensätze ziehen sich an

Täglich begegnen wir im Alltag Salzen. Wir würzen unsere Speisen mit Kochsalz, bekämpfen Eisglätte mit Streusalz oder verwenden zum Waschen Fleckensalz. Aber nicht immer verraten bereits die Namen der Stoffe, dass es sich dabei um Salze handelt. So ist Kalk ein Salz aus dem ganze Gebirge und Landschaften wie die Schwäbische Alb bestehen, aber auch Eierschalen oder die Verkalkung am Wasserhahn.

Alle Gewässer dieser Erde enthalten gelöste Salze, nicht nur das bekanntermaßen salzige Meerwasser.

- Wie entstehen Salze in der Natur und wie lassen sich Salze herstellen?
- Welche chemischen Reaktionen laufen dabei ab?
- Durch welche Verfahren können Salze zerlegt werden?
- Welche Bedeutung haben Salze?

Salze sind Ionensubstanzen

Salz ist nicht gleich Salz! In den Salzlagerstätten finden sich neben dem bekannten Steinsalz (Halit) auch Kaliumchlorid (Sylvin) oder Calciumfluorid (Flussspat). Diese natürlich vorkommenden Mineralien sind von großer wirtschaftlicher Bedeutung.

1 Kristalle von Calciumfluorid und Kaliumchlorid

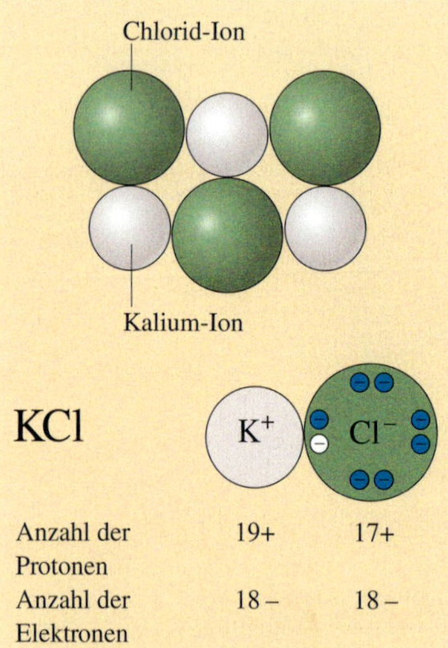

2 Ionen im Kaliumchlorid

Name, Symbol und elektrische Ladung einiger Ionen		
Name des Ions	Symbol	Elektrische Ladung
Natrium-Ion	Na^+	1+
Magnesium-Ion	Mg^{2+}	2+
Calcium-Ion	Ca^{2+}	2+
Aluminium-Ion	Al^{3+}	3+
Chlorid-Ion	Cl^-	1–
Bromid-Ion	Br^-	1–

Ionen und Ionenbindung bei Metallhalogeniden Nicht nur das euch schon bekannte Natriumchlorid, sondern auch Kaliumchlorid, Calciumfluorid oder Calciumbromid sind Verbindungen aus Metallen und den Halogenen Fluor, Chlor, Brom oder Iod, sogenannte **Metallhalogenide**. Die Kristalle dieser Mineralien bestehen wie beim Natriumchlorid aus einer riesengroßen Anzahl von Ionen. Positiv elektrisch geladene Metall-Ionen und negativ elektrisch geladene Chlorid-, Bromid- oder Iodid- Ionen ziehen sich gegenseitig an. Mit jeweils einer Achterschale (Edelgasschale) als Außenschale weisen beide Ionenarten eine stabile Elektronenanordnung auf. Der Zusammenhalt der Ionen im Kristall, ihre chemische Bindung, wird wie euch bekannt durch elektrostatische Anziehungskräfte zwischen den ungleichnamig elektrisch geladenen Ionen bewirkt (Ionenbindung). Auch Stoffe wie Magnesiumoxid und Calciumoxid sind aus Ionen aufgebaut und gehören deshalb ebenfalls zu den **Ionensubstanzen**.

Elektrische Ladung von Ionen – Formeln von Halogeniden Die Art der elektrischen Ladung wird am Symbol des Elements hochgestellt angegeben. Hat das Ion mehr als eine elektrische Ladung, wird deren Anzahl als Ziffer vor dem Plus- bzw. Minuszeichen eingefügt. Als chemische Zeichen für die angegebenen Salze werden Formeln benutzt. Da diese Stoffe große Teilchenverbände aus Ionen bilden, geben die Formeln jeweils nur das kleinstmögliche Zahlenverhältnis dieser Ionen an. Die Formel einer Ionensubstanz kennzeichnet folglich nur die kleinste **Baueinheit**.
In der Formel wird die Anzahl der Ionen einer Baueinheit immer als tiefgestellte Zahl hinter dem Symbol des Elements angegeben. Die Ladungen der Ionen einer Baueinheit gleichen sich aus.

Aussagen aus Formeln von Metallhalogeniden			
Formel	kennzeichnet den Stoff	Zusammensetzung aus den Elementen	Zahlenverhältnis der Ionen in der Baueinheit
KCl	Kaliumchlorid	Kalium, Chlor	$K^+ : Cl^- = 1:1$
$CaBr_2$	Calciumbromid	Calcium, Brom	$Ca^{2+} : Br^- = 1:2$
$AlCl_3$	Aluminiumchlorid	Aluminium, Chlor	$Al^{3+} : Cl^- = 1:3$
$MgCl_2$	Magnesiumchlorid	Magnesium, Chlor	$Mg^{2+} : Cl^- = 1:2$

Einige Eigenschaften von Metallhalogeniden Einige Eigenschaften von Salzen könnt ihr jetzt aus deren Bau erklären. Die kristalline Beschaffenheit ist meist mit bloßem Auge sichtbar. Die durch Ionenbindung zusammengehaltenen Ionen bilden Kristalle, die regelmäßige Formen zeigen.
Die harten Kristalle der Salze lassen sich nicht so leicht verformen wie beispielsweise die Metalle. Beim Einwirken einer großen Kraft auf die Salzkristalle verschieben sich Ionenschichten gegeneinander. Die Ionenbindung wird überwunden, es stehen sich gleichnamig geladene Ionen gegenüber, die sich gegenseitig abstoßen. Der spröde Kristall zerspringt.
Feste, aus Ionen aufgebaute Stoffe haben im Allgemeinen hohe Schmelztemperaturen. Beim Schmelzen salzartiger Stoffe muss die Ionenbindung überwunden werden. Bei Erwärmung schwingen die Ionen immer stärker im Ionengitter. Schließlich verlassen sie ihre Plätze, das Ionengitter wird zerstört. Die Ionen sind in der Schmelze frei beweglich. Diese Beweglichkeit der Ionen ist auf die Spaltung chemischer Bindungen zurückzuführen.

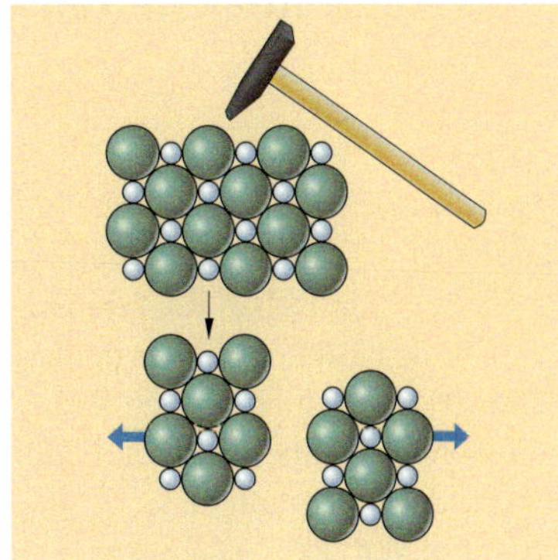

3 Ionenkristalle sind spröde.

Ionensubstanzen sind kristallin, spröde und haben meist eine hohe Schmelztemperatur.

Bedeutung einiger Metallhalogenide Nicht nur das Natriumchlorid ist Bestandteil des Speisesalzes oder wichtiger Arzneimittel.
Der Gebrauch von iodiertem Speisesalz mit Zusatz von 0,04 bis 0,06 % eines **Fluorids** verbessert die Versorgung des Menschen mit den Elementen Iod und Fluor. Zum Aufbau des Knochenskeletts benötigt der Mensch täglich 1 bis 2 mg Fluorid. Deshalb wird Natriumfluorid auch dem Trinkwasser zugesetzt. Zahncremes enthalten Fluoride, um der Erkrankung durch Karies vorzubeugen. **Iodid-Ionen**, ebenso unentbehrlich im menschlichen Körper, beugen Schilddrüsenerkrankungen vor. Störungen der Herz- und Kreislauftätigkeit sowie des Körperwachstums wären die schädlichen Folgen von Funktionsstörungen der Schilddrüse.
Kaliumchlorid enthält mit den Kalium-Ionen einen der Hauptpflanzennährstoffe. Es ist deshalb Bestandteil von Mineraldüngern.

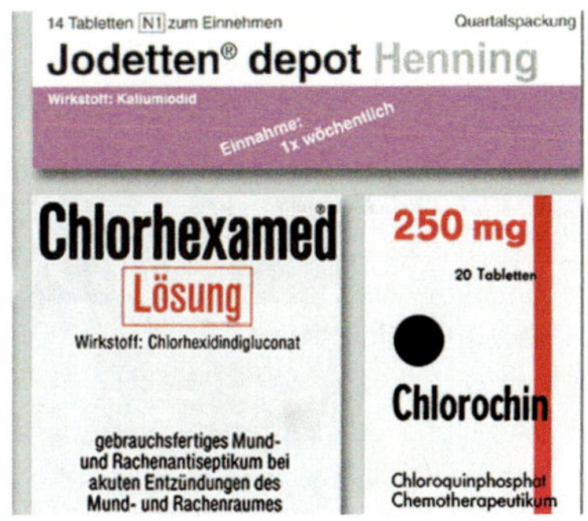

4 Medikamente, die Halogenide als Wirkstoffe enthalten

Häufigkeit von Halogeniden in der Natur

Halogenid	Erdkruste in g/kg	Flusswasser in mg/l	Meerwasser in mg/l
Fluorid	0,63	0,1	1,4
Chlorid	0,13	10	2000
Bromid	0,0025	0,02	70
Iodid	0,0005	0,005	0,06

Schmelztemperaturen einiger Ionensubstanzen

Name der Ionensubstanz	Schmelztemperatur in °C
Bariumchlorid	963
Calciumbromid	730
Calciumfluorid	1403
Kaliumchlorid	770
Magnesiumchlorid	712
Natriumchlorid	800
Natriumfluorid	992

Aufgaben

1 Gib an, wie die Art und die Anzahl der elektrischen Ladungen für Chlorid-, Bromid- und Iodid-Ionen zu ermitteln sind.
2 Beschreibe den Bau von Lithiumchlorid.
3 Begründe, warum Steinsalz (Halit) zu den Ionensubstanzen gehört.
4 Gib Namen und Formeln von fünf Metallhalogeniden an. Nutze dazu das Tafelwerk. Ermittle die Verwendung dieser Stoffe.
5 Erläutere den Zusammenhang zwischen dem Bau der Metallhalogenide und ihren Eigenschaften anhand eines selbstgewählten Beispiels.

Chemische Reaktionen von Metallen mit Halogenen

Die Bezeichnung Halogene deutet darauf hin, dass diese Stoffe bei chemischen Reaktionen Salze bilden können. Außer dem Natriumchlorid gibt es viele Salze, in denen die Elemente Fluor, Chlor, Brom oder Iod enthalten sind. An ihrem Verhalten gegenüber Metallen zeigt sich auch deutlich die chemische Ähnlichkeit der Halogene.

1 Reaktion von Natrium und Chlor im Reaktionsrohr

EXPERIMENT 1 [L]
Chemische Reaktion von Natrium mit Chlor.

Vorsicht! Abzug!
Ein kleines Stück erhitztes Natrium (F, C) wird in einem Standzylinder mit Chlor (T, N) zur Reaktion gebracht.

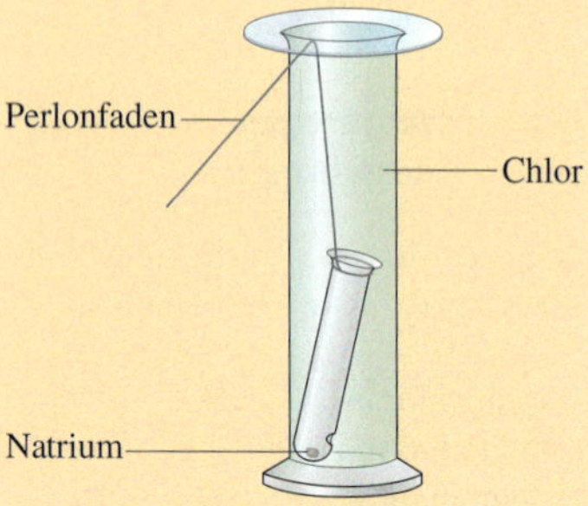

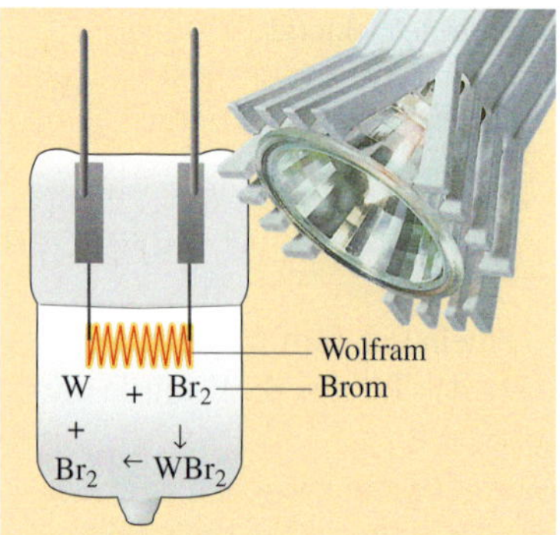

2 Mehr Licht durch Halogene

Halogene – die „Salzbildner" Chlor reagiert mit Natrium mit intensiver Lichterscheinung in exothermer Reaktion. ↑E.1 Der entstehende weiße, kristalline Stoff ist Natriumchlorid.

$2\,Na + Cl_2 \longrightarrow 2\,NaCl$ | exotherm

Aluminiumchlorid ist das Reaktionsprodukt der chemischen Reaktion von Aluminium mit Chlor. ↑E.2

$2\,Al + 3\,Cl_2 \longrightarrow 2\,AlCl_3$ | exotherm

Die Bildung der Reaktionsprodukte Aluminiumbromid bzw. Aluminiumiodid aus Aluminium und Brom bzw. Iod erfolgt ähnlich heftig, mit Wärme- und Lichterscheinungen verbunden.
Wie Chlor reagieren Brom und Iod zum Beispiel auch direkt mit Eisen, Magnesium oder Zink unter Bildung der **Bromide** bzw. der **Iodide**. Die erhitzten Metalle glühen in den Halogenen auf. Ein weißer oder farbiger Rauch setzt sich dabei an der Gefäßwand ab. Die als Reaktionsprodukte gebildeten festen **Halogenide** sind Salze.
Halogenlampen enthalten wie normale Glühlampen eine Edelgasfüllung, aber zusätzlich etwas Brom oder Iod. Werden bei üblichen Glühlampen nur ungefähr 5% der aufgewendeten elektrischen Energie als Licht abgestrahlt, beträgt die Lichtausbeute bei Halogenlampen etwa das Vierfache. In einer Halogenlampe verdampft das Metall Wolfram bei der hohen Glühtemperatur der Glühwendel. An der kälteren Kolbenwand reagiert das verdampfte Wolfram mit dem Brom bzw. Iod und bildet Wolframhalogenid. An der heißesten Stelle der Wendel wird das Wolframhalogenid wieder zersetzt. Das abgeschiedene Wolfram „heilt" damit dünne Stellen der Wendel und erhöht die Lebensdauer der Halogenlampe.

Viele Metalle reagieren mit Chlor, Brom oder Iod direkt unter Bildung von Halogeniden. Diese Halogenide sind Salze, aus Ionen aufgebaute Stoffe.

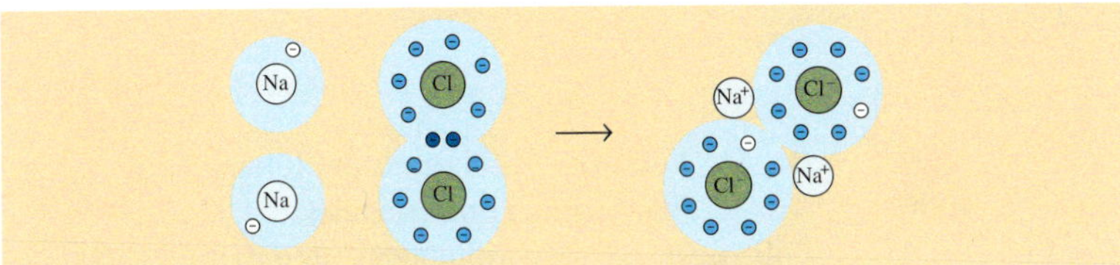

3 Bildung von Natriumchlorid aus Natrium und Chlor im Modell

Wie aus Atomen Ionen werden können Aus einigen Metallen und Halogenen werden bei chemischen Reaktionen Ionensubstanzen gebildet. In den Ausgangsstoffen liegen Atome von Metallen und Moleküle der Halogene vor. Das Reaktionsprodukt ist aus Ionen aufgebaut. Stoffe mit unterschiedlichem Bau sind an einer chemischen Reaktion beteiligt. Während der chemischen Reaktion von Natrium mit Chlor kommt es zur Ionenbildung. Jedes Natriumatom besitzt ein Elektron auf seiner Außenschale; dagegen besitzen Chloratome sieben Außenelektronen. Eine stabile Elektronenanordnung ist für jedes Teilchen eines Elements mit einem Elektronenoktett zu erreichen. ↑3 Aus Natriumatomen werden einfach positiv elektrisch geladenene Natrium-Ionen durch Abgabe von jeweils einem Elektron. Von den Atomen der Chlormoleküle werden die Elektronen aufgenommen, die dadurch einfach negativ elektrisch geladene Chlorid-Ionen bilden. Durch Abgabe oder Aufnahme von Elektronen können aus Atomen Ionen gebildet werden.
Diese Vorgänge können in der chemischen Zeichensprache zunächst durch Teilgleichungen dargestellt werden.

Elektronenabgabe: $Na \longrightarrow Na^{+} + e^{-}$
Elektronenaufnahme: $Cl + e^{-} \longrightarrow Cl^{-}$

Bildung von Ionensubstanzen – Elektronenübergang Durch die gleichzeitige Abgabe und Aufnahme von Elektronen findet bei dieser chemischen Reaktion ein Elektronenübergang statt.

Elektronenabgabe

$2\,Na + Cl_2 \longrightarrow 2\,NaCl$

Elektronenaufnahme

Auch bei der Bildung anderer Ionensubstanzen geschieht ein solcher Elektronenübergang. Die Teilchen der Stoffe verändern sich, sie ordnen sich nicht nur um. Bei der Bildung der Salze aus den Elementsubstanzen ändert sich sogar die Teilchenart.
Mit dem Elektronenübergang sind Energieumwandlungen verbunden, die insgesamt zu einer stark exothermen Reaktion führen. ↑4

Bei der Reaktion eines Metalls mit einem Halogen findet zwischen den Teilchen der reagierenden Stoffe ein Elektronenübergang statt.

EXPERIMENT 2 [L] 

Chemische Reaktion von Aluminium mit Chlor.
Vorsicht! Abzug!
In ein trockenes, mit Chlor (T, N) gefülltes, großes Reagenzglas werden Stücke von Aluminiumfolie gegeben. Danach ist das Reagenzglas mit einem Wattebausch zu verschließen und am Boden kräftig zu erhitzen. Beim Aufglühen des Aluminiums wird das Reagenzglas aus der Flamme genommen.

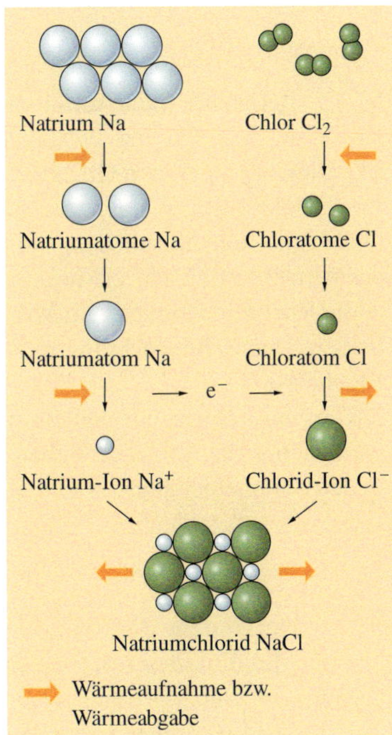

4 Energieumwandlungen bei der Bildung von Natriumchlorid

Aufgaben

1 Schlage eine Möglichkeit vor, festes Zinkbromid aus Zinkpulver und Bromlösung darzustellen.

2 Erläutere die Veränderung der Teilchen bei der chemischen Reaktion von Magnesium mit Iod.

Selbst untersucht Salze

3 Untersuche das Produkt einer Neutralisation.

Gib in ein Reagenzglas 5 ml Kalilauge ($c = 1$ mol/l; C) und füge zwei Tropfen Phenolphthaleinlösung hinzu. Tropfe unter stetigem Umrühren Salzsäure ($c = 1$ mol/l) hinzu, bis der Indikator umschlägt.
Dampfe die entstandene Lösung vorsichtig ein und betrachte den Rückstand mit der Lupe.
Notiere deine Beobachtungen. Deute die Ergebnisse und formuliere die Reaktionsgleichung.
Entsorgung: Feststoff in den Sammelbehälter für Hausmüll geben.

4 Betrachte Salze unter dem Mikroskop.

Gib einen Tropfen der entstandenen Lösung aus Experiment 1 auf einen Objektträger, einen Tropfen Kochsalzlösung auf einen zweiten und einen Tropfen Magnesiumchloridlösung auf einen dritten. Lass das Wasser verdunsten, erwärme evtl. leicht. Betrachte die Rückstände unter dem Mikroskop.
Notiere deine Beobachtungen und vergleiche die Ergebnisse.
Entsorgung: Reste der Salzlösungen in den Sammelbehälter für Abwasser geben. Die Objektträger in den Sammelbehälter für Glasabfall geben.

5 Untersuche die Reaktion von Metalloxiden mit Salzsäure.

Versetze in einem Reagenzglas eine Spatelspitze Calciumoxid (C) unter vorsichtigem Schütteln mit 5 ml 5%iger Salzsäure. Dampfe die entstandene Lösung unter leichtem Schütteln ein.
Wiederhole den Versuch mit Kupfer(II)-oxid (Xn).
Notiere deine Beobachtungen und deute die Ergebnisse.
Entsorgung: Feststoffe in den Sammelbehälter für Hausmüll, Lösungen mit Kupferverbindungen in den Sammelbehälter II, alle anderen Flüssigkeiten in den Sammelbehälter für Abwasser geben.

6 Versetze Calciumchloridlösung mit Natriumcarbonatlösung.

Gib zu 5 ml einer verdünnten Calciumchloridlösung 5 ml einer verdünnten Natriumcarbonatlösung.
Notiere deine Beobachtungen. Deute das Ergebnis und formuliere die Reaktionsgleichung.
Entsorgung: Lösungen in den Sammelbehälter für Abwasser geben.

7 Versetze Lösungen verschiedener Chloride mit Silbernitratlösung.

Stelle verdünnte wässrige Lösungen von Natriumchlorid, Kaliumchlorid und Calciumchlorid (Xi) her. Fülle je ein Reagenzglas zu einem Viertel mit einer der Lösungen. Gib fünf Tropfen Silbernitratlösung ($w = 2\,\%$) hinzu.
Vergleiche die Beobachtungsergebnisse.
Entsorgung: Lösungen in den Sammelbehälter für Silberrückstände geben.

8 Prüfe verschiedene wässrige Lösungen auf Chlorid-Ionen.

Fülle in drei Reagenzgläser jeweils 5 ml Leitungswasser, entmineralisiertes Wasser und Mineralwasser. Gib in jedes Reagenzglas fünf Tropfen Silbernitratlösung ($w = 2\,\%$) hinzu und schüttle vorsichtig. Vergleiche die Ergebnisse vor einem dunklen Hintergrund.
Entsorgung: Lösungen in den Sammelbehälter für Silberrückstände geben.

9 Versetze Lösungen von Natriumbromid und Kaliumiodid mit Silbernitratlösung.

Fülle je ein Reagenzglas zu einem Viertel mit Natriumbromid- bzw. Kaliumiodidlösung und gib jeweils fünf Tropfen Silbernitratlösung ($w = 2\,\%$) hinzu.
Vergleiche die Beobachtungsergebnisse.
Entsorgung: Lösungen in den Sammelbehälter für Silberrückstände geben.

10 Weise Sulfat-Ionen nach.

Vorsicht! Schutzbrille! Fülle je ein Reagenzglas zu einem Viertel mit Natriumsulfatlösung ($w = 2\,\%$), verdünnter Schwefelsäure ($w = 10\,\%$; Xi), Mineralwasser und Regenwasser. Gib jeweils einige Tropfen Bariumchloridlösung ($w = 3\,\%$) hinzu und schüttle.

Notiere deine Beobachtungen.

Entsorgung: Reste der Lösungen in den Sammelbehälter für Abwasser geben.

11 Weise Carbonat-Ionen nach.

Fülle ein Reagenzglas zu einem Drittel mit Natriumcarbonatlösung. Fülle in einen Gärröhrchenaufsatz gesättigte Calciumhydroxidlösung (Xi). Versetze die Natriumcarbonatlösung mit 2 ml verdünnter Salzsäure und verschließe das Reagenzglas rasch mit dem Gärröhrchenaufsatz.

Wiederhole den Versuch mit gesättigter Bariumhydroxidlösung (Xi) im Gärröhrchen.

Notiere deine Beobachtungen und deute die Ergebnisse.

Entsorgung: Reste der Lösungen in den Sammelbehälter für Abwasser geben.

12 Weise Carbonat-Ionen in Feststoffen nach.

Prüfe zerkleinerte Proben von Tafelkreide, Muschelschalen und Kalkstein, wie in Experiment 11 beschrieben, auf Carbonat-Ionen.

Notiere deine Beobachtungen.

Entsorgung: Feststoffe in den Sammelbehälter für Hausmüll, Lösungen in den Sammelbehälter für Abwasser geben.

13 Weise Nitrat-Ionen nach.

Fülle drei kleine Bechergläser jeweils 1 cm hoch mit verdünnter Salpetersäure ($w = 12\,\%$; C), Kaliumnitratlösung ($w = 10\,\%$) und Leitungswasser. Tauche in jede Probe kurz ein Nitrat-Teststäbchen. Vergleiche die Farbe des Testfeldes mit der Farbskala.

Deute die Beobachtungsergebnisse.

Entsorgung: Reste der Lösungen in den Sammelbehälter für Abwasser, Teststäbchen in den Sammelbehälter für Hausmüll geben.

14 Prüfe verschiedene Gemüsesorten auf Nitrat-Ionen.

Zerkleinere Proben verschiedener Gemüsesorten, z. B. Kopfsalat, Blumenkohl, Gurke, Zucchini, Weißkraut, Rettich, in der Reibschale und mische den Brei jeweils in einem Becherglas mit destilliertem Wasser. Prüfe jede Probe, wie in Experiment 13 beschrieben, auf Nitrat-Ionen.

Notiere deine Beobachtungen und deute die Ergebnisse.

Entsorgung: Reste der Lösungen in den Sammelbehälter für Abwasser, Feststoffe in den Sammelbehälter für Hausmüll geben.

15 Prüfe verschiedene Lösungen auf Phosphat-Ionen.

Stelle 10%ige Lösungen von Natriumphosphat, Geschirrspülmaschinenreiniger, Milch und Cola her. Prüfe jede Probe nach der Gebrauchsanweisung mit einem Phosphat-Teststäbchen. Vergleiche die Farbe des Testfeldes mit der Farbskala.

Notiere deine Beobachtungen und deute die Ergebnisse.

Entsorgung: Reste der Lösungen in den Sammelbehälter für Abwasser, Teststäbchen in den Sammelbehälter für Hausmüll geben.

Bildung von Salzen

Chemische Reaktionen, bei denen Salze gebildet werden, finden in vielen Bereichen der Wirtschaft Anwendung. So entsteht beim Abbinden von Kalkmörtel aus dem Löschkalk das Salz Calciumcarbonat.

1 Bauarbeiter beim Mauern mit Kalkmörtel

2 Kaliumchloridkristalle nach dem Eindampfen aus einer Lösung

Salzbildung durch Reaktion von basischer mit saurer Lösung Bei der Neutralisation werden neben Wasser auch Stoffe gebildet, die sich beim Eindampfen der Lösung als feste kristalline Salze gewinnen lassen. Sie entstehen aus den in der Lösung verbliebenen Ionen. So erhält man bei der Neutralisation von Salzsäure mit Kalilauge eine Kaliumchloridlösung. Die in der Lösung enthaltenen Kalium-Ionen stammen aus der Kalilauge, die Chlorid-Ionen aus der Salzsäure. Wird die Lösung eingedampft, kristallisiert das Salz Kaliumchlorid aus. ↑E.3 S.58, ↑2

Wie bei allen Neutralisationen findet bei dieser Art der Salzbildung zwischen den Hydronium-Ionen der sauren Lösung und den Hydroxid-Ionen der basischen Lösung ein Protonenübergang statt. In der entstehenden Lösung liegen indessen die Metall-Ionen und die Säurerest-Ionen unverändert vor.

$$\underbrace{K^+(aq) + OH^-(aq)}_{\text{Kalilauge}} + \underbrace{H_3O^+(aq) + Cl^-(aq)}_{\text{Salzsäure}} \longrightarrow \underbrace{2\,H_2O(l)}_{\text{Wasser}} + \underbrace{K^+(aq) + Cl^-(aq)}_{\text{Kaliumchloridlösung}}$$

Basische Lösung + saure Lösung ⟶ Wasser + Salzlösung

3 Reaktion von Kupfer(II)-oxid mit Salzsäure (oben); Rückstand von Kupferchlorid nach dem Eindampfen der entstandenen Lösung (unten)

Salzbildung durch Reaktion von Metalloxid mit saurer Lösung Calciumoxid reagiert mit Salzsäure. Dabei entsteht eine Calciumchloridlösung, aus der sich durch Verdampfen des Wassers das Salz auskristallisieren lässt. Ebenso reagiert Kupferoxid mit Salzsäure. Es entsteht dabei eine blaugrün gefärbte Kupferchloridlösung. ↑E.5 S.58, ↑4 Auch bei diesen Reaktionen findet ein Protonenübergang statt. Die Hydronium-Ionen der sauren Lösung geben jeweils ein Proton ab. Sie sind die Protonendonatoren. Die im Metalloxid gebundenen Oxid-Ionen nehmen jeweils zwei Protonen auf. Sie wirken als Protonenakzeptoren. Auf diese Weise entstehen Wassermoleküle. Außerdem liegen in der Lösung Metall-Ionen und Säurerest-Ionen vor.

Protonenübergang

$$\underbrace{CuO(s)}_{\text{Kupferoxid}} + \underbrace{2\,H_3O^+(aq) + 2\,Cl^-(aq)}_{\text{Salzsäure}} \longrightarrow \underbrace{3\,H_2O(l)}_{\text{Wasser}} + \underbrace{Cu^{2+}(aq) + 2\,Cl^-(aq)}_{\text{Kupferchloridlösung}}$$

Metalloxid + saure Lösung ⟶ Wasser + Salzlösung

4 Warum werden Autokarosserien vor dem Verzinken in Säure getaucht?

Salzbildung durch Reaktion von Salzlösung mit Salzlösung Viele Salze lösen sich leicht in Wasser. Es gibt aber auch Salze, die eine äußerst geringe Wasserlöslichkeit besitzen und daher als schwer lösliche Salze bezeichnet werden.
Bei Zugabe einer Natriumcarbonatlösung zu einer Calciumchloridlösung bildet sich augenblicklich ein weißer Niederschlag. ↑E.6 S.58 Die Calcium-Ionen der Calciumchloridlösung und die Carbonat-Ionen der Natriumcarbonatlösung haben zu schwer löslichem Calciumcarbonat reagiert. Dieses fällt als Niederschlag aus. Die Natrium-Ionen und die Chlorid-Ionen verbleiben dagegen unverändert in der Lösung.

$$Ca^{2+}(aq) + 2\,Cl^-(aq) + 2\,Na^+(aq) + CO_3^{2-}(aq) \longrightarrow CaCO_3(s) + 2\,Na^+(aq) + 2\,Cl^-(aq)$$

Calciumchloridlösung + Natriumcarbonatlösung ⟶ Calciumcarbonat + Natriumchloridlösung

Salzlösung + Salzlösung ⟶ Salz + Salzlösung

Die Bildung von Salzen bzw. Salzlösungen kann durch unterschiedliche chemische Reaktionen erreicht werden:
- **Basische Lösung + saure Lösung ⟶ Wasser + Salzlösung**
- **Metalloxid + saure Lösung ⟶ Wasser + Salzlösung**
- **Salzlösung + Salzlösung ⟶ Salz + Salzlösung**

Löslichkeit einiger Salze in Wasser

Salz	Löslichkeit in g/100 g Wasser bei 20 °C
Natriumchlorid	36
Calciumcarbonat	0,0015 (18 °C)
Silbernitrat	219
Silberchlorid	0,000 15
Bariumsulfat	0,000 24

Aufgaben

1 Überlege, wie man Kaliumbromid durch Neutralisation herstellen könnte. Formuliere die Reaktionsgleichung.

2 Begründe, warum die Reaktion von Magnesiumoxid mit Salzsäure auch als Neutralisation bezeichnet werden kann. Formuliere die Reaktionsgleichung. Kennzeichne den Protonenübergang.

3 Entwickle verschiedene Möglichkeiten zur Herstellung von Calciumchlorid.

4 Erkläre, warum sich bei Zugabe einer Magnesiumsulfatlösung zu einer Bariumchloridlösung ein Niederschlag bildet. Formuliere die Reaktionsgleichung.

Nachweis von Säurerest-Ionen

Chemische Reaktionen, die mit der Bildung eines schwer löslichen Niederschlags einhergehen, werden als **Fällungsreaktionen** bezeichnet. Bestimmte Säurerest-Ionen in wässrigen Lösungen können durch Fällungsreaktionen nachgewiesen werden.

Schon gewusst?

In der chemischen Stufe der Abwasseraufbereitung wird durch Zugabe von Kalk in das zu reinigende Abwasser Calciumsulfat ausgefällt. Gleichzeitig werden dadurch saure Abwässer neutralisiert.

Nachweis von Halogenid-Ionen Bei Zugabe von Silbernitratlösung zu einer Lösung von Natriumchlorid bilden die Chlorid-Ionen mit Silber-Ionen schwer lösliches Silberchlorid, das als weißer, käsiger Niederschlag ausfällt. ↑E.7,8 S.58, ↑1

$$Na^+(aq) + Cl^-(aq) + Ag^+(aq) + NO_3^-(aq) \longrightarrow AgCl(s) + Na^+(aq) + NO_3^-(aq)$$
$$Cl^-(aq) + Ag^+(aq) \longrightarrow AgCl(s)$$

Auch mit Lösungen von Bromiden und Iodiden erhält man durch Zugabe von Silbernitratlösung schwer lösliche Niederschläge. ↑E.9 S.58, ↑2,3 Aufgrund der unterschiedlichen Farben der Silberhalogenide ist Silbernitratlösung für den Nachweis und die Unterscheidung von Halogenid-Ionen geeignet.

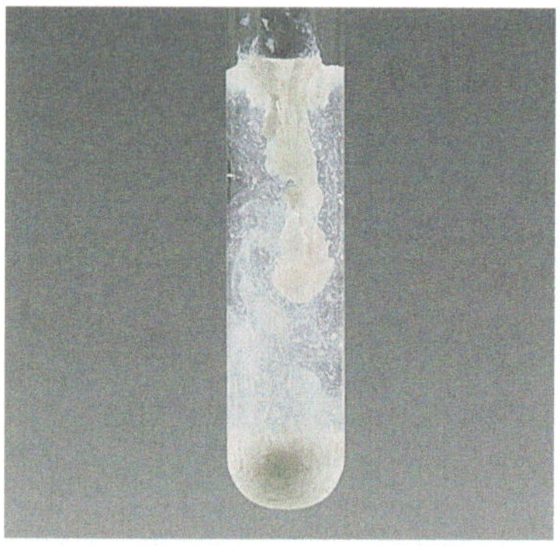
1 Niederschlag von Silberchlorid

2 Niederschlag von Silberbromid

3 Niederschlag von Silberiodid

Nachweis von Halogenid-Ionen mit Silbernitratlösung

Nachzuweisendes Ion	Niederschlag	Verkürzte Ionengleichung
Chlorid-Ion (Cl^-)	weißes Silberchlorid	$Ag^+(aq) + Cl^-(aq) \longrightarrow AgCl(s)$
Bromid-Ion (Br^-)	hellgelbes Silberbromid	$Ag^+(aq) + Br^-(aq) \longrightarrow AgBr(s)$
Iodid-Ion (I^-)	gelbes Silberiodid	$Ag^+(aq) + I^-(aq) \longrightarrow AgI(s)$

4 Nachweis von Sulfat-Ionen

Nachweis von Sulfat-Ionen Bei Zugabe einer Bariumchloridlösung zu einer Natriumsulfatlösung fällt ein weißer Niederschlag aus. ↑E.10 S.59 Barium-Ionen bilden mit Sulfat-Ionen einen typischen weißen Niederschlag aus Bariumsulfat. ↑4 Die Bildung des schwer löslichen Bariumsulfats dient als Nachweis für Sulfat-Ionen.

$$2\,Na^+(aq) + SO_4^{2-}(aq) + Ba^{2+}(aq) + 2\,Cl^-(aq) \rightarrow BaSO_4(s) + 2\,Na^+(aq) + 2\,Cl^-(aq)$$
$$SO_4^{2-}(aq) + Ba^{2+}(aq) \rightarrow BaSO_4(s)$$

Nachweis von Kohlenstoffdioxid und Carbonat-Ionen Versetzt man eine Natriumcarbonatlösung mit Salzsäure, ist eine Gasentwicklung zu beobachten. Das entstehende Gas reagiert mit Kalkwasser (Calciumhydroxidlösung) zu weißem, schwer löslichem Calciumcarbonat (Kalk), das als Niederschlag ausfällt. ↑E.11,12 S.59 Diese Trübung von Kalkwasser weist das entstehende Gas als Kohlenstoffdioxid nach.

$$2\,Na^+(aq) + CO_3^{2-}(aq) + 2\,H_3O^+(aq) + 2\,Cl^-(aq) \longrightarrow 2\,Na^+(aq) + 2\,Cl^-(aq) + 3\,H_2O\,(l) + CO_2(g)$$

$$CO_2(g) + Ca^{2+}(aq) + 2\,OH^-(aq) \longrightarrow CaCO_3(s) + H_2O\,(l)$$

Kohlenstoffdioxid kann auch mit Bariumhydroxidlösung nachgewiesen werden. Wird das Gas in eine wässrige Lösung von Bariumhydroxid eingeleitet, fällt ein weißer Niederschlag von schwer löslichem Bariumcarbonat aus. ↑E.11,12 S.59

$$CO_2(g) + Ba^{2+}(aq) + 2\,OH^-(aq) \longrightarrow BaCO_3(s) + H_2O\,(l)$$

Carbonat-Ionen lassen sich daher durch die Bildung von Kohlenstoffdioxid bei Zugabe von Salzsäure und den anschließenden Nachweis des Gases bestimmen.

Schon gewusst?

Im Brausepulver sind Natriumhydrogencarbonat und Weinsäure enthalten. Beim Auflösen in Wasser reagiert die entstehende saure Lösung mit dem Natriumhydrogencarbonat. Das Gas Kohlenstoffdioxid entweicht und verursacht das angenehme Kribbeln des Brausepulvers.

Nachweis von Nitrat- und Phosphat-Ionen Diese Ionen lassen sich mithilfe von Farbreaktionen auf Teststäbchen nachweisen. Die Intensität der Färbung lässt zudem einen Rückschluss auf den Gehalt an Nitrat- bzw. Phosphat-Ionen in der untersuchten Lösung zu. ↑E.13–15 S.59

Nitratgehalt in pflanzlichen Lebensmitteln	
Nitratgehalt pro 100 g	Lebensmittel
hoch 100 bis 500 mg	Kopfsalat, Spinat, Rote Bete, Feldsalat, Fenchel, Grünkohl, Weißkohl, Radieschen
mittel 50 bis 100 mg	Sellerie, Möhren, Kartoffeln, Blumenkohl, Lauch, Kohlrabi, Rotkohl, Auberginen
niedrig unter 50 mg	Tomaten, Gurken, Paprika, Melonen, Erbsen, Getreide, Hülsenfrüchte, Äpfel

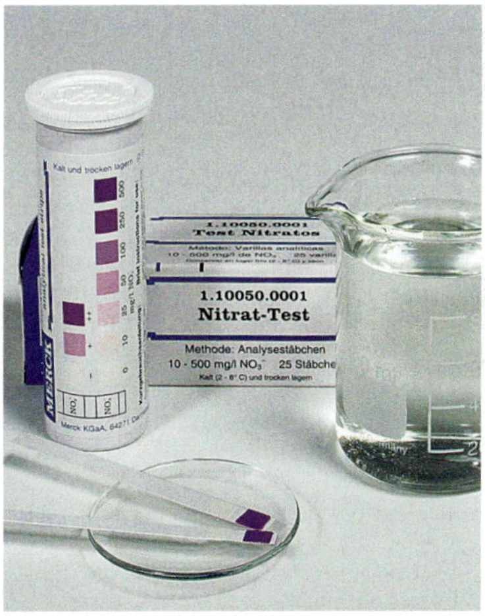

5 Nitratnachweis mit Teststäbchen

Aufgaben

1 Eine Mineralwasserprobe soll auf Chlorid-Ionen geprüft werden. Beschreibe den Nachweis.

2 Formuliere die Ionengleichung für den Nachweis von Bromid-Ionen in einer Lösung von Zinkbromid ($ZnBr_2$).

3 Erkläre, warum sich Kalkwasser trübt, wenn man mit einem Strohhalm vorsichtig hineinpustet.

4 Im Labor steht eine Flasche ohne Etikett, die eine klare, farblose Flüssigkeit enthält. Es wird vermutet, dass in der Flasche eine Lösung von Kaliumiodid, Silbernitrat, Bariumchlorid oder Calciumhydroxid enthalten sein könnte. Plane, wie die unbekannte Lösung identifiziert werden kann.

5 Formuliere für die chemische Reaktion von Kaliumcarbonat mit Salzsäure die Reaktionsgleichung sowie die Reaktionsgleichungen für die Protonenabgabe und die Protonenaufnahme. Kennzeichne den Protonenübergang.

Kristalle – selbst gezüchtet

1 Topas

2 Smaragd

3 Apatit

Möglichkeit der chemischen Einteilung von Mineralien

Stoff	Beispiel
Gediegene Elemente	Gold, Silber, Diamant, Schwefel
Sulfide	Bleiglanz, Pyrit
Halogenide	Steinsalz, Sylvin
Oxide und Hydroxide	Quarz, Korund
Nitrate, Carbonate und Borate	Chilesalpeter, Calcit, Dolomit
Sulfate	Schwerspat, Gips
Phosphate	Apatit, Blaueisenerz
Silicate	Bergkristall, Feldspat
Organische Verbindungen	Honigstein

Der Besuch einer Mineraliensammlung ist jedes Mal ein Erlebnis. Die verschiedenen Kristallformen, ihr Glanz, ihre leuchtenden Farben und ihre auffälligen optischen Erscheinungen beeindrucken uns immer wieder. Die schönen Kristalle sind in der Natur in Jahrhunderten gewachsen.
Heute werden in der Industrie in kürzerer Zeit Kristalle gezüchtet, die z. B. in der Lasertechnik benötigt werden. Können Kristalle selbst wachsen? Was meint ihr?

- Wie und unter welchen Bedingungen entstehen Kristalle?
- Welche kristallinen Stoffe kennt ihr aus dem Alltag und wie verhalten sich diese Stoffe gegenüber Wasser?
- Von welchen Stoffen sollen Kristalle gezüchtet werden?
- Wo spielt das Züchten von Kristallen eine Rolle?

Materialien für die Projektbearbeitung Die Lösung der Projektaufgaben erfordert den Einsatz von Experimenten. Nutzt dazu Angaben im Internet, in Experimentierbüchern sowie das hier bereitgestellte Material.

1 Untersuche das Verhalten von kristallinen Stoffen in Wasser.

Gib in drei Reagenzgläser je eine Spatelspitze Kochsalz, Kupfersulfat (Xn, N) und Alaun (Kaliumaluminiumsulfat) und danach in jedes Reagenzglas etwa 5 ml destilliertes Wasser. Erwärme anschließend mit kleiner Brennerflamme, bis sich die Stoffe gelöst haben. Gieße die Lösungen zum Abkühlen in Uhrglasschalen.
Betrachte die Lösungen nach mehreren Stunden. Finde eine Erklärung für die Beobachtungsergebnisse.

2 Züchte Kochsalzkristalle.
Gib 35 g Kochsalz in ein mit 100 ml Wasser gefülltes Becherglas. Rühre mit einem Glasstab vorsichtig um, bis sich das Kochsalz vollständig gelöst hat. Befestige einen Wollfaden an einem Holz- oder Glasstab.
Beschwere den Faden mit einem Metallstück, damit er senkrecht hängt. Hänge den Faden in das Becherglas und lass es einige Tage ruhig stehen. Beobachte.

3 Züchte Kristallkeime.
Vorsicht! Gib je eine bestimmte Stoffportion eines Stoffes in Bechergläser, die mit 100 ml Wasser gefüllt sind.
Stelle Lösungen mit 15 g Kaliumalaun (Kaliumaluminiumsulfat), mit 40 g Kupfersulfat (Xn, N), mit 40 g Chromalaun (Kaliumchromsulfat) und mit 70 g Kaliumnitrat (O) her.
Erwärme diese Lösungen auf etwa 50 °C. Filtriere die Lösungen und gieße sie zum Abkühlen in gut gereinigte Petrischalen. Die Lösungen müssen nun für mehrere Stunden erschütterungsfrei und kühl stehen. Beobachte.
Nimm die schönsten der entstandenen Kristalle mit einer Pinzette aus der Lösung. Diese Kristalle werden als Kristallkeime für das Züchten großer Kristalle verwendet (Experiment 4).

4 Züchte Einzelkristalle.
Knote jeweils einzelne Kristallkeime (Experiment 3) an Schlingen von dünnen Perlonfäden.
Bereite die Lösungen für die Züchtung von großen Kristallen in gleicher Weise wie in Experiment 3 vor. Beachte, dass die warmen, filtrierten Lösungen auf keinen Fall einen Bodensatz haben dürfen.
Hänge nun jeden an einem Perlonfaden befestigten Kristallkeim mithilfe eines Holz- oder Glasstabs mitten in die zugehörige Lösung. Stelle danach die Bechergläser für einige Tage erschütterungsfrei an einem kühlen Ort ab. Beobachte.
Hinweis: Fertige Kristalle können zum Schutz gegen Feuchtigkeit und Berührung mit farblosem Nagellack überzogen werden.

Hinweise für die Projektarbeit Informiert euch zunächst über den Vorgang der Kristallbildung. Einigt euch, von welchen Stoffen Kristalle gezüchtet werden sollen. Bereitet die Experimente unter Beachtung aller Gefahrenhinweise sorgfältig vor. Lasst die Experimentanordnungen stets vor Beginn des Arbeitens von der Lehrerin bzw. vom Lehrer bestätigen. Fertigt von allen Experimenten Protokolle an. Betrachtet die gezüchteten Kristalle mit einer Lupe und beschreibt ihr Aussehen. Versucht die Kristallformen zu zeichnen und herauszufinden, welche geometrischen Körper die Kristalle bilden. Überlegt, wie ihr eure Ergebnisse der Öffentlichkeit vorstellen könnt.
Erkundet, wo Mineralien zu besichtigen sind. Plant den Besuch einer solchen Mineraliensammlung.

Info

Schöne Kristalle entstehen meist nur, wenn sie für ihr Wachstum lange Zeit haben sowie ruhig und kühl stehen. Fertige Kristalle dürfen nicht mit bloßen Fingern angefasst werden oder mit Feuchtigkeit in Berührung kommen. Das Züchten von Kristallen erfordert Geduld und Ausdauer.

4 Ein Kristall wird gezüchtet.

5 Chromalaun

6 Kalkspat

1 Kreidefelsen auf der Insel Rügen

2 Tropfsteinhöhle

3 Muschelschalen

Carbonate

Carbonate in der Natur Kalk (Calciumcarbonat, $CaCO_3$) ist als gesteinsbildendes Material in der Natur weit verbreitet, z. B. in Form von Kalkstein, Marmor, Kreide oder Tropfsteinen. Kalk spielt aber auch in der lebenden Natur als Stützsubstanz eine wichtige Rolle, z. B. in Muschelschalen, Schneckenhäusern, Korallen, Eierschalen, Knochen. Einige wichtige Erze sind ebenfalls Carbonate, so z. B. Spateisenstein (Eisencarbonat, $FeCO_3$), Zinkspat (Zinkcarbonat, $ZnCO_3$) und Manganspat (Mangancarbonat, $MnCO_3$).

4 Skulptur aus Marmor

Carbonate im Haushalt Back- und Brausepulver sowie Feuerlöscher enthalten Natron (Natriumhydrogencarbonat, $NaHCO_3$). Hirschhornsalz, ebenfalls ein Backtriebmittel, enthält Ammoniumhydrogencarbonat (NH_4HCO_3), Soda (Natriumcarbonat, Na_2CO_3) ist in Waschmitteln und Wasserenthärtern enthalten.

5 Diese Produkte enthalten Carbonate.

6 Entfernung von Kalkablagerungen

Eigenschaften der Carbonate Mit Ausnahme von Natriumcarbonat und Kaliumcarbonat (Pottasche) sind Carbonate kaum wasserlöslich. Durch saure Lösungen werden Carbonate unter Bildung von Kohlenstoffdioxid zersetzt. Daher enthalten manche Badreinigungsmittel Citronensäure. Kalkablagerungen an Armaturen werden so durch chemische Reaktion beseitigt.

7 Kalktuff am Uracher Wasserfall

Hartes Wasser Weiße Kalkablagerungen z.B. in Wasserkochern, an Duschköpfen und Armaturen werden durch hartes Wasser verursacht. Hartes Wasser enthält u.a. viele Calcium- und Magnesium-Ionen. Der Gehalt des Wassers an Calcium- und Magnesium-Ionen (Wasserhärte) ist abhängig von den Schichtarten, die das Wasser durchsickert, bevor es in das Grundwasser gelangt. Wird dieses harte Wasser erhitzt, bildet sich unter Freisetzung von Kohlenstoffdioxid schwer lösliches Calciumcarbonat, das sich als Kesselstein an Heizstäben oder Topfböden absetzt. Diese Kalkablagerungen behindern den Wärmeaustausch und erhöhen so den Energieverbrauch. Hartes Wasser führt auch zu einem erhöhten Verbrauch an Waschmitteln.

Der natürliche Kalkkreislauf Die Reaktion von kohlenstoffdioxidhaltigem Wasser mit schwer löslichem Calciumcarbonat zu leicht löslichem Calciumhydrogencarbonat prägt Karstlandschaften wie die Schwäbische Alb, deren Untergrund aus Jura-Kalk besteht. Durch diese Verwitterung des Kalksteins entstehen Spalten und Hohlräume. In Höhlen führt die Verdunstung von Wasser aus herabtropfender Calciumhydrogencarbonatlösung zur Entstehung von Tropfsteinen. In ähnlicher Weise bilden sich am Uracher Wasserfall Kalkausscheidungen, Kalktuff genannt.

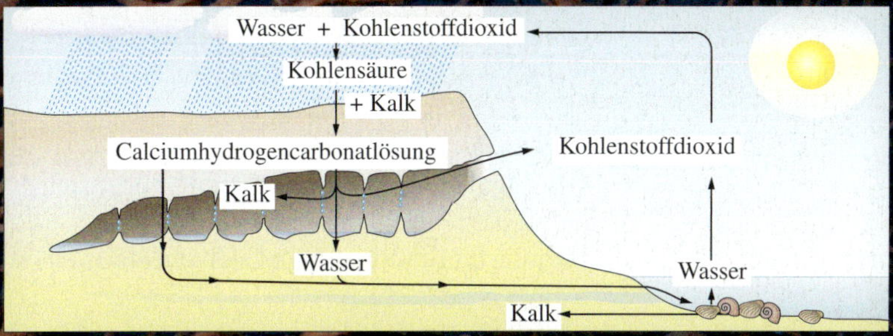

8 Kalkkreislauf in der Natur

Der technische Kalkkreislauf Kalkmörtel spielt als Baustoff eine bedeutende Rolle. Zur Herstellung von Kalkmörtel wird zunächst beim Kalkbrennen Kalkstein auf ca. 1000 °C erhitzt. Dabei reagiert das Calciumcarbonat unter Freisetzung von Kohlenstoffdioxid zu Calciumoxid (Branntkalk). Beim anschließenden Kalklöschen wird der gebrannte Kalk mit Wasser versetzt. Calciumoxid reagiert mit Wasser zu Calciumhydroxid (Löschkalk). Ein Gemisch aus Löschkalk, Sand und Wasser wird als Kalkmörtel z.B. zum Mauern verwendet. Beim Abbinden des Mörtels reagiert das Calciumhydroxid unter Abgabe von Wasser mit Kohlenstoffdioxid aus der Luft zu Calciumcarbonat. Die entstandenen Kalkkristalle sorgen für eine feste Verbindung der Sandkörner und Mauersteine.

Info

Als Fresko bezeichnet man eine Technik der Wandmalerei, die auf frischem (ital. fresco), noch nicht abgebundenem Kalkmörtelputz mit Wasserfarben ausgeführt wird. Die Farbpigmente sind nach dem Abbinden des Putzes unlöslich mit dem Kalk verbunden.

9 Ausschnitt aus einem Fresko von Giotto di Bondone (1267 bis 1337)

Arbeitsaufträge

1 Erkundige dich bei den Stadtwerken deines Ortes nach dem Härtegrad des Leitungswassers und woher dieses Wasser stammt.
2 Erkläre, warum man Heißwassergeräte und Töpfe regelmäßig entkalken sollte.
3 Begründe, warum Marmor nicht mit säurehaltigen Haushaltsreinigern gepflegt werden darf.
4 Stelle den technischen Kalkkreislauf grafisch dar.
5 Formuliere die Reaktionsgleichung für das Abbinden von Kalkmörtel.

Methode

Nachweis von Anionen in unbekannten Lösungen

In Mineralwasser sind, abhängig von der Herkunft, verschiedene Salze in unterschiedlichen Massenanteilen gelöst. Durch chemische Reaktionen mit bestimmten Nachweismitteln können Anionen in Lösungen nachgewiesen werden.

Am Beispiel von Mineralwasser soll das Vorgehen gezeigt werden.

1 *Lege zunächst fest, auf welche Anionen die Lösung untersucht werden soll.*
Das Mineralwasser soll auf Chlorid-Ionen und Sulfat-Ionen untersucht werden.

2 *Stelle die erforderlichen Chemikalien und Materialien bereit.*
Chemikalien:
Mineralwasser, 2%ige Silbernitratlösung als Nachweismittel für Chlorid-Ionen, 2%ige Bariumchloridlösung als Nachweismittel für Sulfat-Ionen
Materialien:
Becherglas für das zu untersuchende Mineralwasser, Reagenzglasständer, pro Anionennachweis ein Reagenzglas, ein weiteres Reagenzglas für den Vergleich mit dem zu prüfenden Mineralwasser

3 *Beschrifte die Reagenzgläser mit wasserfesten Stiften.*
Die Reagenzgläser können zum Beispiel nummeriert werden.

4 *Führe die Nachweise durch und beobachte.*
Fülle die bereitgestellten Reagenzgläser jeweils etwa 1 cm hoch mit dem Mineralwasser. Ist das Volumen der zu untersuchenden Lösung nicht ausreichend, muss sie mit entmineralisiertem Wasser verdünnt werden. Gib einige Tropfen Silbernitratlösung und einige Tropfen Bariumchloridlösung in die für die jeweiligen Nachweise vorgesehenen Reagenzgläser. Beobachte.

5 *Notiere die Beobachtungsergebnisse.*
Bei Zugabe von Silbernitratlösung bildet sich ein weißer Niederschlag. Bei Zugabe von Bariumchloridlösung bildet sich ebenfalls ein weißer Niederschlag.

6 *Werte die Beobachtungsergebnisse aus.*
Der Chlorid-Ionen-Nachweis und der Sulfat-Ionen-Nachweis sind positiv. In dem untersuchten Mineralwasser sind sowohl Chlorid-Ionen als auch Sulfat-Ionen vorhanden.

1 Zu prüfendes Mineralwasser

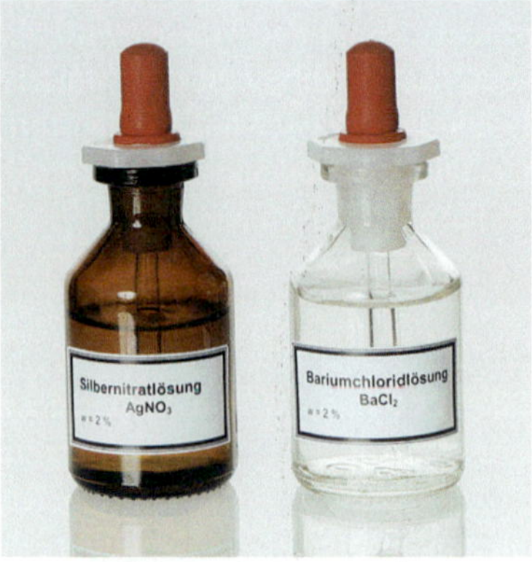

2 Nachweismittel

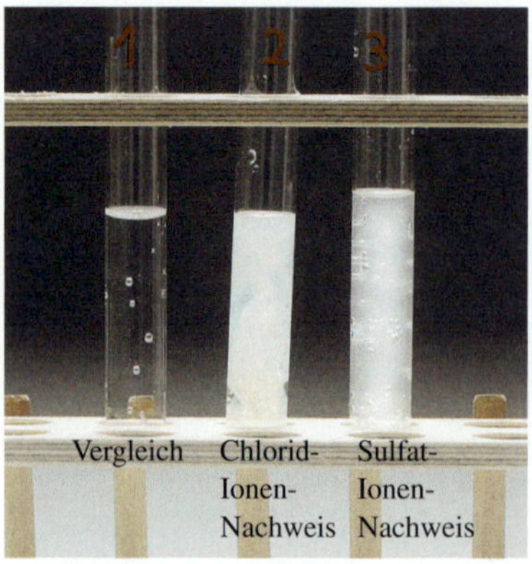

3 Nachweis von Anionen

Selbst untersucht Verhalten von Metallen gegenüber Nichtmetallen, Säuren und Salzlösungen

16 **Verbrenne Magnesium.**
Nicht direkt in die Flamme schauen! Halte ein etwa 5 cm langes Stück Magnesiumband mit der Tiegelzange in die Brennerflamme, bis es sich entzündet. Lass es dann über einer schwarzen Abdampfschale abbrennen.
Notiere deine Beobachtungen, deute das Versuchsergebnis und formuliere die Reaktionsgleichung.
Entsorgung: Feststoff in den Sammelbehälter für Hausmüll geben.

17 **Untersuche das Verhalten von Metallen gegenüber sauren Lösungen.** F Xi
Gib je eine Spatelspitze Magnesiumpulver (F), Eisenpulver, Zinkpulver (F) und Kupferpulver in ein Reagenzglas. Fülle in jedes Reagenzglas 5 ml 10%ige Salzsäure (Xi). Fange das entstehende Gas pneumatisch auf und führe die Knallgasprobe durch.

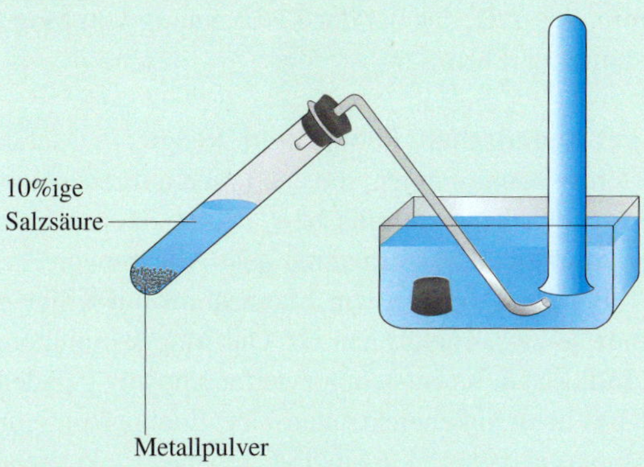

Dampfe nach Beendigung der Gasentwicklung jeweils 2 ml der entstandenen Lösungen in Reagenzgläsern vorsichtig ein und betrachte die Rückstände mit der Lupe.
Wiederhole den Versuch mit verdünnter Schwefelsäure ($w = 10\,\%$; Xi).
Notiere deine Beobachtungen und deute die Versuchsergebnisse.
Entsorgung: Feststoffe in den Sammelbehälter für Hausmüll, Lösungen in den Sammelbehälter für Abwasser geben.

18 **Untersuche das Verhalten von Metallen gegenüber Metallsalzlösungen.** Xn C Xi N
Bereite 5%ige Lösungen von Zinkchlorid (C), Eisensulfat (Xn), Kupfersulfat (Xn, N) und Silbernitrat (Xi). Tauche jeweils einen gut gesäuberten Eisennagel in die vier Lösungen. Beobachte einige Minuten.
Tauche auch gut gereinigte Kupferbleche, Zinkbleche und Silberbleche in die Lösungen.

Notiere deine Beobachtungen. Fertige eine Tabelle an, aus der ersichtlich ist, welche Metalle und welche Lösungen miteinander reagieren und welche nicht.
Entsorgung: Lösungen in den Sammelbehälter II geben. Kupfer- und Silberbleche einsammeln, werden wieder verwendet. Zink- und Eisenreste in den Sammelbehälter für Hausmüll geben.

Elektronenübergänge – Redoxreaktionen

Magnesium reagiert unter intensiven Licht- und Wärmeerscheinungen mit Sauerstoff. Ebenso heftig verläuft die Reaktion von Magnesium mit Chlor.
Welche weiteren Gemeinsamkeiten bestehen zwischen beiden Reaktionen?

1 Reaktion von Magnesium mit Sauerstoff und mit Chlor

EXPERIMENT 19 [L]
Reaktion von Magnesium mit Chlor.
Vorsicht! Abzug!
Ein etwa 10 cm langes Stück Magnesiumband wird in der Brennerflamme entzündet und in einen mit Chlor (T, N) gefüllten Standzylinder gegeben. Das Reaktionsprodukt wird in wenig Wasser gelöst. Die Lösung wird auf elektrische Leitfähigkeit überprüft.

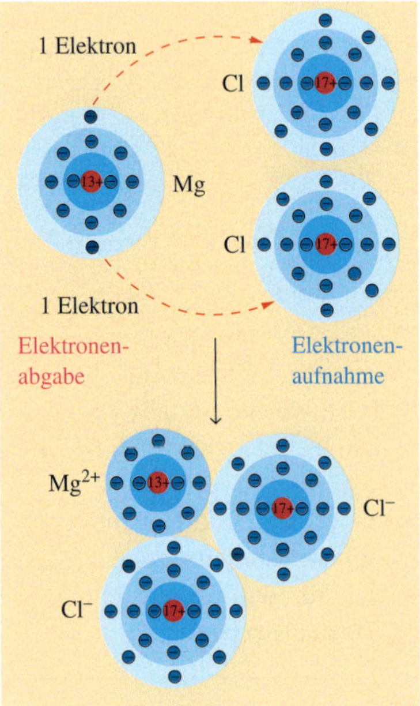

2 Elektronenübergang bei der Bildung von Magnesiumchlorid

Salzbildung durch Reaktion von Metallen mit Nichtmetallen Wie bekannt reagiert das Metall Natrium mit dem Nichtmetall Chlor in einer exothermen Reaktion zu dem Salz Natriumchlorid. ↑S.56
Auch Magnesium reagiert mit Chlor zu einem weißen Feststoff, dessen wässrige Lösung elektrischen Strom leitet. ↑E.19 S.69 Das Reaktionsprodukt Magnesiumchlorid ist ein Salz.

$Mg\ (s) + Cl_2\ (g) \longrightarrow MgCl_2\ (s)$ | exotherm

Allgemein reagieren Metalle mit Halogenen zu Metallhalogeniden, zu Salzen. ↑S.56 Vergleichbar mit den Reaktionen von Metallen mit Halogenen sind die Reaktionen einiger Metalle mit Sauerstoff oder Schwefel. Die bei diesen Reaktionen entstehenden Metalloxide bzw. Metallsulfide sind ebenfalls salzartige Stoffe, wie z. B. das bei der Verbrennung von Magnesium gebildete Magnesiumoxid. ↑E.16 S.69

Elektronenübergang bei chemischen Reaktionen Reagieren Metalle mit Nichtmetallen, entstehen Verbindungen, die aus Ionen aufgebaut sind. In den Ausgangsstoffen jedoch liegen Atome bzw. Moleküle vor. Es ist bekannt, dass Ionen aus Atomen durch Aufnahme oder Abgabe von Elektronen entstehen. ↑S.57 Bei der Reaktion von Magnesium mit Chlor geben die Magnesiumatome je zwei Elektronen ab. Die Magnesiumatome wirken als **Elektronendonatoren**. Es entstehen zweifach positiv geladene Magnesium-Ionen, die mit acht Außenelektronen eine Edelgaskonfiguration aufweisen. Die Chloratome nehmen je ein abgegebenes Elektron auf. Sie sind **Elektronenakzeptoren**. Es entstehen einfach negativ geladene Chlorid-Ionen, die ebenfalls eine Edelgaskonfiguration besitzen.

Elektronenabgabe: $Mg \longrightarrow Mg^{2+} + 2\,e^-$

Elektronenaufnahme: $Cl + e^- \longrightarrow Cl^-$

Elektronenaufnahme und -abgabe laufen stets gleichzeitig ab. Zwischen den Teilchen der Ausgangsstoffe findet bei dieser Reaktion ein **Elektronenübergang** statt.

$Mg + Cl_2 \longrightarrow MgCl_2$

$2\,e^-$ (von Mg zu Cl_2)
Elektronenübergang

Bei der Reaktion von Kupfer mit Schwefel zu Kupfersulfid (Cu_2S) werden ebenfalls Ionen durch Elektronenübergang gebildet. Da die Anzahl der abgegebenen und aufgenommenen Elektronen stets gleich ist, reagiert ein Schwefelatom immer mit zwei Kupferatomen.

Elektronenabgabe

$$2\,Cu + S \longrightarrow 2\,Cu^{+} + S^{2-}$$

Elektronenaufnahme

Reagieren Metalle mit Nichtmetallen, werden stets Elektronen von den Metallatomen auf die Atome des Nichtmetalls unter Bildung von positiv geladenen Metall-Ionen und negativ geladenen Nichtmetall-Ionen übertragen.

Bei der Reaktion eines Metalls mit einem Nichtmetall findet zwischen den Teilchen der reagierenden Stoffe ein Elektronenübergang statt.

3 Kupfer, Schwefel und Kupfersulfid

Elektronenübergang – Redoxreaktionen Auch bei der Oxidation von Magnesium zu Magnesiumoxid findet zwischen den reagierenden Teilchen ein Elektronenübergang statt. Aus Magnesiumatomen entstehen durch Elektronenabgabe zweifach positiv geladene Magnesium-Ionen. Gleichzeitig nehmen Sauerstoffatome je zwei Elektronen auf und werden zu zweifach negativ geladenen Oxid-Ionen. Die Reaktionen von Magnesium mit Chlor und die mit Sauerstoff sind also auf der Ebene der Teilchen vergleichbar. Die Vergleichbarkeit solcher Reaktionen führte dazu, dass die Begriffe Oxidation und Reduktion erweitert wurden. Die Oxidation ist demnach eine Teilreaktion der Redoxreaktion, bei der eine Elektronenabgabe stattfindet. Die Reduktion ist eine Teilreaktion der Redoxreaktion, bei der eine Elektronenaufnahme stattfindet. Redoxreaktionen sind Reaktionen mit Elektronenübergängen.

Elektronenabgabe/Oxidation:	$2\,Mg \longrightarrow 2\,Mg^{2+} + 4\,e^-$
Elektronenaufnahme/Reduktion:	$O_2 + 4\,e^- \longrightarrow 2\,O^{2-}$
Elektronenübergang/Redoxreaktion:	$2\,Mg + O_2 \longrightarrow 2\,MgO$

Redoxreaktionen sind Reaktionen mit Elektronenübergang. Bei der Oxidation werden Elektronen abgegeben, gleichzeitig werden bei der Reduktion Elektronen aufgenommen.

Redoxreaktion im Vergleich	
Oxidation ist die Aufnahme von Sauerstoff. $4\,Ag + O_2 \longrightarrow 2\,Ag_2O$	Oxidation ist die Abgabe von Elektronen. $2\,Ag \longrightarrow 2\,Ag^{+} + 2\,e^-$
Reduktion ist die Abgabe von Sauerstoff. $2\,Ag_2O \longrightarrow 4\,Ag + O_2$	Reduktion ist die Aufnahme von Elektronen. $Cl_2 + 2\,e^- \longrightarrow 2\,Cl^-$
Redoxreaktionen sind Reaktionen mit Sauerstoffübertragung.	Redoxreaktionen sind Reaktionen mit Elektronenübergang.

Aufgaben

1 Aluminium reagiert mit Brom zu Aluminiumbromid. Formuliere die Ionengleichungen für die Elektronenabgabe und Elektronenaufnahme sowie die Reaktionsgleichung für den Elektronenübergang.

2 Erläutere die Begriffe Elektronendonator und Elektronenakzeptor an einem selbst gewählten Beispiel.

3 Erläutere die Stoffumwandlung und die Veränderung der Teilchen bei der Oxidation von Eisen zu Eisen(III)-oxid (Fe_2O_3).

4 Überlege, welche Teilchen bei der Reaktion von Magnesium mit Sauerstoff bzw. von Magnesium mit Chlor die Oxidationsmittel bzw. die Reduktionsmittel sind. Formuliere eine allgemeine Aussage.

Reaktionen von Metallen mit sauren Lösungen und Salzlösungen

Metallteile aus Eisen werden von Meerwasser angegriffen. Versunkene Gegenstände aus Gold lassen sich hingegen auch noch nach langer Zeit unversehrt bergen. Wie kommt es, dass manche Metalle leichter angegriffen werden als andere?

1 Schiffswrack

Salzbildung durch Reaktionen von Metallen mit Säurelösungen Einige Metalle wie Zink, Magnesium und Eisen reagieren mit verdünnten Säurelösungen relativ heftig. Beim Einsatz von blanken Kupferspänen ist dagegen keine Reaktion zu beobachten. Unedle Metalle reagieren mit verdünnten Säurelösungen, edle Metalle wie Kupfer, Silber oder Gold reagieren dagegen nicht mit ihnen. ↑E.17 S.69

Bei der chemischen Reaktion wird das Metall von der sauren Lösung angegriffen. Zusätzlich entsteht ein Gas, das als Wasserstoff zu identifizieren ist. Die nach dem Eindampfen einer Probe zurückbleibende Kruste deutet darauf hin, dass bei der Reaktion eine Salzlösung entstanden ist. ↑E.17 S.69

Zink + Salzsäure ⟶ Zinkchloridlösung + Wasserstoff + Wasser

$$Zn(s) + 2\,H_3O^+(aq) + 2\,Cl^-(aq) \longrightarrow Zn^{2+}(aq) + 2\,Cl^-(aq) + H_2(g) + 2\,H_2O(l)$$

Es handelt sich bei dieser Reaktion um eine Reaktion mit Elektronenübergang, also um eine Redoxreaktion.

Elektronenabgabe/Oxidation:	$Zn \longrightarrow Zn^{2+} + 2\,e^-$	
Elektronenaufnahme/Reduktion:	$2\,H_3O^+ + 2\,e^- \longrightarrow H_2 + 2\,H_2O$	
Elektronenübergang/Redoxreaktion:	$Zn + 2\,H_3O^+ \longrightarrow Zn^{2+} + H_2 + 2\,H_2O$	

Von Zinkatomen gehen Elektronen auf Hydronium-Ionen über. Die Zinkatome werden zu Zink-Ionen oxidiert. Die Hydronium-Ionen werden reduziert, dabei entstehen Wasserstoff- und Wassermoleküle.

Die Chlorid-Ionen, also die Säurerest-Ionen der Salzsäure, nehmen an der Reaktion nicht teil. Erst beim Eindampfen der Lösung verbinden sich die Zink-Ionen mit den Chlorid-Ionen zu Zinkchlorid.

Salzlösungen können durch die Reaktion von unedlen Metallen mit sauren Lösungen entstehen. Dabei findet ein Elektronenübergang von den Metallatomen auf die Hydronium-Ionen der sauren Lösung statt.

Schon gewusst?

Die „Radierung“ ist ein Tiefdruckverfahren in der Kunst. Dabei werden die Linien, die später gedruckt werden sollen, mit Salpetersäure in eine Platte aus Kupfer oder Zink geätzt. In diese Vertiefungen wird die Druckfarbe gerieben und unter sehr hohem Druck mit einer Zylinderpresse auf feuchtes, saugfähiges Papier übertragen.

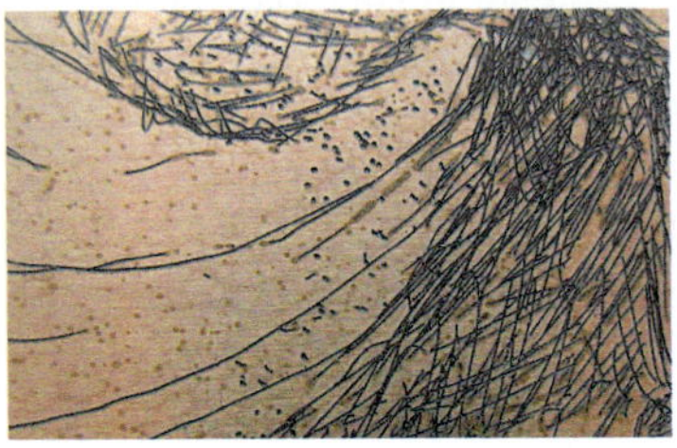

Salzbildung durch Reaktionen von Metallen mit Salzlösungen Ein Eisennagel, der in eine Kupfersulfatlösung getaucht wird, überzieht sich mit einer Schicht aus rotbraunem Kupfer. ↑E.18 S.69, ↑2 Die Kupfer-Ionen in der Lösung müssen demnach zu Kupferatomen reduziert worden sein. An der Oberfläche des Nagels findet ein Elektronenübergang statt. Die zweifach positiv geladenen Kupfer-Ionen der Lösung wirken als Elektronenakzeptoren. Durch Aufnahme von je zwei Elektronen werden sie zu Kupferatomen reduziert, die sich abscheiden. Die Eisenatome im Nagel sind die Elektronendonatoren. Sie geben jeweils zwei Elektronen ab und gehen als zweifach positiv geladene Eisen-Ionen in Lösung.

Elektronenabgabe/Oxidation: $Fe \longrightarrow Fe^{2+} + 2\,e^-$
Elektronenaufnahme/Reduktion: $Cu^{2+} + 2\,e^- \longrightarrow Cu$

Elektronenübergang/Redoxreaktion: $Fe + Cu^{2+} \longrightarrow Fe^{2+} + Cu$

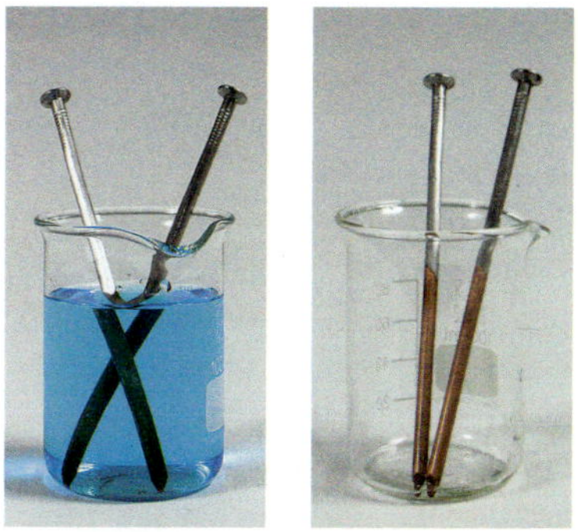

2 Eisennägel tauchen in eine Kupfersulfatlösung.

Redoxreihe der Metalle Taucht man ein Kupferblech in Silbernitratlösung, scheidet sich darauf Silber ab. Dagegen lässt sich beim Eintauchen eines Kupferblechs in eine Eisensulfatlösung keine Veränderung beobachten. ↑E.18 S.69 Die Silber-Ionen reagieren mit den Kupferatomen zu Silberatomen und Kupfer-Ionen. Es bilden sich jedoch keine Kupfer-Ionen bei Einwirkung von Eisen-Ionen auf Kupferatome. Der Grund für dieses unterschiedliche Verhalten liegt in dem verschieden starken Bestreben der Metallatome, ihre Außenelektronen abzugeben und Ionen zu bilden. Eine Reaktion findet nur dann statt, wenn ein Metall in eine Salzlösung taucht, die Ionen eines edleren Metalls enthält.
Ordnet man die Metalle anhand dieser Versuche nach ihrem Bestreben zur Elektronenabgabe, so stellt man fest, dass sich die gleiche Reihenfolge wie bei der Redoxreihe der Metalle ergibt. Die Atome unedler Metalle geben leicht Elektronen ab, sie sind gute Reduktionsmittel. Atome edler Metalle neigen kaum zur Elektronenabgabe. Ihre Ionen hingegen sind bestrebt, Elektronen aufzunehmen. Sie sind gute Oxidationsmittel.

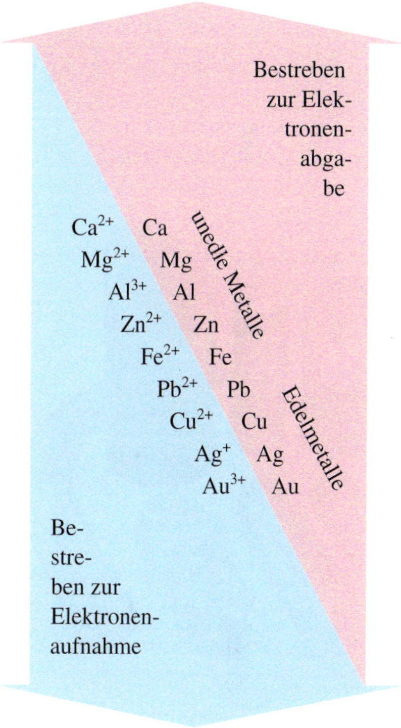

Das Bestreben der Metallatome, Elektronen abzugeben, ist unterschiedlich stark. Atome unedler Metalle geben ihre Elektronen leichter ab als die Atome edler Metalle. Ionen der edlen Metalle sind bestrebt, Elektronen aufzunehmen.

Aufgaben

1 Entwickle für die Reaktion von Aluminium mit Salzsäure die Ionengleichungen für die Elektronenaufnahme und Elektronenabgabe. Ordne diesen Teilreaktionen die Begriffe Oxidation und Reduktion zu. Welche Rolle spielt dabei das Säurerest-Ion?

2 Überlege, welches Salz man bei der Reaktion von Kupfer mit Schwefelsäure erhält. In welcher Form liegt es nach der Reaktion vor? Formuliere die Reaktionsgleichung.

3 Begründe, warum man in Kochtöpfen aus Aluminium kein Sauerkraut kochen sollte.

4 Beschreibe die Vorgänge, die beim Eintauchen eines Zinkstabs in eine Kupfersulfatlösung bzw. in eine Magnesiumsulfatlösung ablaufen.

5 Ein Eisennagel taucht in eine Silbernitratlösung. Formuliere für die chemische Reaktion die Reaktionsgleichung und kennzeichne Oxidationsmittel und Reduktionsmittel.

Volumenverhältnisse bei chemischen Reaktionen

Heizstäbe von Tauchsiedern, Kaffeemaschinen oder Wasserkochern sind nach längerer Betriebszeit häufig stark verkalkt. Mit verdünnten Säurelösungen lässt sich der Kalkbelag unter Bildung von Kohlenstoffdioxid entfernen. Welches Volumen an Kohlenstoffdioxid entsteht bei dieser Reaktion? Gibt es Beziehungen zwischen den Massen und den Volumina der Stoffe, die an chemischen Reaktionen beteiligt sind?

1 Entfernung von Kalk mit verdünnter Salzsäure

2 Verkalkte Rohre

3 Aufpumpen eines Reifens

Einfluss äußerer Bedingungen auf das Volumen von Gasen Ist dir schon einmal aufgefallen, dass ein Fahrradreifen im Sommer bei höheren Temperaturen praller gefüllt erscheint als im Winter? Warum ist das so? Nicht nur die Luft im Reifen, sondern alle Gase und Gasgemische verhalten sich gegenüber Druck- und Temperaturveränderungen gleich: Bei Druckerhöhung und Temperaturerniedrigung verringern sie ihr Volumen. Bei Temperaturerhöhung und Druckerniedrigung nimmt ihr Volumen zu. Das Verhalten der Gase ist völlig unabhängig davon, woraus eine Gasportion besteht, ob aus Sauerstoff oder Wasserstoff, ob aus Helium oder Kohlenstoffdioxid. Worauf ist dieses Verhalten der Gase zurückzuführen?

Satz von AVOGADRO Eine hypothetische Erklärung für dieses Verhalten, das nur Gase, nicht aber feste oder flüssige Stoffe besitzen, fand bereits im Jahre 1811 AMADEO AVOGADRO anhand von Volumenmessungen bei einer Vielzahl von Gasen, die an chemischen Reaktionen als Reaktionspartner beteiligt waren. Er formulierte eine Hypothese, in der er aussagte, dass bei allen Gasen mit einem gleichen Volumen bei gleicher Temperatur und gleichem Druck die Anzahl der Teilchen gleich ist.
Aus dieser Hypothese lässt sich z. B. folgern, dass bei 0 °C (273 K) und 101,3 kPa in 2 Liter Wasserstoff die gleiche Anzahl Wasserstoffmoleküle enthalten ist wie Kohlenstoffdioxidmoleküle in 2 Liter Kohlenstoffdioxid. Oder auch, dass bei 100 °C und 2 MPa 10 Liter Neon die doppelte Anzahl an Neonatomen enthalten wie 5 Liter Stickstoff an Stickstoffmolekülen.
Die Hypothese kann experimentell nicht bewiesen werden, denn das direkte Zählen einzelner Gasteilchen ist zumindest gegenwärtig nicht möglich. Da mit der Hypothese aber das Verhalten von Gasen und Gasgemischen erklärt werden kann und keine widersprechenden Sachverhalte bekannt sind, bezeichnet man sie auch als **Satz von AVOGADRO**:

Gleiche Volumina aller Gase enthalten bei gleicher Temperatur und gleichem Druck die gleiche Anzahl von Teilchen.

Das molare Volumen Sind bei chemischen Reaktionen Gase als Reaktionspartner beteiligt, ist es günstiger, statt mit den Massen mit den Volumina dieser Gase zu arbeiten. Entsteht z. B. bei verschiedenen Reaktionen von Calciumcarbonat mit Salzsäure das doppelte oder vierfache Volumen an Kohlenstoffdioxid, so verdoppelt oder vervierfacht sich auch die Stoffmenge dieser Gasportion. Daraus lässt sich ableiten, dass bei Gasen eine direkte Proportionalität zwischen dem Volumen der Stoffportion und ihrer Stoffmenge besteht: $V \sim n$. Als Proportionalitätsfaktor ergibt sich hier der Quotient aus dem Volumen und der Stoffmenge der Stoffportion. Dieser Quotient wird als **molares Volumen V_m** bezeichnet. Das molare Volumen aller Gase beträgt bei Normbedingungen etwa 22,4 l/mol.

Das molare Volumen V_m eines Gases ist der Quotient aus dem Volumen und der Stoffmenge einer Stoffportion. Unter Normbedingungen beträgt das molare Volumen für alle Gase etwa 22,4 l/mol.

$$V_m = \frac{V(\text{Stoffportion})}{n(\text{Stoffportion})}$$

4 Amadeo Avogadro (1776 bis 1856), italienischer Physiker

Durch Umstellung der Größengleichung für das molare Volumen von Gasen lässt sich bei gegebener Stoffmenge das Volumen und bei gegebenem Volumen die Stoffmenge einer Stoffportion errechnen.

Aufgabe: Bei einer chemischen Reaktion entsteht Wasserstoff mit der Stoffmenge $n(H_2) = 0{,}02\,\text{mol}$. Welches Volumen nimmt dieser Wasserstoff unter Normbedingungen ein?

Gesucht: $V(H_2)$

Gegeben: $n(H_2) = 0{,}02\,\text{mol}$; $V_m = 22{,}4\,\text{l/mol}$

Lösung: $V_m = \frac{V(H_2)}{n(H_2)}$

$V(H_2) = n(H_2) \cdot V_m$

$V(H_2) = 0{,}02\,\text{mol} \cdot 22{,}4\,\text{l/mol}$

$V(H_2) = 0{,}45\,\text{l} = 450\,\text{ml}$

Ergebnis: Der bei der chemischen Reaktion entstandene Wasserstoff nimmt unter Normbedingungen ein Volumen von 450 ml ein.

Normbedingungen für Gase

$p_n = 101{,}3\,\text{kPa}$

$T_n = 273\,\text{K}\ (0\,°\text{C})$

Molares Volumen von Gasen

$$V_m = \frac{V(\text{Stoffportion})}{n(\text{Stoffportion})}$$

$$V(\text{Stoffportion}) = n(\text{Stoffport.}) \cdot V_m$$

$$n(\text{Stoffportion}) = \frac{V(\text{Stoffportion})}{V_m}$$

Aufgaben

1 Begründe, warum sich das Volumen von Luft, z. B. in einer Luftpumpe, zusammendrücken lässt, das Volumen einer Flüssigkeit unter Druck aber nahezu konstant bleibt.

2 Erkläre, warum sich Gase gegenüber Druck- und Temperaturänderung gleich verhalten.

3 Beim Reinigen der Heizstäbe einer Kaffeemaschine entstand Kohlenstoffdioxid mit einer Masse von $m(CO_2) = 2{,}2\,\text{g}$.
Welches Volumen an Kohlenstoffdioxid ist bei dieser Reaktion entstanden?

4 Berechne das Volumen bzw. die Stoffmenge folgender Gasportionen:
a $n(H_2) = 3\,\text{mol}$
b $V(CO_2) = 40\,\text{l}$
c $n(Cl_2) = 2{,}1\,\text{mol}$
d $V(N_2) = 88{,}9\,\text{l}$

5 Berechne die Anzahl Wasserstoffmoleküle, die in 1 Liter Wasserstoff enthalten sind.

6 Vergleiche molare Masse und molares Volumen von Sauerstoff und Wasserstoff.

Experimentelle Volumenermittlung von Gasen bei chemischen Reaktionen Bei vielen chemischen Reaktionen reagieren nicht nur ausschließlich gasförmige Reaktionspartner. Eine bestimmte Stoffportion eines festen Stoffes wird praktischerweise über seine Masse bestimmt. Bei einer Stoffportion eines gasförmigen Stoffes gibt man am einfachsten deren Volumen an. Sind dagegen feste und gasförmige Stoffe Reaktionspartner, ist es erforderlich, Massen und Volumina zu bestimmen.
Wie bereits bekannt, entsteht bei der Reaktion von Magnesium mit Salzsäure Wasserstoff. Welcher Zusammenhang besteht bei dieser chemischen Reaktion zwischen der Masse Magnesium und dem entstehenden Volumen Wasserstoff?
Die Reaktionsgleichung für die abgelaufene Reaktion lautet:

Mg (s)	+ 2 HCl (aq) ⟶	$MgCl_2$ (aq)	+ H_2 (g)	| exotherm
Magnesium	Salzsäure	Magnesiumchlorid	Wasserstoff	

Durch die Reaktionsgleichung ist bekannt, dass aus 1 mol Magnesium die Stoffmenge von 1 mol Wasserstoff entsteht. Setzt man für 1 mol Magnesium die Masse von 24 g und für 1 mol Wasserstoff das Volumen von 22,4 l ein, wird deutlich, dass auch ein Zusammenhang zwischen der Masse Magnesium und dem Volumen Wasserstoff besteht.
Dieser Zusammenhang kann wie folgt ausgedrückt werden.

Es gilt: $m(\text{Mg}) = n(\text{Mg}) \cdot M(\text{Mg})$ und $V(\text{H}_2) = n(\text{H}_2) \cdot V_\text{m}$

Betrachtet man die Masse Magnesium im Verhältnis zum Volumen Wasserstoff, ergibt sich

$$\frac{m(\text{Mg})}{V(\text{H}_2)} = \frac{n(\text{Mg}) \cdot M(\text{Mg})}{n(\text{H}_2) \cdot V_\text{m}}$$

Durch Umstellen der Größengleichung lassen sich Massen bei gegebenen Volumina und Volumina bei gegebenen Massen berechnen.

Bei einer chemischen Reaktion besteht ein proportionaler Zusammenhang zwischen der Masse eines Ausgangsstoffes und dem Volumen eines Reaktionsprodukts.

Allgemeine Größengleichungen zu Volumenberechnungen bei chemischen Reaktionen

$$\frac{V(\text{A})}{m(\text{B})} = \frac{n(\text{A}) \cdot V_\text{m}}{n(\text{B}) \cdot M(\text{B})}$$

$$\frac{m(\text{A})}{V(\text{B})} = \frac{n(\text{A}) \cdot M(\text{A})}{n(\text{B}) \cdot V_\text{m}}$$

$$\frac{V(\text{A})}{V(\text{B})} = \frac{n(\text{A})}{n(\text{B})}$$

A – Stoff der gesuchten Größe

B – Stoff der gegebenen Größe

Selbst untersucht

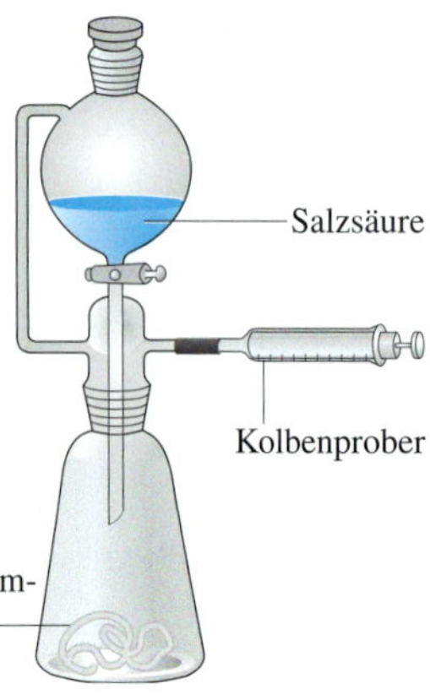

20 Ermittle das Volumen von Wasserstoff, das bei der Reaktion von Magnesium mit Salzsäure entsteht. F+ Xi

Wiege 0,1 g Magnesiumband genau ab. Bringe das Band in den Erlenmeyerkolben des Gasentwicklers und tropfe bei luftdicht verschlossener Apparatur 10%ige Salzsäure (Xi) zu. Ermittle das entstandene Volumen an Wasserstoff (F+). Wiederhole das Experiment mit 0,15 g; 0,2 g und 0,25 g Magnesium.
Erfasse die erhaltenen Daten in einer Wertetabelle.
Werte das Experiment grafisch aus, indem du in einem Koordinatensystem die Masse Magnesium auf der Abszissenachse (*x*-Achse) und das jeweils entstandene Volumen Wasserstoff auf der Ordinatenachse (*y*-Achse) abträgst.
Entsorgung: Flüssigkeit in Sammelbehälter für Abwasser geben.

Volumenberechnungen bei chemischen Reaktionen Für Berechnungen bei chemischen Reaktionen, an denen feste und gasförmige Reaktionspartner beteiligt sind, wird der bestehende Zusammenhang zwischen der Masse eines Stoffes und dem Volumen eines anderen Stoffes genutzt. Damit könnte nun auch berechnet werden, welche Volumina Wasserstoff bei der Reaktion von Magnesium mit Salzsäure entstehen müssten. ↑E.20
Eine bewährte Schrittfolge zum Vorgehen bei der Berechnung von Volumina bei chemischen Reaktionen ist auf Seite 78 dargestellt.

Aufgabe: Im Chemieunterricht setzt eine Schülerarbeitsgruppe 0,1 g Magnesiumband mit 10%iger Salzsäure zu Magnesiumchloridlösung und Wasserstoff um. Berechne das entstehende Volumen an Wasserstoff unter Normbedingungen.

Gesucht: $V(H_2)$

Gegeben: $m(Mg) = 0{,}1\,g$
$M(Mg) = 24\,g/mol$
$V_m = 22{,}4\,l/mol$

Reaktionsgleichung: $Mg\,(s) + 2\,HCl\,(aq) \longrightarrow MgCl_2\,(aq) + H_2\,(g)$

Lösung:

$$\frac{V(H_2)}{m(Mg)} = \frac{n(H_2) \cdot V_m}{n(Mg) \cdot M(Mg)}$$

$$V(H_2) = \frac{n(H_2) \cdot V_m \cdot m(Mg)}{n(Mg) \cdot M(Mg)}$$

$$V(H_2) = \frac{1\,mol \cdot 22{,}4\,l/mol \cdot 0{,}1\,g}{1\,mol \cdot 24\,g/mol} = 0{,}0933\,l$$

Ergebnis: Bei der Reaktion von 0,1 g Magnesium mit Salzsäure zu Magnesiumchloridlösung und Wasserstoff entstehen unter Normbedingungen 93,3 ml Wasserstoff.

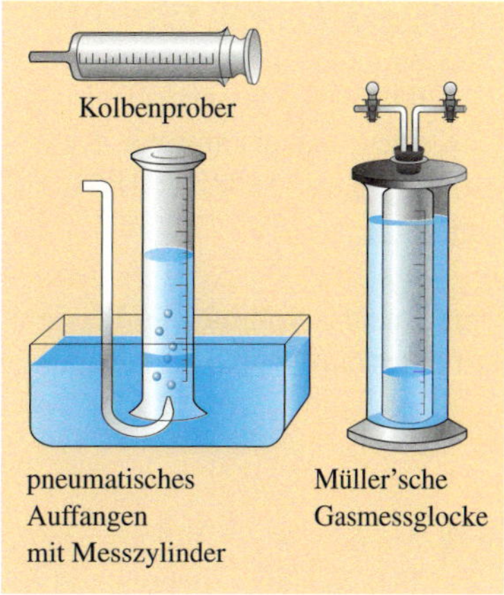

1 Geräte zum Messen von Gasvolumina

2 In der Technik werden Gase in Gasometern aufbewahrt.

Aufgaben

1 Berechne die Masse folgender Gasportionen:
a $V(SO_2) = 33{,}6\,l$
b $V(HCl) = 5\,l$
c $V(CO_2) = 0{,}02\,l$

2 Berechne das Volumen folgender Gasportionen:
a $m(NO_2) = 23\,g$
b $m(N_2) = 3{,}5\,g$
c $m(SO_2) = 64\,kg$

3 An einem Wasserhahn befindet sich ein Kalkbelag von $m(CaCO_3) = 2{,}4\,g$. Dieser Belag soll durch Reaktion mit verdünnter Schwefelsäure entfernt werden.
Berechne unter Annahme von Normbedingungen das Volumen an Kohlenstoffdioxid.

4 Für die Durchführung eines Experiments wird ein Volumen von 100 ml Kohlenstoffdioxid benötigt. Welche Masse an Kohlenstoff muss dafür vollständig verbrannt werden?

5 Im Jahr 2005 betrug der gesamte Ausstoß an Kohlenstoffdioxid in Deutschland 870 Mio. Tonnen.
a Berechne das an die Atmosphäre abgegebene Volumen an Kohlenstoffdioxid.
b Berechne die Stoffmenge des Kohlenstoffdioxids.

6 Berechne das Volumen an Chlor, das zur Bildung von 5 g Aluminiumchlorid benötigt wird.

7 Berechne die Stoffmenge folgender Stoffportionen:
a 15 l Sauerstoff
b 2 ml Ozon

Methode

Berechnen von Volumina bei chemischen Reaktionen

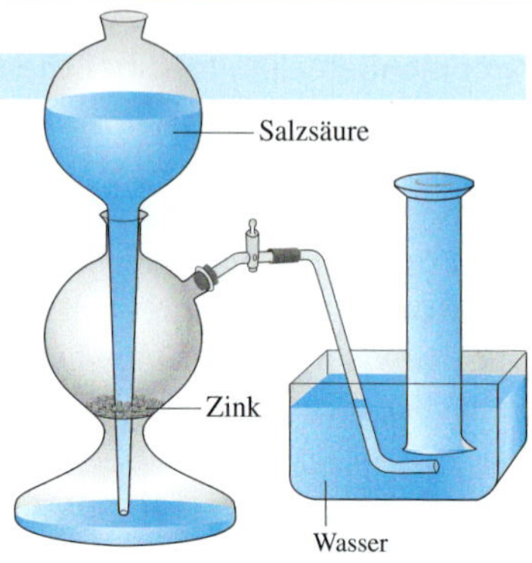

Im Labor wird Wasserstoff häufig durch Reaktion von Zink mit Salzsäure gewonnen. Dazu kann ein Kipp'scher Apparat (entwickelt von PETRUS JACOBUS KIPP, 1808 bis 1864, holländischer Apotheker) verwendet werden.

Berechne das Volumen an Wasserstoff, das beim Umsatz von 30 g Zink mit Salzsäure bei Normbedingungen entsteht.

1 *Analysiere die Aufgabenstellung.*
Erfasse die gesuchten und gegebenen Größen. Ermittle die benötigten molaren Massen mithilfe eines Tafelwerks.

Gesucht: $V(H_2)$ Gegeben: $m(Zn) = 30\,g$; $M(Zn) = 65\,g/mol$; $V_m = 22{,}4\,l/mol$

2 *Entwickle die Reaktionsgleichung.*

$$Zn\,(s) + 2\,H_3O^+\,(aq) + 2\,Cl^-\,(aq) \longrightarrow Zn^{2+}\,(aq) + 2\,Cl^-\,(aq) + 2\,H_2O\,(l) + H_2\,(g)$$

3 *Ermittle die Stoffmengen der Stoffe aus der Reaktionsgleichung.*

$n(Zn) = 1\,mol$; $n(H_2) = 1\,mol$

4 *Formuliere das Verhältnis zwischen Volumen der gesuchten Größe und Masse der gegebenen Größe.*
Stelle die Gleichung unter Nutzung der allgemeinen Größengleichung auf.

$m = n \cdot M \qquad V = n \cdot V_m$

$$\frac{V(A)}{m(B)} = \frac{n(A) \cdot V_m}{n(B) \cdot M(B)}$$

$$\frac{V(H_2)}{m(Zn)} = \frac{n(H_2) \cdot V_m}{n(Zn) \cdot M(Zn)}$$

5 *Forme die Gleichung nach der gesuchten Größe um.*

$$V(A) = \frac{n(A) \cdot V_m \cdot m(B)}{n(B) \cdot M(B)}$$

$$V(H_2) = \frac{n(H_2) \cdot V_m \cdot m(Zn)}{n(Zn) \cdot M(Zn)}$$

6 *Setze die bekannten Größen in die Gleichung ein und berechne das Ergebnis.*

$$V(H_2) = \frac{1\,mol \cdot 22{,}4\,l/mol \cdot 30\,g}{1\,mol \cdot 65\,g/mol}$$

$V(H_2) = 10{,}34\,l$

7 *Formuliere einen Antwortsatz.*

Bei der Reaktion von 30 g Zink mit Salzsäure entsteht unter Normbedingungen ein Volumen von 10,34 Liter Wasserstoff.

Grafisches Darstellen experimenteller Daten mit dem Computer

Häufig werden bei chemischen Experimenten quantitative Daten ermittelt, z. B. Gasvolumina mit einem Kolbenprober. Diese Daten sollen in Form von Diagrammen oder ähnlichen Übersichten dargestellt werden. Dafür eignet sich z. B. das Programm Excel.

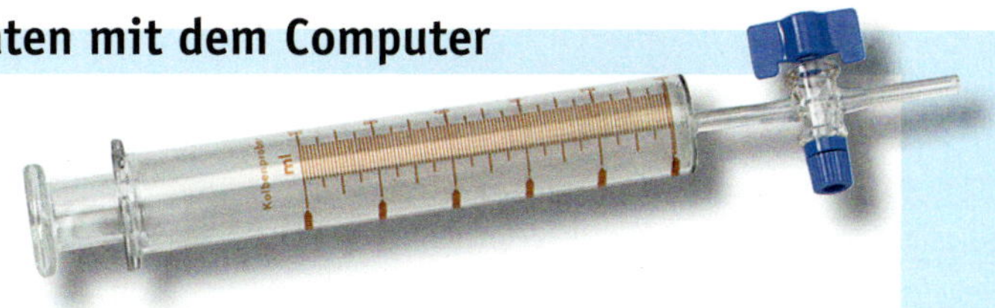

1 Kolbenprober zum Messen von Volumina

1 *Öffne ein neues Excel-Dokument.*

2 *Benenne die Spalten.*
Spalte A: „*t* in s“. Das werden die Werte der *x*-Achse.
Spalte B: „*V*(Wasserstoff) in ml“. Das werden die Werte der *y*-Achse.

3 *Trage die ermittelten Werte in die Spalten ein.*

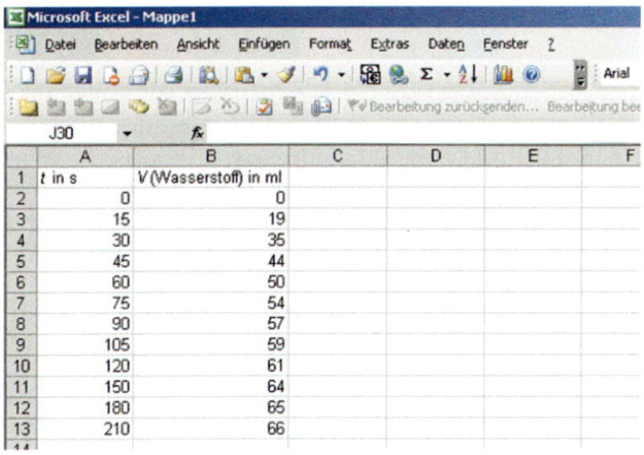

	A	B	C	D	E	F
1	*t* in s	*V* (Wasserstoff) in ml				
2	0	0				
3	15	19				
4	30	35				
5	45	44				
6	60	50				
7	75	54				
8	90	57				
9	105	59				
10	120	61				
11	150	64				
12	180	65				
13	210	66				

4 *Markiere die Werte der Spalte B und klicke im Menü auf das Symbol „Diagramm-Assistent“ (farbige Säulen). Wähle im Diagramm-Assistenten den Diagrammtyp aus. Klicke anschließend auf „Weiter“.*
Für dieses Diagramm ist der Diagrammtyp „Linie“ geeignet.

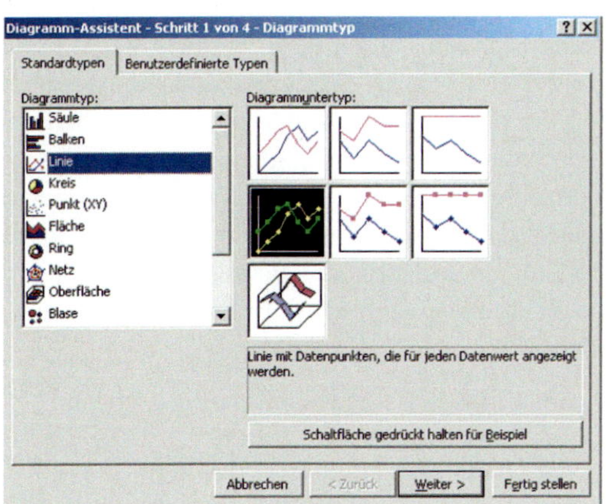

5 *Gehe im nun geöffneten Fenster des Diagramm-Assistenten auf den Reiter „Reihe“. Klicke auf den roten Pfeil in der Zeile „Beschriftung der Rubrikenachse (X):“. Es öffnet sich die Tabelle.*

6 *Wähle die Werte der Reihe A aus und klicke danach wieder auf den roten Pfeil des Diagramm-Assistenten. Klicke anschließend auf „Weiter“.*

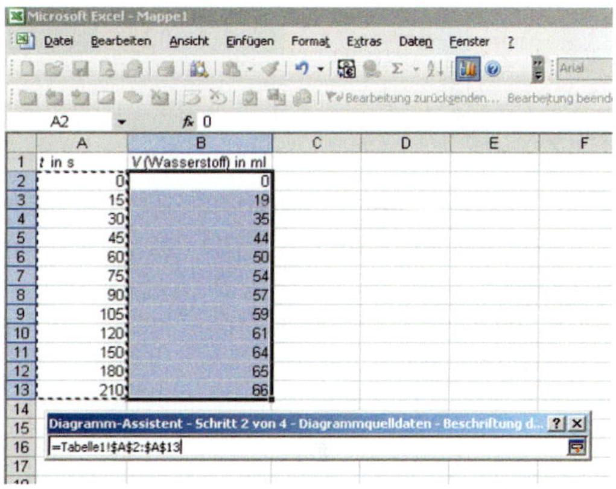

	A	B	C	D	E	F
1	*t* in s	*V* (Wasserstoff) in ml				
2	0	0				
3	15	19				
4	30	35				
5	45	44				
6	60	50				
7	75	54				
8	90	57				
9	105	59				
10	120	61				
11	150	64				
12	180	65				
13	210	66				

7 *Nimm in den Feldern „Diagrammtitel:“, „Rubrikenachse (X):“ und „Größenachse (Y):“ die entsprechenden Eintragungen vor.*
Diagrammtitel: „Wasserstoffentwicklung bei der Reaktion von Magnesium mit Salzsäure“
Rubrikenachse (X): „t in s“
Größenachse (Y): „V(Wasserstoff) in ml“

8 *Klicke anschließend auf „Weiter“ und danach auf „Fertig stellen“.*

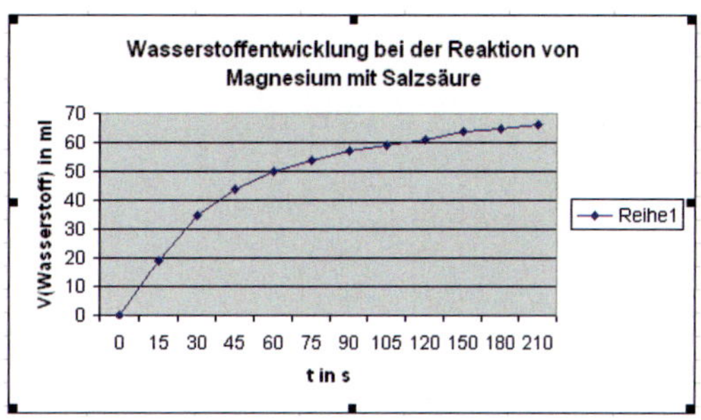

Elektrolysen

In Salzlösungen führen die Ionen unter dem Einfluss einer elektrischen Gleichspannung gerichtete Bewegungen aus.
Wohin wandern die Kationen und Anionen?

1

Selbst untersucht

21 Zerlege eine Zinkiodidlösung mit elektrischem Strom.
Fülle ein U-Rohr mit 10%iger Zinkiodidlösung. Tauche in jeden Schenkel des U-Rohrs eine Kohlestabelektrode in die Lösung. Verbinde eine der Elektroden mit dem Pluspol einer Gleichspannungsquelle und die andere mit dem Minuspol.
Lege an die Elektroden eine elektrische Gleichspannung von $U = 4$ bis 6 V für etwa 5 min an.
Notiere deine Beobachtungen und deute die Versuchsergebnisse.
Entsorgung: Lösungen in den Sammelbehälter II geben.

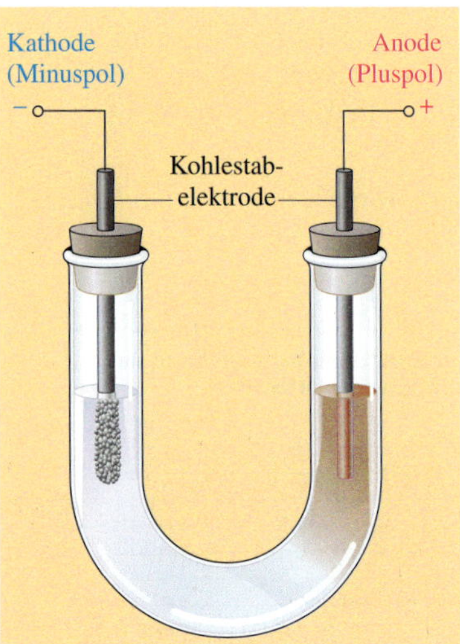

2 Elektrolyse einer Zinkiodidlösung

Zerlegung von Salzlösungen mit elektrischem Strom Taucht man zwei Elektroden, an denen eine elektrische Gleichspannung anliegt, in eine Zinkiodidlösung, scheidet sich nach kurzer Zeit an einer Elektrode ein dunkelgrauer Belag ab, an der anderen Elektrode bilden sich braune Schlieren. ↑E.21, ↑2

Der elektrische Strom hat offensichtlich eine chemische Reaktion bewirkt. An der **Kathode**, das ist die Elektrode, die mit dem Minuspol der Spannungsquelle verbunden ist, ist Zink entstanden. An der **Anode**, der Elektrode, die mit dem Pluspol verbunden ist, hat sich Iod gebildet.

In der Zinkiodidlösung wandern unter dem Einfluss der elektrischen Gleichspannung die zweifach positiv geladenen Zink-Ionen zur negativ geladenen Kathode. Dort nehmen sie jeweils zwei Elektronen auf und werden zu Zinkatomen entladen. Das entstandene Zink scheidet sich auf der Kathode ab. Gleichzeitig wandern die einfach negativ geladenen Iodid-Ionen zur positiv geladenen Anode. Dort werden sie durch Abgabe jeweils eines Elektrons zu Iodatomen entladen, die sich zu Iodmolekülen verbinden. Über die Spannungsquelle erfolgt also ein Elektronenübergang von den Iodid-Ionen zu den Zink-Ionen.

Elektronenabgabe an der Anode: $2\,I^- \longrightarrow I_2 + 2\,e^-$

Elektronenaufnahme an der Kathode: $Zn^{2+} + 2\,e^- \longrightarrow Zn$

Elektronenübergang: $Zn^{2+} + 2\,I^- \longrightarrow Zn + I_2$

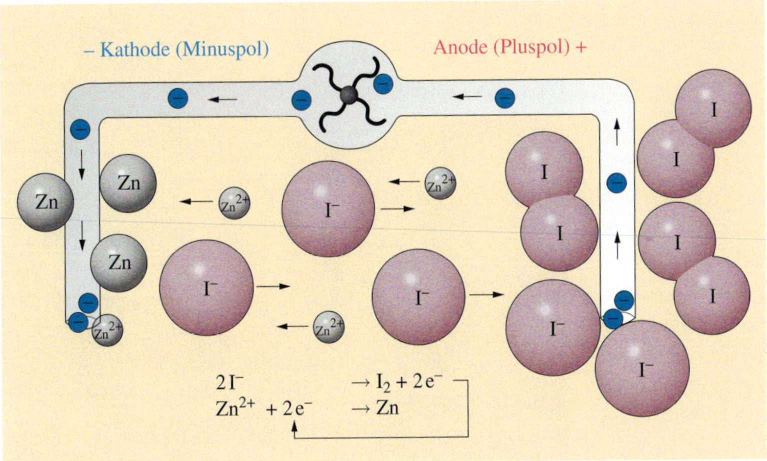

3 Modellvorstellung zu den Vorgängen bei der Elektrolyse einer Zinkiodidlösung. Die Gleichspannungsquelle wirkt wie eine Elektronenpumpe.

Die „Zerlegung" eines Stoffes durch elektrischen Strom wird als **Elektrolyse** bezeichnet. Eine Lösung, die frei bewegliche Ionen (Kationen und Anionen) enthält und den elektrischen Strom leitet, ist eine **Elektrolytlösung**. Elektrolytlösungen sind Salzlösungen, aber auch saure und basische Lösungen. Sie leiten den elektrischen Strom durch Ionenwanderung. Bei einer Elektrolyse wandern die Anionen stets zur Anode, dem Pluspol, und die Kationen zur Kathode, dem Minuspol. An den Elektroden finden Elektronenübergänge statt. An der Anode werden die Anionen durch Elektronenabgabe oxidiert und dabei entladen, an der Kathode werden die Kationen durch Elektronenaufnahme reduziert und dabei entladen. Elektrolysen sind also Redoxreaktionen.

Energie bei Elektrolysen Bei einer Elektrolyse finden die Elektronenübergänge an den Elektroden nur dann statt, wenn elektrischer Strom durch die Elektrolytlösung fließt. Wird der Stromfluss unterbrochen, ist die Reaktion sofort beendet. Die Elektrolyse ist demnach eine Redoxreaktion, die durch den elektrischen Strom erzwungen wird. Da zur Aufrechterhaltung der Reaktion beständig elektrische Energie zugeführt werden muss, sind Elektrolysen stets endotherm.

Bei einer Elektrolyse werden durch den elektrischen Strom Elektronenübergänge erzwungen. Kationen nehmen an der Kathode, dem Minuspol, Elektronen auf. An der Anode, dem Pluspol, geben Anionen Elektronen ab. Elektrolysen verlaufen immer endotherm.

Schon gewusst?

Silberbesteck ist oft nur versilbert. Die Edelmetallschicht wird durch Elektrolyse aus ihrer Salzlösung abgeschieden. Das Herstellen solcher Metallüberzüge mithilfe des elektrischen Stroms nennt man Galvanisieren. Der zu versilbernde Gegenstand wird als Kathode geschaltet und in eine Silbersalzlösung getaucht. Die Anode besteht aus Silber. In gleicher Weise können Gegenstände auch verchromt oder vergoldet werden.

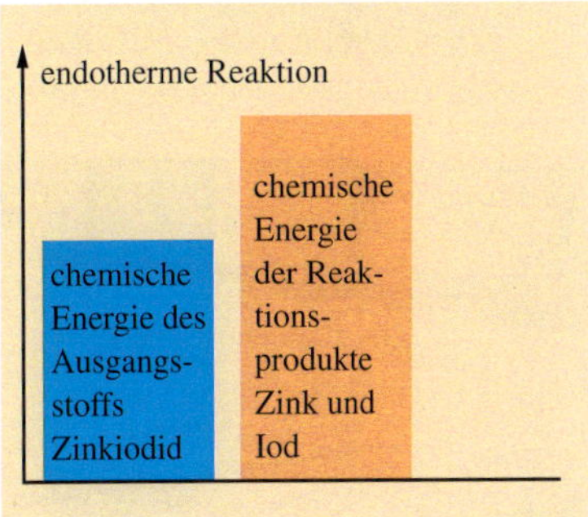

4 Energie bei der Zerlegung (Elektrolyse) von Zinkiodid

Aufgaben

1 Welche Beobachtungen kann man bei der Elektrolyse einer Kupferchloridlösung an den Elektroden machen? Formuliere die Ionengleichungen für die Teilreaktionen an Kathode und Anode sowie die Reaktionsgleichung für den Elektronenübergang.

2 Erläutere die Reaktionen an den Elektroden beim Herstellen eines Silberüberzugs. Kennzeichne die Teilreaktionen. Warum liegt eine Redoxreaktion vor?

3 Erkläre, warum Elektrolysen stets endotherme Reaktionen sind.

Technische Anwendungen der Elektrolyse

Bedeutung technischer Elektrolysen Von der chemischen Industrie wird eine Vielzahl von Stoffen hergestellt. Unter anderem werden auch Elemente gewonnen, die als Ausgangsstoffe in chemischen Reaktionen oder wie viele Metalle als Element verwendet werden. Um unedle Metalle wie Natrium, Magnesium und Aluminium, Nichtmetalle wie Chlor und Wasserstoff oder auch Grundchemikalien wie Natronlauge herzustellen, ist die Elektrolyse häufig ein günstiges Verfahren.

1 Produkte, zu deren Herstellung Chlor verwendet wird

Gewinnung von Natrium aus Steinsalz Zur Herstellung von Natrium ist die Elektrolyse einer Natriumchloridlösung nicht geeignet, da sich hierbei an der Anode Chlor und an der Kathode Wasserstoff statt des gewünschten Natriums bilden.
Um Natrium aus Steinsalz zu gewinnen, wird deshalb eine Natriumchloridschmelze elektrolysiert. Die Schmelzflusselektrolyse von Natriumchlorid wird in einer sogenannten Downs-Zelle durchgeführt. Die Downs-Zelle besteht aus einem zylinderförmigen Behälter, in dessen Zentrum sich die Anode aus Graphit befindet. ↑2 Die Kathode aus Eisen ist ringförmig um die Anode angeordnet. Über Anode und Kathode befinden sich Vorrichtungen, mit denen die Elektrolyseprodukte aus der Downs-Zelle abgeführt werden.

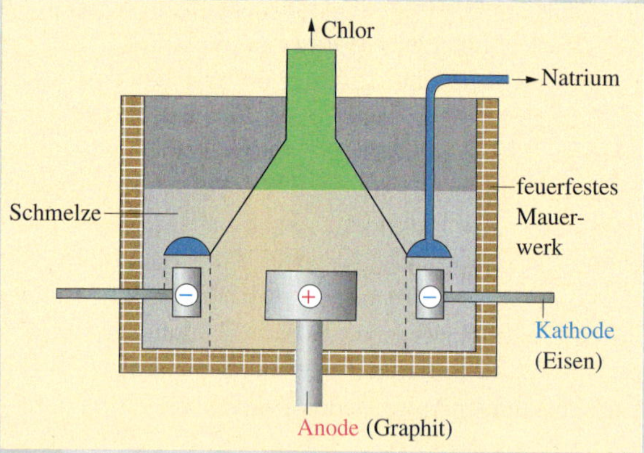

2 Schema einer Downs-Zelle

3 Halle mit Elektrolysezellen zum Herstellen von Wasserstoff, Chlor und Natronlauge

Die Schmelztemperatur des Natriumchlorids beträgt 800 °C. In der Industrie elektrolysiert man ein Gemisch aus Natriumchlorid, Calciumchlorid und Bariumchlorid, dessen Schmelztemperatur nur etwa 600 °C beträgt, wodurch Energie eingespart wird. Bei der Elektrolyse wandern die Natrium-Ionen zur Kathode und nehmen dort Elektronen auf. Das gebildete Natrium sammelt sich unter einer Abdeckung über der Kathode und fließt in einen Tank. Die Chlorid-Ionen wandern zur Anode und geben Elektronen ab. Die gebildeten Chloratome verbinden sich zu Chlormolekülen. Das gasförmige Chlor entweicht über eine trichterförmige Glocke über der Anode in einen Sammelbehälter. Die Schmelzflusselektrolyse von Natriumchlorid wird bei einer Spannung von 6 bis 7 V und mit einer Stromstärke von etwa 42 000 A durchgeführt. In einer Downs-Zelle können etwa 800 kg Natrium pro Tag produziert werden. Der Energieverbrauch beträgt 10 bis 11 kWh für die Produktion von 1 kg Natrium.

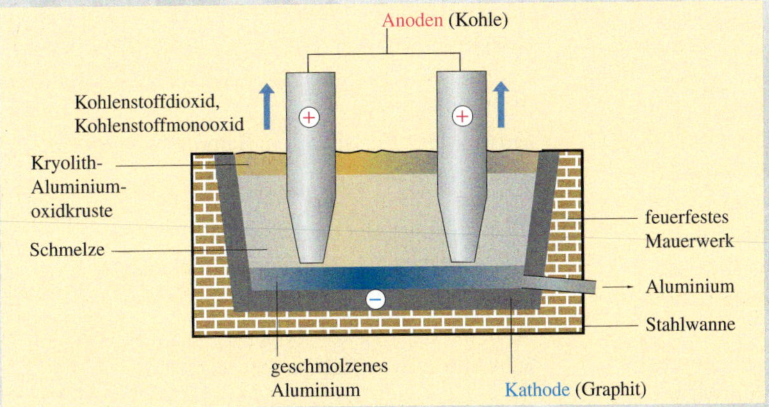

4 Schema eines Elektrolyseofens zur Aluminiumgewinnung

5 Abbau von Bauxit im Tagebau

Gewinnung von Aluminium aus Bauxit Für die Herstellung von Aluminium wird das Mineral Bauxit verwendet, das Aluminiumhydroxid und Aluminiumoxid enthält. ↑5 Aus dem Bauxit wird zunächst reines Aluminiumoxid hergestellt. Wie auch beim Natrium ist für die Herstellung von Aluminium nur die Schmelzflusselektrolyse sinnvoll.

Die Elektrolysezelle, der Elektrolyseofen, besteht aus einer mit feuerfestem Mauerwerk und mit Graphit ausgekleideten Stahlwanne. ↑4 Die Graphitauskleidung dient als Kathode. Die Kohleanoden ragen von oben in die Schmelze. Da die Schmelztemperatur von reinem Aluminiumoxid 2045 °C beträgt, wird dem Aluminiumoxid Kryolith (Natriumaluminiumfluorid, Formel Na_3AlF_6) zugemischt. Die Schmelztemperatur des Gemischs beträgt etwa 950 °C. Bei der Elektrolyse wandern Aluminium-Ionen zur Kathode und nehmen Elektronen auf. Das gebildete Aluminium wird in regelmäßigen Abständen aus dem Elektrolyseofen abgesaugt. An der Anode bildet sich Sauerstoff, der mit dem Anodenmaterial zu Kohlenstoffdioxid und Kohlenstoffmonooxid reagiert. Die Kohleanoden verbrauchen sich und müssen in bestimmten Abständen ersetzt werden.

Die Herstellung von Aluminium durch Schmelzflusselektrolyse ist sehr energieaufwendig. 2004 betrug der Energieverbrauch für die Produktion von 1 kg Aluminium etwa 15 kWh. Der Energieverbrauch ist aber deutlich höher, wenn man die Herstellung des Aluminiumoxids, der Kohleelektroden und die Bereitstellung des Kryoliths mit berücksichtigt.

6 Abstich von Aluminium

Info

Das Recycling von Aluminium ist äußerst vorteilhaft. Gegenüber der Herstellung aus Bauxit können hierbei bis zu 95 % Energie eingespart werden.

Arbeitsaufträge

1 Informiere dich, wofür elementares Natrium verwendet wird. Erkunde den jährlichen Bedarf an Natrium in Deutschland.

2 Begründe, warum das unedlere Natrium nicht zur Herstellung von Aluminium aus Aluminiumoxid eingesetzt wird.

3 Recherchiere, welche Energieträger weltweit bei der Schmelzflusselektrolyse zur Herstellung von Aluminium für die Erzeugung des elektrischen Stroms genutzt werden. Gib Gründe für die Auswahl der Produktionsstandorte für Aluminium an.

4 Im Jahr 2004 wurden weltweit 30,2 Mio. t Aluminium aus Bauxit und 7,8 Mio. t Recycling-Aluminium produziert.
Berechne die Anzahl der Haushalte, die mit der zur Weltjahresproduktion von Aluminium benötigten Elektroenergie ein Jahr lang versorgt werden könnten. Orientiere dich dabei am jährlichen Stromverbrauch deiner Familie.

5 Erstelle eine Übersicht über Herstellung, Verwendung und Verbrauch von Aluminium in Deutschland.

weiter gedacht

1 Bau- und Kunstwerke aus Kalkstein, Marmor oder Sandstein werden vom sauren Regen angegriffen. Dabei reagiert Kalk mit der im Niederschlag gelösten Schwefelsäure zu Gips ($CaSO_4$). Der Gips nimmt ein größeres Volumen ein als der ursprüngliche Kalk und wird durch nachfolgende Regenfälle ausgewaschen. Auf diese Weise wird das Material nach und nach abgetragen. Sorgfältig ausgearbeitete Skulpturen verwandeln sich in detaillose Gebilde.
Formuliere die Reaktionsgleichung, bei der als Nebenprodukte Kohlenstoffdioxid und Wasser entstehen. Entscheide, ob es sich um eine Reaktion mit Protonenübergang oder um eine Redoxreaktion handelt. Begründe deine Entscheidung.

1 Frei stehende Statue – rechts der Zustand nach 10 Jahren

2 Um Trinkwasser von Schwebstoffen zu befreien, damit es makellos klar ist, werden dem Wasser als Flockungsmittel kleine Mengen Calciumhydroxid und Aluminiumsulfat zugegeben. Dabei fällt u. a. festes Aluminiumhydroxid aus, das die Verunreinigungen mit sich auf den Grund reißt.
Formuliere die Reaktionsgleichung und benenne die Reaktionsart.

3 Lösche eine Kerzenflamme mit Backpulver.
Fülle den Inhalt einer Backpulverpackung in ein 250-ml-Becherglas. Stelle ein brennendes Teelicht in das Glas. Lass danach etwa 15 ml Wasser innen am Glasrand hinabrinnen. Beobachte.
Überlege, wodurch die Kerze gelöscht wird. Formuliere die Reaktionsgleichung für die Entstehung des Löschmittels.
Entsorgung: Flüssigkeit in Sammelbehälter für Abwasser geben.

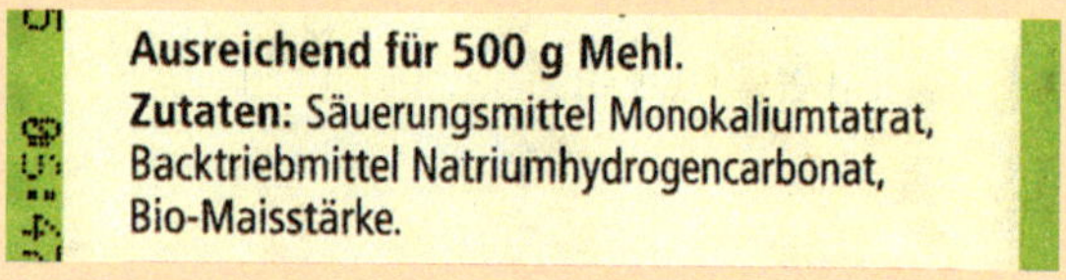

2 Inhaltsstoffe im Backpulver

4 Lässt man ein Vorratsgefäß mit Kalkwasser offen stehen, kann man nach einiger Zeit eine Trübung des Inhalts beobachten.
Versuche die Entstehung der Trübung zu erklären. Entwickle die Reaktionsgleichung.

5 Stelle Eisen(III)-chlorid her. Xn
Plane möglichst viele Varianten zur Herstellung von Eisen(III)-chlorid ($FeCl_3$, Xn). Lass deinen Plan bestätigen. Fordere danach die Chemikalien an. Führe die Experimente durch.
Notiere deine Beobachtungen. Entwickle die Reaktionsgleichungen. Erläutere die chemischen Reaktionen.
Entsorgung: Entsprechend deinem bestätigten Plan.

6 Silberschmuck und -besteck überzieht sich im Laufe der Zeit mit einer schwarzen Schicht von Silber(I)-sulfid (Ag_2S). Die „angelaufenen" Silberteile lassen sich auf einfache und schonende Weise wieder „reinigen". Dazu legt man sie in ein mit Alufolie ausgekleidetes Gefäß und gibt Kochsalzlösung dazu.
Erläutere diesen Vorgang. Nutze dazu deine Kenntnisse über die Redoxreihe der Metalle. Welchen Vorteil hat diese chemische „Reinigung" gegenüber einer mechanischen z. B. durch Abschleifen?

7 In einem Kohlekraftwerk fallen bei der Rauchgasentschwefelung täglich 1300 t Gips ($CaSO_4$) an. Bei dem Verfahren reagiert Kalk ($CaCO_3$) mit Schwefeldioxid zu Gips nach folgender Reaktionsgleichung:

$$2\,CaCO_3\,(s) + 2\,SO_2\,(g) + O_2\,(g) \longrightarrow 2\,CaSO_4\,(s) + 2\,CO_2\,(g)$$

Berechne das Volumen an Schwefeldioxid, das täglich aus dem Rauchgas entfernt wird.

Salze

Salze sind feste, kristalline Stoffe, die aus ungleichnamig elektrisch geladenen Ionen (Kationen und Anionen) aufgebaut sind.

Bildung von Salzlösungen und Salzen

basische Lösung	**+ saure Lösung**	$\longrightarrow$	**Salzlösung**	**+ Wasser**	
$Na^+(aq) + OH^-(aq)$	$+ H_3O^+(aq) + Cl^-(aq)$	$\longrightarrow$	$Na^+(aq) + Cl^-(aq)$	$+ 2\ H_2O(l)$	
Metalloxid	**+ saure Lösung**	$\longrightarrow$	**Salzlösung**	**+ Wasser**	
$CaO(s)$	$+ 2\ H_3O^+(aq) + 2\ NO_3^-(aq)$	$\longrightarrow$	$Ca^{2+}(aq) + 2\ NO_3^-(aq)$	$+ 3\ H_2O(l)$	
Salzlösung	**+ Salzlösung**	$\longrightarrow$	**Salz**	**+ Salzlösung**	
$Ca^{2+}(aq) + 2\ NO_3^-(aq)$	$+ 2\ K^+(aq) + CO_3^{2-}(aq)$	$\longrightarrow$	$CaCO_3(s)$	$+ 2\ K^+(aq)$	$+ 2\ NO_3^-(aq)$
Metall	**+ Nichtmetall**	$\longrightarrow$	**Salz**		
$2\ Fe(s)$	$+ 3\ Cl_2(g)$	$\longrightarrow$	$2\ FeCl_3(s)$		
unedles Metall	**+ saure Lösung**	$\longrightarrow$	**Salzlösung**	**+ Wasserstoff**	**+ Wasser**
$2\ Al(s)$	$+ 6\ H_3O^+(aq) + 6\ Cl^-(aq)$	$\longrightarrow$	$2\ Al^{3+}(aq) + 6\ Cl^-(aq)$	$+ 3\ H_2(g)$	$+ 6\ H_2O(l)$
Metall	**+ Salzlösung**	$\longrightarrow$	**Salzlösung**	**+ Metall**	
$Zn(s)$	$+ Fe^{2+}(aq) + SO_4^{2-}(aq)$	$\longrightarrow$	$Zn^{2+}(aq) + SO_4^{2-}(aq)$	$+ Fe(s)$	

Nachweis von Ionen durch Bildung von Niederschlägen

Nachzuweisendes Ion	Nachweismittel	Beobachtung/Reaktionsgleichung
Halogenid-Ionen (Cl^-, Br^-, I^-)	Silbernitratlösung	z. B. weißer, käsiger Niederschlag von Silberchlorid (AgCl) $Ag^+(aq) + Cl^-(aq) \longrightarrow AgCl(s)$
Sulfat-Ion (SO_4^{2-})	Bariumchloridlösung	weißer Niederschlag von Bariumsulfat ($BaSO_4$) $Ba^{2+}(aq) + SO_4^{2-}(aq) \longrightarrow BaSO_4(s)$
Carbonat-Ion (CO_3^{2-}) (Kohlenstoffdioxid, CO_2)	z. B. Kalkwasser (Calciumhydroxidlösung)	weißer Niederschlag von Calciumcarbonat ($CaCO_3$) $CO_2(g) + Ca^{2+}(aq) + 2\ OH^-(aq) \longrightarrow CaCO_3(s) + H_2O(l)$

Chemische Reaktionen mit Elektronenübergang

Reaktionen, bei denen zwischen den Teilchen der reagierenden Stoffe Elektronen übertragen werden. Solche Reaktionen sind Redoxreaktionen. Elektronenabgabe (Oxidation) und Elektronenaufnahme (Reduktion) finden dabei stets gleichzeitig statt.

Elektrolyse

Elektrolysen sind endotherme chemische Reaktionen, bei denen durch den elektrischen Strom Elektronenübergänge an Elektroden erzwungen werden.

Satz von AVOGADRO

Gleiche Volumina aller Gase enthalten bei gleicher Temperatur und gleichem Druck die gleiche Anzahl von Teilchen.

Molares Volumen

Quotient aus dem Volumen und der Stoffmenge einer Stoffportion eines Gases: $V_m = V/n$ Molares Volumen bei Normbedingungen $V_m \approx 22{,}4\ l/mol$

Check up

1 Gib die Namen und chemischen Zeichen der Kationen und Anionen an, aus denen die folgenden Salze aufgebaut sind. Formuliere die Verhältnisformeln dieser Salze: Magnesiumcarbonat, Ammoniumchlorid, Natriumsulfat, Strontiumnitrat.

2 Benenne die Salze, die bei folgenden Neutralisationsreaktionen entstehen, und gib jeweils die Formel an:
a Kalilauge mit Kohlensäure
b Bariumhydroxidlösung mit Salpetersäure
c Natronlauge mit Phosphorsäure
d Kalkwasser mit Salzsäure
e Ammoniaklösung mit Schwefelsäure

3 Formuliere die Reaktionsgleichung der Reaktion von Kupfer(II)-oxid (CuO) mit Salzsäure und kennzeichne den Protonenübergang.

4 Erläutere anhand eines selbst gewählten Beispiels, was man unter einer Fällungsreaktion versteht. Zu welchem Zweck werden im Labor Fällungsreaktionen durchgeführt?

5 Kalium reagiert mit Chlor in einer stark exothermen Reaktion zu einem Salz.
a Stelle die Reaktionsgleichung auf und benenne das Reaktionsprodukt.
b Stelle die Veränderung der Teilchen in einer Zeichnung modellhaft dar. Verwende das Schalenmodell für die Darstellung der Teilchen.
c Bestimme die Reaktionsart.

6 Erläutere anhand eines selbst gewählten Beispiels, dass bei jeder Redoxreaktion mit Sauerstoffübertragung auch ein Elektronenübergang stattfindet.

7 Zink reagiert mit Iod in Anwesenheit eines Katalysators in einer exothermen Reaktion zu Zinkiodid.
a Formuliere die Ionengleichungen für die Elektronenabgabe und -aufnahme und die Reaktionsgleichung für den Elektronenübergang.
b Benenne den Elektronendonator und den Elektronenakzeptor.
c Kennzeichne die Oxidation und die Reduktion und benenne das Oxidationsmittel und das Reduktionsmittel.

8 Gibt man Salzsäure zu Calciumkörnern, entwickelt sich u. a. Wasserstoff.
a Formuliere die Reaktionsgleichung und benenne die weiteren Reaktionsprodukte.
b Entwickle die Ionengleichungen für die Elektronenaufnahme und -abgabe und ordne diesen Teilreaktionen die Begriffe Oxidation und Reduktion zu.
c Berechne das entstehende Volumen an Wasserstoff unter Normbedingungen bei der Reaktion von 4 g Calcium mit Salzsäure.

9 Formuliere Annahmen über mögliche Vorgänge, die beim Eintauchen eines Stücks Aluminiumblech in eine Lösung von Kupfer(II)-chlorid ($CuCl_2$) ablaufen. Begründe deine Annahmen.

10 Beschreibe die Vorgänge, die bei der Elektrolyse von Zinkchlorid ablaufen, und formuliere die Ionengleichungen für die Teilreaktionen an den Elektroden.

Aufgabe	Hilfe findest du auf Seite …	Verbindung der Aufgabe zu den Basiskonzepten ↑S.8
1	54	T
2	60, 61	R
3	61	R
4	62	R
5	70, 71	R S
6	71	R S
7	71	R E S
8	72, 76, 77	R S
9	73	R S
10	80, 81	R

T Stoff-Teilchen-Beziehungen, R Chemische Reaktion, E Energetische Betrachtungen bei Stoffumwandlungen

› Die Lösungen findest du im Anhang.

Merkmale und Verlauf chemischer Reaktionen

Silberglänzende Destillationskolonnen aus Edelstahl, Wasserdampfwolken ausstoßende Kühltürme, endloses Gewirr von Rohrleitungen – keine Frage: Hier laufen chemische Reaktionen ab.
Ein sonnengelbes Rapsfeld – Konkurrenzunternehmen als „chemische Fabrik“? Die Fotosynthese ist der wichtigste biochemische Vorgang auf der Erde. Diese chemische Reaktion sichert nicht nur das Leben von Pflanzen, sondern auch das von anderen Organismen.

Und … vor unserer Haustür wachsen Rohstoffe. Rapsöl, Biodiesel, auch Honig sind Produkte chemischer Reaktionen.

- → Was geschieht bei einer chemischen Reaktion?
- → Unter welchen Bedingungen entstehen Reaktionsprodukte aus Ausgangsstoffen?
- → Ist der Verlauf einer chemischen Reaktion beeinflussbar?

Selbst untersucht Beobachtbare Veränderungen bei chemischen Reaktionen

1 Untersuche das Zusammenwirken von Stoff- und Energieumwandlung an einer Brennstoffzelle.

Zum Betreiben der Brennstoffzelle lies zunächst genau die Betriebsanleitung durch. Notiere die Schritte für die Durchführung des Experiments. Das Funktionsprinzip erkennst du in der Skizze. Schließe an die Elektroden der Brennstoffzelle einen Elektromotor an. Stelle Wasserstoff (F+) und Sauerstoff aus Wasser mit der Solarzelle dar. Leite die Gase in die Brennstoffzelle.
Erläutere die Energieumwandlung. Entwickle Reaktionsgleichungen. Erörtere die praktische Bedeutung dieser Technologie.

2 Untersuche den energetischen Verlauf der Reaktion von Calciumoxid mit Wasser.

Gib 3 Spatelspitzen Calciumoxid (C) in ein Becherglas mit 10 ml Wasser. Miss die Temperatur im Becherglas vor und nach Zugabe des Calciumoxids.
Entwickle die Reaktionsgleichung. Entscheide, ob diese chemische Reaktion zu den exothermen oder endothermen Reaktionen gehört.
Entsorgung: Aufschlämmung in Sammelbehälter für Abwasser geben.

3 Ermittle energetische Erscheinungen.

Gib zu 7 g festem Natriumcarbonat ($Na_2CO_3 \cdot 10\,H_2O$; Xi) in einem Becherglas etwa 1,5 g Ammoniumchlorid (Xn). Rühre mit einem Thermometer ständig vorsichtig um und beobachte die Temperaturanzeige.
Wiederhole das Experiment. Setze anstelle von Ammoniumchlorid etwa 4,8 g feste Citronensäure oder 3,8 g Weinsäure ein.
Woran erkennst du, dass es sich beim „Mischen" der festen Stoffe um chemische Reaktionen handelt? Charakterisiere deren energetischen Verlauf.
Entsorgung: Feststoffe lösen, in Sammelbehälter für Abwasser geben.

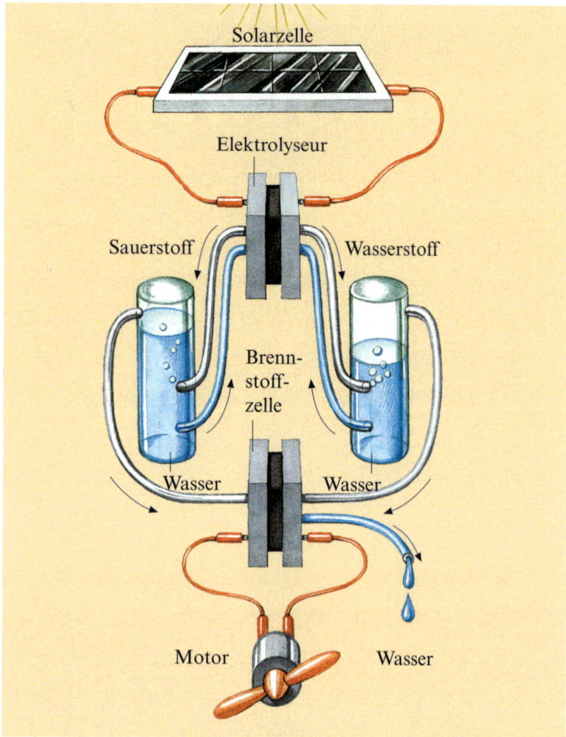

1 Schematische Darstellung einer Brennstoffzelle ↑E.1

4 Neutralisiere Natriumhydroxidlösung mit verdünnter Salpetersäure.

Plane das Experiment so, dass du aus Beobachtungen auf die Stoff- und Energieumwandlung bei dieser chemischen Reaktion schließen kannst. Vergleiche die Eigenschaften der Stoffe, indem du die Stoffumwandlung „sichtbar" machst.
Die vorgegebene 7%ige Natriumhydroxidlösung (C) ist neutralisiert, wenn sie mit einer ganz bestimmten Stoffportion der eingesetzten verdünnten Salpetersäure (Xi) reagiert. Wie lässt sich diese ermitteln? Wie können energetische Veränderungen festgestellt werden?
Führe das Experiment nach Rücksprache mit deiner Lehrerin bzw. deinem Lehrer durch.
Erläutere beobachtbare Merkmale chemischer Reaktionen am Beispiel dieser Neutralisation. Entwickle die Reaktionsgleichung. Erläutere die Teilchenveränderungen bei dieser chemischen Reaktion.
Entsorgung: Lösungen in Sammelbehälter für Abwasser geben.

5 Vergleiche den zeitlichen Verlauf zweier Reaktionen mit Metallen.

Gib auf eine Spatelspitze Magnesiumgrieß (F) und eine Spatelspitze Eisenfeilspäne in Reagenzgläsern je 3 ml 10 %ige Salzsäure (Xi).
Beobachte die auftretenden Erscheinungen. Vergleiche den zeitlichen Verlauf der chemischen Reaktionen. Entwickle Reaktionsgleichungen.
Entsorgung: Lösungen in Sammelbehälter für Abwasser geben, Reste von festen Stoffen abspülen und einsammeln.

6 Untersuche den zeitlichen Verlauf einer Reaktion.

Gib jeweils auf eine bestimmte Masse Zinkpulver (F) oder Magnesiumgrieß (F) oder Calciumcarbonat 10 %ige Salzsäure (Xi). Notiere alle 10 s das entstehende Gasvolumen bis zur vollständigen Umsetzung des festen Stoffes.
Ermittle das Volumen des entstehenden Gases in Abhängigkeit von der Zeit.

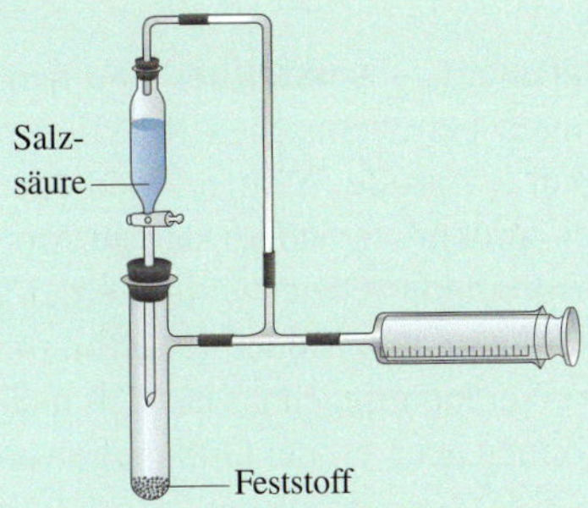

Werte deine Beobachtung hinsichtlich der Messbarkeit der Geschwindigkeit dieser chemischen Reaktion aus.
Entsorgung: Lösungen in Sammelbehälter für Abwasser geben.

7 Untersuche die Reaktion von Calciumcarbonat mit Salzsäure in Abhängigkeit von der Zeit.

Gib auf gleiche Massen Calciumcarbonat – einmal in Form von Marmorstücken und einmal in Form von Marmorpulver – jeweils 10%ige Salzsäure (Xi).
Entwickle eine geeignete Experimentieranordnung, mit der du die Geschwindigkeit beider Reaktionen erfassen kannst.
Führe das geplante Experiment nach Rücksprache mit deiner Lehrerin bzw. deinem Lehrer durch.
Notiere deine Beobachtungen. Formuliere eine Aussage über den Einflussfaktor auf die Reaktionsgeschwindigkeit.
Entsorgung: Lösungen in Sammelbehälter für Abwasser geben.

8 Untersuche die Entfärbung eines Reaktionsgemisches.

Gib in zwei Reagenzgläser jeweils genau 3 ml eines frisch bereiteten Oxalsäure-Schwefelsäure-Gemisches (C), das dir durch die Lehrerin/den Lehrer zur Verfügung gestellt wird. Füge jeweils 3ml destilliertes Wasser hinzu. Versetze nun die Lösung im ersten Reagenzglas mit 3 Tropfen 1%iger Kaliumpermanganatlösung. Miss die Zeit, bis sich die Lösung entfärbt.
Erwärme den Inhalt des zweiten Reagenzglases auf etwa 40 °C. Versetze diese Probe ebenfalls mit drei Tropfen 1%iger Kaliumpermanganatlösung. Notiere die Zeit bis zur Entfärbung.
Hinweis: Das bereitgestellte Säuregemisch besteht aus 6%iger Oxalsäurelösung (Xn) und 25%iger Schwefelsäurelösung (C) im Volumenverhältnis 3 : 5.
Entsorgung: Lösungen in Sammelbehälter I geben.

Wann ist ein Vorgang eine chemische Reaktion?

Solar-Wasserstoff-Technik – eine Innovation, um die Energie des Sonnenlichts nutzbar zu machen. Die Bereitstellung von Energie mittels Brennstoffzellen ist an die chemische Reaktion von Wasserstoff mit Sauerstoff gebunden. An den Stoff- und Energieumwandlungen ist Wasser als umweltfreundliches Reaktionsprodukt und auch als nahezu unbegrenzt verfügbarer Ausgangsstoff beteiligt.

1 Brennstoffzelle

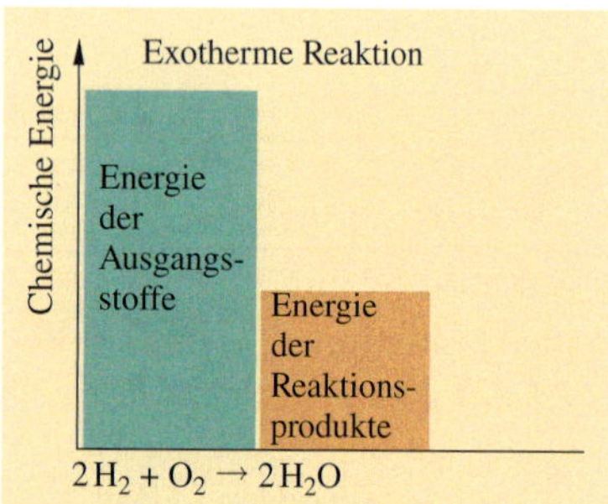

2 Energie bei der Bildung von Wasser

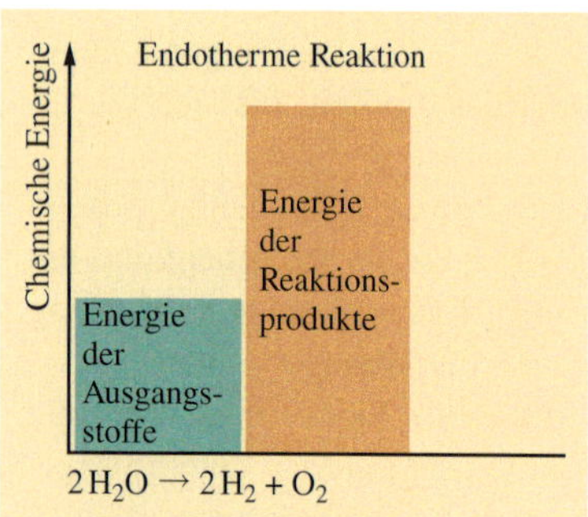

3 Energie bei der Zerlegung von Wasser

Stoff- und Energieumwandlungen – beobachtbar Ob es um Vorgänge in lebenden Organismen, um die Herstellung von Stoffen, die Beseitigung von Schadstoffen oder auch die Bereitstellung von Energie ↑E.1 S.88 geht, immer sind chemische Reaktionen maßgeblich beteiligt.
An der Bildung neuer Stoffe ist die Stoffumwandlung zu erkennen. Farbänderungen, Niederschlagsbildungen oder auch Gasentwicklungen sind beobachtbare Anzeichen für chemische Reaktionen. Temperaturänderungen ohne beabsichtigte Wärmezufuhr oder -ableitung sind dagegen, wie z. B. bei der Neutralisation ↑E.4 S.88, oft sehr deutlich wahrnehmbare Wirkungen von Energieumwandlungen. Exotherme und endotherme Reaktionen werden unterschieden. ↑E.2,3 S.88; ↑2,3

Teilchen- und Bindungsänderungen – vorstellbar Die beobachtbaren Stoff- und Energieumwandlungen bei chemischen Reaktionen sind Ausdruck einer Veränderung im Bau der Stoffe. Atome, Ionen oder Moleküle der Ausgangsstoffe ordnen sich um und verändern sich zu Atomen, Ionen oder Molekülen der Reaktionsprodukte. Gleichzeitig werden chemische Bindungen gespalten und andere neu ausgebildet. Es erfolgt ein **Umbau chemischer Bindungen.** Diese Veränderungen lassen sich nicht direkt beobachten. Aussagen darüber können aber auf der Grundlage von Modellen getroffen werden.

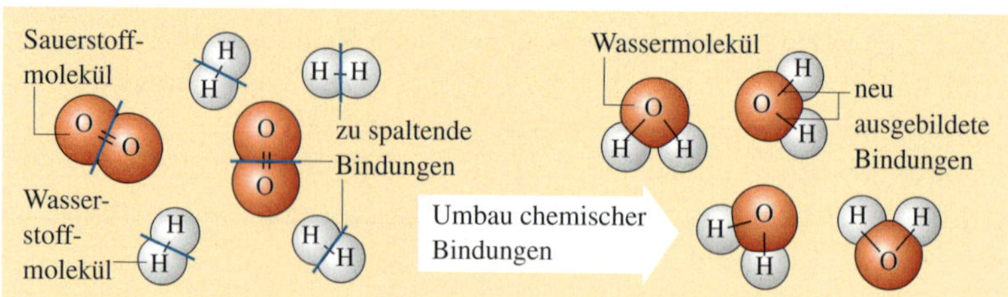

4 Modellvorstellung zum Umbau chemischer Bindungen

Merkmale jeder chemischen Reaktion sind Stoffumwandlung, verbunden mit Energieumwandlung, und Teilchenveränderung, verbunden mit der Spaltung und Neuausbildung chemischer Bindungen.

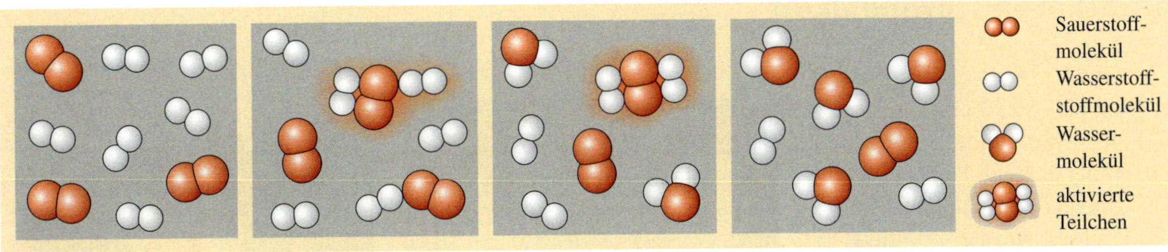

5 Teilchen im Reaktionsverlauf

Bewegung und Zusammenstöße von Teilchen Bei chemischen Reaktionen haben wir bisher jeweils nur Stoffe und Teilchen *vor* und *nach* der Stoffumwandlung verglichen. Der eigentliche Reaktionsverlauf ist nicht direkt wahrnehmbar. Er ist das Geschehen zwischen den Teilchen *während* einer chemischen Reaktion.
Folgendes geschieht: Die Teilchen der Ausgangsstoffe bewegen sich ungeordnet und regellos, die Teilchen durchmischen sich dabei. Jedes Teilchen kann sich aber nur auf einer kurzen Strecke ungehindert bewegen. Es stößt dann notwendigerweise mit anderen Teilchen zusammen. Bei den Zusammenstößen zwischen den Teilchen der Ausgangsstoffe können Teilchen der Reaktionsprodukte entstehen.

Schon gewusst?

Die Anzahl der Zusammenstöße, die zwischen Teilchen gasförmiger Stoffe in einem Volumen von 1 cm^3 in 1 s möglich ist, liegt unter Normbedingungen in der Größenordnung von 10^{29}. Sie ist also unvorstellbar groß.

Bildung aktivierter Teilchen Ein wirksamer Zusammenstoß führt über die Spaltung und Neuausbildung chemischer Bindungen zu Teilchen der Reaktionsprodukte. Bei den meisten Zusammenstößen prallen die Teilchen der Ausgangsstoffe jedoch nur wie Billardkugeln aufeinander, wandeln sich aber nicht in Teilchen der Reaktionsprodukte um. Solche Teilchen haben nicht die erforderliche Mindestenergie für wirksame Zusammenstöße, das bedeutet, sie sind nicht im reaktionsbereiten Zustand.
Auch exotherme Reaktionen müssen oft erst durch kurzes Erhitzen oder durch Berühren mit einem Zündfunken ausgelöst werden. Durch dieses kurzzeitige „Anstoßen" der chemischen Reaktion werden Teilchen energiereicher und bewegen sich schneller. Nur solche **aktivierten Teilchen** wandeln sich um und reagieren schließlich miteinander. Auf dem Weg der Teilchen der Ausgangsstoffe in die Teilchen der Reaktionsprodukte ist die Aktivierungsenergie eine Schwelle, die sie erst überwinden müssen.

Voraussetzungen für chemische Reaktionen		
Ungeordnete Bewegung	Zusammenstöße	Mindestenergie der Teilchen
Teilchen der Ausgangsstoffe	Bildung aktivierter Teilchen	Teilchen der Reaktionsprodukte

6 Teilchen der Stoffe im Verlauf chemischer Reaktionen

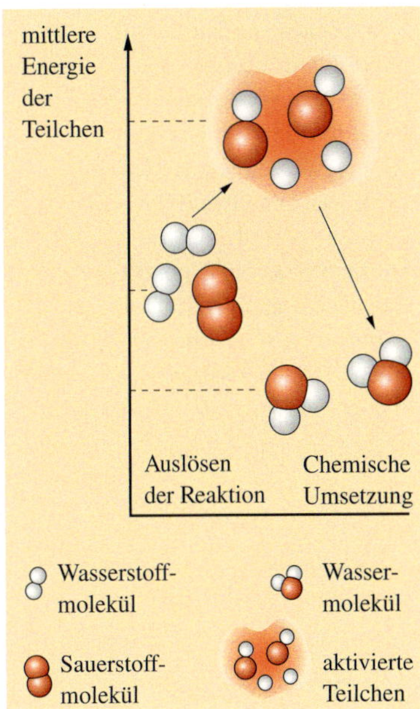

7 Modellvorstellung zum Reaktionsverlauf

Aufgaben

1 Erläutere für folgende Reaktionen die Veränderung von Stoffen und Teilchen:
$$H_2 + Cl_2 \longrightarrow 2\,HCl$$
$$H^+ + OH^- \longrightarrow H_2O$$
$$2\,Na + Cl_2 \longrightarrow 2\,NaCl$$

2 Gib Beispiele für biochemische Vorgänge an. Begründe, dass dabei chemische Reaktionen ablaufen.

3 Erläutere chemische Vorgänge, die der Beseitigung von Umweltschadstoffen dienen.

Reaktionsgeschwindigkeit

Nach heftiger Explosion bricht die Felswand im Steinbruch augenblicklich durch eine schnelle Reaktion der Sprengmittel. Unmerklich langsam verwittert dagegen festes Kalkgestein durch chemische Reaktionen. Ganz allmählich scheiden sich aus den dabei gebildeten Lösungen Tropfsteine ab.
Welche Rolle spielt die Zeit bei chemischen Reaktionen?

1

Chemische Reaktionen aus dem Alltag, bei denen die Zeit entscheidend ist

- Rosten von Eisen
- Verspröden von Kunststoff
- Altern von Gummi
- Verwittern von Gestein
- Sauerwerden von Milch
- Ranzigwerden von Butter
- Vergären von Obstsäften
- Faulen von Früchten
- Aufnehmen von Wirkstoffen aus Medikamenten im Körper
- Abbauen von Alkohol im menschlichen Organismus
- Umwandeln von Wein in Essig

Schnell oder langsam verlaufende Reaktionen Es gibt chemische Reaktionen, bei denen sich die Reaktionsprodukte in Bruchteilen von Sekunden bilden. Magnesiumgrieß und Salzsäure reagieren schnell unter Gasentwicklung. ↑E.5,6 S.89
Bei anderen chemischen Reaktionen reagieren die Ausgangsstoffe nur sehr langsam zu den Reaktionsprodukten. Das Durchrosten eines Eisennagels an der Luft kann Jahre dauern. Eisenfeilspäne und Salzsäure reagieren im Vergleich zu Magnesium und Salzsäure relativ langsam. ↑E.5 S.89
An der Entfärbung einer violetten Kaliumpermanganatlösung wird deutlich, dass die Bildung neuer Stoffe eine bestimmte Zeit beansprucht. ↑E.8 S.89 Diese Abhängigkeit von der Zeit zeigen auch Reaktionen aus dem Alltag. Der zeitliche Verlauf chemischer Reaktionen beeinflusst die Wirtschaftlichkeit chemisch-technischer Verfahren. Ein Verfahren wird ökonomischer, wenn die chemischen Reaktionen in den Apparaten schnell ablaufen und die Produkte in kürzerer Zeit in größerer Menge hergestellt werden.

Chemische Reaktionen verlaufen unterschiedlich schnell.

Stoffumwandlung und Zeit Bei einer chemischen Reaktion werden Ausgangsstoffe verbraucht und Reaktionsprodukte entstehen in einer bestimmten Zeit. Soll festgestellt werden, ob eine chemische Reaktion schnell oder langsam verläuft, ist eine messbare Größe erforderlich.
Um den zeitlichen Verlauf der chemischen Reaktion fester Stoffe wie z. B. Zink, Magnesium oder Calciumcarbonat mit Salzsäure zu bestimmen ↑E.6 S.89, wurde die **Volumenänderung** des entstehenden Reaktionsprodukts in einer bestimmten Zeit verfolgt. Der zeitliche Verlauf lässt sich ebenfalls über die Bestimmung der **Masseänderung** des festen Ausgangsstoffes in einer bestimmten Zeit ermitteln.

Zur Messung der Geschwindigkeit der Stoffumwandlung eignen sich Größen, die sich im Verlauf der chemischen Reaktion zeitlich ändern, wie die Masse oder das Volumen eines Stoffes.

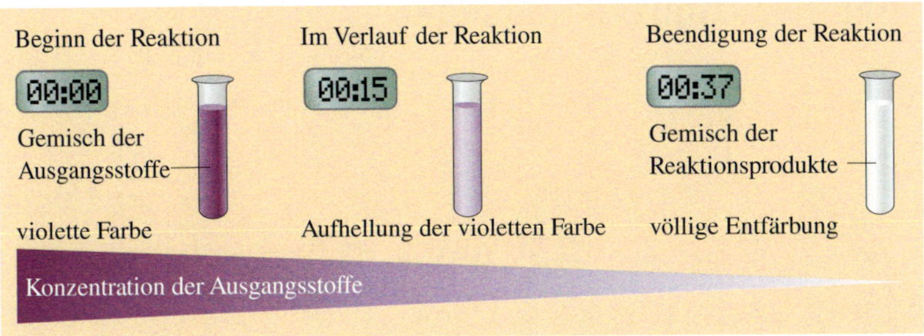

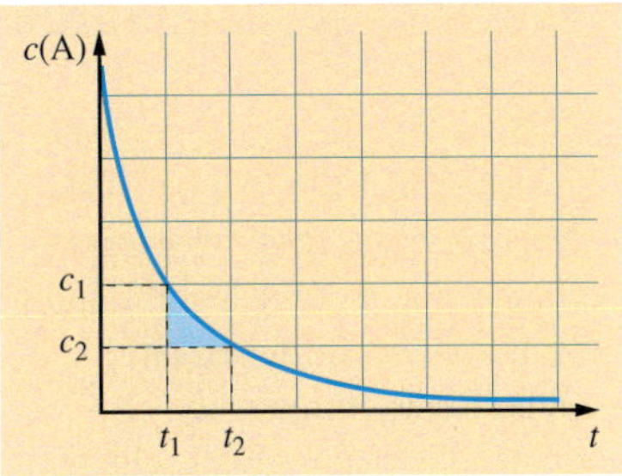

2 Zusammenhang zwischen der Stoffmengenkonzentration eines Ausgangsstoffes $c(A)$ und der Zeit t bei einer chemischen Reaktion

Konzentrationsänderungen von reagierenden Stoffen Bei chemischen Reaktionen in Lösungen verändert sich im Verlauf der Reaktion die **Stoffmengenkonzentration *c*** (verkürzt: Konzentration) eines gelösten Stoffes. Das Stoffgemisch aus Kaliumpermanganat und saurer Lösung entfärbt sich langsam. ↑E.8 S.89 Dies ist ein Anzeichen dafür, dass sich die Konzentration an Kaliumpermanganat in der Lösung im Verlauf der Reaktion verringert. Die Lösung entfärbt sich nicht gleichmäßig mit der Zeit, aber ihre Farbe wird ständig heller.

Die Konzentration der Ausgangsstoffe nimmt ständig, aber nicht gleichmäßig ab.

Was ist Reaktionsgeschwindigkeit? Die bisherigen Betrachtungen zum Verlauf chemischer Reaktionen zeigen, dass ein Zusammenhang besteht zwischen der Konzentration der Stoffe, die an der Reaktion beteiligt sind, und der Zeit. Die chemische Reaktion verläuft umso schneller, je größer die Konzentrationsänderung in einer bestimmten Zeit ist. Das Verhältnis der Konzentrationsänderung zu der dafür benötigten Zeit ist die **Reaktionsgeschwindigkeit**. ↑2

Die Reaktionsgeschwindigkeit ist der Quotient aus der Konzentrationsänderung eines an der chemischen Reaktion beteiligten Stoffes und der dafür benötigten Zeit.

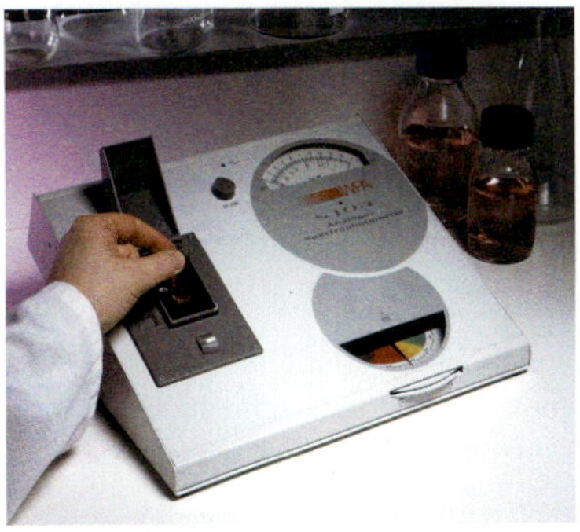

3 Die Konzentration eines Stoffes kann mit einem Fotometer ermittelt werden. Die Messung beruht auf einer Lichtabsorption der Lösung.

Ist die Geschwindigkeit chemischer Reaktionen beeinflussbar? Es gelingt kaum, mit schweren, klobigen Holzscheiten ein Lagerfeuer anzuzünden, während es mit Spänen und dürren Zweigen schon bald lodert. Einfluss auf die Haltbarkeit von Lebensmitteln hat die Temperatur, bei der sie gelagert werden. Die zerstörende Wirkung von Luftschadstoffen auf Metalloberflächen und Bauwerke wird offensichtlich von der Schadstoffkonzentration in der Luft beeinflusst. Vorgänge im Alltag deuten darauf hin, dass die Reaktionsgeschwindigkeit von Bedingungen abhängt, unter denen eine chemische Reaktion verläuft.
Im Experiment lässt sich dies durch Messung der Geschwindigkeit bei der Umsetzung von Marmorstücken bzw. Marmorpulver mit Salzsäure bestätigen. ↑E.7 S.89 Das bei der chemischen Reaktion eingesetzte Marmorpulver hat eine vielfach größere Oberfläche als die Stücke des festen Stoffes. Da nur die Teilchen an der Oberfläche des festen Stoffes mit der Säure reagieren, ist die höhere Reaktionsgeschwindigkeit bei pulvrigem Carbonat erklärbar. Der **Zerteilungsgrad** eines festen Stoffes wirkt sich auf die Reaktionsgeschwindigkeit aus.

Aufgaben

1 Erläutere, wie auf die angeführten chemischen Reaktionen ↑Seite 92 Einfluss zu nehmen ist.

2 Begründe, warum man bei der Messung der Reaktionsgeschwindigkeit nur die Konzentration von einem der an der Reaktion beteiligten Stoffe zu berücksichtigen braucht.

3 Beschreibe, wie beim Entkalken einer Kaffeemaschine vorzugehen ist. Wie ist die Wirkung des Entkalkers zu erhöhen?

Reaktionsgeschwindigkeit und Reaktionsbedingungen

An Vorgängen im Alltag ist zu beobachten, dass der zeitliche Verlauf einer chemischen Reaktion offenbar zu beeinflussen ist. Welche Bedingungen sind entscheidend, ob eine chemische Reaktion eher langsam oder schnell abläuft?

1

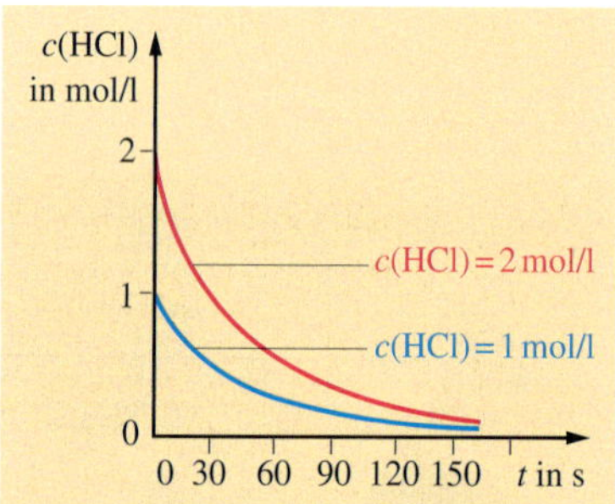

2 Zeitlicher Verlauf der Reaktion von Salzsäure unterschiedlicher Konzentration mit Calciumcarbonat

3 Experimentieranordnung zu Experiment 9

Konzentration und Reaktionsgeschwindigkeit Werden unterschiedliche Konzentrationen der Ausgangsstoffe zu Beginn ein und derselben Reaktion gewählt, so unterscheiden sich die Reaktionsgeschwindigkeiten. ↑E.9

Eine Konzentrationserhöhung bedeutet eine Vergrößerung der Anzahl von Teilchen eines Stoffes in einem bestimmten Volumen. Je mehr Teilchen sich in einem bestimmten Volumen bewegen, umso größer wird die Anzahl wirksamer Zusammenstöße in einer bestimmten Zeit. Diese bewirken eine Erhöhung der Reaktionsgeschwindigkeit.

Temperatur und Reaktionsgeschwindigkeit Was haben falsch gelagerte faulige Früchte mit der Reaktionsgeschwindigkeit zu tun? Warum verrotten Pflanzenreste auf dem Komposthaufen im Garten bei warmem Wetter schneller? Die Erfahrung zeigt, dass eine Temperaturerhöhung nahezu alle chemischen Reaktionen beschleunigt. Häufig wird bei Experimenten im Chemieunterricht ein Brenner benötigt, weil viele Reaktionen erst bei Wärmezufuhr mit merklicher Geschwindigkeit ablaufen. Eine um 10 °C höhere Temperatur erhöht die Reaktionsgeschwindigkeit um das Zwei- bis Dreifache. ↑E.8 S.89 Die Geschwindigkeit der sich bewegenden Teilchen nimmt mit steigender Temperatur zu. Die Teilchen stoßen häufiger und mit größerer Wucht zusammen, sodass es zu einer schnelleren Bildung der Reaktionsprodukte kommt.

Die Reaktionsgeschwindigkeit ist von den Reaktionsbedingungen Konzentration und Temperatur abhängig. Sie erhöht sich bei Konzentrations- und bei Temperaturerhöhung eines reagierenden Stoffes.

Selbst untersucht

9 Ermittle die Masseänderung eines Stoffes in einer bestimmten Zeit.

Untersuche die chemische Reaktion von Calciumcarbonatpulver mit 5%iger und mit 10%iger Salzsäure (Xi). Ermittle die Abnahme der Masse des festen Stoffes in Abhängigkeit von der Zeit. Formuliere eine Aussage über den Zusammenhang zwischen der Konzentration der Salzsäure und der Reaktionsgeschwindigkeit.

Entsorgung: Lösungen in Sammelbehälter für Abwasser geben.

10 Untersuche die Wirkung von Katalysatoren. Xn

Erwärme in einem Reagenzglas eine Probe 3,5%iger Wasserstoffperoxidlösung leicht mit einer Brennerflamme. Versetze eine zweite Probe der Wasserstoffperoxidlösung mit Braunstein (Xn) oder besser Braunstein-Zement-Tabletten als Katalysator. Gib zu einer dritten Probe zerriebene Blattmasse; sie enthält Biokatalysatoren.
Bringe die bereits als Katalysator eingesetzte Braunstein-Zement-Tablette bzw. den abfiltrierten Braunstein (Xn) erneut mit frischer 3,5%iger Wasserstoffperoxidlösung in Berührung.
Leite aus den Beobachtungen eine Aussage über die Wirkung des Katalysators ab.
Entsorgung: Braunstein-Zement-Tablette abspülen, wieder verwenden. Braunsteinreste in Sammelbehälter für Hausmüll, Lösungen in Sammelbehälter für Abwasser.

Katalysator und Reaktionsgeschwindigkeit Im menschlichen Organismus laufen Stoffwechselvorgänge mit hohem Wirkungsgrad ab. ↑E.10 Diese chemischen Reaktionen finden bei Körpertemperatur statt. In unseren Muskeln wird bei dieser Temperatur Glucose oxidiert. Dass diese Reaktionen mit ausreichender Reaktionsgeschwindigkeit ablaufen, ist auf das Wirken von **Biokatalysatoren** zurückzuführen. Enzyme sind solche Biokatalysatoren, von denen viele Hunderte alle Stoffwechselvorgänge in unserem Körper steuern. Katalysatoren sind offenbar Stoffe, die Einfluss auf den Verlauf chemischer Reaktionen haben.
Die als Katalysatoren eingesetzten Stoffe Braunstein und Enzyme aus Blättern beschleunigen die Reaktion des Zerfalls von Wasserstoffperoxid in Sauerstoff und Wasser. Das ist an der augenblicklich einsetzenden Gasentwicklung zu beobachten.
Der Katalysator wird bei der chemischen Reaktion nicht verbraucht. ↑E.10 Katalysatoren sind wiederverwendbar, weil sie meist nur durch die Bildung unbeständiger Zwischenverbindungen an der chemischen Reaktion beteiligt sind. Obwohl die Bildung einer Zwischenverbindung gewissermaßen ein „Umweg" ist, schreitet die chemische Reaktion auf dieser „Wegstrecke" schneller fort. Die Aktivierungsenergie ist bei einer chemischen Reaktion mit Katalysator geringer als bei der gleichen Reaktion ohne Katalysator.
Der Katalysator in der Auspuffanlage eines Pkw zur Schadstoffverringerung in Autoabgasen ist jedem bekannt. Giftige Abgase wie Kohlenstoffmonooxid, Stickstoffoxide und Kohlenwasserstoffe werden an fein verteiltem Platin zu Stoffen wie Stickstoff, Wasser und Kohlenstoffdioxid umgewandelt. Diese Reaktionen laufen bei den relativ niedrigen Abgastemperaturen nur durch den Einsatz eines Platinkatalysators auf einem Keramikkörper ab.

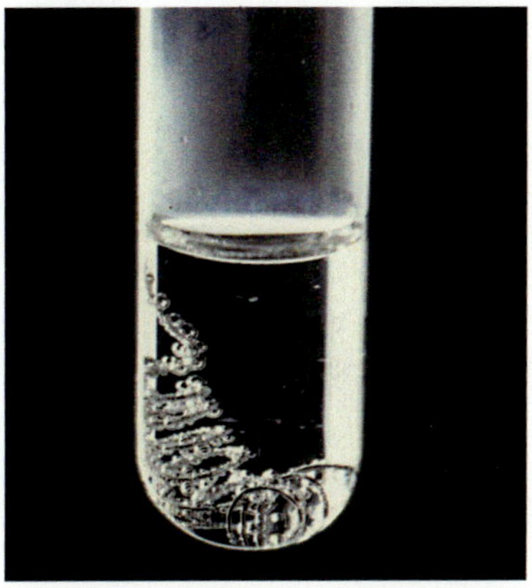

4 Zerfall von Wasserstoffperoxid beim Einsatz eines Katalysators

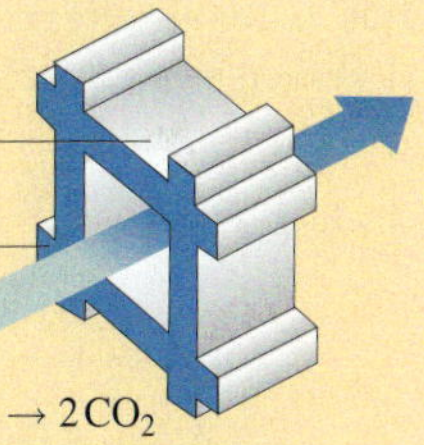

$$2CO + O_2 \rightarrow 2CO_2$$
$$2C_2H_6 + 7O_2 \rightarrow 4CO_2 + 6H_2O$$
$$2NO + 2CO \rightarrow N_2 + 2CO_2$$

5 Schematische Darstellung eines Abgaskatalysators beim Pkw

Katalysatoren sind Stoffe, die die Reaktionsgeschwindigkeit erhöhen.

Aufgaben

1 Zink wird mit auf 30 °C und 50 °C temperierter Salzsäure umgesetzt. Formuliere Aussagen zur Reaktionsgeschwindigkeit.

2 Hefekuchen gelingt nur, wenn der Teig vor dem Backen „geht". Erläutere.

3 Ermittle Namen und Wirkort von Enzymen bei der Verdauung von Nährstoffen.

4 In Apotheken und Reformhäusern ist Pepsinwein erhältlich. Erkundige dich nach dessen Wirkung.

Umkehrbare chemische Reaktionen

Leuchtend helle, zerklüftete Felsen von Kalksteingebirgen, Karsttrichter und Tropfsteinhöhlen prägen ganze Landschaften. Das Calciumcarbonat, aus dem das Gebirge aber auch die Tropfsteine bestehen, reagiert mit dem Kohlenstoffdioxid enthaltenden Regen- oder Sickerwasser.
Calciumcarbonat – Ausgangsstoff oder Reaktionsprodukt?

1 Die Dolomiten – ein Kalksteingebirge

EXPERIMENT 11 [L]
2%ige Blei(II)-nitratlösung (T, N) wird mit 1%iger Kaliumiodidlösung versetzt. Nach Abfiltrieren des Niederschlags ist das Filtrat auf Iodid-Ionen und Blei(II)-Ionen zu prüfen.

EXPERIMENT 12 [L]
Wasserdampf wird über erhitztes Eisenpulver geleitet. Das gasförmige Reaktionsprodukt (F+) wird pneumatisch aufgefangen.

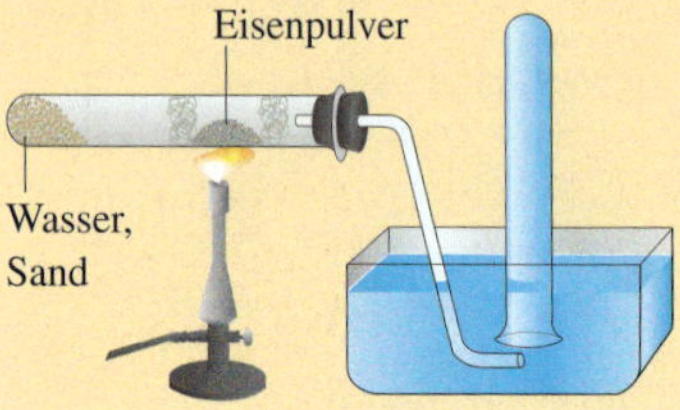

EXPERIMENT 13 [L]
Vorsicht!
In einem Verbrennungsrohr wird Eisen(II,III)-oxid auf Glaswolle aufgetragen. Ein Wasserstoffstrom (F+) wird darübergeleitet (Kupferwolle-Rückschlagsicherung in das Ableitungsrohr einbringen!). Wenn die Apparatur sauerstofffrei ist (Knallgasprobe durchführen!), wird das Eisen(II,III)-oxid erhitzt.

Stoffumsatz – genauer betrachtet Viele chemische Reaktionen laufen so lange ab, bis mindestens ein Ausgangsstoff **vollständig** aufgebraucht ist und somit keine Reaktionsprodukte mehr gebildet werden können. Aus Calciumcarbonat und Salzsäure wird so lange Kohlenstoffdioxid gebildet, bis das Calciumcarbonat oder die Salzsäure verbraucht ist.
Anders verhält es sich bei der chemischen Reaktion von Blei(II)-nitratlösung mit Kaliumiodidlösung. ↑E.11 Augenblicklich fällt ein gelber Niederschlag von Blei(II)-iodid aus. Wird dieser abfiltriert, sind im Filtrat sowohl Blei(II)-Ionen als auch Iodid-Ionen nachweisbar. Ionen beider Ausgangsstoffe sind nach der Reaktion noch vorhanden. Die chemische Reaktion verläuft offenbar nicht „bis zum Ende". Der Stoffumsatz ist **unvollständig**. Schon im Verlauf der chemischen Reaktion reagieren entstandene Reaktionsprodukte ebenfalls miteinander, die Ausgangsstoffe bilden sich so zurück.

Viele chemische Reaktionen zeigen unvollständigen Stoffumsatz.

Umkehrbare chemische Reaktion Wenn Reaktionsprodukte gleichzeitig Ausgangsstoffe einer Reaktion sein können, die in entgegengesetzter Richtung verläuft, liegt eine **umkehrbare chemische Reaktion** vor.
Calciumcarbonat zerfällt beim Erhitzen. Diese chemische Reaktion ist als „Kalkbrennen" für die Herstellung von Baustoffen bedeutsam.

$CaCO_3 \longrightarrow CaO + CO_2$ | endotherm

Calciumoxid und Kohlenstoffdioxid reagieren auch zu Calciumcarbonat.

$CaO + CO_2 \longrightarrow CaCO_3$ | exotherm

Auch eine Redoxreaktion ist beispielsweise umkehrbar, wie dies in den Experimenten 12 und 13 zu beobachten ist. Wird über erhitztes Eisenpulver Wasserdampf geleitet, so entsteht in einer Redoxreaktion so lange Wasserstoff, bis das gesamte Eisen oxidiert ist. ↑E.12 Umgekehrt kann dieses Oxid im Wasserstoffstrom zu metallischem Eisen reduziert werden. ↑E.13 Umkehrbare chemische Reaktionen können in beiden Richtungen ablaufen. Eine umkehrbare chemische Reaktion besteht aus einer **Hinreaktion** und einer **Rückreaktion**.

Die umkehrbare chemische Reaktion wird in einer Reaktionsgleichung durch den Doppelpfeil gekennzeichnet.

$3\,Fe + 4\,H_2O \leftrightarrows Fe_3O_4 + 4\,H_2$

Ausgangsstoffe $\leftrightarrows$ Reaktionsprodukte

Mit der Bildung und dem Zerfall von Wasser kennt ihr bereits ein weiteres Beispiel für eine umkehrbare chemische Reaktion.

$2\,H_2 + O_2 \leftrightarrows 2\,H_2O$ | exotherm

In exothermer Reaktion entsteht das Reaktionsprodukt Wasser, das unter Energieaufwand wieder zersetzt werden kann. Die bei der Bildung des Wassers (Hinreaktion) frei werdende Wärme entspricht genau der Wärme oder einer anderen Energieform, die zur Zerlegung des Wassers (Rückreaktion) aufgewendet werden muss. Die Angabe zum energetischen Verlauf der chemischen Reaktion an der Reaktionsgleichung bezieht sich immer nur auf die Hinreaktion.
Findet eine umkehrbare chemische Reaktion in einem geschlossenen Gefäß statt, aus dem während der chemischen Reaktion kein Stoff entweichen kann und dem kein Stoff zugeführt wird, so laufen Hin- und Rückreaktion gleichzeitig ab. Sobald sich Reaktionsprodukte im Verlauf der Hinreaktion gebildet haben, setzt der umgekehrte Vorgang langsam ein: Ausgangsstoffe werden im Verlauf der Rückreaktion zurückgebildet. Alle an der chemischen Reaktion beteiligten Stoffe liegen gleichzeitig vor. Die Konzentration der Ausgangsstoffe nimmt dadurch nur bis zu einem bestimmten konstanten Wert ab. Der Stoffumsatz bleibt unvollständig. ↑2

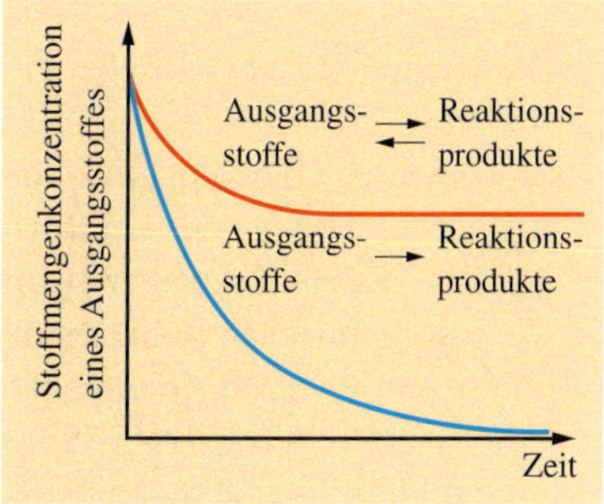

2 Zusammenhang zwischen der Konzentration eines Ausgangsstoffes und der Zeit bei einer chemischen Reaktion mit vollständigem Stoffumsatz (blaue Kurve) und einer chemischen Reaktion mit unvollständigem Stoffumsatz (rote Kurve)

Umkehrbare chemische Reaktionen in Technik und Natur Eine hohe Ausbeute an Reaktionsprodukten ist ein wichtiges Ziel chemisch-technischer Verfahren. Durch geeignete Wahl der Reaktionsbedingungen und durch den Einsatz von Katalysatoren ist es möglich, den Verlauf umkehrbarer chemischer Reaktionen und deren unvollständigen Stoffumsatz zu beeinflussen. ↑Herstellung von Ammoniak, S.116f.
Auch Erscheinungen in der Natur können wir jetzt besser verstehen, z. B. die Bildung von Tropfsteinen. Das schwer lösliche Calciumcarbonat und das lösliche Calciumhydrogencarbonat sind an einer umkehrbaren chemischen Reaktion beteiligt.

$CaCO_3 + H_2O + CO_2 \leftrightarrows Ca(HCO_3)_2$

Im menschlichen Organismus wird Sauerstoff durch das Blut transportiert und durch den roten Blutfarbstoff, das Hämoglobin, gebunden. Das sogenannte Oxyhämoglobin wird gebildet und zerfällt wieder.

Hämoglobin + Sauerstoff $\leftrightarrows$ Oxyhämoglobin

Bergtouristen können von der „Höhenkrankheit" befallen werden: Kopfschmerzen, Atemnot, Übelkeit, hervorgerufen durch mangelhafte Sauerstoffversorgung in großer Höhe. Wegen des verminderten Sauerstoffdrucks in der Atemluft wird weniger Oxyhämoglobin gebildet. Nach längerer Akklimatisation stellt sich der Körper auf den verringerten Sauerstoffanteil ein und erhöht die Hämoglobinkonzentration im Blut. Spitzensportler bereiten sich deshalb oft mit einem Höhentraining auf Wettkämpfe vor.

Aufgaben

1 Diskutiere anhand des Diagramms ↑2 den Verlauf einer chemischen Reaktion mit unvollständigem Stoffumsatz und im Vergleich dazu mit vollständigem Stoffumsatz.

2 Wie ist zu erklären, dass nach dem Überleiten von Kohlenstoffdioxid über glühende Kohle stets beide Oxide des Kohlenstoffs nachweisbar sind?

3 Duft- und Aromastoffe werden zum Teil auch synthetisch aus organischen Säuren und Alkohol hergestellt. Überlagerte Produkte können einen unangenehm stechenden oder spiritusähnlichen Geruch statt des gewünschten Duftes annehmen. Begründe.

weiter gedacht

1 Die Bildung neuer Stoffe bei einer chemischen Reaktion ist oft an äußeren Anzeichen der Stoffumwandlung zu erkennen. Nenne solche äußeren Anzeichen. Gib jeweils ein Beispiel an, bei dem ein solches äußeres Anzeichen beobachtbar war.

2 Welche chemischen Reaktionen laufen im folgenden beschriebenen Experiment ab?
Eine farblose Flüssigkeit (A) wirkt in einer Apparatur auf kleine weiße Steinchen ein. Die Flüssigkeit schäumt dabei auf, das Reaktionsgefäß erwärmt sich etwas.
Ein Reaktionsprodukt wird in eine ebenfalls farblose Flüssigkeit (B) eingeleitet. Diese beginnt sich zu trüben, ein weißer Niederschlag bildet sich.
Die Flüssigkeit (A) hat die Eigenschaft, eine in wenigen Tropfen zugegebene grüne Lösung rot zu färben. Die gleiche grüne Lösung färbt sich in der Flüssigkeit (B) hingegen blau. Welche Stoffe reagieren miteinander?
Zeichne eine Apparatur, mit der das Experiment durchgeführt werden kann. Entwickle Reaktionsgleichungen für die abgelaufenen chemischen Reaktionen.

3 **Untersuche den Einfluss verschiedener Bedingungen auf den zeitlichen Verlauf der Reaktion von Kaliumpermanganat mit einem Oxalsäure-Schwefelsäure-Gemisch**
(↑E.8 S.89)
Fertige eine Tabelle an, in die du die jeweiligen Bedingungen für ein und dieselbe chemische Reaktion eintragen kannst.

a Trage zunächst die Experimentergebnisse ↑E.8 S.89 in die Tabelle ein.

b Gib in ein weiteres (drittes) Reagenzglas genau 6 ml des bereitgestellten Oxalsäure-Schwefelsäure-Gemisches. Versetze die 6 ml des Gemisches ebenfalls mit drei Tropfen Kaliumpermanganatlösung. Bestimme die Zeit bis zur Entfärbung. Trage das Ergebnis in die Tabelle ein.

c Gib in ein (viertes) Reagenzglas, das mit 3 ml Säuregemisch und 3 ml Wasser gefüllt ist, zunächst zwei Tropfen Mangansulfatlösung. Setze anschließend wieder drei Tropfen Kaliumpermanganatlösung zu.
Ermittle die Zeit bis zur Entfärbung.
Erläutere, welche Bedingungen bei den Einzelexperimenten variiert wurden.
Begründe, wie sich die Veränderung der Bedingungen auf die Reaktionsgeschwindigkeit auswirkt.
Entsorgung: Lösungen in Sammelbehälter I geben.

4 Bei der chemischen Reaktion von Zink mit Salzsäure wurde das Volumen des gebildeten gasförmigen Reaktionsprodukts in Abhängigkeit von der Zeit bestimmt.
Messwerte

t in s	$V(H_2)$ in ml
0	0
10	20,0
20	31,0
30	40,0
40	45,3
50	49,3
60	51,0
70	52,0
80	52,0
90	52,0

a Beschreibe zunächst die Stoff- und Energieumwandlung.

b Stelle die Messwerte grafisch dar und triff Aussagen über den zeitlichen Verlauf der chemischen Reaktion.

5 Beim Öffnen einer Mineralwasserflasche ist ein Aufperlen von Kohlenstoffdioxid zu beobachten. Erläutere die Erscheinung mithilfe folgender Reaktionsgleichung.

$$H_2O + CO_2 \longrightarrow 2\,H^+ + CO_3^{2-}$$

Merkmale chemischer Reaktionen	Stoffumwandlung, begleitet von Energieumwandlungen; Teilchenveränderungen, begleitet vom Umbau chemischer Bindungen
Stoffumwandlung bei der chemischen Reaktion	Bildung neuer Stoffe, die andere Eigenschaften aufweisen als die Ausgangsstoffe Ausgangsstoffe ⟶ Reaktionsprodukte
Energieumwandlung bei der chemischen Reaktion	Umwandlung von chemischer Energie der Stoffe in andere Energieformen oder umgekehrt **Wirkung von Energieumwandlungen** Exotherme Reaktion – Endotherme Reaktion
Teilchenveränderungen bei der chemischen Reaktion	Teilchen der Ausgangsstoffe —Teilchenveränderung (Spaltung und Neuausbildung chemischer Bindungen)⟶ Teilchen der Reaktionsprodukte
Reaktionsgeschwindigkeit	Quotient aus der Konzentrationsänderung eines an der chemischen Reaktion beteiligten Stoffes und der dafür benötigten Zeit
Einfluss auf die Reaktionsgeschwindigkeit	Die Reaktionsgeschwindigkeit lässt sich durch Änderung von Bedingungen bei der chemischen Reaktion beeinflussen. Erhöhung des Zerteilungsgrads der Ausgangsstoffe ↓ / Konzentrationserhöhung eines reagierenden Stoffes ↓ / Temperaturerhöhung ↓ / Einsatz eines Katalysators ↓ Erhöhung der Reaktionsgeschwindigkeit
Katalysatoren	Stoffe, deren Anwesenheit bei einer chemischen Reaktion die Reaktionsgeschwindigkeit erhöht
Umkehrbare chemische Reaktion	Reaktionen, die in beiden Richtungen ablaufen können; sie bestehen aus einer Hinreaktion und einer Rückreaktion. Ausgangsstoffe ⇆ Reaktionsprodukte Wegen des gleichzeitigen Vorliegens von Ausgangsstoffen und Reaktionsprodukten kommt es zum unvollständigen Stoffumsatz.

Check up

1 Begründe, dass beim Abbrennen eines Lagerfeuers eine chemische Reaktion beobachtet werden kann. Gib einzuhaltende Bedingungen an, um das Lagerfeuer schnell entzünden und kontrolliert abbrennen zu können.

2 Erläutere die Merkmale einer chemischen Reaktion am Beispiel der chemischen Reaktion von Wasserstoff mit Sauerstoff.

3 Beschreibe die chemische Reaktion von Wasserstoff mit Chlor zu Chlorwasserstoff im Bereich der Teilchen und chemischen Bindungen. Zeichne Teilchenmodelle, die den Verlauf dieser Reaktion widerspiegeln.

4 Vor mehr als 100 Jahren wurde bei Experimenten Folgendes festgestellt: Bei einigen chemischen Reaktionen verschiedener Säurelösungen, z. B. Salzsäure oder Salpetersäure, mit unterschiedlichen Metallhydroxidlösungen, z. B. Natronlauge oder Kalilauge, stimmte die jeweils abgegebene Wärme überein. Chemiker fanden dafür eine Erklärung. Worauf ist diese Beobachtung zurückzuführen?

5 Gib Beispiele für chemische Reaktionen aus dem Alltag an, bei denen der zeitliche Verlauf durch Wahl geeigneter Reaktionsbedingungen bewusst beeinflusst wird. Dabei kann es sich im Einzelfall sowohl um einen beschleunigten als auch um einen verzögerten Verlauf handeln.

6 Viel hilft viel?! Beim Reinigen des Bades verwendete Lisa Essigessenz, um die Chromarmaturen wieder zum Glänzen zu bringen sowie die Marmorfliesen und die Fensterbank von Kalkflecken zu befreien. Beurteile, wie Lisa ihre chemischen Kenntnisse angewendet hat.

7 Triff eine Aussage über den zeitlichen Verlauf einer chemischen Reaktion bei unterschiedlichen Bedingungen:

a Chemische Reaktion von Marmor als Marmormehl und als Marmorstücke mit Salzsäure

b Chemische Reaktion von Marmor mit 7%iger und mit 15%iger Salzsäure

8 Beschreibe mithilfe eines Diagramms (↑2 S. 94) den zeitlichen Verlauf der chemischen Reaktion von Calciumcarbonat mit Salzsäure.

9 Interpretiere das folgende Konzentrations-Zeit-Diagramm:

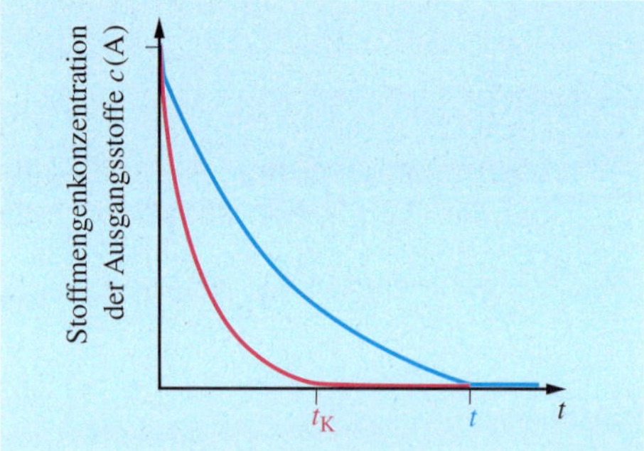

Aufgabe	Hilfe findest du auf Seite …	Verbindung der Aufgabe zu den Basiskonzepten ↑S.8
1	90, 93, 94	R E
2	90	R T
3	91	R T
4	90	R E S
5	90, 92, 93, 95	R
6	94	R
7	93, 94	R
8	94	R
9	93	R

T Stoff-Teilchen-Beziehungen, S Struktur-Eigenschafts-Beziehungen, R Chemische Reaktion, E Energetische Betrachtungen bei Stoffumwandlungen

› Die Lösungen findest du im Anhang.

Wahlthemen aus Chemie und Technik

Aus unserem Alltag ist eine Vielzahl moderner Produkte nicht mehr wegzudenken. Die dazu eingesetzten Ausgangsstoffe gehen letztlich auf eine erstaunlich kleine Anzahl von Rohstoffen zurück, aus denen wichtige chemische Grundstoffe hergestellt werden. Bei vielen chemisch-technischen Verfahren kommen dabei Katalysatoren als „Helfer" zum Einsatz.

Schwefelsäure und Sulfate

Die stürmische Entwicklung der chemischen Industrie im 19. Jahrhundert war unter anderem deshalb möglich, weil ausreichend Schwefelsäure produziert werden konnte. Das technisch bedeutendste Verfahren zu ihrer Herstellung ist das Kontaktverfahren. ↑S.102 ff.

Batterien – Akkumulatoren – Brennstoffzellen

Mobil sein ist alles. Täglich nutzen wir mobile Energiequellen wie Batterien und Akkumulatoren in Uhren, im MP3-Player und im Handy. Die Energieumwandlung der in den beteiligten Stoffen gespeicherten chemischen Energie in elektrische Energie ist dabei von besonderer Bedeutung. ↑S.106 ff.

Vom Ammoniak zum Düngemittel

Ammoniak ist einer der wichtigsten Ausgangsstoffe in der chemischen Industrie. Zurzeit werden weltweit mehr als 100 Mio Tonnen produziert. Etwa 85 % der Produktion werden zu Düngemitteln verarbeitet. Ammoniak findet außerdem Verwendung bei der Herstellung von Arzneimitteln, Farbstoffen, Kunststoffen, Sprengstoffen und für viele weitere Produkte. ↑S.114 ff.

Schwefelsäure – das „Blut der Chemie"

Mit 5 Mio. t Jahresproduktion nimmt die Schwefelsäure in Deutschland unter den Chemikalien einen Spitzenplatz ein.
So wird Schwefelsäure z. B. für die Herstellung von Waschmitteln verwendet.
Für welche Produkte in der Technik und im Alltag wird die Schwefelsäure ebenfalls benötigt?

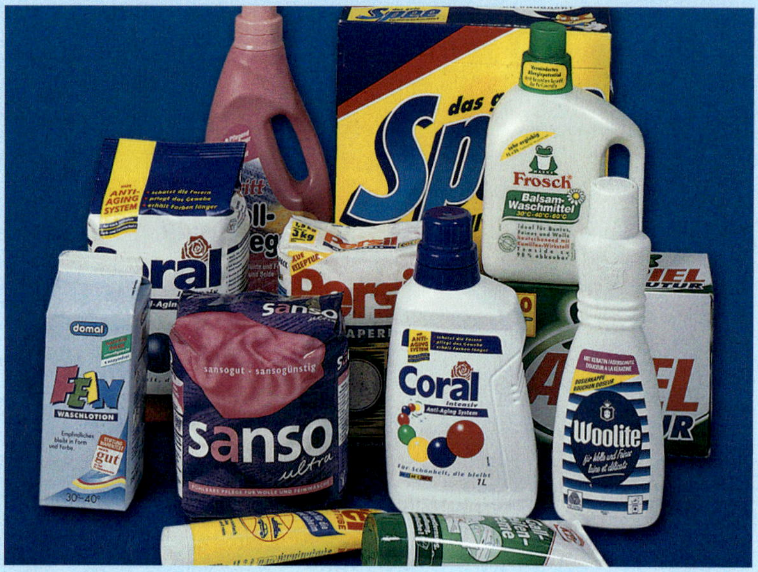

1

2 Auch für die Herstellung von Sprengstoffen wird Schwefelsäure verwendet.

Schwefelsäure – eine wichtige Grundchemikalie Die Bezeichnung „Blut der Chemie" stammt aus der Zeit der gewaltigen Entwicklung der chemischen Industrie im 19. Jahrhundert. Die Schwefelsäureproduktion nimmt in der Wirtschaft eines Landes eine Schlüsselstellung ein. Außerordentlich viele Erzeugnisse werden unter Verwendung von Schwefelsäure hergestellt. Im Alltag begegnet uns Schwefelsäure daher indirekt. Nicht immer ist Schwefelsäure bei der eigentlichen Produktherstellung als Reaktionspartner beteiligt. Oft wird sie auch zum Reinigen, Beizen von Stoffen oder zum Trocknen von Gasen verwendet. Aber auch als Reaktionspartner ist Schwefelsäure im Einsatz. Selbst für ganz spezielle Produkte wie kugelsichere Westen wird bei der Herstellung der hochfesten Fasern Schwefelsäure benötigt. Einige weitere Stoffe, bei deren Produktion Schwefelsäure erforderlich ist, werden auf diesen Seiten vorgestellt.
Im Jahr 2000 wurden weltweit 165 Mio. t Schwefelsäure produziert. Das entspricht einer Masse von 450 000 t pro Tag. In den nächsten Jahren ist mit einem weiteren Wachstum von etwa 10 % pro Jahr zur rechnen. Damit verbunden ist natürlich auch der Bau von neuen Schwefelsäureanlagen. Zu dieser Entwicklung tragen vor allem die chinesische und die russische Wirtschaft bei.

Selbst untersucht

1 Untersuche die Wirkung von verdünnter Schwefelsäure auf Metalle. Xi

Gib etwa gleich große Stücke Magnesiumblech, Eisenblech, Zinkblech und Kupferblech in jeweils ein Reagenzglas.
Füge in jedes Reagenzglas etwa 5 ml 10%ige Schwefelsäure (Xi) hinzu.
Vergleiche deine Beobachtungen.
Entsorgung: Lösungen in Sammelbehälter für Abwasser, Feststoffe wieder verwenden.

Verwendung von Schwefelsäure Konzentrierte Schwefelsäure wird in großem Maß für die Produktion von Farbstoffen verwendet. Für die Herstellung des Weißpigments Titan(IV)-oxid für Kosmetik und Malerfarben werden titanhaltige Mineralien mit konzentrierter Schwefelsäure aufgeschlossen.

3 Die hergestellten Farbstoffe werden beim Färben in der Textilindustrie eingesetzt.

4 Schwefelsäure ist Hilfsmittel bei der Herstellung von Farbstoffen.

Ein großer Teil der für Produktionszwecke eingesetzten Schwefelsäure wird von der Düngemittelindustrie benötigt. Wichtige Stickstoffdünger, wie z. B. Superphosphat, werden künstlich hergestellt. Beim Einleiten von Ammoniak in Schwefelsäure entsteht das Düngemittel Ammoniumsulfat. Wenn Schwefelsäure mit Salpetersäure versetzt wird, bildet sich Nitriersäure. Nitriersäure wird bei der Herstellung von Sprengstoffen, wie Trinitrotoluol (TNT) und Nitroglycerin, verwendet.
In den Bleiakkumulatoren der Pkws („Autobatterien") wird Schwefelsäure als Elektrolyt (leitende Flüssigkeit) eingesetzt. Da es sich um Säure handelt, muss man aufpassen, dass der Bleiakkumulator nicht ausläuft. Auch auf die Entsorgung alter Bleiakkumulatoren muss geachtet werden. In der Regel werden sie vom Händler zurückgenommen und in Spezialeinrichtungen sachgerecht entsorgt. ↑S.108f.
Auch für spezialisierte Produkte wird Schwefelsäure verwendet: So werden kugelsichere Westen mit einer hochfesten Faser hergestellt, bei deren Produktion ebenfalls Schwefelsäure benötigt wird.

5 Schwefelsäure wird als „Akkusäure" in Bleiakkumulatoren von Kraftfahrzeugen verwendet.

Aufgaben

1 Erkunde, welche Folgen für die Umwelt die wirtschaftliche Entwicklung der Schwefelsäureproduktion darstellt.
Für welche Produktionszweige benötigt China verstärkt Schwefelsäure?

2 Interpretiere die Reaktion von Schwefelsäure mit verschiedenen Metallen aus Experiment 1.

3 Erstelle einen Steckbrief von Schwefelsäure. Nutze dazu auch das Tafelwerk.

4 Recherchiere, wo in Deutschland wie viel Schwefelsäure produziert wird. Fertige dazu eine Übersicht an.

5 Schwefel ist ein Ausgangsstoff zur Herstellung von Schwefelsäure. Erstelle für den Weg vom Schwefel zur Schwefelsäure eine schematische Übersicht.

Sulfate – Salze der Schwefelsäure

Neben den Metallsulfiden sind es vor allem Sulfate, die als Schwefelverbindungen in der Natur zahlreich vorkommen, wie z. B. Gips, Bittersalz, Kieserit, Glaubersalz oder Schwerspat. Welche Bedeutung haben Sulfate für die Industrie, das Handwerk und die Landwirtschaft?

1 Gipsabbruch in Deutschland

2 Zu Gipsrosen verwachsene Gipskristalle

3 Gips als Marienglas

Gips – ein Naturprodukt Calciumsulfat, eines der bedeutendsten Salze der Schwefelsäure, kommt in der Natur häufig als Gips vor, der vielerorts in Steinbrüchen abgebaut wird. Gips bildet oft schöne Kristalle, kommt aber auch in durchsichtigen Blättchen als Marienglas vor.
Gipskristalle enthalten einen ganz bestimmten Anteil an chemisch gebundenem Wasser. Dieses eingelagerte Wasser bezeichnet man als **Kristallwasser**. Der Anteil des eingelagerten Wassers bestimmt die Eigenschaften des Gipses. Die vollständige Formel von Gips lautet deshalb $CaSO_4 \cdot 2\,H_2O$ (lies: $CaSO_4$ mit $2\,H_2O$).

Gips – ein vielseitig verwendbarer Stoff Wird abgebauter Gips auf 130 °C erhitzt, erhält man gebrannten Gips. Dabei entweicht ein Teil des Kristallwassers und die Kristalle zerfallen. Das so gewonnene Material wird gemahlen und kommt als Stuckgips, Modellgips oder Reparaturgips in den Handel.
Wird der gebrannte Gips mit Wasser angerührt, erhärtet das breiige Material nach kurzer Zeit. Der Gips reagiert mit dem Wasser unter Wärmeabgabe. Es bilden sich Gipskristalle unter Einlagerung von Wassermolekülen, die ineinander verfilzt sind. Man sagt, der Gips bindet ab. Gebrannter Gips wird zum Herstellen von Gipskartonplatten, zum Verfüllen von Löchern in Wänden und für Gipsabdrücke verwendet. Gips ist auch Bestandteil der Tafelkreide.

4 Gipskarton im Innenausbau

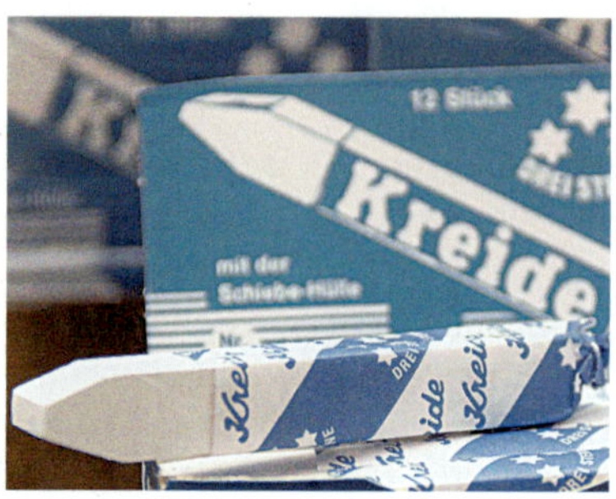

5 Tafelkreide

6 Gipsmodelle für Münzen

Selbst untersucht

2 Fertige einen Gipsabdruck an.
Fülle etwa 20 ml Wasser in einen Joghurtbecher. Streue unter ständigem Rühren so viel Gipspulver in das Wasser, bis ein dickflüssiger Brei entsteht. Fülle den Brei in eine Streichholzschachtel. Drücke eine mit Öl bestrichene Münze in den Brei. Entferne die Münze nach etwa 20 min, nachdem der Gips abgebunden hat. Vergleiche den Gipsabdruck mit der Münze.
Entsorgung: Gipsreste in Sammelbehälter für Hausmüll geben.

Wird Gips bei höheren Temperaturen (1000 °C) gebrannt, dann entweicht das Kristallwasser vollständig. Es entsteht langsam härtender Estrichgips. Er wird zum Verputzen von Innenwänden verwendet.

Bariumsulfat – Schwerspat Das in der Natur vorkommende Mineral Bariumsulfat ($BaSO_4$) wird aufgrund seiner hohen Dichte auch Schwerspat genannt. Die schönen Kristalle sind als Barytkristalle bekannt.
Bariumsulfat ist nahezu wasserunlöslich und wird deshalb von unserem Körper nicht aufgenommen. Es ist ungiftig und wird daher bei bestimmten Röntgenaufnahmen als Kontrastmittel benutzt.
Außerdem dient Bariumsulfat als weißes Füllmaterial bei der Herstellung von hochwertigem Kunstdruckpapier.

7 Schwerspat

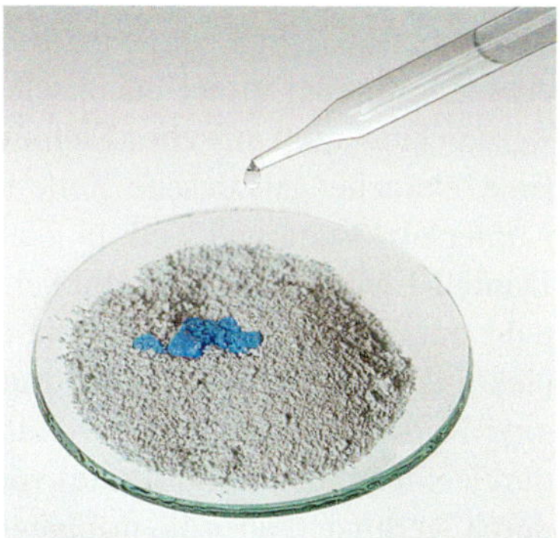

8 Nachweis von Wasser mithilfe von Kupfersulfat

Kupfersulfat Wie schon bekannt, dient wasserfreies weißes Kupfersulfat als Nachweismittel für Wasser. ↑8 Bei Zugabe von Wasser bildet sich durch eine exotherme Reaktion blaues Kupfersulfat.
Blaues Kupfersulfat enthält Kristallwasser und hat die Formel $CaSO_4 \cdot 5\,H_2O$. Es wird zur Herstellung von galvanischen Kupferüberzügen verwendet, ferner wird es bei der Kupferstichätzung und zur Schädlingsbekämpfung, z. B. gegen die Reblaus, eingesetzt.

Schon gewusst?

Glaubersalz (Natriumsulfat $Na_2SO_4 \cdot 10\,H_2O$) und **Bittersalz** (Magnesiumsulfat $MgSO_4 \cdot 7\,H_2O$) sind Bestandteile in vielen Mineralwässern von Heilquellen.
Glaubersalz wird bei der Papier- und Zellstoffgewinnung, der Glas- und Farbstoffherstellung benötigt.
Bittersalz wird bei der Herstellung von Mineraldüngern und Feuerlöschmitteln verwendet.

Aufgaben

1 Erläutere den Vorgang des Abbindens von Gips z. B. beim Anlegen der früher gebräuchlichen Gipsverbände.

2 Estrichgips wird von Handwerkern auch als „totgebrannter Gips" bezeichnet. Worauf ist diese Bezeichnung zurückzuführen?

3 Aluminiumsulfat, Ammoniumsulfat und Kaliumsulfat sind weitere wichtige Sulfate.
Ermittle die Formeln dieser Sulfate und stelle ihre Verwendungen in einer Tabelle zusammen.

4 Erläutere die Bedeutung von Sulfaten für das Leben der Menschen.

Galvanische Zellen – Batterien

Geräte wie Mobiltelefone, MP3-Player und Notebooks benötigen eine mobile Energieversorgung durch Batterien und Akkumulatoren.
Welche Prozesse liefern darin den elektrischen Strom?

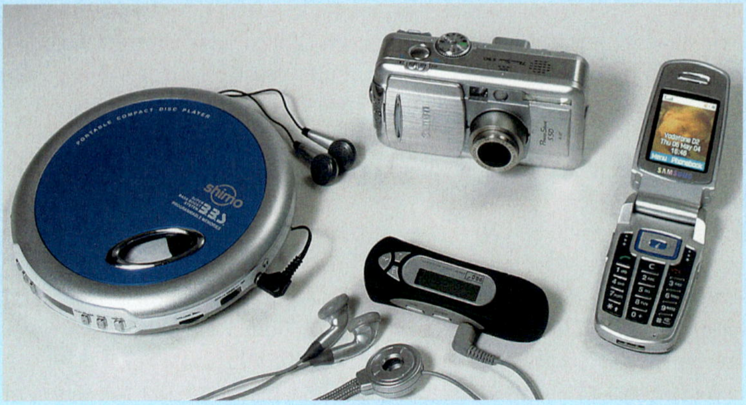

1

Schon gewusst?

In einer Elektrolysezelle ist die Anode der Pluspol und die Kathode der Minuspol. In einer galvanischen Zelle ist dagegen die Anode der Minuspol und die Kathode der Pluspol. **Anoden** sind die Elektroden, an denen Oxidationen stattfinden, **Kathoden** sind die Elektroden, an denen Reduktionen stattfinden.

Daniell-Element Die Italiener LUIGI GALVANI (1737 bis 1798) und ALESSANDRO VOLTA (1745 bis 1827) haben als Erste die Umwandlung chemischer in elektrische Energie untersucht. Zur Erinnerung an GALVANI wird eine Anordnung, in der chemische in elektrische Energie umgewandelt werden kann, **galvanisches Element (galvanische Zelle)** genannt.
Eine einfache galvanische Zelle mit der Kombination von Kupfer in Kupfersalzlösung und Zink in Zinksalzlösung wird nach ihrem Erfinder **Daniell-Element** genannt. Hierbei werden zwei **Halbzellen** elektrisch leitend miteinander verbunden. Die eine Halbzelle besteht aus einer Zinkelektrode, die in eine Zinksalzlösung taucht. Die andere Halbzelle bildet eine Kupferelektrode in einer Kupfersalzlösung. Beide Halbzellen sind durch eine poröse Wand (Fritte) voneinander getrennt. Sie lässt Ionen hindurch, verhindert aber die mechanische Vermischung der Salzlösungen.

Vorgänge im Daniell-Element Wird die Zinkelektrode elektrisch leitend mit der Kupferelektrode verbunden, findet eine Redoxreaktion statt. ↑E.1
An der Zinkelektrode (Minuspol, Anode) geben Zinkatome Elektronen ab und werden oxidiert. Nach Reaktion der Zinkatome gehen die Zink-Ionen in Lösung, die Elektronen fließen durch den Draht zur Kupferelektrode (Pluspol, Kathode). Hier nehmen die Kupfer-Ionen die Elektronen auf und werden so zu Kupferatomen reduziert, die sich als metallisches Kupfer abscheiden.

Selbst untersucht

1 Untersuche ein Daniell-Element.
Tauche eine Zinkelektrode in ein Becherglas mit 10%iger Zinksulfatlösung und eine Kupferelektrode in einem anderen Becherglas in 10%ige Kupfer(II)-sulfatlösung. Stelle beide Bechergläser dicht nebeneinander und lege einen in 30%ige Kaliumchloridlösung getränkten Filterpapierstreifen so über die Ränder beider Bechergläser, dass die Enden in jeweils eine Lösung tauchen.
Ermittle die elektrische Spannung zwischen den Elektroden. Installiere eine Glühlampe zwischen den Elektroden. Notiere deine Beobachtungen.
Entsorgung: Lösungen in Sammelbehälter II geben, Elektroden einsammeln und wieder verwenden.

Die Vorgänge im Daniell-Element lassen sich in folgenden Reaktionsgleichungen zusammenfassen:

Zinkelektrode (Minuspol):	$Zn \longrightarrow Zn^{2+} + 2\,e^-$	Elektronenabgabe/ Oxidation
Kupferelektrode (Pluspol):	$Cu^{2+} + 2\,e^- \longrightarrow Cu$	Elektronenaufnahme/ Reduktion
	$Cu^{2+} + Zn \longrightarrow Cu + Zn^{2+}$	Elektronenübergang/ Redoxreaktion

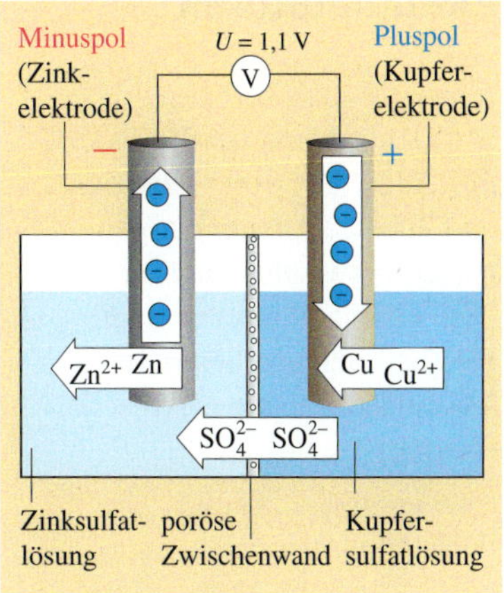

2 Modellhafte Darstellung der Vorgänge in einem Daniell-Element

Das Daniell-Element zählt zu den galvanischen Elementen, die als elektrische Spannungsquelle genutzt und als **Batterie** bezeichnet werden. Batterien können nach der Entladung nicht wieder aufgeladen werden, man nennt sie auch **Primärelemente**.

Leclanché-Element Das Leclanché-Element wurde 1860 erfunden. Heute werden pro Jahr weltweit mehrere Milliarden Stück unter den Bezeichnungen „Monozelle", „Babyzelle" und „Mignonzelle" hergestellt. Die einfache Zink-Kohle-Batterie besteht aus einer Kohleelektrode, die den Pluspol bildet. Die negative Elektrode, die zugleich das Zellengefäß bildet, besteht aus Zink. Als Elektrolyt dient eine Ammoniumchloridlösung. Die elektrische Spannung beträgt $U = 1{,}5$ V.

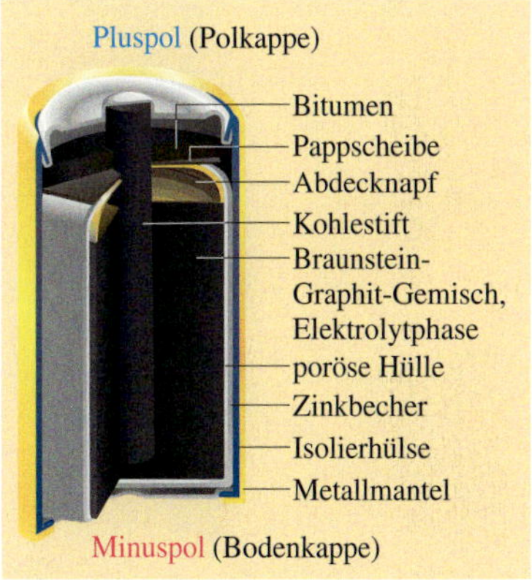

3 Schnitt durch ein Leclanché-Element (Monozelle)

Knopfzellen Zu den Knopfzellen zählt beispielsweise die in Taschenrechnern und Armbanduhren eingesetzte **Zink-Silberoxid-Zelle**. Da Silberoxid in der Zelle als Oxidationsmittel dient, sind diese Batterien relativ teuer. Ihr Einsatz ist daher auf Anwendungen beschränkt, die eine große Energie und eine hohe Belastbarkeit auf kleinstem Raum benötigen. Als Elektrolyt wird Kalilauge verwendet.

Minuspol: $Zn + 2\,OH^- \longrightarrow Zn(OH)_2 + 2\,e^-$	Elektronenabgabe/ Oxidation
Pluspol: $Ag_2O + H_2O + 2\,e^- \longrightarrow 2\,Ag + 2\,OH^-$	Elektronenaufnahme/ Reduktion
$Zn + Ag_2O + H_2O \longrightarrow Zn(OH)_2 + 2\,Ag$	Elektronenübergang/ Redoxreaktion

Umgang mit Batterien Das Leclanché-Element und die Knopfzellen sind nur so lange einsetzbar, bis die Ausgangsstoffe verbraucht sind. Da die Zellreaktionen nicht umkehrbar sind, ist eine Wiederverwertung der Batterien nach der Entladung nicht möglich. Zum Schutz der Umwelt dürfen verbrauchte Batterien nicht über den Hausmüll entsorgt werden. Sie werden dort, wo Batterien verkauft werden, in speziellen Behältern gesammelt. Batterien sind möglichst kühl und trocken zu lagern.

Aufgaben

1 Eine galvanische Zelle benötigt zwischen beiden Elektroden eine poröse Trennwand. Warum ist das notwendig? Welche Teilchen bewegen sich durch die Fritte hindurch?

2 Erläutere, warum verbrauchte Batterien nicht im Hausmüll entsorgt werden dürfen.

3 Informiere dich z. B. im Internet über weitere Batterietypen und deren Einsatzgebiete.

Akkumulatoren

In Deutschland werden jedes Jahr etwa 950 000 Batterien und 200 000 Akkumulatoren für mobile Anwendungen (ohne Bleiakkumulatoren) verkauft. Welche Vorgänge liefern in Akkumulatoren die elektrische Energie?

1

Akkumulatoren – die Wiederaufladbaren Als mobile Energiequellen werden Akkumulatoren (lat. accumulare – sammeln) ebenso wie Batterien eingesetzt. Die chemische Energie stammt in Akkumulatoren ebenfalls aus Oxidations- und Reduktionsreaktionen.
Im Gegensatz zu den Batterien sind Akkumulatoren wiederaufladbar. Daher werden Akkumulatoren auch als **Sekundärelemente** bezeichnet.
Beim „Laden“ eines Akkumulators wird durch Zufuhr von elektrischer Energie eine chemische Reaktion erzwungen. Dabei wird elektrische Energie in chemische Energie umgewandelt. Beim „Entladen“ verläuft die chemische Reaktion in umgekehrter Richtung. Die gespeicherte chemische Energie wird freigesetzt und ist als elektrische Energie nutzbar. Aufgrund mechanischer Effekte sind oftmals nur etwa 1000 Ladevorgänge möglich.

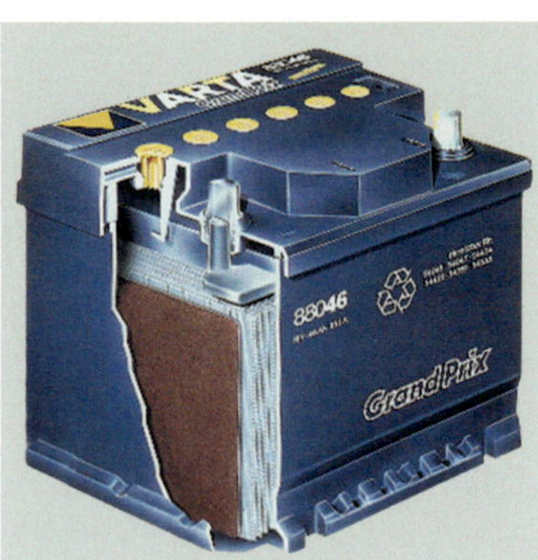

2 Schnitt durch einen Bleiakkumulator

Bleiakkumulator Der Bleiakkumulator ist einer der wichtigsten Akkumulatoren in der Technik. Er besteht aus einer Bleielektrode und einem mit Bleioxid beschichteten Bleigitter als weitere Elektrode. Als Elektrolyt wird Schwefelsäure verwendet. Die Zellspannung beträgt etwa $U = 2\,\text{V}$. In einer „Autobatterie“ sind 6 Bleiakkumulatoren in Serie geschaltet. Beim **Entladen** finden folgende Elektrodenreaktionen statt:

Reduktion

$$Pb + PbO_2 + 4\,H^+ + 2\,SO_4^{2-} \longrightarrow 2\,PbSO_4 + 2\,H_2O$$

Oxidation

Beim **Laden** verlaufen die Elektrodenreaktionen umgekehrt.

Reduktion

$$2\,PbSO_4 + 2\,H_2O \longrightarrow Pb + PbO_2 + 4\,H^+ + 2\,SO_4^{2-}$$

Oxidation

$$Pb\,(s) + PbO_2\,(s) + 2\,H_2SO_4\,(aq) \underset{\text{Laden}}{\overset{\text{Entladen}}{\rightleftharpoons}} 2\,PbSO_4\,(s) + 2\,H_2O\,(l)$$

Während des Entladens und Ladens verändert sich die Konzentration und somit die Dichte der Schwefelsäure im Bleiakkumulator. Über eine Dichtebestimmung kann daher der Ladezustand sehr einfach bestimmt werden. Aufgrund der enthaltenen Schwefelsäure und des enthaltenen giftigen Bleis ist ein sorgsamer Umgang und eine fachgerechte Entsorgung von „Autobatterien“ notwendig.

Nickel-Metallhydrid-Akkumulator Akkumulatoren dieses Typs bestehen im geladenen Zustand aus einer Elektrode aus Nickel(III)-oxidhydroxid und einer Elektrode aus einer Wasserstoff speichernden Legierung und einem alkalischen Elektrolyt. Die elektrische Spannung beträgt $U = 1{,}2\,\mathrm{V}$. Aufgrund ihrer Bauform und Größe können Nickel-Metallhydrid-Akkumulatoren die häufig eingesetzten Leclanché-Elemente in vielen elektrischen Geräten ersetzen. Vorteile des Nickel-Metallhydrid-Akkumulators sind die recht hohe Energiedichte und der schwermetallfreie Aufbau.

Lithium-Ionen-Akkumulator Von allen Akkumulatoren können diese bezogen auf eine bestimmte Masse bzw. Volumen am meisten elektrische Energie abgeben. Im Lithium-Ionen-Akkumulator bildet Graphit die negative Elektrode und Lithiummetalloxide (z. B. $LiCoO_2$) die positive Elektrode. Zwischen beiden Elektroden werden beim Laden und Entladen Lithium-Ionen ausgetauscht. Erst Ende der 1970er Jahre wurde für den Einsatz von Lithium-Ionen-Akkumulatoren eine technische Lösung gefunden.
Hauptanwendungen sind Telekommunikation und mobile Computer. Sie sind nicht kompatibel zu Nickel-Cadmium- oder Nickel-Metallhydrid-Akkumulatoren. Dies ist unter anderem auf die andere Funktionsweise von Lithium-Ionen-Akkumulatoren zurückzuführen. Die elektrische Spannung beträgt $U = 3{,}8\,\mathrm{V}$.

4 Handys und Laptops werden mit Lithium-Ionen-Akkumulatoren betrieben.

Schon gewusst?

Bei Raumtemperatur beträgt die Selbstentladung von Primärelementen wie Leclanché-Elementen weniger als 2 % pro Jahr. Bei Sekundärelementen, wie beispielsweise Nickel-Metallhydrid-Akkumulatoren, ist dagegen eine Selbstentladung von 30 % pro Monat durchaus normal. Daher sollten z. B. Taschenlampen statt mit Akkumulatoren mit Batterien ausgerüstet werden.

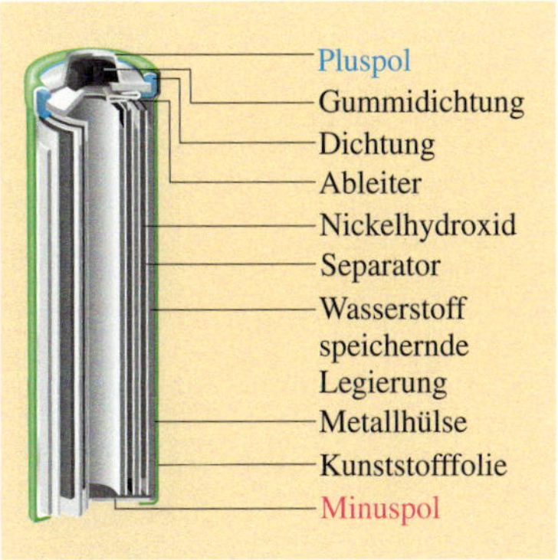

3 Schnitt durch einen Nickel-Metallhydrid-Akkumulator

Aufgaben

1 Erläutere am Beispiel des Bleiakkumulators die Funktionsweise eines Akkumulators.

2 Informiere dich über den „Memory-Effekt“ bei Akkumulatoren.

3 Warum würde der Einsatz von elementarem Lithium in Akkumulatoren Probleme bereiten? Begründe anhand deiner Kenntnisse über die Eigenschaften von Alkalimetallen.

Brennstoffzellen

Ursprünglich für die Energiegewinnung in der Raumfahrt eingesetzt, finden Brennstoffzellen immer stärkere Anwendung in der Technik und im Alltag. Welche Vorgänge finden in Brennstoffzellen statt? Welche Vor- und Nachteile besitzen Brennstoffzellen?

1 Brennstoffzellen sind zuverlässige Lieferanten elektrischer Energie im Weltall.

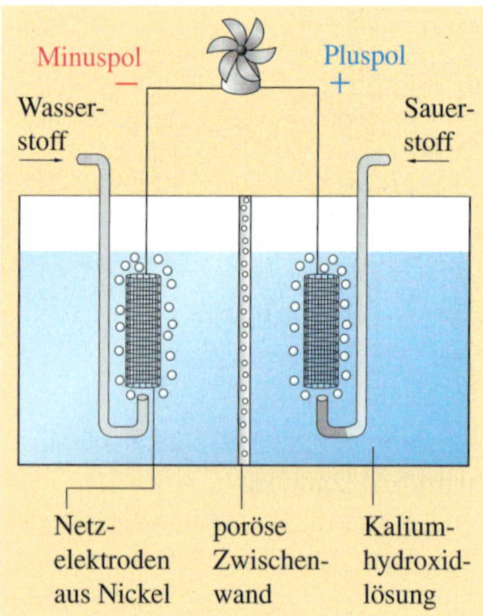

2 Schematischer Aufbau einer Brennstoffzelle

Brennstoffzellen In den bislang betrachteten galvanischen Zellen ist nur ein bestimmter Vorrat an Ausgangsstoffen enthalten. Dadurch ist die der Zelle entnehmbare elektrische Energie begrenzt. Bei Brennstoffzellen werden die Ausgangsstoffe kontinuierlich von außen zugeführt. Sie haben beispielsweise bei der Energieversorgung in Raumschiffen eine große Bedeutung. Brennstoffzellen besitzen einen sehr hohen Wirkungsgrad und benötigen daher bei gleicher Leistung eine viel geringere Masse als konventionelle Stromversorgungssysteme. Von Nachteil ist, dass für den Betrieb der Brennstoffzellen bestimmte Temperaturbereiche eingehalten werden müssen. Weiterhin müssen die Brennstoffe kontinuierlich zugeführt und die Reaktionsprodukte aus der Elektrolytlösung entfernt werden.

Wasserstoff-Sauerstoff-Zelle Bereits im Jahr 1839 wurde von Sir William Grove (1811 bis 1896) eine Brennstoffzelle entwickelt, die auf der Oxidation von Wasserstoff mit Sauerstoff beruht und daher auch als „Knallgaszelle“ bezeichnet wird. Sie besteht aus einer Wasserstoff- und einer Sauerstoffhalbzelle, denen die Gase Wasserstoff und Sauerstoff ständig von außen zugeführt werden. In den Halbzellen umspülen Wasserstoff und Sauerstoff die Nickelelektroden. Als Elektrolytlösung dient meistens Kaliumhydroxidlösung. Die elektrische Spannung dieser Zelle beträgt $U = 1{,}23\,V$ und stammt aus folgender Redoxreaktion:

Reduktion

$$2\,H_2\,(g) + 2\,O_2\,(g) \longrightarrow 2\,H_2O\,(l)$$

Oxidation

Selbst untersucht

2 Untersuche das Wirkprinzip einer Brennstoffzelle.

Fülle in ein U-Rohr 10%ige Kaliumhydroxidlösung (C). Setze in jeden Schenkel eine Kohlestabelektrode ein und lege für 3 min eine Gleichspannung $U \approx 5\,V$ an. Entferne das Stromversorgungsgerät. Ermittle nun mit einem Spannungsmessgerät die elektrische Spannung zwischen den Elektroden. Beobachte.

Entsorgung: Elektroden und Kaliumhydroxidlösung einsammeln, werden wieder verwendet.

3 Mit Brennstoffzellen betriebener Bus: Die Wasserstofftanks befinden sich auf dem Dach des Busses.

4 Auto, das mit Wasserstoff betankt wird

5 Brennstoffzelle im Auto

Brennstoffzellen in Kraftfahrzeugen Eine leicht abgewandelte Form der Wasserstoff-Sauerstoff-Zelle ist die **Wasserstoff-Luft-Zelle**. Hier hat eine Elektrode Kontakt mit Luft. Der in der Luft enthaltene Sauerstoff reicht aus, um die Brennstoffzelle zu betreiben.
Der zum Betrieb benötigte Wasserstoff muss bei der Nutzung in Kraftfahrzeugen in Wasserstofftanks mitgeführt werden. Das gelingt bei Wasserstoff am besten bei einer Temperatur von $\vartheta = -250\,°C$. Daher muss der Kraftstofftank gut wärmeisoliert sein. Mit modernsten Werkstoffen aus der Raumfahrtindustrie ist dies bereits möglich. Außerdem sind besondere Sicherheitsmaßnahmen erforderlich. Ideal sind Brennstoffzellen zur Versorgung eines Fahrzeugs mit elektrischem Strom. Im Auto mit Verbrennungsmotor wird der Strom mithilfe einer Lichtmaschine erzeugt. Hierfür werden auf 100 km etwa 1,5 Liter Benzin benötigt. Wenn diese Lichtmaschine durch eine Brennstoffzelle ersetzt wird, wird der Verbrauch aufgrund des höheren Wirkungsgrads etwa halbiert.
Vorteile der Brennstoffzelle gegenüber einem Verbrennungsmotor sind der höhere Wirkungsgrad und der geräuschärmere Betrieb. Der Antrieb eines Brennstoffzellenautos ist äußerst wartungsarm und es entstehen keine Emissionen, weil nur Wasser als Reaktionsprodukt gebildet wird.
Nachteile des Brennstoffzellenantriebs sind die noch zu große Masse und das zu große Volumen der benötigten Bauteile. Die Reichweite der bisher entwickelten Testfahrzeuge beträgt dadurch nur etwa 5000 km.
Im Gegensatz zu Automobilen sind bei Bussen schon die ersten Prototypen mit Brennstoffzellen ausgerüstet und im täglichen Einsatz.

Aufgaben

1 Nenne Vor- und Nachteile von Brennstoffzellen.
2 Erläutere die Funktionsweise einer Brennstoffzelle.
3 Vergleiche die Knallgasreaktion mit den Vorgängen in einer Knallgaszelle.
4 Begründe, warum der Ersatz von Verbrennungsmotoren durch Brennstoffzellen unter Umweltaspekten günstig ist.
5 Für den Betrieb von Wasserstoff-Brennstoffzellen sind große Mengen Wasserstoff nötig. Recherchiere, wie und wo dieser Wasserstoff gewonnen werden soll.
6 Vermute, wie sich die Leistung einer Wasserstoff-Sauerstoff-Zelle von der einer Wasserstoff-Luft-Zelle unterscheidet. Begründe deine Vermutung.
7 Informiere dich, mit welchen anderen Brennstoffen außer Wasserstoff Brennstoffzellen betrieben werden können.

Katalysatoren

Der Apotheker und Chemiker JOHANN WOLFGANG DÖBEREINER (1780 bis 1849) konstruierte 1823 eine „Feuermaschine". Bei ihr entzündete sich Wasserstoff an fein verteiltem Platin. Er entwickelte das erste Feuerzeug – ein Erfolgsprodukt, denn Zündhölzer gab es noch nicht. *„Gegen zwanzigtausend derselben sind bereits im Gebrauch – teils in Deutschland, teils in England"*, so berichtete DÖBEREINER 1827 an seinen Freund JOHANN WOLFGANG VON GOETHE.

1 Döbereiner-Feuerzeug (kleines Bild) und Platinkatalysator

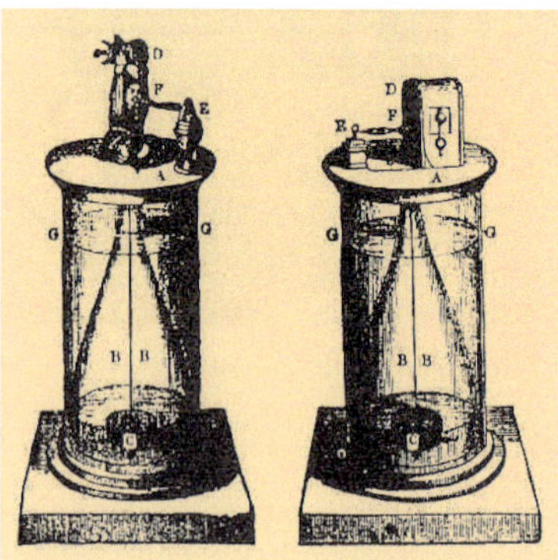

2 Historische Schnittzeichnung eines Döbereiner-Feuerzeugs

Katalysatoren – die Alleskönner Die „Feuermaschine" verdankt ihre Existenz nicht nur dem Erfindergeist DÖBEREINERS, sondern auch der Erkenntnis, dass fein verteiltes Platin als Katalysator für die chemische Reaktion von Wasserstoff mit Sauerstoff wirken kann. Bei niedrigen Temperaturen können die beiden Gase nebeneinander vorliegen, ohne zu reagieren. Ein Zündfunke wäre erforderlich, um die chemische Reaktion auszulösen. Die Anwesenheit von Platin macht den Zündfunken überflüssig und die Reaktion bei niedrigerer Aktivierungsenergie möglich.
Die **Beteiligung des Katalysators** an der Reaktion ist z. B. am Zerfall von Wasserstoffperoxid zu beobachten, wenn dieser durch Eisen(III)-salze katalysiert wird. Außer der Gasentwicklung ist dabei eine vorübergehende Gelborangefärbung der Lösung zu beobachten, ein Anzeichen für die sich bildende und wieder zerfallende Zwischenverbindung.
Ein und dieselbe chemische Reaktion kann durch verschiedene Katalysatoren unterschiedlich beeinflusst werden. Der Zerfall von Wasserstoffperoxid kann z. B. durch Eisen(III)-salze, Platin, Braunstein und Enzyme aus zerriebenen Blättern katalysiert werden, besonders gut aber durch ein Enzym aus dem Blut, der Katalase. ↑E.2 Diese chemische Reaktion spielt sich auch in unserem Körper ab.

Selbst untersucht

1 Prüfe die Wirkung eines Platinkatalysators. (F+)

Vorsicht! Stelle Wasserstoff dar. Verwende dazu einen Gasentwickler aus einem Erlenmeyerkolben, der ein zur Düse ausgezogenes Glasrohr in einem durchbohrten Stopfen trägt. Bringe in das Glasrohr etwas Kupferwolle oder -litze ein, um das Rückschlagen der Flamme zu vermeiden. Fülle zwei bis drei Zinkgranalien und einige Milliliter Salzsäure (c = 0,5 mol/l) in den Erlenmeyerkolben und verschließe den Kolben mit dem Stopfen. Führe die Knallgasprobe durch! Halte danach mit einer Pinzette ein vorher ausgeglühtes und abgekühltes Perlkatalysator-Kügelchen oder eine Flocke Platin-Quarzwolle in den Wasserstoffstrom (F+). Vergleiche das Experiment mit dem Döbereiner-Feuerzeug.
Entsorgung: Katalysator aufbewahren, wieder verwenden; Lösung in Sammelbehälter für Abwasser geben.

Katalysatoren in Natur und Technik Etwa 90 % aller chemisch-technischen Verfahren werden gegenwärtig von Katalysatoren beeinflusst und wirtschaftlich eingesetzt. Einsparung von Energie und die Herstellung einer größeren Menge an Produkten in kürzerer Zeit verringern die Produktionskosten. Entscheidend ist, den richtigen Katalysator zu finden!
Der Kunststoff Polyethylen kann beispielsweise nicht nur bei 200 °C und einem Druck von 100 bis 200 MPa hergestellt werden. Bei Verwendung bestimmter Katalysatoren ist die Herstellung auch unter Normaldruck und bei Raumtemperatur möglich. Aus den gleichen Ausgangsstoffen können oft unterschiedliche Produkte erzeugt werden – je nach den gewählten Reaktionsbedingungen und der technischen Reaktionsführung. **Kontakte**, wie die Katalysatoren in der chemischen Technik meist genannt werden, wirken dann ganz spezifisch (↑Tabelle). Die Forschung und der Weltmarkt konzentrieren sich auf Katalysatoren zur Emissionsbegrenzung für den Kfz- und den Industriebereich, für die Mineralölverarbeitung, die Polymerisation und zur Chemikalienherstellung.
Konkurrenzlos sind jedoch immer noch die **Biokatalysatoren**, die bis zu 10^{12}-mal wirksamer sind als technische Kontakte. Millionen verschiedenartiger Enzymmoleküle sichern und steuern die gesamte „Energieversorgung“ unseres Körpers.
Teigbereitung, Brotbacken, Gärung von Trauben und anderen Früchten sind enzymatische Vorgänge, die Menschen schon im Altertum in Ägypten, Assyrien und China beherrschten. Erst seit etwa 100 Jahren ist jedoch der Zusammenhang zwischen diesen enzymatischen Vorgängen und Katalysatoren bekannt. Die weitere Aufklärung der enzymatischen Vorgänge in lebenden Organismen wird mit Fortschritten der Medizin verbunden sein.

Historisches zur Katalyse Mit der Geschichte der Erforschung katalytischer Vorgänge sind die Namen dreier großer Chemiker verbunden: JÖNS JAKOB BERZELIUS (1779 bis 1848), WILHELM OSTWALD (1853 bis 1932) und PAUL ALWIN MITTASCH (1869 bis 1953). *„Die katalytische Kraft scheint eigentlich darin zu bestehen, dass bestimmte Körper durch ihre bloße Gegenwart die bei dieser Temperatur sonst nur schlummernden Verwandtschaften zu erwecken vermögen. Wir vermuten, dass in den Pflanzen und Tieren Tausende von katalytischen Prozessen zwischen den Geweben und den Flüssigkeiten vor sich gehen.“* – Wie recht hatte BERZELIUS!
Als der „Vater“ der Katalyse gilt OSTWALD, der das Wirken der Katalysatoren im Zusammenhang mit der chemischen Reaktion theoretisch aufklären konnte. 1909 erhielt der über 20 Jahre an der Universität Leipzig tätige Professor dafür den Nobelpreis verliehen. Wie mühsam das Auffinden geeigneter Katalysatoren oft ist, zeigen die Arbeiten von MITTASCH. Für die wirtschaftlich wichtige Synthese von Ammoniak untersuchte und erprobte er mit seinen Mitarbeitern der BASF zu Beginn des 20. Jh.s etwa 300 verschiedene Stoffe und Stoffgemische auf ihre Tauglichkeit als Katalysator.

Schon gewusst?

Rekordverdächtig! Der **kleinste** Katalysator ist das Proton, der **größte** gehört zu den Enzymen mit einer molaren Masse zwischen 10 000 und 400 000 g/mol. Einer der **aktivsten**, „fleißigsten“ und wirksamsten Katalysatoren ist das Enzym Katalase. Ein Katalasemolekül kann in 1 s etwa 40 Millionen Moleküle Wasserstoffperoxid zersetzen.

EXPERIMENT 2 [L]
Wirkung von Katalase.
Ein Becherglas wird mit 10 ml Schweineblut gefüllt und mit 2 ml 30%iger Wasserstoffperoxidlösung (C) versetzt.

Produkte aus Kohlenstoffmonooxid und Wasserstoff (Synthesegas)

Verwendeter Katalysator	Produkt der chemischen Industrie
Nickel, Cobalt, Eisen	Methan
Eisen, Kupfer, Kaliumhydroxid	Alkane und Alkene
Aluminiumoxid, Kaliumcarbonat	Verzweigte Alkane
Kupfer, Chrom(III)-oxid, Zinkoxid	Methanol

Aufgaben

1 Weise die Beteiligung des Katalysators an der chemischen Reaktion experimentell nach, indem du den Zerfall von Wasserstoffperoxid mit Eisen(III)-chloridlösung als Katalysator untersuchst.

2 Informiere dich über den Forscher W. OSTWALD, der auch als Wissenschaftsorganisator und Hochschullehrer große Verdienste erworben hat.

Ammoniak – ein wichtiger Grundstoff

In Viehställen ist häufig ein scharfer und stechender Geruch nach Ammoniak festzustellen. Wie aber kommt diese Chemikalie in einen Tierstall?

1

2 Die Atmosphäre des Planeten Saturn enthält Ammoniak.

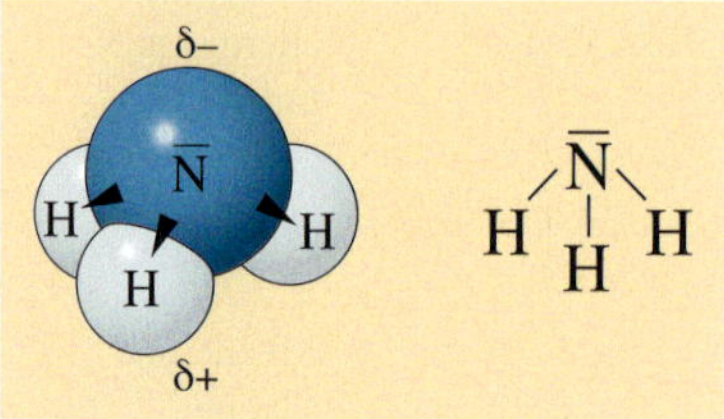

3 Modell und Formel eines Ammoniakmoleküls

Vorkommen von Ammoniak In der Natur entsteht Ammoniak durch Abbau stickstoffhaltiger pflanzlicher und tierischer Stoffe, vor allem Eiweiße und Harnstoff. Geringe Mengen davon gelangen in die Atmosphäre und in den Boden. Beim Abbau von Eiweißen im Harn von Kühen durch Mikroorganismen entsteht ebenfalls Ammoniak, was den Geruch in den Ställen erklärt. In freier Form kommt Ammoniak in der Natur sehr selten vor. Meist wird es durch chemische Reaktionen in andere Stoffe umgewandelt. Eine Ausnahme findet sich beim Aaskäfer, der als Wehrsekret eine 4,5%ige wässrige Ammoniaklösung zu seiner Verteidigung absondert.

Bau von Ammoniak In jedem Ammoniakmolekül (Formel: NH_3) sind drei Wasserstoffatome durch jeweils ein gemeinsames Elektronenpaar durch polare Atombindung mit einem Stickstoffatom verbunden. Das Stickstoffatom besitzt außerdem ein freies Elektronenpaar. Das Ammoniakmolekül ist ein Dipolmolekül mit gewinkeltem Bau. ↑3

Bedeutung von Ammoniak Flüssiges Ammoniak dient als Kühlmittel in Kältemaschinen von Kühlhäusern oder Kunsteisbahnen. Wässrige Lösungen von Ammoniak (Salmiakgeist) finden in Haushaltsreinigern und Fensterputzmitteln Verwendung. In der chemischen Industrie ist Ammoniak Ausgangsstoff für die Herstellung zahlreicher Stoffe, z. B. von Harnstoff, Arzneimitteln, Kunststoffen, Salpetersäure und deren Salzen, Farbstoffen, Raketentreibstoffen und Sprengstoffen. Etwa 85 % der Weltjahresproduktion an Ammoniak werden zur Produktion von Düngemitteln eingesetzt.

Selbst untersucht

1 Prüfe den Geruch von Ammoniak. Xi

Vorsicht! Prüfe vorsichtig durch Zufächeln 10%ige wässrige Ammoniaklösung (Xi) sowie Fensterputzmittel (Xi) auf ihren Geruch.
Untersuche anschließend beide Lösungen mit Universalindikator.
Notiere deine Beobachtungen.
Entsorgung: Lösungen in den Sammelbehälter für Abwasser geben.

Eigenschaften und Nachweis von Ammoniak Ammoniak ist ein farbloses, stechend riechendes, giftiges Gas. Ammoniakdämpfe wirken schon in geringen Volumenanteilen auf die Schleimhäute der Atemwege und der Augen reizend. In höheren Volumenanteilen verursachen Ammoniakdämpfe Verätzungen. Die Dichte von Ammoniak beträgt 0,771 g/l (bei $\vartheta = 0\,°C$ und $p = 101{,}3\,kPa$). Das Gas kann bei 20 °C bereits durch einen Druck von 800 bis 900 kPa verflüssigt werden. Flüssiges Ammoniak ist farblos, leicht beweglich und siedet bei −33,5 °C.
Ammoniak zersetzt sich beim Belichten mit ultraviolettem Licht und durch Einwirkung einer elektrischen Funkenentladung. Gemische aus Ammoniak und Luft sind in bestimmten Grenzen explosiv. Ammoniak verbrennt in Sauerstoff mit fahlgelber Flamme zu Stickstoff und Wasser.

$$4\,NH_3\,(g) + 3\,O_2\,(g) \longrightarrow 2\,N_2\,(g) + 6\,H_2O\,(l) \quad | \quad \text{exotherm}$$

Ammoniak ist in Wasser sehr gut löslich. Die Löslichkeit ist temperaturabhängig (in 1 l Wasser lösen sich bei 0 °C und 101,3 kPa 1176 l Ammoniakgas, bei 20 °C dagegen nur noch 702 l). Eine wässrige Lösung von Ammoniak nennt man Ammoniakwasser. Handelsübliche konzentrierte Ammoniaklösung enthält einen Massenanteil an Ammoniak von 28 bis 29 %. Verdünntes Ammoniakwasser enthält einen Massenanteil von etwa 10 % an Ammoniak (Salmiakgeist). Beim Lösen von Ammoniak in Wasser reagiert ein geringer Teil des Ammoniaks mit Wasser zu einer basischen Lösung. Hält man über ein Gefäß mit Ammoniak feuchtes Universalindikatorpapier, färbt es sich blau. Diese Eigenschaft kann zum Nachweis von Ammoniak genutzt werden. Beim Erhitzen einer wässrigen Ammoniaklösung entweicht Ammoniak vollständig. In der verbleibenden Lösung kann keine basische Reaktion mehr nachgewiesen werden.

Bildung von Ammoniak Ammoniak kann in Gegenwart eines Katalysators aus den Elementen Stickstoff und Wasserstoff hergestellt werden. Diese Reaktion wird in der Technik als Ammoniaksynthese durchgeführt.

$$N_2\,(g) + 3\,H_2\,(g) \rightleftharpoons 2\,NH_3\,(g) \quad | \quad \text{exotherm}$$

Im Labor erhält man Ammoniak durch Erhitzen eines Gemisches aus Ammoniumchlorid und Calciumhydroxid.

Ammoniak ist eine wichtige Grundchemikalie. Es ist ein stechend riechendes, ätzendes Gas. Es lässt sich leicht verflüssigen und löst sich gut in Wasser. Wässrige Ammoniaklösung reagiert basisch. Als Nachweis von Ammoniak dient die charakteristische Blaufärbung von feuchtem Universalindikatorpapier.

EXPERIMENT 2 [L]

Austreiben von Ammoniak.
Vorsicht! Abzug! Aus 5%iger wässriger Ammoniaklösung (Xi) wird durch Erwärmen Ammoniak (T, N) ausgetrieben. Die Restlösung ist mit Universalindikator zu prüfen.

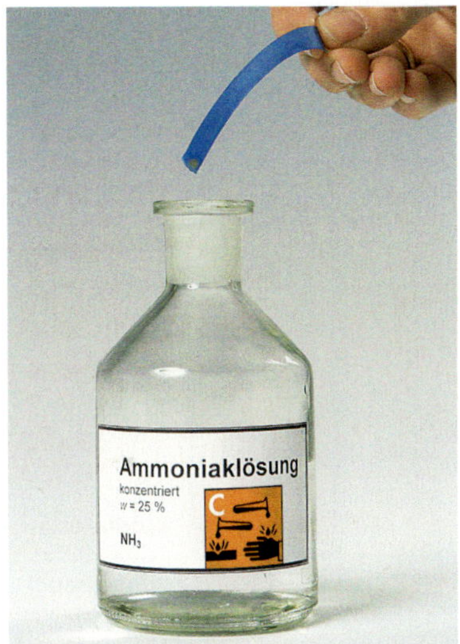

4 Ammoniak entweicht aus einer Ammoniaklösung auf ein angefeuchtetes Indikatorpapier.

Aufgaben

1 Fertige einen Steckbrief über Ammoniak an.
2 Definiere die Begriffe Säure und Base und nenne Eigenschaften von sauren, neutralen und basischen Lösungen.
3 Beschreibe den Bau eines Ammoniakmoleküls und die chemische Bindung in dem Molekül.
4 Vergleiche das Ammoniakmolekül mit dem Wassermolekül und begründe ihre Dipoleigenschaften.

Technische Ammoniaksynthese

Erst durch die technische Ammoniaksynthese wurde die Herstellung von Stickstoffdüngemitteln möglich.
Wie und unter welchen Bedingungen verläuft die Herstellung von Ammoniak in der Technik?

1

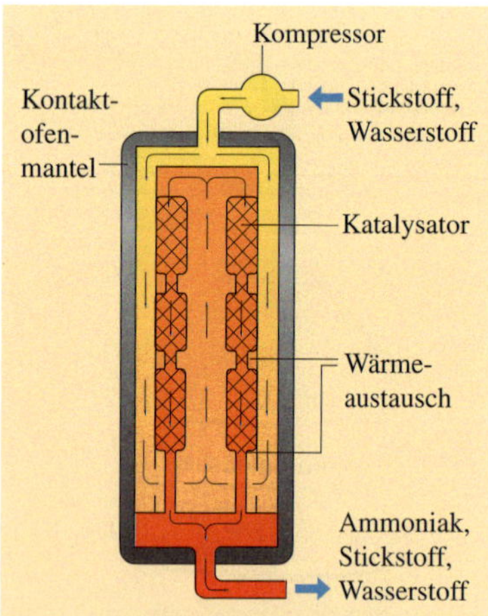

2 Schematische Darstellung eines Kontaktofens

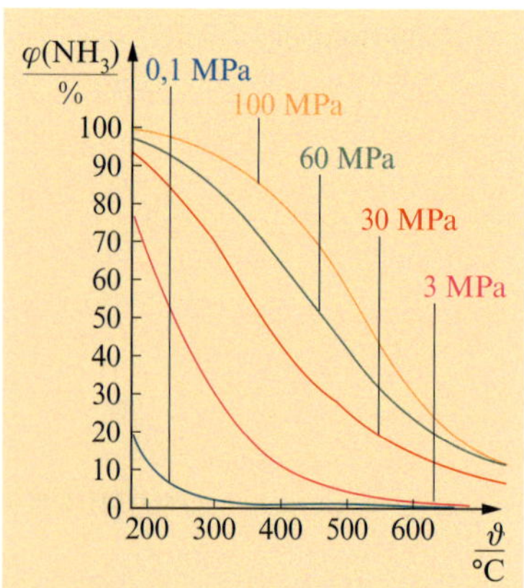

3 Abhängigkeit des Volumenanteils an Ammoniak von Temperatur und Druck

Chemische Grundlagen Die Bildung von Ammoniak aus Stickstoff und Wasserstoff ist eine **umkehrbare Reaktion**. Neben der Bildung von Ammoniak (Hinreaktion) kommt es auch zu einem Zerfall von Ammoniak (Rückreaktion). In dem bei der Reaktion entstehenden Gasgemisch liegen deshalb neben Ammoniak auch noch Stickstoff und Wasserstoff vor.

$$N_2\,(g) \;+\; 3\,H_2\,(g) \;\rightleftharpoons\; 2\,NH_3\,(g) \qquad | \text{ exotherm}$$

1 Volumenteil 3 Volumenteile 2 Volumenteile

Die Hinreaktion verläuft exotherm und unter Volumenverkleinerung, die Rückreaktion verläuft endotherm und unter Vergrößerung des Volumens. Deshalb sind Bildung und Zerfall von Ammoniak von Temperatur und Druck abhängig und durch diese zu beeinflussen.

Volumenanteile Ammoniak (in %) in Abhängigkeit von Temperatur und Druck

Temperatur ϑ in °C	Druck p in MPa 0,1	10	30	60	100
200	15,3	81,5	89,9	95,4	98,3
400	0,44	25,1	42,0	65,2	79,8
500	0,13	10,6	26,4	42,2	57,5
700	0,02	2,2	7,3	12,6	12,9

Eine relativ niedrige Temperatur begünstigt die Bildung von Ammoniak, während bei hoher Temperatur der Zerfall besser verläuft. Da die Hinreaktion unter Volumenverringerung abläuft, wird sie außerdem durch einen hohen Druck begünstigt. Dieses Prinzip wurde von dem französischen Chemiker Henry Louis Le Chatelier (1850 bis 1936) und dem deutschen Physiker Karl Ferdinand Braun (1850 bis 1918) entdeckt und als **Prinzip des kleinsten Zwangs** bezeichnet.

Die Bildung von Ammoniak ist eine exotherme Reaktion unter Volumenverminderung. Sie wird durch niedrige Temperatur und hohen Druck begünstigt.

Reaktionsbedingungen Stickstoff und Wasserstoff sind die Ausgangsstoffe für die technische Ammoniakherstellung. Stickstoff wird nach dem Linde-Verfahren gewonnen. Wasserstoff wird über viele Reaktionsstufen aus Erdgas und Wasser oder Erdöl und Wasser hergestellt. Das sogenannte Synthesegas muss für einen optimalen Reaktionsverlauf in folgendem Volumenverhältnis vorliegen: V(Stickstoff) : V(Wasserstoff) = 1 : 3. Nach dem Prinzip des kleinsten Zwangs gelten als theoretisch optimale Reaktionsbedingungen niedrige Temperatur und hoher Druck.
Bei der technischen Durchführung ist aber bei niedrigen Temperaturen die Reaktion zwischen Stickstoff mit Wasserstoff so stark gehemmt, dass praktisch keine Reaktion abläuft. Um eine wirtschaftliche Herstellung doch zu ermöglichen, muss ein Katalysator eingesetzt und bei Temperaturen zwischen 400 und 500 °C und einem Druck von 30 MPa gearbeitet werden. Als technische Katalysatoren dienen eisenoxidhaltige Mischkatalysatoren, hauptsächlich Eisen(II/III)-oxid (Fe_3O_4), die noch geringe Zusätze an Aluminiumoxid, Kaliumoxid, Calciumoxid und Siliciumdioxid enthalten.

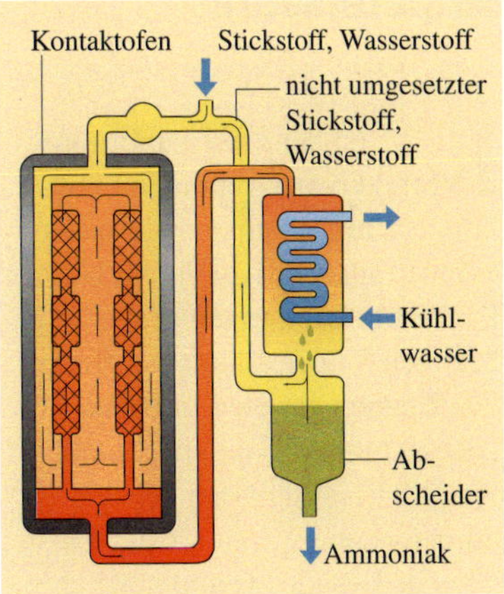

4 Darstellung des Kreislaufprinzips bei der Ammoniaksynthese

Technische Umsetzung Die Reaktion wird in 40 bis 60 m hohen Synthesetürmen, den **Kontaktöfen**, durchgeführt. Von oben strömt kaltes Synthesegas mit einem Druck von 30 MPa in die Türme und gelangt nach unten in die Wärmeaustauscher. Dort wird das kalte Gas im Gegenstrom vorgewärmt und strömt anschließend durch die Katalysatorschichten (Kontakte). ↑2, 4
An den Kontakten erfolgt die Reaktion von Stickstoff und Wasserstoff zu Ammoniak. Das entstandene Gasgemisch aus etwa 17 % Ammoniak und 83 % Wasserstoff und Stickstoff ist wegen der exothermen Reaktion sehr heiß und gibt einen Teil seiner Wärme in den Wärmeaustauschern an das entgegenströmende kalte Synthesegas ab.
Das den Kontaktofen verlassende Reaktionsgemisch wird abgekühlt. Dabei kondensiert Ammoniak, sodass es im Abscheider als flüssiges Ammoniak aus dem Reaktionsgemisch entfernt werden kann. Stickstoff und Wasserstoff können mit frischem Synthesegas im Kreislauf dem Kontaktofen erneut zugeführt werden. Dadurch können praktisch die gesamten Ausgangsstoffe ohne Verlust in das Reaktionsprodukt Ammoniak umgesetzt werden.
Die Ammoniaksynthese findet im Kontaktofen stetig und ohne Unterbrechung statt. Diese Führung des Produktionsprozesses wird als kontinuierliche Arbeitsweise bezeichnet.

Reaktionsbedingungen	Arbeitsweise
Temperatur: 450 bis 500 °C (optimale Temperatur für den Katalysator)	Thermischer Gegenstrom: Kaltes Synthesegas strömt heißem Reaktionsgas entgegen und wird vorgewärmt.
Druck: 30 MPa	Kontinuierliche Arbeitsweise: Reaktion findet stetig und ohne Unterbrechung statt.
Katalysator: Eisenoxidmischkatalysator	Kreislaufprinzip: Nicht umgesetzter Stickstoff und Wasserstoff werden dem Prozess erneut zugeführt.

Schon gewusst?

Mit dem Nobelpreis für Chemie wurde 2007 der deutsche Physikochemiker GERHARD ERTL (geb. 1936, emeritierter Professor am Fritz-Haber-Institut der Max-Planck-Gesellschaft, Berlin) für seine Arbeiten zur Oberflächenchemie ausgezeichnet. Grundlage seiner Forschungen war die Untersuchung der Wirkung der Katalysatoren bei der Ammoniaksynthese. Darauf aufbauend konnte er zum tieferen Verständnis der Nutzung von Katalysatoren beitragen.

Aufgaben

1 Vergleiche die theoretisch optimalen Bedingungen zur Darstellung von Ammoniak mit den Bedingungen in der Technik. Begründe die Unterschiede.
2 Informiere dich über Leben und Werk von FRITZ HABER und CARL BOSCH. Setze dich kritisch mit dem Wirken von Wissenschaftlern auseinander.

Salpetersäure

Im November 2001 kam es in Krefeld beim Abpumpen von konzentrierter Salpetersäure aus einem Tankschiff zu einem Unfall. Durch ein Leck traten große Mengen Salpetersäure aus. Teile des Tankers gerieten in Brand. Giftige braune Gase stiegen auf. Welche Eigenschaften der Salpetersäure waren für das Entstehen des Brandes verantwortlich? Welche giftigen Gase entstanden bei dem Brand?

1 Feuerwehren löschen einen mit 1800 Tonnen Salpetersäure beladenen havarierten Tanker.

2 Salpetersäurelösungen

Eigenschaften Reine, 100%ige Salpetersäure ist eine farblose, stechend riechende Flüssigkeit mit einer Siedetemperatur von 86 °C. Sie bildet an der Luft Nebel und wird auch als **„rauchende" Salpetersäure** bezeichnet. Da sie durch Lichteinwirkung zerfällt, muss sie in braunen Flaschen aufbewahrt werden. Rauchende Salpetersäure enthält gelöstes Stickstoffoxid.

Verdünnte Salpetersäure Sie ist eine farblose, ätzende Lösung. Beim Lösen von Salpetersäure in Wasser bilden sich Hydronium-Ionen und Nitrat-Ionen.

$$HNO_3\ (l) + H_2O\ (l) \longrightarrow H_3O^+\ (aq) + NO_3^-\ (aq) \mid \text{exotherm}$$

Verdünnte Salpetersäure reagiert wie andere verdünnte Säuren. Mit Metalloxiden, Hydroxidlösungen und wässriger Ammoniaklösung entstehen dabei Nitratlösungen und Wasser. ↑E.3

$$CaO\ (s) + 2\ HNO_3\ (aq) \longrightarrow Ca(NO_3)_2\ (aq) + H_2O\ (l) \mid \text{exotherm}$$

Selbst untersucht

3 Untersuche das Verhalten von Metallen und Metalloxiden gegenüber Salpetersäure.

Vorsicht! Gib in ein Reagenzglas etwa 100 mg Calciumoxid (Xi) und versetze das Oxid mit 5 ml 10%iger Salpetersäure (C). Dampfe etwa 1 ml der Lösung ein.
Wiederhole das Experiment mit 100 mg Magnesiumoxid und 100 mg schwarzem Kupferoxid (Xn). Gegebenenfalls ist das Reagenzglas kurz zu erwärmen.
Gib einige Zink-, Magnesium- und Kupferspäne in jeweils ein Reagenzglas. Versetze die Späne mit je 5 ml 6%iger Salpetersäure (C). Prüfe, ob Wärme frei wird. Dampfe etwa 1 ml der Lösungen ein.
Notiere deine Beobachtungen und versuche sie zu deuten. Entwickle im Fall einer Reaktion die Reaktionsgleichung.
Entsorgung: Kupfer und Kupferoxidabfälle in den Sammelbehälter II, übrige Feststoffe in den Sammelbehälter für Hausmüll, saure Lösungen in den Sammelbehälter I geben.

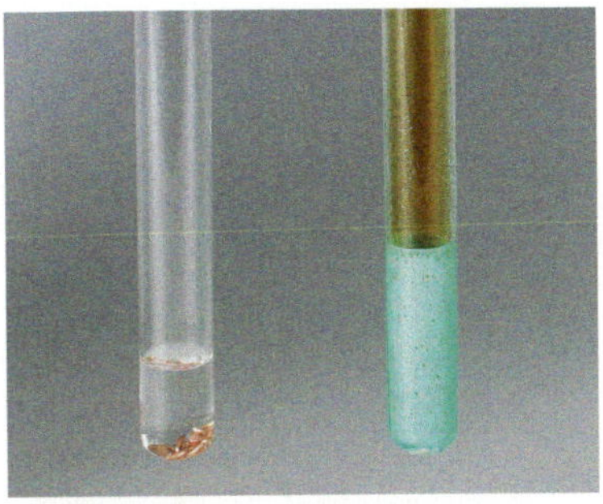

3 Reaktion von Kupfer mit Salpetersäure

4 Reaktion von konzentrierter Salpetersäure mit Holzkohle

Verdünnte Salpetersäure reagiert auch mit unedlen Metallen wie Magnesium und Zink, aber nicht mit edlen Metallen wie Kupfer und Silber. ↑E.3

Konzentrierte Salpetersäure Sie ist farblos, giftig und wirkt ätzend. Sie ist ein starkes Oxidationsmittel, das nicht nur mit Kupfer, sondern sogar mit Silber und Quecksilber reagiert. Dabei werden Stickstoffoxide frei. ↑E.4

$$Cu\,(s) + 4\,HNO_3\,(aq) \longrightarrow Cu^{2+}\,(aq) + 2\,NO_3^-\,(aq) + 2\,NO_2\,(g) + 2\,H_2O\,(l) \mid \text{exotherm}$$

Auch Nichtmetalle wie Kohlenstoff oder Schwefel werden von konzentrierter Salpetersäure oxidiert, dabei entstehen nitrose Gase.
Ein Gemisch aus konzentrierter Salpetersäure und konzentrierter Salzsäure im Verhältnis 1 : 3 wird **Königswasser** genannt, weil es Gold und Platin auflösen kann.
Auf Eiweiße wirkt konzentrierte Salpetersäure ätzend und zerstörend. Außerdem färbt sie diese Stoffe intensiv gelb, was zum **Nachweis von Eiweißen** genutzt werden kann (Xanthoprotein-Reaktion). ↑E.5

Verwendung Salpetersäure findet in der chemischen Industrie vielseitige Verwendung. So dient sie zur Herstellung von Nitratdüngemitteln, Sprengstoffen, Farbstoffen, Arznei- und Lösemitteln. Außerdem wird konzentrierte Salpetersäure in der Metallbearbeitung zum Ätzen, Beizen und Passivieren genutzt.

EXPERIMENT 4 [L]

Reaktion von Salpetersäurelösungen mit Metallen.

Vorsicht! Abzug!
Kupfer- und Silberspäne werden jeweils mit etwa 3 ml 65%iger Salpetersäure (C) und 35%iger Salpetersäure (C) versetzt.

EXPERIMENT 5 [L]

Reaktion von konzentrierter Salpetersäure mit Eiweiß.

Vorsicht! Zu Eiweißlösung, Fingernagelresten, weißen Federn und festem Eiklar werden jeweils einige Tropfen 65%ige Salpetersäure (C) gegeben.

Schon gewusst?

Gebräuchliche Sprengstoffe sind häufig Stickstoffverbindungen. So enthält das früher verwendete Schwarzpulver Salpeter, dessen Explosionskraft im Vergleich zu modernen Sprengstoffen allerdings gering ist.
Das bekannte Nitroglycerin ist der Salpetersäureester des Glycerols (Glycerins). Es explodiert bei Stoß, Schlag oder Überhitzung sehr heftig.

Aufgaben

1 Eisen und Aluminium reagieren mit stark verdünnter Salpetersäure unter Wasserstoffentwicklung. Entwickle die Reaktionsgleichung in Ionenschreibweise. Bestimme und interpretiere die Reaktionsart.

2 Vergleiche verdünnte Salpetersäure mit verdünnter Salzsäure in ihrer Reaktion mit Metallen anhand selbst gewählter Beispiele.

3 Konzentrierte Salpetersäure wird auch als Scheidewasser bezeichnet. Worauf ist das zurückzuführen?

4 Informiere dich, was unter Passivierung zu verstehen ist.

5 Zeichne für Salpetersäure die Formel in Elektronenschreibweise.

6 Erläutere, wie es zu dem Brand auf dem mit Salpetersäure beladenen Tanker kommen konnte. ↑1
Gib an, welche giftigen Gase bei der Katastrophe entstanden.

Vom Ammoniak zur Salpetersäure

Ein großer Teil des nach dem Haber-Bosch-Verfahren gewonnenen Ammoniaks wird zu Salpetersäure weiterverarbeitet. Wie wird Salpetersäure großtechnisch hergestellt? Welche chemischen Reaktionen laufen dabei ab?

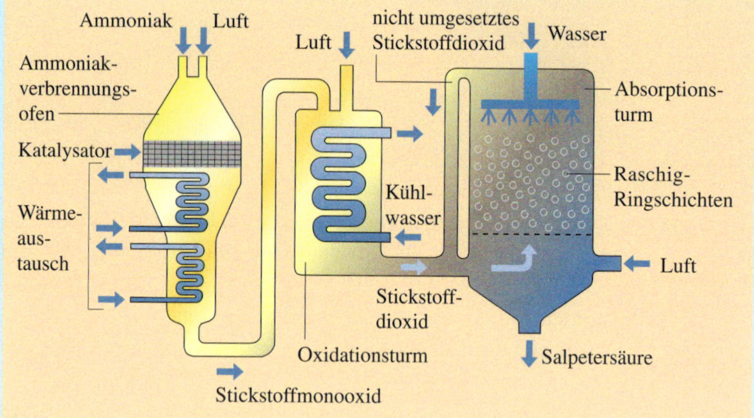

1 Schema der Herstellung von Salpetersäure nach dem Ostwald-Verfahren

EXPERIMENT 6 [L]
Katalytische Oxidation von Ammoniak.
Abzug! Die Versuchsapparatur wird entsprechend der Abbildung unten zusammengebaut. Die Gaswaschflasche wird mit etwa 20 ml Ammoniaklösung (C) und der Erlenmeyerkolben mit etwa 20 ml destilliertem Wasser gefüllt.
Das Reaktionsrohr mit dem platinhaltigen Perlkatalysator wird auf 600 °C erhitzt und gleichzeitig Luft durch die Apparatur geblasen (T+). Die Luftzufuhr wird nach etwa 5 min beendet. Die Lösung im Erlenmeyerkolben wird mit Universalindikator und mit Schnelltest-stäbchen auf Nitrat geprüft.

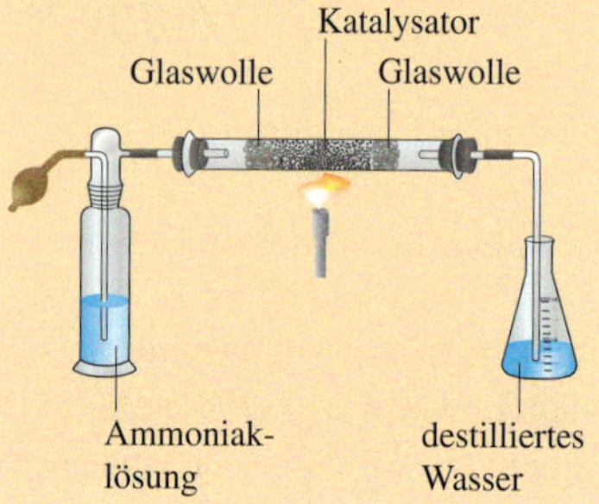

Oxidation von Ammoniak Ausgangsstoffe für die Herstellung von Salpetersäure sind Ammoniak, Luft und Wasser. Aus Ammoniak und dem Sauerstoff der Luft wird mithilfe eines Katalysators bei einer Temperatur von 600 bis 700 °C zunächst Stickstoffmonooxid und Wasser hergestellt.

$$4\,NH_3\,(g) + 5\,O_2\,(g) \xrightarrow{\textit{Katalysator}} 4\,NO\,(g) + 6\,H_2O\,(l) \mid \text{exotherm}$$

Das farblose, giftige Stickstoffmonooxid setzt sich mit weiterem Sauerstoff der Luft sofort zu braunem Stickstoffdioxid um.

$$4\,NO\,(g) + 2\,O_2\,(g) \longrightarrow 4\,NO_2\,(g) \mid \text{exotherm}$$

Stickstoffdioxid reagiert mit Wasser und Sauerstoff zu **Salpetersäure**.

$$4\,NO_2\,(g) + 2\,H_2O\,(l) + O_2\,(g) \longrightarrow 4\,HNO_3\,(aq) \mid \text{exotherm}$$

Technische Herstellung – Ostwald-Verfahren Im Jahre 1908 entwickelte der deutsche Chemiker WILHELM OSTWALD (1853 bis 1932) das nach ihm benannte Verfahren zur Herstellung von Salpetersäure, das bis heute hauptsächlich angewendet wird.
Die katalytische Oxidation von Ammoniak erfolgt in einem Ammoniakverbrennungsofen an einem äußerst feinmaschigen Platinnetz (etwa 2000 Maschen je cm^2), an dem das Gasgemisch mit hoher Geschwindigkeit vorbeiströmt. Die Verweilzeit des Gasgemisches am Katalysator darf nicht mehr als 10^{-3} s betragen. In dieser Zeit reagiert das Gasgemisch aus Ammoniak und Sauerstoff (Luft) bei einer Temperatur von über 800 °C zu Stickstoffmonooxid und Wasserdampf. Das Mischungsverhältnis zwischen Ammoniak und Sauerstoff muss dabei genau eingehalten werden, da die beiden Gase auch zu Stickstoff und Wasser reagieren können.
Die bei dieser exothermen Reaktion erwärmten Reaktionsprodukte müssen in Wärmeaustauschern rasch auf etwa 30 bis 40 °C abgekühlt werden.

Hohe Temperaturen würden den Zerfall des Stickstoffmonooxids in Stickstoff und Sauerstoff bewirken. Das mit Luft gemischte Gas wird in die **Oxidationstürme** geführt. Hier erfolgt die Oxidation von Stickstoffmonooxid zu Stickstoffdioxid. Durch intensive Abkühlung soll ein möglichst vollständiger Umsatz erreicht werden. Zu diesem Zweck wurden in die Oxidationstürme Kühlrohre eingebaut.

In den **Absorptionstürmen** findet dann die Umsetzung zu Salpetersäure statt. Diese Türme sind etwa 18 m hoch und mit mehreren Raschig-Ringschichten gefüllt. Die Durchmesser der Türme betragen 3 m. Das oxidierte Gas wird komprimiert, mit komprimierter Luft gemischt und von unten in die Absorptionstürme eingeleitet. Im Gegenstrom zum Gas rieselt von oben Wasser oder verdünnte Salpetersäure. Jeder Absorptionsturm besitzt einen Säurekreislauf. Es bildet sich dabei eine etwa 60%ige Salpetersäure.

Mit einer Abgasreinigung wird versucht, die Umweltbelastung durch Stickstoffoxide gering zu halten. Beim Arbeiten an einer Salpetersäureanlage kann es durch Ammoniak, nitrose Gase und Salpetersäure zur Gefährdung kommen. Die arbeitshygienischen Normen sind deshalb unbedingt einzuhalten, wie z. B. das Vorhandensein von Spritzschutzeinrichtungen an Rohrleitungen und von Atemschutz- und Sauerstoffkreislaufgeräten.

Schon gewusst?

Eine der ältesten Methoden der Salpetersäureherstellung ist die Umsetzung von Chilesalpeter (Natriumnitrat) mit konzentrierter Schwefelsäure. Die natürlichen Vorkommen an Nitraten, die vor allem in der Atacamawüste in Chile abgebaut wurden, reichten allerdings bald nicht mehr aus, um den Bedarf an Salpetersäure zu decken. Deshalb wurden mehrere Verfahren auf der Basis von Stickstoffoxiden entwickelt.

Stickstoffmonooxid wird durch katalytische Oxidation von Ammoniak hergestellt. Stickstoffmonooxid reagiert mit dem Sauerstoff der Luft zu Stickstoffdioxid. Aus Stickstoffdioxid, dem Sauerstoff der Luft und Wasser entsteht Salpetersäure.

2 Bis 1880 gab es in der Atacamawüste (Chile) große Vorkommen von Chilesalpeter.

Bedeutung 1988 wurden weltweit 28,1 Mio. t Salpetersäure produziert. Mit über 2 Mio. t pro Jahr gehören die USA, Deutschland und Polen zu den Haupterzeugern. In Deutschland gehen davon etwa 75 % in die Düngemittelherstellung.

3 Ammoniakverbrennungsofen

4 Salpetersäureanlage

Aufgaben

1 Kennzeichne die chemische Reaktion von Ammoniak mit Sauerstoff als Redoxreaktion.

2 Beschreibe die Herstellung von Salpetersäure nach dem Ostwald-Verfahren. ↑1

3 Die Verweilzeit des Ammoniak-Luft-Gemisches am Katalysator darf nur sehr gering sein. Begründe.

4 Überlege, wie man aus konzentrierter Salpetersäure „rauchende“ Salpetersäure herstellen kann.

Nitrate – Düngemittel

Über die Medien erreichen uns immer wieder solche oder ähnliche Schlagzeilen: Vorsicht: Nitrat im Trinkwasser! Kopfsalat und anderes Gemüse nitratbelastet! Brunnenwasser nicht unbedenklich – Nitratgefahr!
Sind Nitrate wirklich so gefährlich? Wie gelangen Nitrate in die Lebensmittel und ins Trinkwasser?

1 Bei der Düngung mit Gülle gelangen Nitrate auf das Feld.

Schon gewusst?

Auf der Erde gibt es nur wenige bedeutende Lagerstätten von Nitraten. Als Kaliumnitrat, **Salpeter** (griech./lat. sal petrae – Felsensalz), kommt es in Nordafrika, Indien, China und Ungarn vor. **Chilesalpeter** (Natriumnitrat) findet man vor allem in Nordchile. Chilesalpeter war lange Zeit ein wichtiges Handelsgut. Um seine Lagerstätten ging es im „Salpeterkrieg“ (1879 bis 1883) zwischen Chile, Bolivien und Peru.
An den Wänden von Tierbehausungen sind häufig Ausblühungen von Mauersalpeter (Calciumnitrat) zu sehen.

Eigenschaften Nitrate sind salzartige Stoffe, Ionenverbindungen. Die Ionengitter der Nitrate sind aus positiv elektrisch geladenen Metall-Ionen oder Ammonium-Ionen und einfach negativ elektrisch geladenen Nitrat-Ionen aufgebaut. Alle Nitrate lösen sich leicht in Wasser. ↑E.7
Der Nachweis von Nitrat-Ionen ist deshalb auch nicht wie bei anderen Säurerest-Ionen durch Fällungsreaktionen möglich. Zum Nachweis der Nitrat-Ionen werden Farbreaktionen genutzt. So färben sich Nitrat-Teststäbchen beim Eintauchen in nitrathaltige Lösungen violett.
Einige Nitrate geben beim Erhitzen Sauerstoff ab. Bei der thermischen Zersetzung von Natriumnitrat entstehen Sauerstoff und Natriumnitrit.

$$2\ NaNO_3\ (s) \longrightarrow 2\ NaNO_2\ (s) + O_2\ (g) \mid \text{endotherm}$$

Schwermetallnitrate, wie z. B. Bleinitrat, zerfallen beim Erhitzen in die entsprechenden Metalloxide, Stickstoffoxid und Sauerstoff. Nitrate sind also wie die Salpetersäure gute Oxidationsmittel. Sie werden deshalb u. a. bei der Herstellung von Feuerwerkskörpern verwendet.
Nitrite sind Salze der salpetrigen Säure der Formel HNO_2.

Nitrate sind Ionenverbindungen. Sie lösen sich leicht in Wasser und lassen sich thermisch zersetzen. Sie sind gute Oxidationsmittel.

Selbst untersucht

7 Erkunde die Löslichkeit von Nitraten in Wasser. O Xi

Plane ein Experiment, in dem Ammoniumnitrat (O), Natriumnitrat (O), Kaliumnitrat (O) und Kupfernitrat (Xi) auf ihre Löslichkeit in Wasser geprüft werden können. Führe das Experiment nach Rücksprache durch. Notiere deine Beobachtungen. Informiere dich in Nachschlagewerken über die Löslichkeit von Nitraten in Wasser bei 20 °C.
Entsorgung: Lösungen in den Sammelbehälter für Abwasser geben.

8 Untersuche einige Nahrungsmittel auf das Vorhandensein von Nitrat-Ionen.

Zerkleinere etwa 50 g der zu untersuchenden Nahrungsmittel, z. B. Kartoffeln, Kohlrabi oder Rettich. Gib die Proben in je ein Becherglas. Versetze sie mit 50 ml destilliertem Wasser und erhitze etwa 5 min bis zum Sieden. Filtriere nach dem Abkühlen und prüfe die Lösung mit dem Teststäbchen auf Nitrat.
Notiere deine Beobachtungen. Interpretiere die Ergebnisse.
Entsorgung: Nitrat-Teststäbchen in Sammelbehälter für Sondermüll, Lösungen in den Sammelbehälter für Abwasser, Nahrungsmittelreste in den Sammelbehälter für Hausmüll geben.

Verwendung als Düngemittel Nitrathaltige Düngemittel werden neben den Ammoniumverbindungen und Harnstoff zur Deckung des Stickstoffbedarfs der Pflanzen eingesetzt. Die Pflanzen nehmen vor allem Nitrat-Ionen und Ammonium-Ionen als Eiweißbausteine durch die Wurzeln auf. Alle Stickstoffdünger werden von im Boden lebenden Bakterien im Laufe der Zeit in die leicht löslichen Nitrate umgewandelt. Dieser Vorgang wird als **Nitrifikation** bezeichnet.

Einige feste Stickstoffdüngemittel

Name der Düngemittel	Kalisalpeter	Natronsalpeter	Kalkammonsalpeter	Ammoniumsulfat	Mischdünger
Wirksame Ionen	K^+, NO_3^-	NO_3^-	NH_4^+, NO_3^-, Ca^{2+}	NH_4^+	NH_4^+, NO_3^-, K^+, Ca^{2+}, PO_4^{3-}

EXPERIMENT 9 [L]
Reaktion von Natriumnitrat mit Kohlenstoff.
Vorsicht! Abzug!
Auf eine Schmelze von Natriumnitrat (O) wird ein erbsengroßes Stück Holzkohle gegeben (O, T, N).

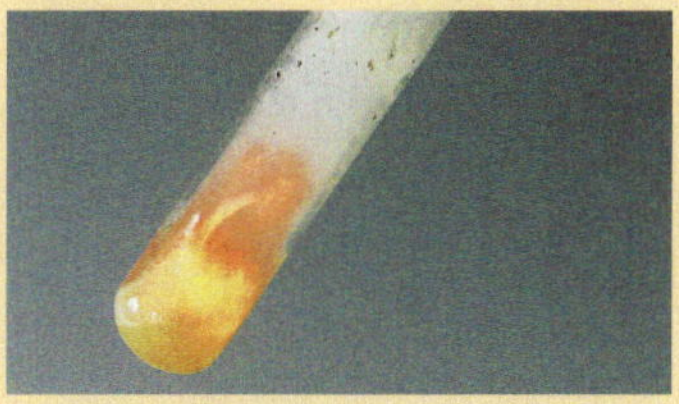

Nitrate als Schadstoffe Pflanzen können den Stickstoff aus den Düngemitteln nur zu 35 bis 70 % nutzen. Bei erhöhtem Angebot, z. B. durch Überdüngung oder durch kostengünstige Beseitigung von großen Mengen anfallender Fäkalien, werden Nitrate in den Pflanzen gespeichert.
Da Nitrate sehr gut wasserlöslich sind, wird ein großer Stickstoffanteil der Düngemittel als Nitrat-Ionen durch den Regen aus dem Boden gewaschen und gelangt so in das Oberflächen- und Grundwasser.
Die Trinkwasserverordnung von 2001 legt einen Nitratgrenzwert von 50 mg/l Trinkwasser fest. Für die Zubereitung von Säuglingsnahrung gilt ein Grenzwert von 10 mg/l.
Im Stoffwechsel von Mensch und Tier wird Nitrat in Nitrit umgewandelt, aus dem sich krebserregende Nitrosamine bilden können. Bei Säuglingen und Kleinkindern kann es zur Blausucht, einer Sauerstoffmangelerscheinung, kommen.

2 Mittlerer Massenanteil an Nitraten in Nahrungsmitteln

Aufgaben

1 Entwickle die Reaktionsgleichungen für das Lösen der im Experiment 7 verwendeten Nitrate.
2 Nitrat ist im Grundwasser nachweisbar. Nenne Ursachen für überhöhte Werte.
3 Stelle Möglichkeiten zur Verminderung der Nitratbelastung zusammen.
4 Informiere dich bei den Stadtwerken über die Nitratwerte im örtlichen Trinkwasser.
5 Bleinitrat wird thermisch zersetzt. Formuliere die Reaktionsgleichung.

Kreislauf des Stickstoffs

Der Stickstoff der Luft und die Stickstoffverbindungen befinden sich in der Natur in einem ständigen Kreislauf.

Bereits 1840 hat JUSTUS VON LIEBIG (1803 bis 1873) über diesen Prozess in seinem Buch „Die Organische Chemie in ihrer Anwendung auf Agrikultur und Physiologie" geschrieben (Auszug):

„Kohlensäure, Ammoniak und Wasser enthalten in ihren Elementen die Bedingungen zur Erzeugung aller Tier- und Pflanzenstoffe während ihres Lebens. Kohlensäure, Ammoniak und Wasser sind die letzten Producte des chemischen Prozesses ihrer Fäulniß und Verwesung."

Stickstoffverbindungen sind unentbehrlich für die Eiweißsynthese der Pflanzen. Nur die Schmetterlingsblütler (Leguminosen), wie z. B. Klee oder Lupinen, können mithilfe von Knöllchenbakterien Stickstoff direkt aus der Luft aufnehmen. Alle anderen Pflanzen sind auf Stickstoffverbindungen in Form von Nitrat- und Ammonium-Ionen aus dem Boden angewiesen. Menschen und Tiere können körpereigenes Eiweiß aus pflanzlicher Nahrung aufbauen.

Über Ausscheidung und Verwesung gelangen die Stickstoffverbindungen wieder in den Boden und werden dort durch Bakterien zu Ammoniak und Ammoniumsalzen abgebaut. Diese können wieder zu Nitraten umgewandelt und von den Pflanzen aufgenommen werden. Ein Teil der anorganischen Stickstoffverbindungen wird außerdem durch denitrifizierende Bakterien in elementaren Stickstoff zurückverwandelt und an die Atmosphäre abgegeben.

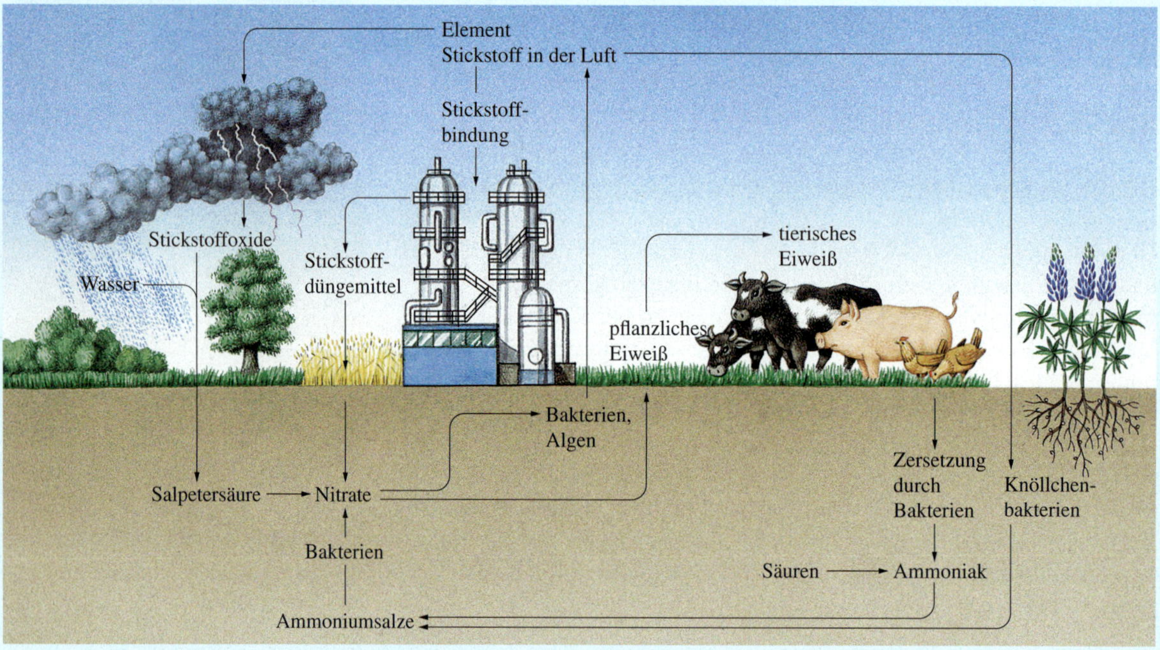

Luftstickstoff kann aber nicht nur durch Schmetterlingsblütler gebunden werden. Bei Gewitter können durch Blitzentladungen aus Stickstoff und Sauerstoff Stickstoffoxide entstehen, die zu Salpetersäure reagieren und mit dem Regenwasser in den Boden gelangen. Der Kreislauf ist aber nur in der freien Natur weitgehend geschlossen. Veränderungen des natürlichen Stickstoffkreislaufs ergeben sich vor allem durch eine intensive landwirtschaftliche Nutzung des Bodens sowie infolge industrieller und anderer Stickstoffoxidemissionen, was zu weitreichenden ökologischen, medizinischen und klimatologischen Folgen führen kann. Umweltmaßnahmen zum Schutz der Natur sollten diese Zusammenhänge berücksichtigen.

Kohlenwasserstoffe – Energieträger und Rohstoffe

Wer die lackierten Flächen seines Motorrades oder Autos besonders gut schützen möchte, der trägt nach dem Waschen Wachs auf. Das Wasser perlt dann ab und die Lackteile glänzen stärker.
Aber nicht nur Fahrzeuge werden mit Wachs behandelt, auch Möbel, Fußböden, Schuhe, Lederjacken und viele andere Gegenstände werden damit gepflegt.
Bekannt ist auch das Imprägnieren von bestimmten Papiersorten oder von Pappe mit Wachsen, z. B. von Getränkekartons oder größeren Tüten.

- → Was sind das für Stoffe, wie z. B. Wachs, auf denen Wasser so schön abperlt?
- → Welche Eigenschaften haben diese Stoffe?
- → Wie sind diese Stoffe aufgebaut?
- → Welche Rolle spielen diese Stoffe in unserem Leben?

1 Zitrusfrüchte enthalten Citronensäure.

Bereits im 18. Jahrhundert erkannten Naturforscher, dass sich Mineralien, Erze und Gesteine durch ihr chemisches Verhalten und ihren Aufbau von solchen Stoffen unterscheiden, die im Körper von Pflanzen, Tieren und Menschen gebildet werden.
Der schwedische Chemiker JÖNS JAKOB BERZELIUS bezeichnete deshalb um 1807 solche Stoffe, die von lebenden Organismen hergestellt wurden, als **organische Stoffe** und alle anderen als anorganische Stoffe.
Damals herrschte die Ansicht, dass organische Stoffe nur von Pflanzen und Tieren unter Einfluss einer geheimnisvollen „Lebenskraft" gebildet werden könnten. Eine Herstellung im Labor, wie das bei anorganischen Verbindungen der Fall ist, wurde für unmöglich gehalten.
Organische Stoffe wurden vielmehr aus Tieren und Pflanzen sowie deren Produkten gewonnen. Namen wie Ameisensäure, Milchsäure und Weingeist weisen darauf hin.

Organische Chemie – organische Stoffe

2 Weintrauben – Ausgangsstoff für Alkohol

Die Auffassung über organische Stoffe änderte sich erst, als der deutsche Chemiker FRIEDRICH WÖHLER in seinem Labor aus einem anorganischen Salz die organische Verbindung Harnstoff erhalten hatte. Harnstoff wird in Tieren und im Menschen als ein Endprodukt des Eiweißstoffwechsels gebildet und durch Urin ausgeschieden. Aus einer anorganischen Verbindung war erstmals eine organische Verbindung ohne Mitwirkung der angenommenen „Lebenskraft" hergestellt worden.

3 FRIEDRICH WÖHLER (1800 bis 1882)

4 Zuckerrübe – Lieferant des Haushaltszuckers

An seinen Freund und Lehrer BERZELIUS schrieb WÖHLER über seine Untersuchungen folgenden Brief (Auszug):

Berlin, 28. Februar 1828

Lieber Herr Professor!

Obgleich ich sicher hoffe, einen Brief von Ihnen zu erhalten, so will ich ihn doch nicht abwarten, sondern schon wieder schreiben, denn ich kann sozusagen mein chemisches Wasser nicht halten und muß Ihnen erzählen, daß ich Harnstoff machen kann, ohne dazu Nieren oder überhaupt ein Thier, sey es Mensch oder Hund, nöthig zu haben.

Ich fand, daß immer, wenn man Cyansäure mit Ammoniak zu verbinden sucht, eine kristallisierte Substanz entsteht, die ... weder auf Cyansäure noch auf Ammoniak reagierte ..., und es bedurfte nun weiter Nichts als einer vergleichenden Untersuchung mit Pisse-Harnstoff, den ich in jeder Hinsicht selbst gemacht hatte, und dem Cyan-Harnstoff. Wenn nun ... kein anderes Produkt als Harnstoff entstanden war, so mußte endlich ... der Pisse-Harnstoff genau dieselbe Zusammensetzung haben wie das cyansaure Ammoniak.

Und dies ist in der That der Fall ...

5 Harnstoffkristalle

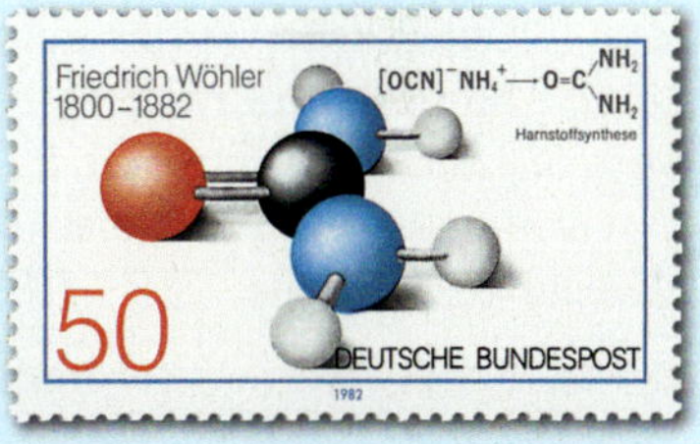

6 Harnstoffsynthese – Gedenkmarke zum 100. Todestag WÖHLERS

Mit der Harnstoff-Synthese hatte WÖHLER die **organische Chemie** begründet.

Im Laufe der Zeit wurde bei Untersuchungen festgestellt, dass alle organischen Stoffe Kohlenstoffverbindungen sind. Wegen der Vielzahl der organischen Stoffe wurde die traditionelle Trennung zwischen organischer und anorganischer Chemie beibehalten.

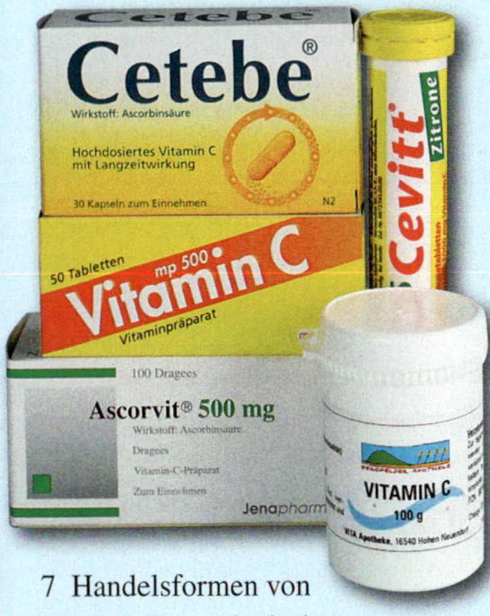

7 Handelsformen von Vitamin C, synthetisch gewonnen, in vielen Pflanzen vorkommend

8 Organische Stoffe – viele Farbstoffe kommen überhaupt nicht in der Natur vor, sondern werden synthetisch hergestellt.

Selbst untersucht Organische Stoffe auf dem Prüfstand

1 Prüfe einige organische Stoffe auf ihre Löslichkeit in Wasser.

Fülle fünf Reagenzgläser zu einem Viertel mit Wasser. Gib in je ein Reagenzglas eine kleine Portion Zucker, Kokosfett, Speiseessig, Kartoffelstärke und Klebstoff (F). Verschließe die Reagenzgläser mit Stopfen und schüttle.
Beobachte. Deute das Ergebnis.
Entsorgung: Flüssigkeiten in den Sammelbehälter für Abwasser, Feststoffe in den Sammelbehälter für Hausmüll geben.

2 Untersuche verschiedene organische Stoffe beim Erhitzen.

Vorsicht! Abzug! Erhitze im Reagenzglas jeweils erst vorsichtig, dann kräftiger Zucker, Mehl, Puddingpulver und Watte.

Beschreibe deine Beobachtungen. Deute die Veränderungen.
Entsorgung: Reste in den Sammelbehälter für Hausmüll geben.

3 Prüfe, ob organische Stoffe den elektrischen Strom leiten.

Baue die Versuchsapparatur nach der Experimentieranordnung auf. ↑E.11 Prüfe eine Zuckerlösung, Brennspiritus (F) und Paraffinöl nacheinander auf elektrische Leitfähigkeit.
Beobachte. Deute das Ergebnis.
Entsorgung: Brennspiritus und Paraffinöl in den Sammelbehälter III, Zuckerlösung in den Sammelbehälter für Abwasser geben.

4 Untersuche das Verhalten einiger organischer Stoffe an der Luft.

Vorsicht! Abzug! Gib jeweils die gleiche Anzahl Tropfen von Nagellackentferner (F), Brennspiritus (F), Speiseessig und Wasser auf eine Uhrglasschale. Betrachte jeweils nach fünf Minuten die Uhrglasschalen.
Beschreibe deine Beobachtungen und deute das Ergebnis.
Entsorgung: Reste der Flüssigkeiten in den Sammelbehälter für Abwasser geben.

5 Untersuche die Verbrennungsgase einer Kerze.

Baue die Versuchsapparatur gemäß der Abbildung auf. Fülle die Waschflasche zu einem Viertel mit Kalkwasser. Kühle das U-Rohr in einem Wasserbad. Stelle eine brennende Kerze unter den Trichter. Sauge mit einer Wasserstrahlpumpe die Verbrennungsgase durch die Apparatur, bis im U-Rohr und in der Gaswaschflasche deutliche Effekte zu beobachten sind. Gib danach eine Spatelspitze vorher entwässertes Kupfersulfat (Xn, N) in das U-Rohr.

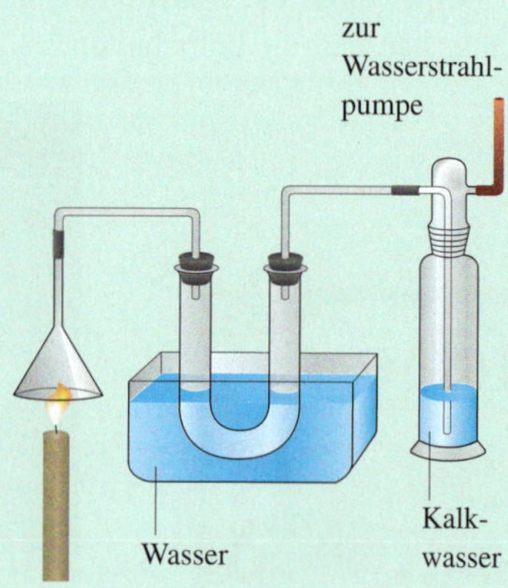

Notiere deine Beobachtungen. Welche Reaktionsprodukte sind entstanden? Begründe deine Aussage.
Entsorgung: Kalkwasser in den Sammelbehälter für Abwasser geben; Kupfersulfat in Wasser lösen, Wasser verdunsten lassen, Kupfersulfat in die Sammlung geben.

6 Verbrenne Erdgas.

Entzünde den Gasbrenner (Erdgas, F+) und halte über die Flamme zunächst ein umgekehrtes trockenes Becherglas und danach ein Becherglas, das mit Kalkwasser ausgespült wurde.
Beschreibe deine Beobachtungen. Was wird durch sie nachgewiesen?
Entsorgung: Reste in den Sammelbehälter für Abwasser geben.

7 Untersuche die Mischbarkeit von Alkanen.

Fülle in zwei Reagenzgläser etwa 2 cm hoch Heptan (F, Xn, N). Gib mit einer Pipette acht Tropfen Octan (F, Xn, N) in das eine Reagenzglas und acht Tropfen Wasser in das andere. Rühre vorsichtig mit einem Glasstab um.
Wiederhole das Experiment mit Paraffinöl, dem Octan (F, Xn, N) beziehungsweise Wasser zugesetzt wird.
Welche Unterschiede treten auf? Notiere deine Beobachtungen.
Entsorgung: Reste von Alkanen in den Sammelbehälter III für organische Stoffe geben.

8 Prüfe die Brennbarkeit von verschiedenen Alkanen.

a) Entzünde einen Holzspan, halte ihn über einen Brenner und öffne langsam die Gaszufuhr.
b) Gib jeweils 2 ml Heptan (F, Xn, N) und Paraffinöl in je eine Porzellanschale. Versuche mit einem langen brennenden Holzspan die Stoffe zu entzünden. Was ist zu beobachten?
Notiere deine Ergebnisse.

Entsorgung: Reste in den Sammelbehälter III für organische Stoffe geben.

9 Prüfe die Löslichkeit von Fetten und Ölen in Alkanen.

Fülle in zwei Reagenzgläser etwa 2 ml hoch Octan (F, Xn, N). Gib danach mit dem Spatel etwas Schmalz bzw. Speiseöl dazu. Rühre vorsichtig mit dem Glasstab um.
Wiederhole das Experiment, aber ersetze Octan (F, Xn, N) durch Wasser.
Notiere deine Beobachtungen. Diskutiere die ermittelten Ergebnisse.
Entsorgung: Reste von Alkanen in den Sammelbehälter III für organische Stoffe, übrige Flüssigkeiten in Sammelbehälter für Abwasser geben.

10 Ermittle die Auslaufzeiten von flüssigen Alkanen.

Ziehe Heptan (F, Xn, N) mit einer Pipettierhilfe bis zur Nullmarke der Pipette auf. Starte den Auslauf, indem du die Pipettierhilfe abziehst. Miss die Auslaufzeit. Wiederhole das Experiment mit Dodecan und Paraffinöl.
Notiere deine Beobachtungen. Deute das Ergebnis.
Entsorgung: Reste von Alkanen in den Sammelbehälter III für organische Stoffe geben.

11 Untersuche die elektrische Leitfähigkeit von verschiedenen Alkanen.

Baue die Versuchsapparatur nach der Experimentieranordnung auf. Prüfe nacheinander Heptan (F, Xn, N), Octan (F, Xn, N), Dodecan und Paraffinöl auf elektrische Leitfähigkeit.
Fertige ein Protokoll an.

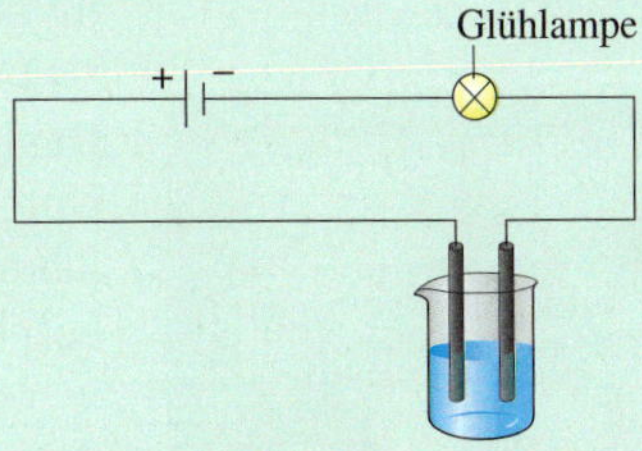

Entsorgung: Reste von Alkanen in den Sammelbehälter III für organische Stoffe geben.

Vielfalt organischer Verbindungen

Ob wir Kunststoffe, Klebstoffe, Bienenwachs, Schuhcreme, Waschmittel, Parfüms, Deos, Cremes, Haushaltszucker, Speiseessig oder Medikamente verwenden, stets haben wir es mit organischen Stoffen zu tun. Alle diese Stoffe unterscheiden sich deutlich voneinander.
Besitzen diese aus dem Alltag bekannten organischen Stoffe auch gemeinsame Merkmale?

1

Schon gewusst?

Mehr als 13 Millionen organische Kohlenstoffverbindungen sind bis heute bekannt, aber nur etwa 200 000 anorganische Verbindungen. Anorganische Kohlenstoffverbindungen sind die Oxide des Kohlenstoffs, die Kohlensäure und die Carbonate.

2 Ein ärgerliches Missgeschick

3 Vorsicht bei Fettbränden

Einige Eigenschaften organischer Stoffe Beim Untersuchen von organischen Stoffen ist aufgefallen, dass viele von ihnen einen charakteristischen Geruch besitzen, der auch noch in großer Verdünnung bemerkbar ist, wie der Geruch von Benzin, Alkohol, Fleckenwasser, Klebstoff oder der von Aromastoffen.
Die Mehrzahl der organischen Verbindungen ist in Wasser unlöslich. ↑E.1 S.128 Löst sich aber eine organische Verbindung in Wasser, leitet ihre Lösung den elektrischen Strom meist nicht. ↑E.3 S.128
Organische Verbindungen bestehen aus Molekülen. Da der Zusammenhalt zwischen Molekülen relativ gering ist, haben organische Verbindungen meist niedrigere Schmelz- und Siedetemperaturen als anorganische Verbindungen.
Außerdem sind viele organische Verbindungen wenig wärmebeständig. Beim Erhitzen werden sie oft zersetzt und bilden aufgrund ihres Kohlenstoffgehalts schwarze Reaktionsprodukte. Beim Anbrennen von Milch bzw. Fleisch oder beim zu starken Toasten von Brot kann das leicht beobachtet werden. ↑E.2 S.128
Fast alle organischen Stoffe sind brennbar. Sie sind häufig leicht flüchtig und feuergefährlich, wie z. B. Brennspiritus, Ether oder Benzin. ↑E.4 S.128 Auch Fett ist brennbar. ↑3
Dämpfe bestimmter organischer Stoffe sind gesundheitsschädigend. Beim Umgang mit ihnen sind daher die Gefahrstoffkennzeichnung und die Gefahrenhinweise (↑Anhang) auf den Verpackungen und Etiketten genau zu beachten.

Die meisten organischen Stoffe zeigen geringe Wärmebeständigkeit, gute Brennbarkeit, häufig leichte Flüchtigkeit, einen charakteristischen Geruch und geringe Wasserlöslichkeit.

Zusammensetzung Wie Analysen von organischen Verbindungen zeigen, sind an ihrem Aufbau nur wenige Elemente beteiligt.
Immer enthalten ist das Element Kohlenstoff. Das zeigt sich deutlich am Verkohlen organischer Stoffe beim Erhitzen, ob bewusst im Labor oder unabsichtlich im Alltag.
Weitere wichtige Elemente in organischen Verbindungen sind vor allem Wasserstoff, Sauerstoff und Stickstoff. Sie sind allerdings in der Regel in deutlich geringeren Massenanteilen vorhanden.
In manchen organischen Verbindungen finden sich neben den genannten Elementen auch noch Schwefel, Phosphor, Halogene und Metalle wie Eisen, Kupfer und Magnesium.
Bei der Verbrennung von organischen Verbindungen entsteht Kohlenstoffdioxid, häufig auch Ruß. Kohlenstoffdioxid lässt sich mit Kalkwasser nachweisen. Entsteht bei der Verbrennung einer organischen Verbindung Wasser, kann daraus geschlossen werden, dass am Aufbau der Verbindung Wasserstoff beteiligt ist. Der Sauerstoff des entstehenden Wassers kann aus der Luft stammen, Wasserstoff aber nur aus der verbrannten Verbindung. ↑E.5 S.128 Organische Verbindungen, die nur die Elemente Kohlenstoff und Wasserstoff enthalten, werden **Kohlenwasserstoffe** genannt.

Verknüpfungsmöglichkeiten von Kohlenstoffatomen Wie ist es möglich, dass so verschiedenartige organische Stoffe wie Traubenzucker oder Vitamin C allesamt Verbindungen des Elements Kohlenstoff sein können? Aus der Stellung des Elements Kohlenstoff im Periodensystem folgt, dass jedes Kohlenstoffatom vier Außenelektronen besitzt. Um eine stabile Elektronenkonfiguration (Elektronenoktett) zu erreichen, benötigen Kohlenstoffatome noch vier Elektronen. In chemischen Verbindungen gehen Kohlenstoffatome deshalb vier Elektronenpaarbindungen (Atombindungen) ein. Man sagt, das Kohlenstoffatom ist vierbindig.
Die Kohlenstoffatome verfügen über die besondere Eigenschaft, sich durch Atombindung miteinander zu verbinden. So kann sich eine praktisch unbegrenzte Anzahl von organischen Verbindungen bilden.

Beispiele für die Verknüpfung von Kohlenstoffatomen

kettenförmig unverzweigt

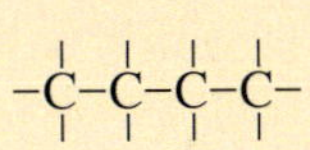

kettenförmig verzweigt

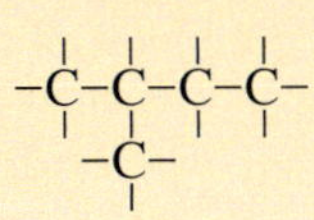

ringförmig

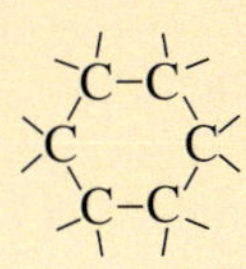

EXPERIMENT 12 [L]
Erhitzen von Harnstoff.
Vorsicht!
Zu einer Spatelspitze Harnstoff werden etwa 2 ml 50%ige Natriumhydroxidlösung (C) gegeben. Danach wird vorsichtig erhitzt. Die aufsteigenden Dämpfe werden auf Geruch und mit feuchtem Universalindikatorpapier geprüft.

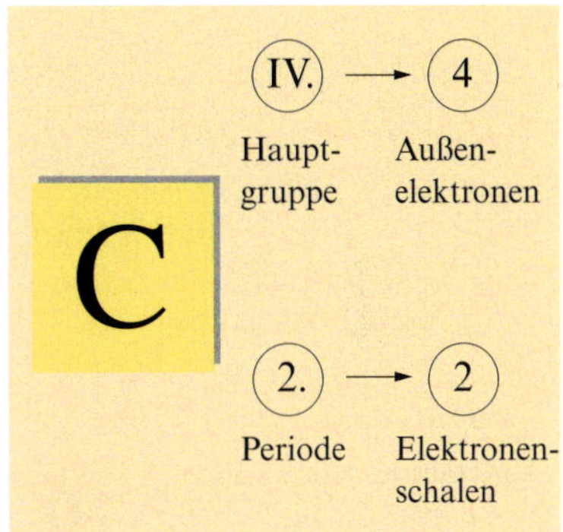

4 Stellung des Elements Kohlenstoff im Periodensystem der Elemente

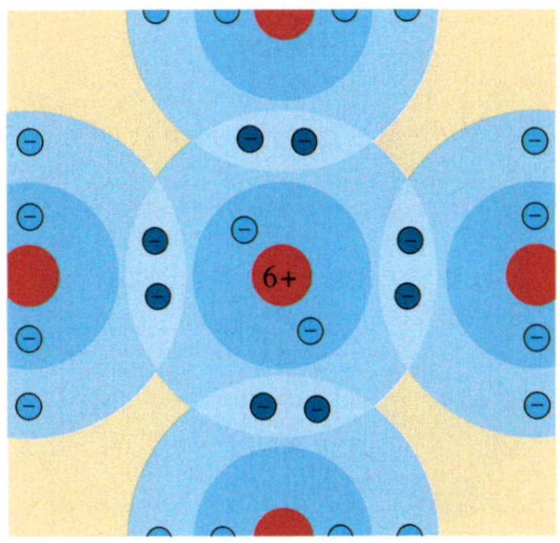

5 Modell der Bindungsverhältnisse zwischen Kohlenstoffatomen (Ausschnitt)

Aufgaben

1 Warum verbreiten die organischen Stoffe Benzin und Speiseessig im Gegensatz zu Kochsalz einen starken Geruch?

2 Zucker und Kochsalz wurden verwechselt. Wie lassen sie sich, ohne zu kosten, experimentell unterscheiden? Nenne mehrere Möglichkeiten.

3 Nenne die Elemente, die hauptsächlich am Aufbau organischer Verbindungen beteiligt sind.

4 Warum ist die Bildung von Kohlenstoff-Ionen erschwert?

5 Stelle alle Möglichkeiten der Verknüpfung von fünf Kohlenstoffatomen zusammen.

Alkane im Alltag

Mitunter können im Hochsommer über einem Moor kleine Flämmchen beobachtet werden, sogenannte Irrlichter. Worauf ist diese Erscheinung zurückzuführen? Welche Stoffe sind beteiligt?

1 Moorlandschaft

EXPERIMENT 13 [L]
Entstehung von Methan.
Vorsicht!
Die Versuchsapparatur muss einige Tage stehen. Danach wird der Quetschhahn geöffnet und das entweichende Gas mit einem brennenden Holzspan geprüft (F+).

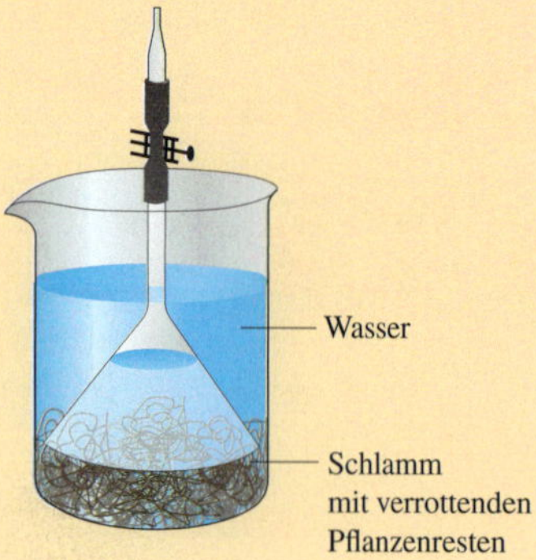

Explosionsgrenzen

Volumenanteil φ(Methan) in der Luft	Erscheinung bei Entzündung
5 %	nicht entzündbar
5 bis 15 %	explodiert heftig
15 %	brennt ruhig

Vorkommen und Verwendung von Methan Methan entsteht überall dort, wo abgestorbene tierische oder pflanzliche Reste unter Luftabschluss von Bakterien zersetzt werden. In Sümpfen, Mooren oder am Grund verschmutzter Gewässer bildet sich Sumpfgas, ein Gemisch aus Methan und Kohlenstoffdioxid. ↑E.13 Bei der Abwasserreinigung fällt in den Kläranlagen Schlamm an. Bei dessen Zersetzung entstehen **Klär-** und **Faulgas**, das bis zu 75 % Methan enthält.
Heute wird durch gezielte bakterielle Fäulnis von pflanzlichem Material, z. B. aus Stallmist, Gülle, Klärschlamm oder organischem Müll, Biogas gewonnen. **Biogas** besteht vorwiegend aus Methan (Volumenanteil etwa 60 %) und Kohlenstoffdioxid (Volumenanteil etwa 35 %). Außerdem enthält es noch die Gase Wasserstoff, Stickstoff und Schwefelwasserstoff. Biogas hat einen hohen Heizwert. Die Gewinnung von Biogas kann dazu beitragen, dass wertvolle Rohstoffe eingespart und Umweltschäden vermieden werden.
Methan ist der Hauptbestandteil des **Erdgases** (Volumenanteil 85 bis 95 %), das zum Kochen im Haushalt und zur Beheizung von Wohnungen eingesetzt wird.
Auch das sich in den Klüften von Steinkohlenlagern sammelnde **Grubengas** enthält hauptsächlich Methan. Bei unzureichender Belüftung der Bergwerksstollen entstehen explosive Methan-Luft-Gemische, die als „schlagende Wetter" schwere Zerstörungen verursachen. Bereits ein Funken beim Betätigen eines elektrischen Schalters kann das Gemisch entzünden.

Eigenschaften des Methans Methan ist ein farbloses Gas, das leichter als Luft ist. Reines Methan ist geruchlos, während Erdgas, Biogas und Sumpfgas aufgrund von Begleitstoffen einen typischen Geruch aufweisen. Methan ist in Wasser fast unlöslich und kann daher pneumatisch aufgefangen werden. Es ist brennbar und bildet mit Luft explosive Gemische. Bei der vollständigen Verbrennung von Methan entstehen Kohlenstoffdioxid und Wasser. ↑E.6 S.129

Struktur des Moleküls Methan ist die einfachste organische Verbindung. Aus seiner Formel CH_4 geht hervor, dass ein Methanmolekül aus einem Kohlenstoffatom und vier Wasserstoffatomen besteht. Die Wasserstoffatome umgeben das Kohlenstoffatom und sind mit ihm jeweils durch ein Elektronenpaar verbunden. Die Atombindungen im Methanmolekül liegen nicht in einer Ebene, sondern sind räumlich mit möglichst weitem Abstand voneinander ausgerichtet, sodass sich eine tetraedrische Anordnung ergibt. Der H–C–H-Bindungswinkel beträgt 109,5° und wird als Tetraederwinkel bezeichnet.
Die **Strukturformel** stellt die Übertragung des dreidimensionalen Modells auf die zwei Dimensionen des Papiers dar. Jedes gemeinsame Elektronenpaar ist durch einen Strich dargestellt. Im Unterschied zu den Strukturformeln werden Formeln wie CH_4 als **Summenformeln** bezeichnet.

EXPERIMENT 14 [L]
Methan-Luft-Gemisch.

Vorsicht! Schutzscheibe!
In einem starkwandigen Standzylinder (höchstens 200 ml) wird ein Methan-Luft-Gemisch (E, F+) gezündet.

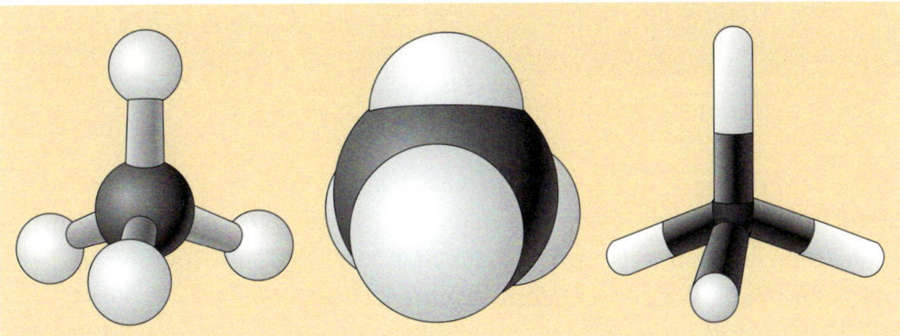

2 Modelle des Methanmoleküls

Summenformel	CH_4
Elektronenformel	$\begin{array}{c} H \\ H:\underset{\cdot\cdot}{\overset{\cdot\cdot}{C}}:H \\ H \end{array}$
Strukturformel	$\begin{array}{c} H \\ | \\ H-C-H \\ | \\ H \end{array}$

3 Formeln des Methanmoleküls

Weitere Alkane Neben Methan kommen auch noch die Gase **Propan** und **Butan** mit geringem Anteil im Erdgas vor und fallen bei der Benzinherstellung an. Propan und Butan lassen sich durch Druck leicht verflüssigen und werden als **Flüssiggase** bezeichnet. Sie sind wichtige Energieträger mit hohem Heizwert und kommen in Tanks, Stahlflaschen oder Kartuschen in den Handel. Beide Gase sind außerdem wichtige Ausgangsstoffe für Produkte der chemischen Industrie.
Die Flüssigkeiten **Hexan** und **Octan** sind Bestandteile verschiedener Kraftstoffe und bedingen deren Geruch. Sie sind brennbar und nicht mit Wasser mischbar.
Bei all den genannten Stoffen handelt es sich um Kohlenwasserstoffe, bei denen die benachbarten Kohlenstoffatome durch Einfachbindung (Atombindung) verknüpft sind. Solche Kohlenwasserstoffe heißen **Alkane**.
Hauptbestandteil vieler technisch verwendeter wachsartiger Stoffe ist **Paraffin**, ein Gemisch zahlreicher fester Alkane, die sich je nach Kettenlänge der Moleküle in der Härte und Schmelztemperatur unterscheiden. Aus Paraffin werden z. B. Kerzen, Wachse und Lippenstifte hergestellt.

4 Verwendungsbeispiele für Alkane

Aufgaben

1 Fertige aus verschiedenfarbigen Plastilinkugeln ein Modell des Methanmoleküls an.

2 Erkunde Sicherheitsbestimmungen beim Umgang mit Erdgas.

3 Erläutere anhand der obigen Modelle die Struktur des Methanmoleküls.

4 Welche Stoffe entstehen bei der Verbrennung von Propan und Butan?

Homologe Reihe – Eigenschaften von Alkanen

Ob man Benzin als Kraftstoff verwendet, einen Heißluftballon mit Propangas betreibt, die Wohnung mit Erdgas beheizt oder eine Paraffinkerze abbrennt, stets handelt es sich um chemisch eng verwandte Alkane.
Worauf ist das zurückzuführen? Welche Gemeinsamkeiten und Unterschiede weisen Alkane auf?

1 Die Brenner von Heißluftballons werden mit Propan betrieben.

Wortstamm	Anzahl der Kohlenstoffatome in der Kette
Meth-	1
Eth-	2
Prop-	3
But-	4
Pent-	5
Hex-	6
Hept-	7
Oct-	8
Non-	9
Dec-	10

Struktur der Moleküle Methan ist das einfachste Alkan mit den kleinsten Molekülen. Andere Alkane besitzen mehrere Kohlenstoffatome und entsprechend viele Wasserstoffatome in ihren Molekülen.
Die Kohlenstoffatome in den Molekülen von Ethan, Propan und Butan bilden Ketten. Die Kohlenstoffketten sind in den Propan- und Butanmolekülen zickzackförmig gewinkelt, da auch hier die Atombindungen nach den Eckpunkten eines Tetraeders ausgerichtet sind. Diese Stoffe gehören zu den **kettenförmigen Kohlenwasserstoffen**.
In den Molekülen der Alkane sind alle Kohlenstoffatome mit der größtmöglichen Anzahl an Wasserstoffatomen verbunden. Dies wird als gesättigt bezeichnet. Alkane gehören zu den **gesättigten Kohlenwasserstoffen**.
Ein Vergleich der Strukturformeln der Alkanmoleküle in der Tabelle zeigt, dass sich die Moleküle jeweils um eine CH_2-Gruppe unterscheiden.

Name	Summenformel	Strukturformel	Elektronenformel	Molekülmodell
Methan	CH_4	H H–C–H H	H H:C:H H	
Ethan	C_2H_6	H H H–C–C–H H H	H H H:C:C:H H H	
Propan	C_3H_8	H H H H–C–C–C–H H H H	H H H H:C:C:C:H H H H	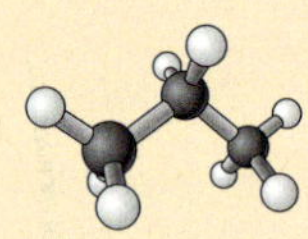
Butan	C_4H_{10}	H H H H H–C–C–C–C–H H H H H	H H H H H:C:C:C:C:H H H H H	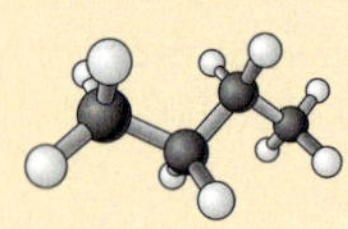

Eine solche Reihe ähnlicher organischer Verbindungen, bei denen sich die Moleküle aufeinanderfolgender Glieder jeweils um eine CH_2-Gruppe unterscheiden, wird als **homologe Reihe** (griech. homologos – übereinstimmend) bezeichnet.
Wird die Anzahl der Kohlenstoffatome eines Alkans mit n bezeichnet, beträgt die Anzahl der Wasserstoffatome desselben Alkans $2n+2$.
Es gilt die **allgemeine Summenformel der Alkane:** $\mathbf{C_nH_{2n+2}}$

Namen der Alkane Die Namen der Alkane werden aus dem Wortstamm (↑Tabelle S.134) und der Endung **-an** gebildet. Vom Wortstamm lässt sich die Anzahl der Kohlenstoffatome im Molekül ableiten. Die Wortstämme von Verbindungen mit fünf oder mehr Kohlenstoffatomen im Molekül gehen auf griechische oder lateinische Zahlwörter zurück.

Eigenschaften der Alkane Innerhalb der homologen Reihe zeigen die Alkane eine gesetzmäßige Abstufung ihrer Eigenschaften.

Name	Summenformel	Schmelztemperatur in °C	Siedetemperatur in °C	Aggregatzustand bei 20 °C
Methan	CH_4	−182,5	−161,4	gasförmig
Ethan	C_2H_6	−183,2	−88,5	
Propan	C_3H_8	−187,1	−42,1	
Butan	C_4H_{10}	−135,0	−0,5	
Pentan	C_5H_{12}	−129,7	+36,2	flüssig
Hexan	C_6H_{14}	−94,3	+68,7	
Heptan	C_7H_{16}	−90,0	+98,0	
Octan	C_8H_{18}	−56,5	+125,8	
Nonan	C_9H_{20}	−53,7	+150,7	
Decan	$C_{10}H_{22}$	−29,7	+174,0	
Pentadecan	$C_{15}H_{32}$	+10,0	+268,0	
Hexadecan	$C_{16}H_{34}$	+18,1	+280,0	
Heptadecan	$C_{17}H_{36}$	+22,0	+303,0	fest
Eicosan	$C_{20}H_{42}$	+36,4	+345,1	

Mit zunehmender Kettenlänge der Moleküle steigen die Siede- und auch meistens die Schmelztemperaturen sowie die Dichten der Alkane an. Das ist darauf zurückzuführen, dass schwache Anziehungskräfte zwischen den unpolaren Molekülen der Alkane wirken. Diese sogenannten **Van-der-Waals-Kräfte** müssen beim Schmelzen und Sieden eines Stoffes durch Energiezufuhr überwunden werden. Die Stärke der Van-der-Waals-Kräfte hängt von der Größe der Moleküle und damit von ihrer molaren Masse ab.↑2
Die Zähflüssigkeit, auch **Viskosität** genannt, nimmt mit wachsender Kettenlänge der Moleküle zu. Kurzkettige Alkane sind dünnflüssig, Schmieröle (C_{11} bis C_{18}) sind zähflüssig. ↑E.10 S.129
Die Entzündungstemperaturen nehmen bei Alkanen mit steigender Siedetemperatur und Kettenlänge zu.

Ableiten des Namens aus der Summenformel von Alkanen

Summenformel	C_9H_{20}	$C_{11}H_{24}$
Anzahl der Kohlenstoffatome	9	11
Wortstamm	Non	Undec
Endung	-an	-an
Name	Nonan	Undecan

EXPERIMENT 15 [L]

Bestimmen von Siedetemperaturen.

Vorsicht!
Siedetemperaturen von flüssigen Alkanen (F, Xn, N) werden ermittelt und mit tabellierten Werten verglichen.

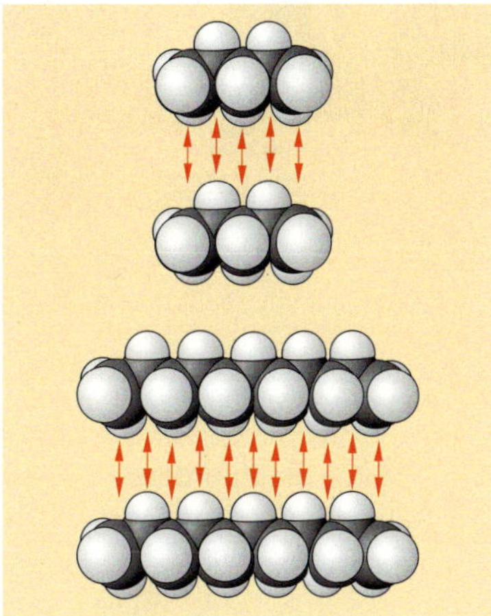

2 Anziehungskräfte zwischen Alkanmolekülen

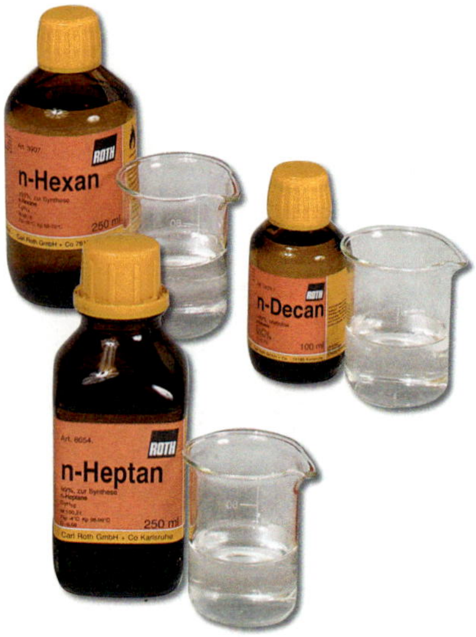

1 Flüssige Alkane

Alkane leiten den elektrischen Strom nicht. Sie enthalten keine Ladungsträger, sondern nur ungeladene Moleküle. ↑E.11 S.129
Gasförmige und feste Alkane sind in reinem Zustand geruchlos. Flüssige Alkane haben einen benzinähnlichen Geruch.
Flüssige Alkane lassen sich bereits unterhalb der Zimmertemperatur entzünden. Es sind deshalb äußerst feuergefährliche Stoffe. Höhere Alkane entzünden sich dagegen erst über 45 °C. ↑E.8 S.129
Alkane sind mit Wasser nicht mischbar. Sie sind **hydrophob** (griech. hydro – Wasser; phobos – Furcht). Untereinander sind Alkane aber in jedem Verhältnis mischbar. Dieses unterschiedliche Löseverhalten ist auf unterschiedliche Anziehungskräfte zwischen Alkanmolekülen und Wassermolekülen zurückzuführen. Die Dipolmoleküle des Wassers ziehen sich untereinander stark an. Die Anziehungskräfte zwischen den unpolaren Alkanmolekülen sind dagegen gering. Sie genügen nicht, um die Wasserstoffbrücken zwischen den Wassermolekülen zu überwinden. ↑E.7 S.129
Flüssige Alkane sind im Gegensatz zu Wasser gute Lösemittel für Fette, Öle und Lacke. ↑E.9 S.129 Sie sind **lipophil** (griech. lipos – Fett; philein – lieben). Es gilt die Regel: **Ähnliches löst sich in Ähnlichem.**

Verhalten gegenüber	Butan 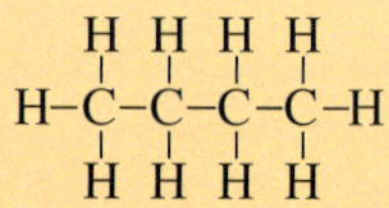	Wasser 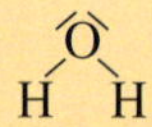
	unpolares Butanmolekül	polares Wassermolekül
Stoff aus polaren Molekülen, z. B. Ammoniak	wasserfeindlich = hydrophob	wasserfreundlich = hydrophil
Stoff aus unpolaren Molekülen, z. B. Fette, Öle	fettfreundlich = lipophil	fettfeindlich = lipophob

2 Arbeiten mit einem Gasbrenner

Umgang mit brennbaren Gasen und Flüssigkeiten Mit brennbaren Gasen (Propan, Butan) und Flüssigkeiten (Benzin, Heizöl) ist mit größter Vorsicht und Sorgfalt umzugehen. Bei Gasgeruch sind sofort Feuerwehr und Polizei zu benachrichtigen. Beim Umgang mit brennbaren Flüssigkeiten darf kein offenes Feuer in der Nähe sein. Funkenbildung ist zu verhindern. Nach Beendigung der Arbeiten sind Behälter mit brennbaren Stoffen sofort zu verschließen und vom Arbeitsort zu entfernen. Mit feuergefährlichen Flüssigkeiten getränkte Lappen dürfen niemals ins Feuer geworfen werden. Brennbare Stoffe sind nur in dicht schließenden und entsprechend gekennzeichneten Behältern aufzubewahren.

Aufgaben

1 Begründe die Zuordnung der Alkane zu den gesättigten Kohlenwasserstoffen.
2 Warum haben Alkane bei Zimmertemperatur unterschiedliche Aggregatzustände?
3 Weshalb kann bei den Alkanen von einer homologen Reihe gesprochen werden? Notiere einen Merksatz.
4 Erläutere: „Ähnliches löst sich in Ähnlichem.“
5 Welche Beobachtungen sind bei Zugabe von Kochsalz zu Wasser, Kochsalz zu Pentan und Nonan zu Hexan zu erwarten? Begründe.
6 Erläutere, womit ein Ölfleck aus der Kleidung entfernt werden kann.

Biogas – Energie aus Stallmist und Gülle

Biogas entsteht, wenn organische Stoffe unter Luftabschluss (anaerob) bakteriell zersetzt werden. Diese bakterielle Zersetzung wird zunehmend bei der Großviehhaltung wirtschaftlich genutzt, denn dort fallen täglich große Mengen Stallmist und Gülle an. So erzeugt eine Kuh pro Tag etwa 10 bis 20 kg organische Biomasse. Biogas lässt sich in speziellen Biogasanlagen erzeugen.

1 Moderne Biogasanlage

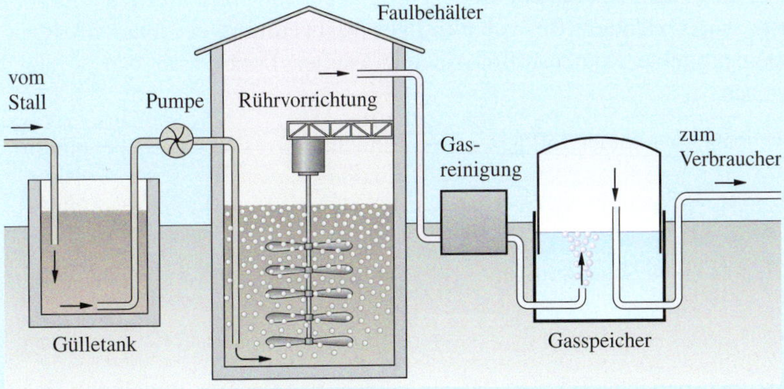

2 Funktionsprinzip einer Biogasanlage

Zusammensetzung von Biogas	
Stoff	Volumenanteil
Methan	55–70 %
Kohlenstoffdioxid	27–44 %
Stickstoff	0,5–3 %
Wasserstoff	1 %
Kohlenstoffmonooxid	0,1 %
Sauerstoff	0,1 %
Schwefelwasserstoff	Spuren

Aus dem Dung einer Kuh (500 kg schwer) lassen sich täglich bis zu 2 m³ Biogas gewinnen. Der Heizwert von 2 m³ Biogas entspricht etwa dem von 1 kg Heizöl. Aus dem Stallmist einer Kuh kann in einem Jahr so viel Energie wie aus 300 l Heizöl gewonnen werden.
Die bei der Biogaserzeugung anfallenden festen Abfallstoffe sind fast geruchlos, können gesammelt und als Naturdünger wieder genutzt werden. Somit schließt sich der Kreislauf der Mineralstoffe.

Eine immer mehr zunehmende Herstellung von Biogas aus Gülle kann dazu beitragen, dass die Belastung der Felder und Gewässer vermindert wird und wertvolle Rohstoffe bei der Nutzung von Energie gespart werden.

Reaktionen der Alkane

Alkane reagieren bei Zimmertemperatur nicht spontan mit Halogenen. Erst bei Zufuhr von Wärme oder unter Einwirkung von energiereichem Licht kommt es zur Reaktion.
Sie können aber auch heftiger reagieren, z. B. wenn Heizöl verbrennt oder wenn Häuser durch Erdgasexplosionen zerstört werden. Was passiert bei diesen Reaktionen?

1 Reaktion von Hexan mit Brom vor und nach Belichtung

2 Nach einer Gasexplosion

3 Brennende Alkane

Verbrennung Wie bekannt, sind alle Alkane brennbar. Gemische von gasförmigen Alkanen mit Luft sind sogar explosiv. Beim Verbrennen reagieren die Alkane mit Sauerstoff. Chemisch betrachtet handelt es sich hierbei um eine Oxidation. Bei **vollständiger Verbrennung** entstehen als Reaktionsprodukte Kohlenstoffdioxid und Wasser. Dabei wird Wärme abgegeben.

Propan (g) + Sauerstoff (g) ⟶ Kohlenstoffdioxid (g) + Wasser (l) | exotherm
$2\,C_3H_8\,(g) + 10\,O_2\,(g) \longrightarrow 6\,CO_2\,(g) + 8\,H_2O\,(l)$ | exotherm

Heptan (l) + Sauerstoff (g) ⟶ Kohlenstoffdioxid (g) + Wasser (l) | exotherm
$C_7H_{16}\,(l) + 11\,O_2\,(g) \longrightarrow 7\,CO_2\,(g) + 8\,H_2O\,(l)$ | exotherm

Ist nicht genügend Sauerstoff vorhanden, kann es zur **unvollständigen Verbrennung** kommen, wobei neben Wasser das giftige Kohlenstoffmonooxid oder reiner Kohlenstoff in Form von Ruß entsteht.

$2\,C_3H_8\,(g) + 7\,O_2\,(g) \longrightarrow 6\,CO\,(g) + 8\,H_2O\,(l)$ | exotherm
$2\,C_3H_8\,(g) + 4\,O_2\,(g) \longrightarrow 6\,C\,(s) + 8\,H_2O\,(l)$ | exotherm

$2\,C_7H_{16}\,(l) + 15\,O_2\,(g) \longrightarrow 14\,CO\,(g) + 16\,H_2O\,(l)$ | exotherm
$2\,C_7H_{16}\,(l) + 8\,O_2\,(g) \longrightarrow 14\,C\,(s) + 16\,H_2O\,(l)$ | exotherm

Bei der Verbrennung verschiedener Alkane an der Luft nimmt mit steigendem Kohlenstoffanteil des Alkans die Helligkeit der Flamme zu. Hervorgerufen wird dies durch hell glühende Rußteilchen in der Flamme. Außerdem nimmt die Rußbildung stark zu. Das ist eine Folge der unvollständigen Verbrennung.

Alkane bilden eine homologe Reihe, in der sich die Moleküle zweier aufeinanderfolgender Verbindungen jeweils durch eine CH_2-Gruppe unterscheiden. Die chemischen Eigenschaften der Alkane stimmen infolge der gemeinsamen Strukturelemente weitgehend überein.

Substitution Werden einige Tropfen Brom zu Hexan gegeben, bleibt die braune Farbe des Broms erhalten. Bei Zimmertemperatur reagiert Hexan nicht mit Brom. Wird jedoch das Gemisch intensiv belichtet, verschwindet die braune Farbe langsam. Hexan und Brom reagieren miteinander. Als Reaktionsprodukte entstehen Bromhexan und das farblose Gas Bromwasserstoff, das mit feuchtem Indikatorpapier eine saure Reaktion zeigt. ↑1

$$\text{Hexan (l)} + \text{Brom (g)} \xrightarrow{\textit{Licht}} \text{Bromhexan (l)} + \text{Bromwasserstoff (g)}$$

$$C_6H_{14}\text{ (l)} + Br_2\text{ (g)} \xrightarrow{\textit{Licht}} C_6H_{13}Br\text{ (l)} + HBr\text{ (g)}$$

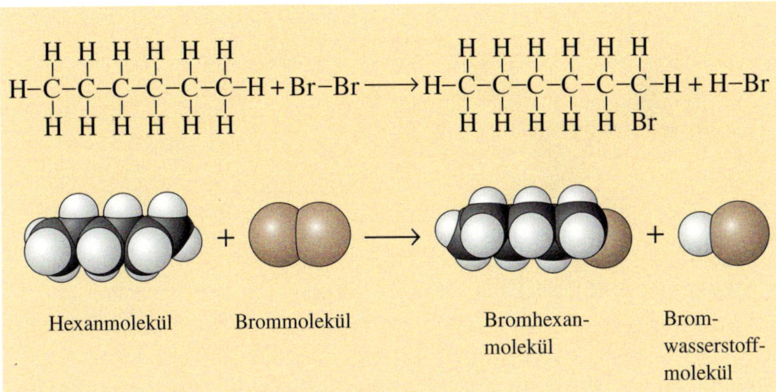

4 Reaktionsgleichung und Teilchenmodell der Reaktion von Hexan mit Brom

Bei dieser Reaktion wird ein Wasserstoffatom des Hexanmoleküls gegen ein Bromatom eines Brommoleküls ausgetauscht.
Auch mit anderen Alkan-Brom-Gemischen kommt es bei Einwirkung von Licht zu einer ähnlichen Reaktion. Dabei ersetzen sich in den Molekülen der Ausgangsstoffe jeweils ein Wasserstoffatom und ein Bromatom gegenseitig. Aus dem Lateinischen leitet sich der Name für diese Art der chemischen Reaktion ab. Diese Reaktionen werden als **Substitutionen** (lat. substituere – ersetzen, austauschen) bezeichnet.

$$C_7H_{16}\text{ (l)} + Br_2\text{ (g)} \xrightarrow{\textit{Licht}} C_7H_{15}Br\text{ (l)} + HBr\text{ (g)}$$

Die Substitution ist eine chemische Reaktion, bei der zwischen den Molekülen der Ausgangsstoffe Atome ausgetauscht werden.

EXPERIMENT 16 [L]

Chemische Reaktion von Hexan mit Brom.
Vorsicht! Abzug!
Das sich in einem geschlossenen Gefäß befindende braune Gemisch von Hexan (F, Xn, N) und Brom (T+, C, N) wird intensiv beleuchtet. Nach einiger Zeit wird angefeuchtetes Universalindikatorpapier in das Gefäß gehalten.

Schon gewusst?

Alkane reagieren nicht mit Säuren, Laugen und unedlen Metallen. Mit starken Oxidationsmitteln wie Kaliumpermanganatlösung reagieren sie nur langsam. Alle Alkane wurden deshalb früher auch als Paraffine (lat. parum – wenig; affinis – zugeneigt; „wenig reaktionsfähig") bezeichnet.

5 Aufbewahrung von Natrium in Paraffinöl (flüssiges Alkangemisch)

Aufgaben

1 Nenne Nachteile einer unvollständigen Verbrennung.

2 Berechne das Volumen von Kohlenstoffdioxid, das bei der vollständigen Verbrennung von 3 kg Propan entsteht.

3 Warum können reaktionsfähige Metalle wie Natrium in Petroleum (Alkangemisch) aufbewahrt werden?

4 Erkläre, warum sich das Indikatorpapier im oben beschriebenen Experiment färbt.

5 Beschreibe die Reaktion von Ethan mit Brom. Entwickle die Reaktionsgleichung.

6 Entwickle die Reaktionsgleichungen für folgende Reaktionen von Pentan:
a Verbrennung
b Substitution mit Brom

Isomerie bei Alkanen

Bei der Analyse des Feuerzeuggases mithilfe der Gaschromatografie ↑S. 143 wurde ersichtlich, dass neben Butan ein weiteres Alkan mit vier Kohlenstoffatomen im Molekül enthalten ist. Es handelt sich um Isobutan. Was ist Isobutan?

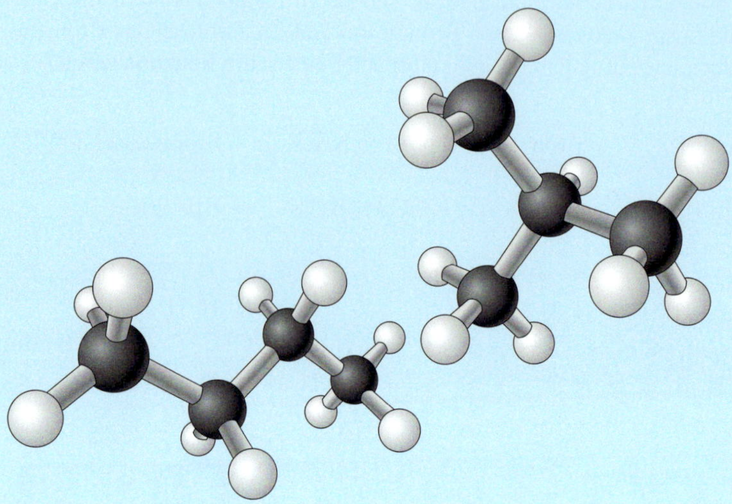

1 Alkane mit vier Kohlenstoffatomen im Molekül

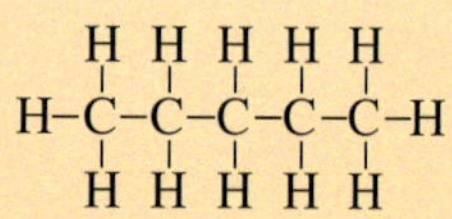

Pentan

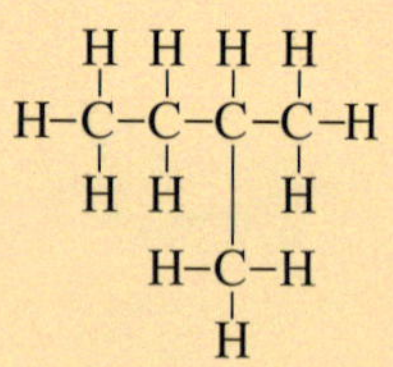

2-Methylbutan

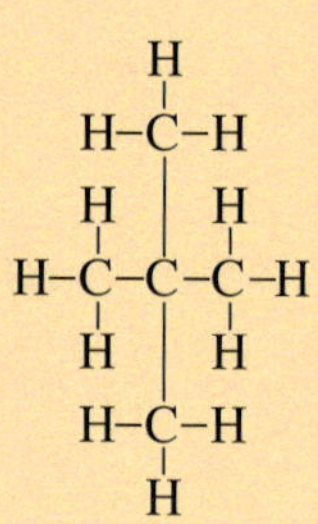

2,2-Dimethylpropan

2 Strukturformeln isomerer Alkane mit fünf Kohlenstoffatomen im Molekül

Gleiche Summenformeln – unterschiedliche Stoffe Bei den gesättigten Kohlenwasserstoffen mit mindestens vier Kohlenstoffatomen im Molekül ergeben sich unterschiedliche Verknüpfungsmöglichkeiten für die Kohlenstoffatome. So lassen sich für die Summenformel C_4H_{10} zwei verschiedene Molekülstrukturen angeben. ↑1

Beide Verbindungen enthalten Kohlenstoffatome im Molekül in kettenförmiger Anordnung. In den Molekülen beider Verbindungen liegen Einfachbindungen zwischen den Kohlenstoffatomen vor. In der unverzweigten Kette ist jedes Kohlenstoffatom mit mindestens zwei Wasserstoffatomen verbunden. In der verzweigten Kette ist dagegen ein Kohlenstoffatom mit nur einem Wasserstoffatom verbunden. Beide Verbindungen entsprechen der allgemeinen Formel $\mathbf{C_nH_{2n+2}}$, sind also Alkane.

Sie haben aber bei gleicher Summenformel eine unterschiedliche Molekülstruktur. Solche Verbindungen werden **Isomere** (griech. isos – gleich; meros – Teil) genannt.

Isobutan ist eine isomere Verbindung des Butans. Isomere Verbindungen unterscheiden sich in ihren Eigenschaften. So haben verzweigte Alkane niedrigere Siede- und Schmelztemperaturen als solche mit unverzweigten Ketten. Auffällige Unterschiede zeigen sich auch bei den Dichten dieser Stoffe. ↑Tafelwerk

Das Auftreten von Verbindungen, deren Moleküle bei gleicher Summenformel unterschiedliche Strukturformeln besitzen, wird als **Isomerie** bezeichnet.

Verbindungen, deren Moleküle bei gleicher Summenformel unterschiedliche Strukturformeln haben, heißen Isomere.
Diese Erscheinung bezeichnet man als Isomerie.
Isomere Verbindungen unterscheiden sich in ihren Eigenschaften.

3 Isooctan – entscheidend für den richtigen Kraftstoff

Auch in Kraftstoffen spielen isomere Verbindungen eine wichtige Rolle. Ottomotoren benötigen Benzin, ein Stoffgemisch aus Alkanen und Isomeren der Alkane mit fünf bis zwölf Kohlenstoffatomen im Molekül. Benzin wird aber erst zum Kraftstoff durch bestimmte Zusätze. Dabei entscheiden Art und Menge der Zusätze, ob Normalbenzin oder Superbenzin entsteht. Isooctan, eine isomere Verbindung des Octans, ist z. B. ein möglicher Bestandteil des Stoffgemisches Benzin.

Namen der Alkylgruppen Wird von einem Alkanmolekül ein Wasserstoffatom entfernt, bleibt eine **Alkylgruppe** übrig. Dieser Rest wird in Formeln oft auch als **R** bezeichnet. Die Endung **-an** im Namen des Alkans wird durch **-yl** ersetzt.

Namen einiger Alkylgruppen					
Formel	C_2H_5-	C_3H_7-	C_4H_9-	$C_5H_{11}-$	R–
Name	Ethyl-	Propyl-	Butyl-	Pentyl-	Alkyl-

Vielfalt der Isomere und deren Namen Je größer die Anzahl der Kohlenstoffatome im Alkanmolekül ist, desto mehr isomere Verbindungen dieses Alkans gibt es. Gibt es z. B. für Butan nur 2 und für Pentan 3, so sind es für Decan schon 75 verschiedene Isomere. ↑Tabelle

Alkane mit unverzweigten Molekülketten heißen **Normalalkane** (n-Alkane), mit verzweigten Ketten **Isoalkane** (i-Alkane). Die Seitenketten der Isoalkane sind Alkylgruppen. Die Benennung von Isomeren erfolgt nach international gültigen Nomenklaturregeln. ↑S. 142

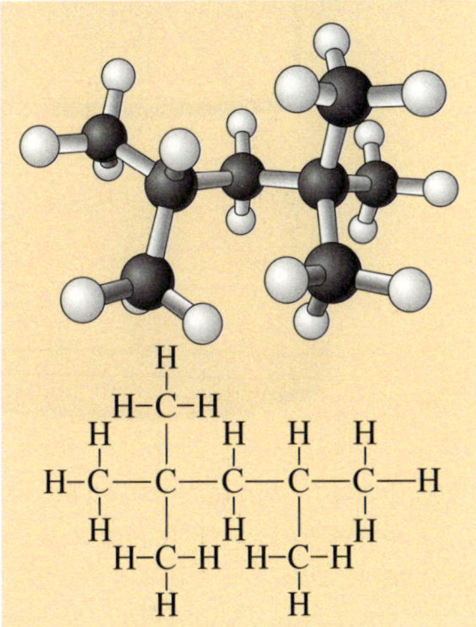

4 Modell und Strukturformel des Isooctanmoleküls

Kohlenwasserstoff	Anzahl der Isomeren
C_4H_{10}	2
C_5H_{12}	3
C_6H_{14}	5
C_7H_{16}	9
C_8H_{18}	18
C_9H_{20}	35
$C_{20}H_{42}$	366 319
$C_{40}H_{82}$	62 491 178 805 831

Aufgaben

1 Nenne Gemeinsamkeiten und Unterschiede bei Isomeren.

2 Bestimme den Namen des Isomers im Bild 4.

3 Notiere die Strukturformeln für die Moleküle aller Isomeren des Hexans. Bestimme ihre Namen.

4 Warum kann es keine Propanisomere geben?

Benennen von organischen Verbindungen

Damit wegen der Vielfalt der organischen Verbindungen der Überblick nicht verloren geht, ist eine eindeutige Benennung der Verbindungen notwendig.

Ihre Namen werden mithilfe der international gültigen Nomenklaturregeln (IUPAC-Regeln: **I**nternational **U**nion of **P**ure and **A**pplied **C**hemistry) aufgestellt. Für die wissenschaftlich exakte Benennung der einfachsten Kohlenwasserstoffe gelten die folgenden IUPAC- Regeln:

Name der Verbindung?

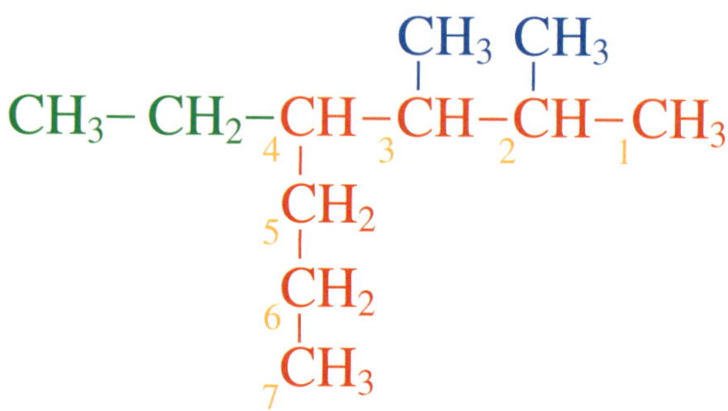

1 *Ermittle die längste unverzweigte Kette mit Kohlenstoffatomen (Hauptkette) im Molekül. Zähle die Kohlenstoffatome und benenne dementsprechend die Hauptkette.*

2 *Ermittle die Verzweigungen (Seitenketten) und benenne sie als Alkylreste. Ordne die Alkylreste alphabetisch.*

3 *Ermittle die Anzahl der jeweils gleichen Alkylreste, benenne sie mit griechischen Zahlwörtern (di-, tri- …) und stelle diese den entsprechenden Namen der Alkylreste voran.*

4 *Ermittle die Nummern der Kohlenstoffatome, an denen Seitenketten gebunden sind, und stelle diese Zahlen den Namen der Seitenketten voran.* Die Hauptkette wird so durchnummeriert, dass die Verzweigungsstellen kleinstmögliche Zahlen erhalten.

5 *Bilde den Namen.*

4-Ethyl-2,3-dimethylheptan

Spurensuche – eine wichtige Aufgabe der analytischen Chemie

1 Gaschromatograf mit Computerauswertung

In der chemischen Industrie, im Umweltschutz und in der Forschung sind analytische Untersuchungen von besonderer Bedeutung. So dürfen z. B. Arzneimittel oder Nahrungsmittel keine Begleitstoffe enthalten, die gesundheitsgefährdend sind. Für Stoffe mit schädlichen Wirkungen gibt es deshalb gesetzlich festgelegte Höchstmengen, deren Konzentrationen häufig im ppm-Bereich (engl. parts per million) liegen. Das bedeutet, dass unter einer Million Teilchen ein Schadstoffteilchen aufzuspüren wäre.

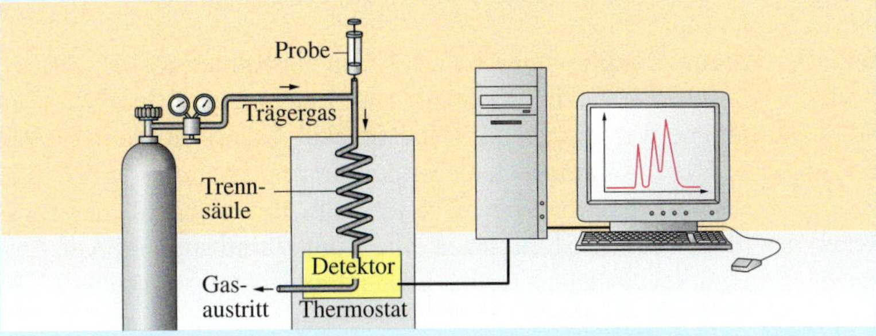

2 Schematische Darstellung des Aufbaus eines Gaschromatografen

Ein wichtiges Verfahren bei der Spurensuche ist die Gaschromatografie. Mit ihr lassen sich gasförmige und leicht verdampfbare Stoffgemische trennen und identifizieren sowie die Struktur von Stoffen aufklären.
Die Trennsäule im Gaschromatografen ist ein bis zu 100 m langes, dünnes Glasrohr (Kapillarrohr), das mit einem porösen Feststoff gefüllt ist. Die Oberfläche des Feststoffes ist mit einem Lösemittel bedeckt, in dem sich die Bestandteile des zu untersuchenden Stoffgemisches unterschiedlich gut lösen. Als Trägergas (mobile Phase) wird meist Helium oder Stickstoff verwendet. Am Ende der Trennsäule kommen zuerst die Bestandteile an, die nur schwach an das Lösemittel gebunden wurden. Der Austritt der Stoffe erfolgt also nacheinander und kann mithilfe eines Computers erfasst und grafisch als Gaschromatogramm dargestellt werden.

Das Feuerzeug ist mit Flüssiggas gefüllt. Flüssiggas – ein Stoffgemisch?

Antwort gibt die Gaschromatografie.

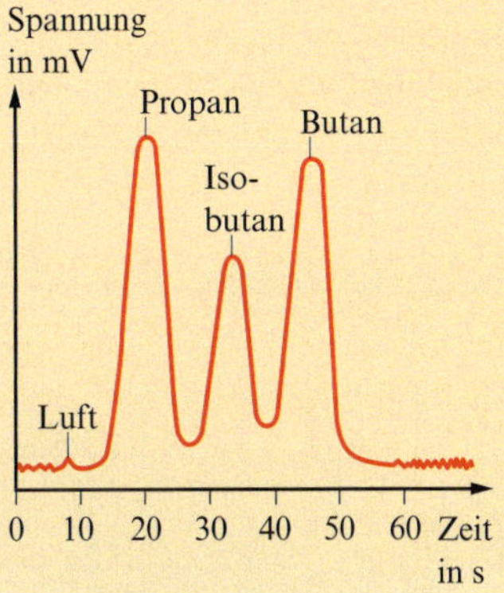

3 Gaschromatogramm von Flüssiggas

Ethen und Ethin – ungesättigte Kohlenwasserstoffe

Sowohl Ethen, ein Gas, das zur Herstellung von Kunststoffen eingesetzt wird, als auch Ethin, das als Brenngas beim autogenen Schweißen verwendet wird, sind einfache Kohlenwasserstoffe mit wirtschaftlicher Bedeutung. Wodurch unterscheiden sich diese Kohlenwasserstoffe?

1 Ethin ist Brenngas beim autogenen Schweißen.

EXPERIMENT 17 [L]
Verbrennen von Ethen.
Ethen (F+) wird im Standzylinder verbrannt und die Verbrennungsprodukte werden identifiziert.

Schon gewusst?

Ethen wird in der Natur z. B. von reifendem Obst abgegeben und beschleunigt die weitere Fruchtreifung. Deswegen kann die Reifung von grünen Tomaten beschleunigt werden, wenn reife Äpfel zu ihnen gelegt werden.
Bananen werden grün geerntet, kühl transportiert und gelagert. Durch Begasung mit Ethen wird die Fruchtreifung gestartet und gesteuert.

Eigenschaften und Verwendung von Ethen Ethen ist bei Raumtemperatur ein farbloses, leicht süßlich riechendes Gas. In Wasser ist es fast unlöslich. Schmelz- und Siedetemperatur von Ethen sind ähnlich denen von Ethan. Ethen brennt an der Luft mit leuchtender, schwach rußender Flamme. ↑E.17 In reinem Sauerstoff verbrennt es vollständig. Ethen-Luft-Gemische sind explosiv.
Ethen wird vor allem zur Herstellung von Kunststoffen, Lösemitteln, Lacken, Klebstoffen, Farbstoffen und Medikamenten verwendet.

Bau des Ethenmoleküls Ethen ist wie Ethan ein Kohlenwasserstoff mit zwei Kohlenstoffatomen im Molekül. Das Ethenmolekül enthält zwei Wasserstoffatome weniger als das Ethanmolekül. Ethen hat die Summenformel C_2H_4. Der Zusammenhalt der beiden Kohlenstoffatome wird durch zwei gemeinsame Elektronenpaare bewirkt. Im Ethenmolekül liegt zwischen den beiden Kohlenstoffatomen eine **Doppelbindung** vor. Alle Atome des Ethenmoleküls liegen in einer Ebene. Der Bindungswinkel H–C–H bzw. H–C–C beträgt jeweils 120°. Gemeinsamkeiten und Unterschiede zwischen Ethen und Ethan sind am Molekülbau gut zu erkennen.

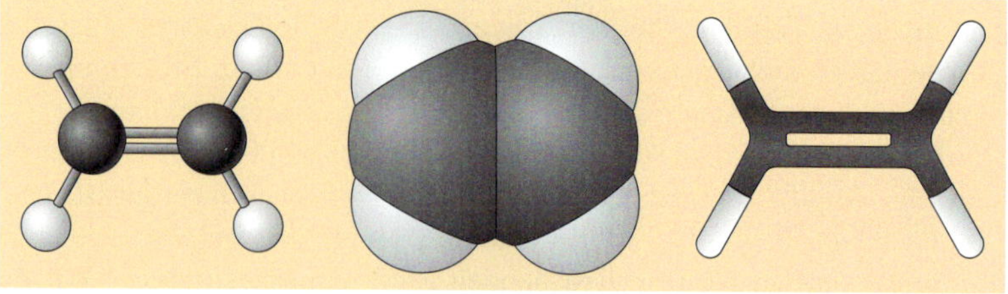

2 Modelle des Ethenmoleküls

Kettenförmige Kohlenwasserstoffe, deren Moleküle wie Ethen eine Doppelbindung zwischen zwei Kohlenstoffatomen aufweisen, bilden die Stoffklasse der **Alkene**.

Die Namen der Alkene werden ähnlich wie die der Alkane gebildet. An die Stelle der Endsilbe -an bei den Alkanen tritt die Endsilbe **-en**, z. B. Ethen und Propen.
Die **Alkene** gehören zu den **ungesättigten Kohlenwasserstoffen**, da ihre Moleküle weniger Wasserstoffatome enthalten, als sie aufgrund der möglichen Anzahl an Atombindungen binden könnten. Das charakteristische Strukturmerkmal der Alkenmoleküle ist eine Doppelbindung.

Ethen ist ein farbloses, kaum wasserlösliches, brennbares Gas. Es ist ein ungesättigter Kohlenwasserstoff, dessen Moleküle eine Doppelbindung enthalten.

Summenformel C_2H_4

Elektronenformel

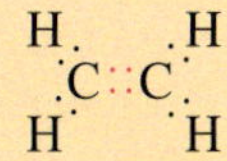

Strukturformel

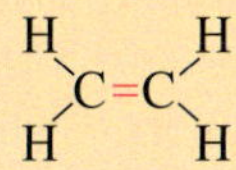

3 Formeln des Ethenmoleküls

Chemische Reaktionen der Alkene Alkene sind reaktionsfähiger als Alkane. Das zeigt sich z. B. bei der Reaktion mit Brom. Wenn Bromdampf mit Ethen gemischt wird, verschwindet die Farbe des Broms sehr schnell. Die beiden Gase bilden ein farbloses Reaktionsprodukt, das 1,2-Dibromethan. Auch beim Einleiten von Ethen in Bromwasser verschwindet die braune Färbung des Broms nach kurzer Zeit. ↑E.18
Was passiert mit den Teilchen bei dieser Reaktion?
Bei dieser Reaktion lagert sich das Brommolekül an die Kohlenstoffatome der Doppelbindung an. Ein Elektronenpaar der Doppelbindung wird gespalten und Einfachbindungen zu den Bromatomen ausgebildet. Gleichzeitig wird auch die Einfachbindung im Brommolekül getrennt. Jedes Kohlenstoffatom im Ethenmolekül hat nun ein Bromatom gebunden. ↑4
Allgemein wird die Anlagerung von Atomen oder Atomgruppen an Moleküle mit Doppelbindungen als **Addition** bezeichnet.
Die Entfärbung einer wässrigen Bromlösung gelingt mit allen ungesättigten Kohlenwasserstoffen. ↑E.19 Deshalb wird diese Reaktion zum **Nachweis** für ungesättigte Kohlenwasserstoffe genutzt.

EXPERIMENT 18 [L]
Reaktion von Ethen mit Bromwasser.
Vorsicht! Abzug!
Ethen (F+) wird mit 3%igem Bromwasser (T, Xi) versetzt und geschüttelt.

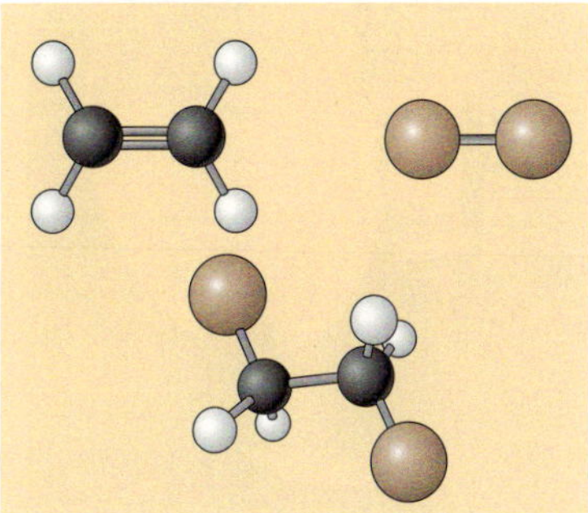

4 Teilchenmodell der Reaktion von Ethen mit Brom

Die Addition ist eine chemische Reaktion, bei der sich jeweils zwei Moleküle der Ausgangsstoffe zu einem Molekül des Reaktionsprodukts verbinden.

Die Addition von Wasserstoff heißt **Hydrierung**. Durch Hydrierung kann ein Alken in ein Alkan umgewandelt werden. Additionsreaktionen sind umkehrbar. Durch Abspaltung von Wasserstoffatomen aus Molekülen von Alkanen mithilfe von Katalysatoren können Alkene hergestellt werden. Diese Umkehrung der Hydrierung wird als **Dehydrierung** bezeichnet.
Allgemein werden Reaktionen, bei denen aus jeweils einem Molekül des Ausgangsstoffes mindestens zwei Atome oder Atomgruppen abgespalten werden, als **Eliminierungen** bezeichnet.

EXPERIMENT 19 [L]
Nachweis ungesättigter Kohlenwasserstoffe.
Vorsicht! Abzug! Zehn Tropfen Petroleumbenzin (F) werden mit drei Tropfen 3%igem Bromwasser (T, Xi) versetzt und geschüttelt.

Aufgaben

1 Erstelle einen Steckbrief für Ethen.
2 Vergleiche den Bau der Moleküle von Ethan und Ethen. Stelle dazu beide Strukturformeln auf.
3 Entwickle Reaktionsgleichungen für die Reaktionen:
a Hydrierung von Ethen
b Dehydrierung von Ethan

Schon gewusst?

Carbidlampen, auch Acetylenlampen genannt, wurden früher im Bergbau unter Tage genutzt. Bei der Reaktion von Carbid mit Wasser entsteht Ethin, das am Brenner der Lampe entzündet wurde. Calciumcarbid (CaC_2) kann aus gebranntem Kalk und Koks gewonnen werden. Den Bergleuten stand damit statt der relativ dunklen Öllampe eine transportable, hell leuchtende Handlampe zur Verfügung.

EXPERIMENT 20 [L]
Brennbarkeit von Ethin.
Vorsicht!
Ethin (F+) wird mit einem brennenden Holzspan entzündet. Die Flamme ist zu beobachten und zu beschreiben.

Summenformel	C_2H_2
Elektronenformel	H:C⋮⋮C:H
Strukturformel	H–C≡C–H

1 Formeln des Ethinmoleküls

Eigenschaften und Verwendung von Ethin Ethin, auch als Acetylen bezeichnet, ist ein farbloses, in reiner Form fast geruchloses Gas. Technisch hergestelltes Ethin riecht dagegen durch Verunreinigungen unangenehm. Im Labor wird es aus Calciumcarbid und Wasser hergestellt.

$$\underset{\text{Calciumcarbid}}{CaC_2\,(s)} + \underset{\text{Wasser}}{2\,H_2O\,(l)} \longrightarrow \underset{\text{Ethin}}{C_2H_2\,(g)} + \underset{\text{Calciumhydroxid}}{Ca(OH)_2\,(s)} \quad |\,\text{exotherm}$$

Ethin neigt unter Druck oder bei Verflüssigung zum explosionsartigen Zerfall. Es kann daher nicht wie Ethan oder Ethen direkt in Stahlflaschen gepresst werden. Das Gas wird erst in Aceton gelöst und dann in Stahlflaschen gefüllt, die Kieselgur zum Aufsaugen der Lösung enthalten. Solche Stahlflaschen sind durch einen kastanienbraunen Anstrich gekennzeichnet.
Ethin brennt an der Luft mit hell leuchtender und stark rußender Flamme. Gemische mit Luft, die zwischen 2,3 % und 82 % Ethin enthalten, sind explosiv.
Ethin wird in der Anlagentechnik als Brenngas zum Gasschweißen und Brennschneiden verwendet. Bei der Verbrennung eines Ethin-Sauerstoff-Gemisches im Schweißbrenner werden Temperaturen von über 3000 °C erreicht.

$$\underset{\text{Ethin}}{2\,C_2H_2\,(g)} + \underset{\text{Sauerstoff}}{5\,O_2\,(g)} \longrightarrow \underset{\text{Kohlenstoffdioxid}}{4\,CO_2\,(g)} + \underset{\text{Wasser}}{2\,H_2O\,(l)} \quad |\,\text{exotherm}$$

Ethin ist Ausgangsstoff für die Herstellung von Kunststoffen, Synthesekautschuk, Kunstfasern und vielen weiteren Produkten.

Bau des Ethinmoleküls Die starke Rußentwicklung beim Verbrennen des Kohlenwasserstoffs Ethin deutet auf einen geringen Wasserstoffanteil im Ethinmolekül im Vergleich zu einem Ethan- oder Ethenmolekül hin. Tatsächlich enthält das Ethinmolekül nur zwei Wasserstoffatome. Ethin hat die Summenformel C_2H_2. Der Zusammenhalt der beiden Kohlenstoffatome wird durch drei gemeinsame Elektronenpaare bewirkt. Im Ethinmolekül liegt zwischen den beiden Kohlenstoffatomen eine **Dreifachbindung** vor. Die Dreifachbindung wie auch die Doppelbindung sind **Mehrfachbindungen**.
Jedes Kohlenstoffatom im Ethinmolekül hat nur zwei Bindungspartner, das Wasserstoffatom über eine Einfachbindung und das zweite Kohlenstoffatom über eine Dreifachbindung. Da die Kohlenstoffatome keine freien Elektronenpaare besitzen, liegen alle Atome des Moleküls auf einer Geraden. Das Ethinmolekül ist linear gebaut, der Bindungswinkel H–C–C bzw. C–C–H beträgt jeweils 180°.

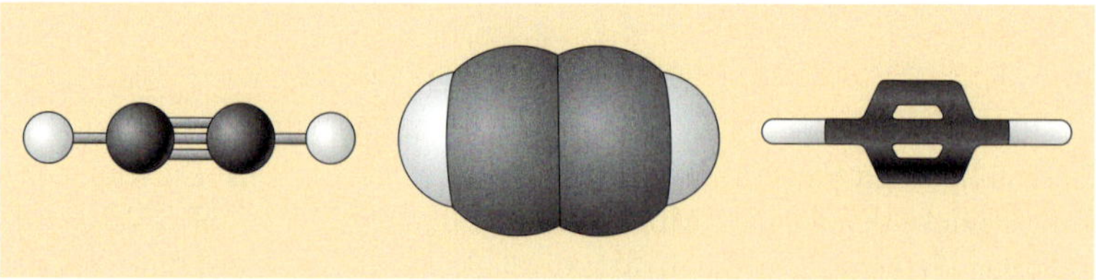

2 Modelle des Ethinmoleküls

Ethin ist der einfachste Kohlenwasserstoff mit einer Dreifachbindung zwischen den Kohlenstoffatomen. Kettenförmige Kohlenwasserstoffe, deren Moleküle wie Ethin eine Dreifachbindung zwischen zwei Kohlenstoffatomen aufweisen, werden zu der Stoffklasse der **Alkine** zusammengefasst. Alkine sind wie die Alkene **ungesättigte Kohlenwasserstoffe**. Die Namen der Alkine setzen sich aus dem Wortstamm und der Endsilbe **-in** zusammen. Bei Alkinen mit vier oder mehr Kohlenstoffatomen im Molekül muss die Stellung der Dreifachbindung im systematischen Namen mit angegeben werden.

$HC\equiv CH$	$HC\equiv C{-}CH_3$	$HC\equiv C{-}CH_2{-}CH_3$
Ethin	Propin	But-1-in

Ethin ist ein farbloses Gas, das mit stark rußender Flamme brennt. Es ist ein ungesättigter Kohlenwasserstoff, dessen Moleküle eine Dreifachbindung enthalten.

Nachweis der Mehrfachbindung Aufgrund der Dreifachbindung in den Molekülen der Alkine sind Additionsreaktionen möglich. So kann z. B. Brom addiert werden. Die Reaktion von Brom mit Ethin läuft langsamer ab als mit Ethen. Die Dreifachbindung im Ethinmolekül ist etwas stabiler gegenüber der Additionsreaktion als die Doppelbindung im Ethenmolekül. Die Reaktion verläuft in zwei Schritten und kann zum Nachweis der Mehrfachbindung genutzt werden.

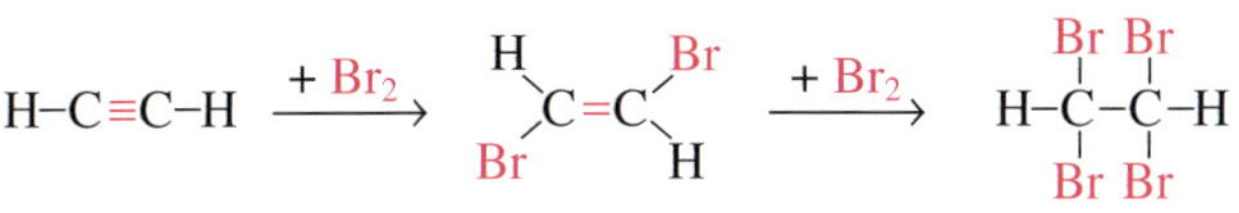

Ethin 1,2-Dibromethen 1,1,2,2-Tetrabromethan

Als ungesättigter Kohlenwasserstoff kann Ethin auch hydriert werden. Die chemische Reaktion lässt sich so durchführen, dass Ethen oder Ethan entsteht. Durch Addition von Chlorwasserstoff an Ethin entsteht Chlorethen (Vinylchlorid) als Ausgangsstoff für die Herstellung des Kunststoffs Polyvinylchlorid (PVC).

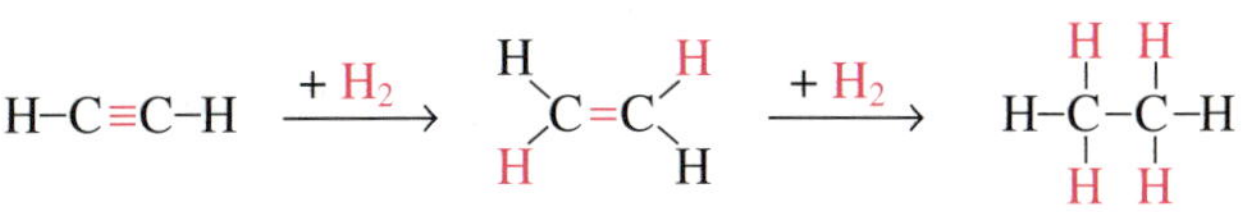

Ethin Ethen Ethan

Ungesättigte Kohlenwasserstoffe addieren Wasserstoff, Halogene oder Halogenwasserstoff.

Schon gewusst?

Beim Gasschweißen wird mit Sauerstoff und einem Überschuss an Acetylen gearbeitet.
Beim Brennschneiden wird zunächst das Eisen auf Weißglut erhitzt, dann das Brenngas abgestellt und das Eisen mit reinem Sauerstoff verbrannt.

EXPERIMENT 21 [L]

Reaktion von Ethin mit Bromwasser.

Vorsicht! Abzug!
Ein linsengroßes Stück Calciumcarbid (F) wird tropfenweise mit Wasser versetzt. Das entstehende Gas wird pneumatisch aufgefangen und mit 3%igem Bromwasser (T, Xi) versetzt und geschüttelt.

EXPERIMENT 22 [L]

Nachweis der Mehrfachbindung.

Vorsicht! Abzug!
Hexin (F) und Octan (F, Xi, N) werden mit 3%igem Bromwasser (T, Xi) auf Mehrfachbindungen in ihren Molekülen geprüft.

Aufgaben

1 Fertige einen Steckbrief von Ethin an.
2 Kann es ein Alkin mit dem Namen Methin geben? Begründe.
3 Entwickle die Reaktionsgleichung für die Addition von Chlorwasserstoff an Ethin.
4 Gib die Strukturformeln von Pent-1-in, Hex-3-in sowie von But-1-en und Pent-2-en an.
5 Erläutere an einem selbst gewählten Beispiel den Nachweis von ungesättigten Kohlenwasserstoffen. Entwickle die Reaktionsgleichung.

Selbst untersucht Erdöl genauer betrachtet

23 Vermische Erdöl und Wasser.

Fülle ein Reagenzglas etwa 4 cm hoch mit Wasser und gib dazu etwas Erdöl (F+, Xn, N). Verschließe das Reagenzglas mit einem Stopfen und schüttle kräftig.
Notiere deine Beobachtungen und deute sie.

Bereitstellen von Erdöl

Entsorgung: Gemisch in den Sammelbehälter III geben.

24 Untersuche die Temperaturabhängigkeit der Viskosität von Erdöl.

Fülle drei Reagenzgläser etwa 4 cm hoch mit Erdöl (F+, Xn, N). Erwärme eines der Reagenzgläser in einem Wasserbad auf 40 °C und ein weiteres auf 60 °C. Sauge jeweils 10 ml Erdöl in eine Pipette und lass die Erdölproben in die entsprechenden Reagenzgläser ausfließen. Achte darauf, dass die Pipette senkrecht gehalten wird.
Miss die Auslaufzeiten mit einer Stoppuhr und notiere sie. Deute die verschiedenen Messergebnisse.
Entsorgung: Erdölreste in den Sammelbehälter III geben.

25 Untersuche die Reaktionsprodukte bei der Verbrennung verschiedener Brennstoffe.

Vorsicht! Entzünde jeweils etwas Holz, Kohle, Kerzenwachs sowie ein Stück gut mit Erdöl (F+, Xn, N) getränkter Kreide in einer Abdampfschale. Leite die Verbrennungsgase mithilfe einer Wasserstrahlpumpe durch ein U-Rohr, in dem sich etwas weißes Kupfersulfat befindet, und dann in eine Gaswaschflasche mit Kalkwasser.

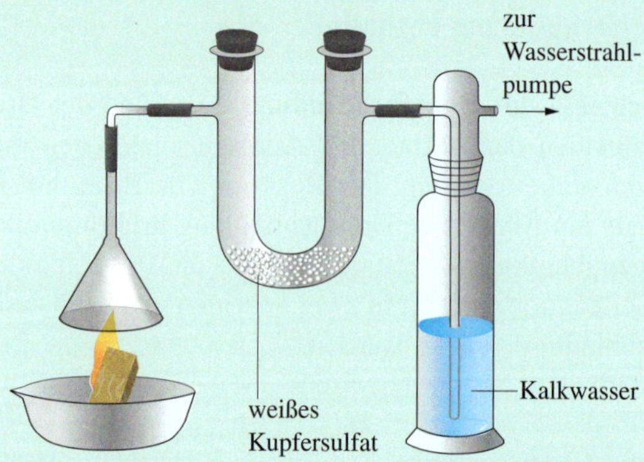

Schlussfolgere, welche Stoffe bei der Verbrennung entstanden sind. Formuliere die Reaktionsgleichung für die Reaktion in der Gaswaschflasche.
Entsorgung: Feststoffe in den Sammelbehälter für Hausmüll, Kalkwasser in den Sammelbehälter für Abwasser geben.

26 Entzünde kaltes und warmes Erdöl.

Vorsicht! Abzug! Fülle in eine Abdampfschale 4 ml Erdöl (F+, Xn, N). Versuche es mit einem brennenden Holzspan zu entzünden.
Stelle die Abdampfschale auf einen Dreifuß mit Keramikdrahtnetz und erwärme das Erdöl in der Abdampfschale kurz mit dem Bunsenbrenner. Versuche nun erneut das Erdöl mit einem brennenden Holzspan zu entzünden. Lösche das brennende Erdöl, indem du ein großes Becherglas mit der Öffnung nach unten über die Abdampfschale stülpst.
Notiere die Beobachtungen und deute sie.
Entsorgung: Reste in Sammelbehälter III geben.

27 Führe eine fraktionierte Destillation von Erdöl durch.

Vorsicht! Abzug! Baue die Experimentieranordnung wie in der Abbildung auf. Befülle den Rundkolben zu einem Drittel mit Erdöl (F+, Xn, N), gib einige Siedesteinchen hinzu und spanne ihn in die Apparatur ein. Stelle die Kühlwasserzufuhr an. Erhitze einen Heizpilz auf der niedrigsten Stufe. Leite das zuerst entweichende Gas (F+) mit einem Schlauch in den Abzug. *Vorsicht! Entzündungsgefahr!* Fange die nächste Fraktion in einem Becherglas auf, sobald die Temperatur über 70 °C ansteigt. Erhöhe nun allmählich die Temperatur. Fange weitere Fraktionen bei 110, 150 und 220 °C auf.

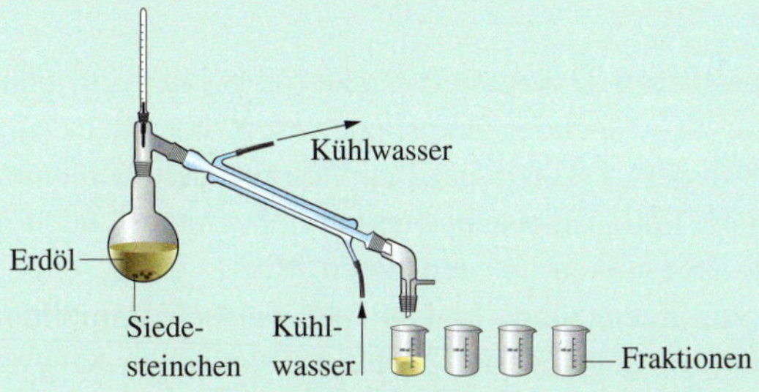

Prüfe die Fraktionen auf Geruch, Farbe, Viskosität und Entflammbarkeit. Stelle eine Beziehung zwischen Entflammbarkeit und Rußbildung im Vergleich zum Siedebereich der Fraktionen her.
Entsorgung: Fraktionen in Sammelbehälter III geben.

28 Vergleiche das Entzündungsverhalten von Kraftstoffen.

Vorsicht! Abzug! Gib einige Tropfen Normalbenzin (F) in eine Porzellanschale, in eine weitere Porzellanschale einige Tropfen Dieselkraftstoff (F). Versuche die beiden Flüssigkeiten mit einem langen brennenden Holzstab zu entzünden. Welcher der beiden Kraftstoffe lässt sich leichter entzünden? Erkläre den Unterschied.
Entsorgung: Reste in Sammelbehälter III geben.

29 Cracke Paraffinöl.

Vorsicht! Baue die Experimentieranordnung wie in der Abbildung auf.
Befülle ein schwer schmelzbares Reagenzglas mit 5 ml Paraffinöl. Gib etwas Stahlwolle in den oberen Bereich des Glases.
Erhitze zunächst die Stahlwolle im Reagenzglas stark mit dem Bunsenbrenner. Erwärme danach das Paraffinöl mit einem zweiten Brenner, sodass das Paraffinöl gerade siedet. Erhitze die Stahlwolle fortwährend, bis das Paraffinöl fast vollständig verdampft ist. Fange die gasförmigen Produkte in Reagenzgläsern pneumatisch auf.

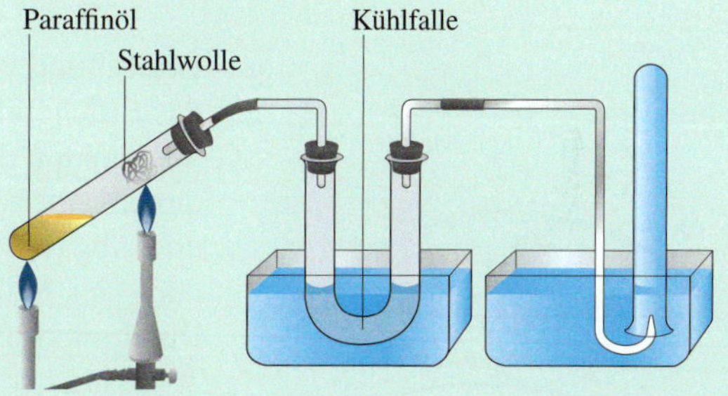

Prüfe die Gase (F+) in den Reagenzgläsern und die in der Kühlfalle gesammelte Flüssigkeit (F, Xn, N) mit 3%igem Bromwasser (T, Xi) und auf Brennbarkeit.
Deute die Beobachtungsergebnisse und formuliere mögliche Reaktionsgleichungen.
Entsorgung: Kondensat in den Sammelbehälter III, bromhaltige Reste in den Sammelbehälter IV geben. Geräte mit Gasresten unter dem Abzug entlüften.

Erdöl

Erdöl ist einer der wertvollsten fossilen Energieträger. Auch in Deutschland gibt es Erdölvorkommen, besonders im Norden des Landes. Jedoch liegen diese weit unterhalb der Erdoberfläche. Wie sind die Erdölvorkommen entstanden und wie erfolgt ihre Förderung? Ist Erdöl gleich Erdöl?

1 Erdölförderpumpe

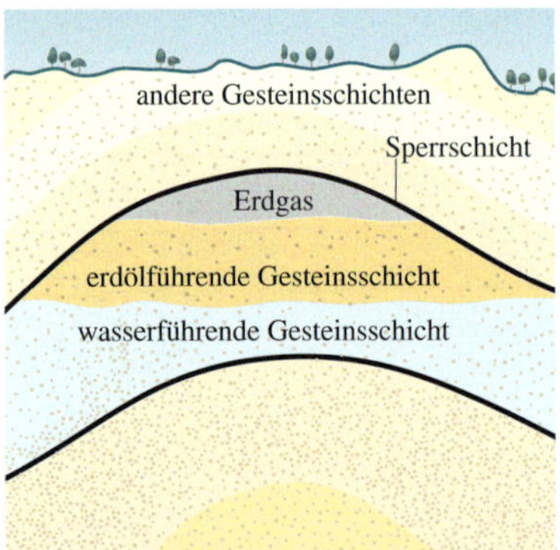

2 Entstehung von Erdöllagerstätten

3 Ölkuhle (Erdölsee)

Entstehung von Lagerstätten Das Ausgangsmaterial bei der Entstehung des Erdöls bildeten frei schwebende Kleinstlebewesen, vor allem Algen im Plankton des Meerwassers. Pflanzliches Plankton wandelt Kohlenstoffdioxid und Wasser bei der Fotosynthese in energiereiche organische Stoffe um. Abgestorben und abgesunken auf den tiefen Meeresgrund fehlte jedoch der Sauerstoff zur Zersetzung, es kam zur Faulschlammbildung. Durch die Last des darüber abgelagerten Materials, vor allem Sand und Ton, ging der Faulschlamm in Tonschiefer über, der einen Gehalt von bis zu 20 % des organischen Materials enthalten konnte. So entstand das Erdölmuttergestein. Im Laufe von Jahrmillionen wandelten Bakterien, die ohne Sauerstoff leben können, bei hohem Druck und höheren Temperaturen das Material langsam in einfache Kohlenwasserstoffe um. Aufgrund des immer höher werdenden Drucks durch Ablagerungen oberhalb des Muttergesteins wurde dieses stark zusammengepresst. Die flüssigen Kohlenwasserstoffe stiegen wegen ihrer geringen Dichte nach oben. Manchmal erreichte das Erdöl dann die Erdoberfläche und es bildeten sich Ölkuhlen. Stieß das Erdöl auf eine undurchlässige Gesteinsschicht (Sperrschicht), z. B. aus Salz oder Ton, sammelte es sich dort zu einer **Lagerstätte** an. Enthaltene gasförmige Stoffe bildeten darüber Erdgasblasen. ↑2

Erdölförderung und Transport Bei der Erdölförderung wird heute innerhalb der Lagerstätte meist horizontal gebohrt. Nur etwa jede sechste Bohrung wird dabei fündig. Aufgrund des hohen Lagerstättendrucks schießt das Erdöl zuerst von selbst zur Erdoberfläche auf. Lässt der Druck allmählich nach, werden Pumpen zur Förderung eingesetzt. Unter günstigsten Bedingungen können so aber nur 50 % des Erdöls gefördert werden. Zur weiteren Ausbeute kann das Öl entweder durch Erwärmen dünnflüssiger gemacht oder durch das Einbringen von Lösemitteln aus dem Gestein herausgelöst und mit dem Lösemittel zutage gefördert werden. Nach der Reinigung von Gas, Sand und Wasser erhält man aus dem Erdöl das **Rohöl**. Dieses wird über Pipelines oder Tanker zu den Erdölraffinerien transportiert.

Kaukasus | Arabien | Australien | Nordsee | Frankreich | Frankreich | Venezuela | Sumatra

4 Erdöl aus unterschiedlichen Lagerstätten

Zusammensetzung und Eigenschaften von Erdöl Je nach Fundort hat Erdöl eine schmutzig braune bis schwarze Farbe, riecht charakteristisch nach Petroleum, ist flüssig bis zähflüssig und kann sogar fest sein. ↑4 Mit steigender Temperatur nimmt die Viskosität ab. ↑E.24 S.148 Erdöl bildet auf dem Wasser einen dünnen Ölfilm, besitzt also hydrophobe Eigenschaften und eine geringere Dichte als Wasser. ↑E.23 S.148 Kaltes Erdöl ist mit einem brennenden Holzspan nicht entzündbar, warmes dagegen lässt sich entzünden. ↑E.26 S.148 Bei der Verbrennung entstehen Kohlenstoffdioxid und Wasser. ↑E.25 S.148 Daraus lässt sich schließen, dass Erdöl, abgesehen von Verunreinigungen, aus Kohlenwasserstoffen besteht. Es ist ein Stoffgemisch verschiedener Kohlenwasserstoffe mit kettenförmigen, verzweigten und ringförmigen Molekülen. Aus der unterschiedlichen Viskosität verschiedener Erdöle kann man auf den Anteil an kurz- bzw. langkettigen Kohlenwasserstoffen schließen. Je größer der Anteil an kurzkettigen Kohlenwasserstoffen ist, desto dünnflüssiger ist das Erdöl. Weiterhin enthält Erdöl noch geringe Mengen an organischen Sauerstoff-, Stickstoff- und Schwefelverbindungen sowie einige anorganische Stoffe.

5 Ölverschmutzter Vogel

Erdöl und Umwelt Bei der Förderung oder dem Transport des Erdöls kann es zu erheblichen Umweltbelastungen kommen. Ein eindrucksvolles Beispiel hierfür ist z. B. eine Ölpest, die nach einem Tankerunglück entstehen kann. Neben der kilometerlangen Verseuchung von Stränden kommt es zu erheblichen Schäden an der Meeresfauna und -flora. Ganze Riffe oder Muschelbänke können zerstört und Fisch- und Seevögelbestände stark gefährdet werden. Die bei der Verbrennung von Erdöl und Erdölprodukten entstehenden Abgase, dazu gehört vor allem Kohlenstoffdioxid, verschmutzen die Atmosphäre und verursachen den Klimawandel.

6 Untergang eines havarierten Öltankers

Aufgaben

1 Erstelle eine Übersicht über weltweite Erdölvorkommen. Nutze hierfür deinen Atlas.

2 Informiere dich mithilfe des Internets über die Horizontalbohrtechnik und beschreibe dieses Verfahren. Informiere dich auch über weitere Verfahren der Erdölförderung.

3 Beschreibe den Unterschied zwischen Erdöl und Rohöl.

4 Vergleiche das Siedeverhalten von Erdöl mit dem von Wasser.

5 Erläutere mithilfe der zwischenmolekularen Kräfte die unterschiedliche Viskosität des Erdöls verschiedener Lagerstätten.

6 Diskutiere den Satz: „Erdöl ist nicht gleich Erdöl“.

Verarbeitung des Erdöls

Das nach Reinigung des Erdöls erhaltene Rohöl kann von den Verbrauchern noch nicht unmittelbar verwendet werden. Das Stoffgemisch Rohöl muss noch weiterverarbeitet, d. h. raffiniert werden. Welche Möglichkeiten gibt es, um das schmutzig braune bis schwarze Rohöl in die jeweils gewünschten Stoffe aufzutrennen?

1 Erdölraffinerie mit den hohen Destillationstürmen in der Mitte

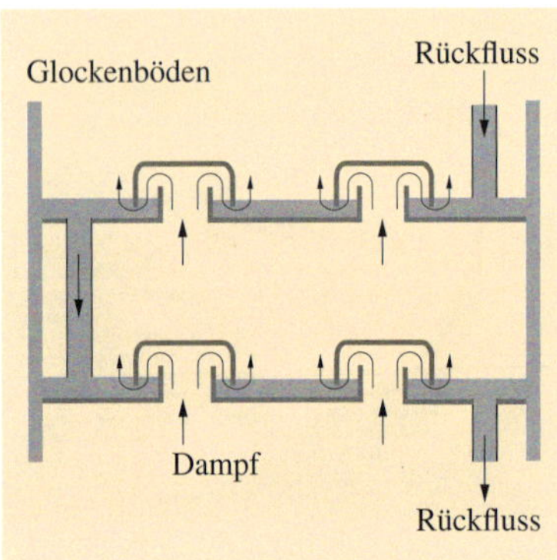

2 Vorgänge auf den Glockenböden

Fraktionierte Destillation von Erdöl Zur Trennung der verschiedenen im Erdöl enthaltenen Kohlenwasserstoffe mit ihren jeweils charakteristischen Siedetemperaturen eignet sich die Destillation. Im Experiment konnten bei unterschiedlichen Temperaturen Stoffe mit unterschiedlicher Farbe, Geruch, Viskosität und Entflammbarkeit durch Destillation aufgefangen werden. ↑E.27,28 S.149 Die erhaltenen Stoffe sind jedoch keine Reinstoffe, sondern ebenfalls Stoffgemische, da die Siedetemperaturen der Kohlenwasserstoffe sehr nahe beieinanderliegen. Diese Stoffgemische werden als **Fraktionen**, die Art der Destillation als **fraktionierte Destillation** bezeichnet. In der großtechnischen Aufbereitung von Erdöl findet dieser Vorgang in Raffinerien statt. Das Rohöl wird im Röhrenofen auf 350 bis 400 °C erhitzt. Die Rohöldämpfe gelangen in den ersten Destillationsturm mit Normaldruck. Dieser Turm ist durch Glockenböden stockwerkartig unterteilt, auf denen unterschiedliche Temperaturen herrschen. Die Böden sorgen konstruktionsbedingt für eine gute Trennung des Stoffgemisches. Der Rückstand wird bei verringertem Druck in der **Vakuumdestillation** destilliert. Bei herabgesetzten Siedetemperaturen kann hier die Trennung des Rückstands ohne unerwünschte Nebenreaktionen erfolgen, wie sie bei höheren Temperaturen auftreten würden.

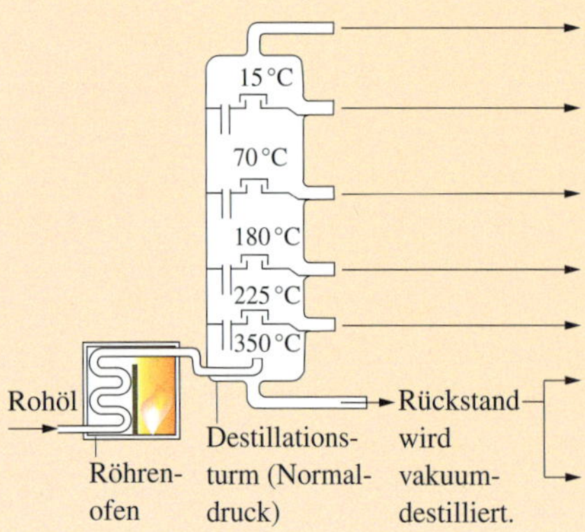

Fraktionen	Siedetemperatur in °C	Anzahl Kohlenstoffatome je Molekül	Verwendung
Gase	< 15	1 bis 4	Heizgase, Ausgangsstoffe für die chemische Industrie
Leichtbenzin	15 bis 70	5 bis 10	Vergaserkraftstoff, Lösemittel, Waschbenzin
Schwerbenzin	70 bis 180	8 bis 12	Lösemittel, Waschbenzin
Petroleum	180 bis 225	10 bis 15	Kerosin, Heizöl
Gasöl	225 bis 350	> 20	Dieselkraftstoff, Heizöl
Schweröle	> 350	> 20	schweres Heizöl, Schmiermittel, Kerzen, Salben
Rückstand Bitumen	> 500		Straßenbelag (Asphalt, Teer), Dachanstriche

3 Schema der fraktionierten Destillation von Erdöl und der erhaltenen Produkte

Crackverfahren Die im Erdöl enthaltenen kurzkettigen Benzin-, Petroleum- und Gasölfraktionen sind aufgrund des hohen Bedarfs in Verkehr und Transport sehr gefragt, machen aber nur einen geringen Anteil des Erdöls aus. Die wenig nachgefragten langkettigen Schweröle und Rückstände fallen dagegen bei der Destillation in großen Mengen an. Wie können aus diesen Fraktionen die begehrten Produkte gewonnen werden? Ein Verfahren, mit dem dies gelingt, ist das **Cracken** (engl. to crack – spalten, aufbrechen).

Im Experiment konnten durch Cracken unterschiedliche gasförmige und flüssige Reaktionsprodukte aufgefangen werden, die wässrige Bromlösung entfärbten. ↑E.29 S.149 Diese Entfärbung zeigt ungesättigte Kohlenwasserstoffe im Gemisch an. Neben Alkanen und Alkenen können in dem Gemisch auch Cycloalkane enthalten sein.

Beim **thermischen Cracken** geraten die langkettigen Moleküle bei hohen Temperaturen bis 900 °C und hohem Druck in so starke Schwingungen, dass ab etwa 360 °C die Bindungen zwischen den Kohlenstoffatomen aufbrechen und ein Gemisch verschiedener kurzkettiger Moleküle entsteht.

Beim **katalytischen Cracken** gelingt das Cracken energiesparender mithilfe eines Katalysators bereits bei 500 °C und einem wesentlich geringeren Druck. Hierbei werden die Dämpfe des Schweröls in einen Reaktor mit umherwirbelnden Katalysatorperlen eingeleitet. Der Katalysator überzieht sich allmählich mit Ruß und verliert seine Aktivität. In einem Regenerator wird er durch Verbrennung des Rußes gereinigt.

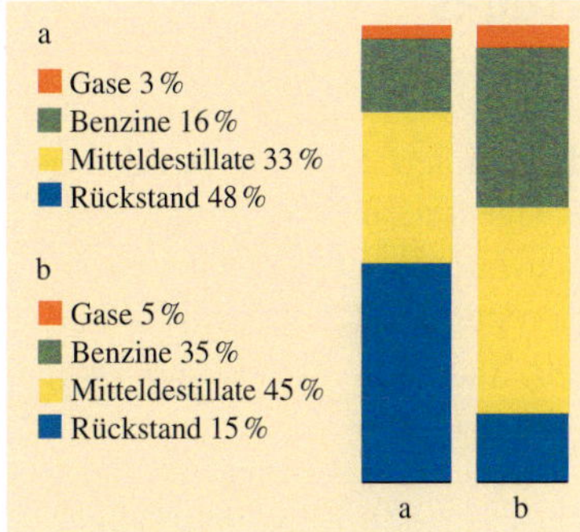

4 Erdölfraktionen: tatsächliche Anteile, gemittelt (a), und Bedarf (b)

Wirkung von Katalysatoren

- Katalysatoren setzen die Aktivierungsenergie herab.
- Chemische Reaktionen können bei niedrigerer Temperatur ablaufen.
- Chemische Reaktionen verlaufen mit Katalysator schneller.

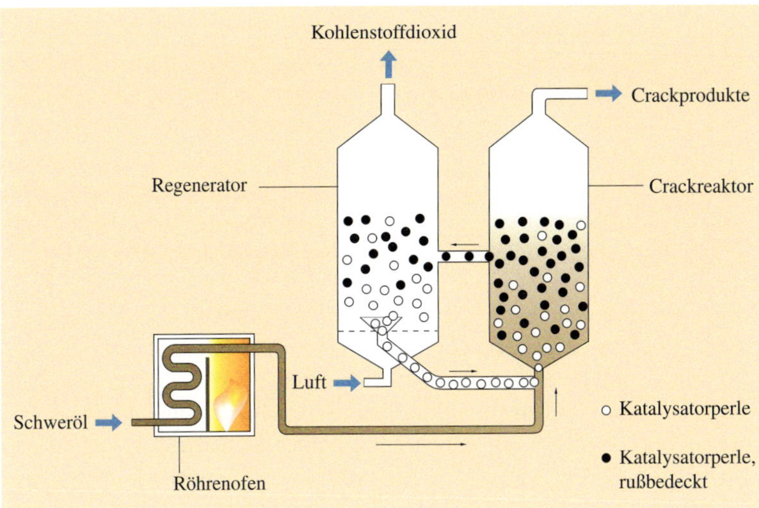

5 Schema des katalytischen Crackens

$C_{16}H_{34}$
Hexadecan

↓ Cracken

$H_2C{=}CH_2$
Ethen

$+\ H_3C{-}CH_2{-}CH_2{-}CH_3$
Butan

$+\ H_2C{=}CH{-}CH_3$
Propen

$+\ H_2C{=}CH{-}(CH_2)_4{-}CH_3$
Hept-1-en

6 Reaktionsprodukte beim katalytischen Cracken von Hexadecan

Aufgaben

1 Beschreibe, was man unter einer Fraktion versteht.
2 Erläutere, weshalb man bei Erdölfraktionen von Siedebereichen spricht.
3 Erläutere die Vorgänge auf einem Glockenboden.
4 Nenne mögliche Produkte, die beim Cracken von Dodecan ($C_{12}H_{26}$) entstehen können. Stelle von diesen Stoffen die Strukturformeln auf.
5 Der beim Cracken mit Ruß überzogene Katalysator kann regeneriert werden. Formuliere hierzu die Reaktionsgleichung.
6 Erläutere, weshalb sich Bromwasser entfärbt, wenn es einem Gemisch von Crackprodukten zugesetzt wird. Formuliere eine mögliche Reaktionsgleichung.

Erdgas

In den letzten Jahren wurden riesige unterirdische Erdgasfelder neu entdeckt und erschlossen, in Europa vor allem in der Nordsee. Die Nachfrage nach Erdgas steigt unaufhaltsam.
Wie gelangt das Erdgas an die Oberfläche? Welche Eigenschaften des Erdgases sind für dessen wirtschaftliche Bedeutung verantwortlich?

1 Plattform zur Förderung von Erdgas in der Nordsee

Vorkommen und Gewinnung von Erdgas Erdgas ist erdgeschichtlich ähnlich entstanden wie Erdöl, deshalb treten sie gemeinsam auf.
Bildet das Erdgas in der Lagerstätte eine Gasblase, strömt es aufgrund des hohen Drucks von selbst aus der Erde. Kommt es jedoch im Erdöl gelöst vor, sprudelt es mit diesem gemeinsam aus der Erdölquelle. Dieses Erdgas muss vom Erdöl in einem Gasabscheider getrennt werden, bevor es getrocknet und entschwefelt wird.
Zur Förderung des Erdgases aus einer Gasblase wird in das Bohrloch ein Steigrohr eingeführt. Ventile sorgen für einen kontinuierlichen Erdgasstrom. Aufgrund des hohen Drucks können etwa 75 % des Erdgases aus dem Trägergestein gewonnen werden. Das Erdgas wird in Trocknungs- und Aufbereitungsanlagen von mitgeführtem Wasser, flüssigen Kohlenwasserstoffen, Feststoffen und Schwefelwasserstoff gereinigt. Das Erdgas verlässt die Aufbereitungsanlagen in verbrauchsfertiger Qualität.

Transport und Lagerung Da die Erdgasvorkommen von den Verbrauchern oft sehr weit entfernt sind, wird das Erdgas in ein Hochdrucktransportsystem (Pipelines) eingespeist. Unter Druck verflüssigt, kann es technisch aufwendig auch in speziellen Tankschiffen auf dem Seeweg transportiert werden, was jedoch ein erhöhtes Sicherheitsrisiko darstellt. Es ist besonders wichtig, das flüssige Erdgas bei Temperaturen von etwa –170 °C zu lagern, damit die Tanks durch Verdampfen des Erdgases nicht unter Druck stehen. Die Verbraucher benötigen zu verschiedenen Tages- und Jahreszeiten unterschiedliche Mengen an Erdgas. Zur Anpassung an diese Schwankungen muss ein Teil des Erdgases gespeichert und nach Bedarf kontrolliert eingespeist werden. In Deutschland gibt es zurzeit etwa 40 Untertagespeicher. Die größte Rolle spielen dabei die Porenspeicher, bei denen poröses Gestein für die Speicherung genutzt wird. ↑2 Diese können je nach geologischer Beschaffenheit zwischen 100 Mio. m^3 und mehreren Mrd. m^3 fassen. Stillgelegte Salzbergwerke dienen zudem als Kavernenspeicher. ↑3 Bei der Lagerung von verflüssigtem Erdgas müssen aus Sicherheitsgründen ähnliche technische Bedingungen geschaffen werden wie beim Transport auf Tankschiffen.

Schon gewusst?

Erdgas galt als Abfallprodukt bei der Erdölförderung. Man fand damals noch keine geeignete Verwendungsmöglichkeit für das dort anfallende Erdgas. Das unerwünschte Gas wurde entzündet. Dies wird auch als „Abfackeln des Erdgases" bezeichnet.

Zusammensetzung von Erdgas verschiedener Vorkommen, Volumenanteile in %				
Gas	Deutschland (Weser-Ems)	Niederlande	Frankreich	Russland
Methan	91,1	81,4	69,3	93,0
Ethan	5,1	2,7	3,1	3,0
Propan	2,1	0,4	1,1	1,3
Butan	0,8	0,2	0,6	
Pentan	0,4	0,1	0,7	0,6
Stickstoff	0,4	14,3	0,4	1,1
Kohlenstoffdioxid	0,1	0,9	9,6	1,0
Schwefelwasserstoff	–	Spuren	15,2	–

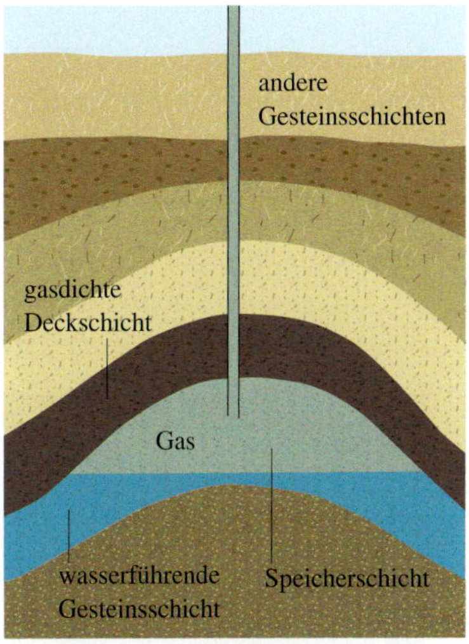

2 Porenspeicher für Erdgas

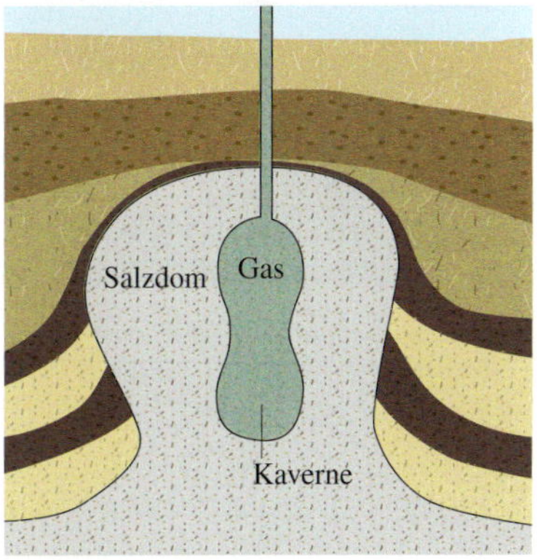

3 Kavernenspeicher für Erdgas

Zusammensetzung und Eigenschaften Erdgas ist ein Gasgemisch. Seine Zusammensetzung variiert wie beim Erdöl je nach Fundort zum Teil erheblich. Im Mittel besteht es zu ungefähr 90 % aus Methan. Neben weiteren gasförmigen Alkanen wie Ethan, Propan und Butan sind meistens noch Kohlenstoffdioxid und Stickstoff enthalten. Einige Erdgaslagerstätten enthalten zudem Schwefelwasserstoff in unterschiedlichen Mengen.
Erdgas hat eine geringere Dichte als Luft und bildet mit ihr ein explosives Gasgemisch. Es brennt mit blauer Flamme und hat je nach Zusammensetzung den höchsten Heizwert im Vergleich zu anderen fossilen Brennstoffen (bis zu 50 000 kJ/m^3). Erdgas ist daher ein sehr bedeutender und begehrter Energieträger. Die Siedetemperatur des Erdgases liegt je nach Fundort zwischen –185 und –160 °C. Es kann unter Druck sehr leicht verflüssigt werden, was man sich beim Transport und bei der Lagerung zunutze macht.

Verwendung von Erdgas Erdgas wird hauptsächlich als Brennstoff zum Heizen und zur Erzeugung elektrischer Energie verwendet. Zudem ist es ein wichtiger Rohstoff für viele chemische Produkte. Seine Vorteile als Brennstoff sind, dass es vollständig, rußfrei und schadstoffarm verbrennt, von allen fossilen Brennstoffen am meisten Energie freisetzen kann und die Verbrennungsvorgänge sich am besten beherrschen lassen. Daher wird Erdgas immer häufiger auch als Treibstoff für Erdgasmotoren in Kraftfahrzeugen eingesetzt. Der große Aufschwung erfolgte im Jahr 2003, denn bis zum Jahr 2020 wird Erdgas nur gering besteuert im Vergleich zur hohen Mineralöl- und Ökosteuer auf Benzin und Dieselkraftstoff.

4 Tankstelle mit Zapfsäule für Erdgas

Aufgaben

1 Erstelle eine Übersicht über weltweite Erdgasvorkommen. Nutze hierfür deinen Atlas.

2 Erkläre, weshalb Erdgas schadstoffarm verbrennt.

3 Erläutere mögliche Gefahren beim Transport und bei der Lagerung von Erdgas.

4 Überlege, weshalb man vollständig gereinigtem und daher geruchlosem Erdgas wieder unangenehme Geruchsstoffe zuführt.

5 Beurteile die Nutzung des Erdgases als Brennstoff im Vergleich zu der des Erdöls.

1 Verschmutzte Hände, z. B. durch eine Fahrradkette, lassen sich besser reinigen, wenn sie zuerst gut mit Salatöl eingerieben und danach mit warmem Wasser und Seife gewaschen werden. Erläutere, warum das so ist.

2 Jeder Motor braucht Schmieröle. Sie haben die Aufgabe, die Gleitfähigkeit der aneinanderreibenden Metallteile zu erhöhen.

Schmieröle bestehen aus Gemischen verschiedener Kohlenwasserstoffe. Sie sind zähflüssig wie Sirup. Warum ist das so? Erkläre.

3 Propan und Butan werden im Haushalt und auch beim Camping als Brennstoff verwendet.

Nenne und begründe Sicherheitsmaßnahmen, die beim Umgang mit diesen Gasen beachtet werden müssen.
Erkunde, welche Handwerksbetriebe in deiner Umgebung Flüssiggas für welche Tätigkeit verwenden.

4 An der Tafel steht der Namen eines Alkans: 3-Ethyl-4-methylheptan.
Entwickle die Strukturformel dieses Alkans. Nenne die Summenformel und den Namen des n-Alkans. Gib für die genannten Alkane eine gemeinsame Bezeichnung an. Begründe.

5 Bei der Verbrennung von 5,6 l eines unbekannten Kohlenwasserstoffgases entstehen 9 g Wasser und 11,2 l Kohlenstoffdioxid.
Gib an, um welches Gas es sich handelt. Begründe. Berechne zum Vergleich die Masse Wasser und das Volumen an Kohlenstoffdioxid, die bei der Verbrennung von 5,6 l Ethan entstehen. Erkläre mögliche Unterschiede zwischen beiden Ergebnissen.

6 Erdöl wird auch als „schwarzes Gold“ bezeichnet. Neben seiner Verwendung als Brennstoff ist Erdöl auch für andere Industriezweige sehr bedeutsam. Besorge dir Informationsmaterialien verschiedener Erdölfirmen und vergleiche diese miteinander. Nutze auch das Internet. Stelle mit deiner Klasse auf einer Pinnwand die vielfältigen Nutzungsmöglichkeiten des Erdöls in einem Schaubild zusammen und lege dar, weshalb Erdöl so begehrt ist.

7 Kohle ist ebenfalls ein wichtiger Rohstoff und Energieträger. Aus der Kohle können sogar flüssige Kohlenwasserstoffe gewonnen werden, die als Treibstoff Verwendung finden. Das geschieht mithilfe der Kohleverflüssigung. Informiere dich über die beiden führenden Verfahren der Kohleverflüssigung: das Fischer-Tropsch-Verfahren und das Bergius-Verfahren. Erläutere, weshalb beide Verfahren bereits heute in einigen Ländern der Welt (z. B. China oder Südafrika) im Gegensatz zu Deutschland in hochmodernen Anlagen Anwendung finden.

8 Derzeit steigt der Absatz von Biogas an deutschen Tankstellen stark an.
a Vergleiche Erdgas und Biogas miteinander.
b Überlege Ursachen für den stark gestiegenen Absatz von Biogas und fasse diese in schriftlicher Form zusammen.
c Begründe, warum Biogas den regenerativen Energieträgern zugeordnet werden kann.

9 Biodiesel wird z. B. aus Raps gewonnen und gilt daher oft als ökologisch vorteilhafter als herkömmlicher Diesel. Doch nicht jedes Auto mit Dieselmotor kann mit Biodiesel betankt werden. Informiere dich über die sogenannte Ökobilanz von Biokraftstoffen gegenüber herkömmlichen Kraftstoffen. Diskutiere die Ergebnisse in der Klasse.

Auf einen Blick

Kohlenwasserstoffe

Organische Verbindungen, die nur die Elemente Kohlenstoff und Wasserstoff enthalten

---

Alkane

Kohlenwasserstoffe, deren Moleküle nur aus Kohlenstoff und Wasserstoff bestehen und deren Atome nur durch einfache Atombindungen miteinander verbunden sind, z. B. Methan:

CH_4	H H–C–H H	H H:C:H H	
Summenformel	Strukturformel	Elektronenformel	Molekülmodell

Einteilung der Kohlenwasserstoffe

Die Einteilung der Kohlenwasserstoffe erfolgt nach der Struktur ihrer Moleküle.

Kettenförmige Kohlenwasserstoffe		
Gesättigte Kohlenwasserstoffe	Ungesättigte Kohlenwasserstoffe	
Alkane	Alkene	Alkine

Reaktionen der Kohlenwasserstoffe

Substitution

Austausch von Atomen oder Atomgruppen zwischen den Molekülen der Ausgangsstoffe

---

Eliminierung

Abspaltung von mindestens zwei Atomen oder von Atomgruppen aus je einem Molekül des Ausgangsstoffs

---

Addition

Vereinigung von jeweils zwei Molekülen der Ausgangsstoffe zu einem Molekül des Reaktionsproduktes

---

Erdgas

Stoffgemisch, dessen Hauptbestandteile die Kohlenwasserstoffe Methan, Ethan, Propan und Butan sind

---

Erdöl

Stoffgemisch verschiedener Kohlenwasserstoffe mit kettenförmigen, verzweigten und ringförmigen Molekülen

---

Verarbeitung von Erdöl

Die Verarbeitung des Erdöls erfolgt in Raffinerien, mit dem Ziel der Gewinnung verschiedener Gemische von Kohlenwasserstoffen. Wichtige Verfahren: fraktionierte Destillation, Cracken und Reformieren.

Check up

1 Spiritus ist eine organische Verbindung.
a Welches Element ist am Aufbau aller organischen Verbindungen beteiligt?
b Warum gibt es wesentlich mehr organische als anorganische Verbindungen?
c Überlege, wie man nachweisen könnte, dass bei brennendem Spiritus Kohlenstoffdioxid und Wasser entstehen?

2 Methan ist der einfachste Kohlenwasserstoff.
a Nenne mindestens drei Vorkommen und die Bedeutung von Methan.
b Entwickle einen Steckbrief von Methan.
c Beschreibe den Bau des Methanmoleküls anhand der Strukturformel.

3 Alkane bilden eine homologe Reihe.
a Erläutere den Begriff „homologe Reihe".
b Stelle die Strukturformeln folgender Alkane auf und benenne sie:
C_7H_{16}; $C_{10}H_{22}$; C_5H_{12}.
c Notiere die Summenformeln von Alkanen mit 11, 19 und 24 Kohlenstoffatomen. Leite für diese Alkane aufgrund ihrer Stellung in der homologen Reihe gemeinsame und unterschiedliche Eigenschaften ab.

4 Erläutere die Merkmale von Substitutionsreaktionen anhand der Umsetzung von Octan mit Brom.
Woran kann man erkennen, dass die Reaktion tatsächlich abläuft? Entwickle die Reaktionsgleichung.

5 1,2-Dichlorethan und 1,1-Dichlorethan sind Isomere.
Begründe diese Aussage. Entwickle die Strukturformeln.

6 Überlege, wie du experimentell prüfen könntest, ob im Benzin ungesättigte Kohlenwasserstoffe enthalten sind.

7 Nenne Unterschiede zwischen gesättigten und ungesättigten Kohlenwasserstoffen.
Ordne die folgenden Stoffe zu:
2-Methylbutan, Hept-2-in, n-Hexan, Pent-1-en, Octadec-3-en, 2,3-Dimethylnonan.

8 Propen reagiert mit Chlor und mit Chlorwasserstoff.
a Welche Verbindungen entstehen dabei? Ordne sie einer Stoffgruppe zu.
b Kennzeichne die Reaktionsart.
c Entwickle die Reaktionsgleichungen.

9 Die Begriffe Hydrierung und Dehydrierung werden oft verwechselt. Erläutere die Reaktionen an einem selbst gewählten Beispiel und bestimme die Reaktionsart.

10 Rohöl kann von den Verbrauchern noch nicht unmittelbar verwendet werden.
a Verdeutliche, in welchen Eigenschaften sich die verschiedenen Rohölfraktionen voneinander unterscheiden.
b Gib die Arbeitsschritte an, in denen man aus Rohöl Benzin gewinnt.
c Vergleiche die fraktionierte Destillation im Schülerexperiment mit der in der Erdölraffinerie.
d Erläutere die Vorgänge bei der fraktionierten Destillation.
e Beurteile die Notwendigkeit der Vakuumdestillation.
f Vergleiche das thermische Cracken mit dem katalytischen Cracken.

Aufgabe	Hilfe findest du auf Seite ...	Verbindung der Aufgabe zu den Basiskonzepten ↑S.8
1	131	T R
2	132, 133, 137	T S
3	134, 135, 136	S T
4	139	R E
5	140, 142	T
6	145, 147	T R
7	134, 145, 147	T S
8	145, 147	R S
9	145	T R
10	151, 152, 153	T R

T Stoff-Teilchen-Beziehungen, S Struktur-Eigenschafts-Beziehungen, R Chemische Reaktion, E Energetische Betrachtungen bei Stoffumwandlungen

› Die Lösungen findest du im Anhang.

Alkohol – mehr als nur zum Trinken

Wer denkt schon beim Betrachten von Weintrauben, eines Feldmaikäfers oder der Beeren einer Eberesche an Alkohol?
Und doch – aus Weintrauben lässt sich durch Gärung Alkohol gewinnen.
Das Weibchen des Feldmaikäfers lockt mithilfe von Alkohol Männchen an.
Und auch die Beeren der Eberesche enthalten Alkohol, der die Vögel die verschluckten Samen schnell und unverdaut wieder ausscheiden lässt.

- ➜ Was ist Alkohol und kann man jeden Alkohol trinken?
- ➜ Wie sind Alkohole aufgebaut?
- ➜ Welche Unterschiede und Gemeinsamkeiten gibt es zwischen den Alkoholen?
- ➜ Wie lassen sich Alkohole herstellen und welche Bedeutung besitzen sie im täglichen Leben der Menschen?

Selbst untersucht Eigenschaften von Alkoholen

1 Erkunde Eigenschaften von Ethanol.

Vorsicht! Entzündungsgefahr! Ermittle Aggregatzustand, Geruch, Farbe und Dichte von Ethanol (F) bei Zimmertemperatur und bestimme die Siedetemperatur. Prüfe anschließend die elektrische Leitfähigkeit von Ethanol und die Brennbarkeit.
Beschreibe die Beobachtungen. Nutze die Beobachtungsergebnisse und Angaben aus einem Tabellenwerk zum Erstellen eines Steckbriefs für Ethanol.
Entsorgung: Reste von Ethanol zur weiteren Verwendung einsammeln.

2 Prüfe die Wirkung einer elektrisch geladenen Folie auf Ethanol und andere Flüssigkeiten.

Gib Ethanol in eine Bürette und halte seitlich neben das Auslaufventil einen aufgeladenen Plastikstab oder eine aufgeladene Folie.

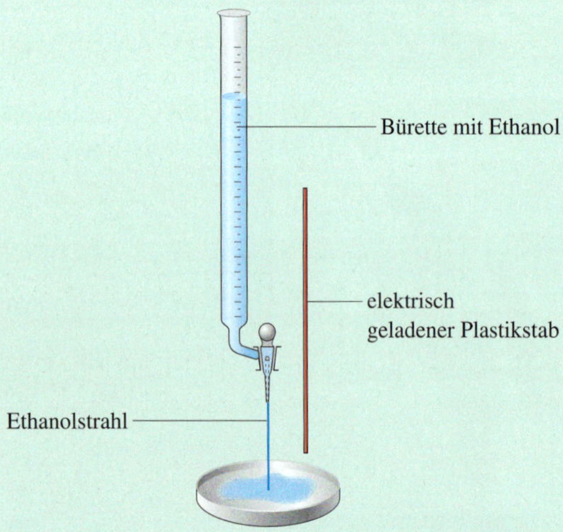

Lass aus der Bürette einen feinen Ethanolstrahl an dem Stab vorbei in eine Auffangwanne laufen.
Wiederhole das Experiment mit Wasser und mit Petroleumbenzin (F).
Vergleiche das Verhalten der drei Flüssigkeiten an dem geladenen Stab.
Erkläre das Verhalten der drei Flüssigkeiten.
Entsorgung: Reste von Ethanol und Petroleumbenzin zur weiteren Verwendung einsammeln.

3 Verbrenne Ethanol in einem geschlossenen Gefäß.

Vorsicht! Gib auf den Verbrennungslöffel Brennspiritus (F) und entzünde ihn. Tauche den Verbrennungslöffel in einen sauberen, trockenen Erlenmeyerkolben.
Verschließe den Erlenmeyerkolben mit dem Stopfen.

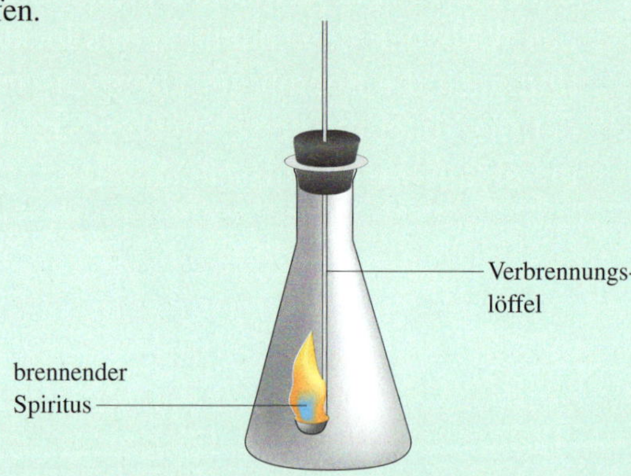

Betrachte nach Erlöschen der Flamme die Wand des Erlenmeyerkolbens. Öffne kurz den Erlenmeyerkolben und gib etwa 5 ml Kalkwasser (Xi) in den Kolben. Verschließe sofort und schüttle.
Betrachte das Kalkwasser vor dem Einfüllen in den Kolben und nach dem Schütteln des verschlossenen Kolbens.
Deute die Beobachtungsergebnisse.
Entsorgung: Reste in den Sammelbehälter für Abwasser geben.

4 Untersuche die Wirkung von Alkohol auf Eiweiß.

Versetze etwas Eiklar mit 0,9%iger Kochsalzlösung im Verhältnis 1 : 5 und schüttle kräftig. Gib zu 5 ml der entstandenen Eiweißlösung 5 ml Ethanol (F) und schüttle wiederum kräftig.
Beschreibe deine Beobachtungen. Überlege, welche Wirkungen der regelmäßige Genuss von Alkohol auf Organe im menschlichen Organismus haben kann.
Entsorgung: Reste in den Sammelbehälter für Abwasser geben.

5 Prüfe das Verhalten von Alkoholen gegenüber Indikatorlösungen.

Gib je 3 ml Ethanol (F), Propan-1-ol (F) und Butan-1-ol (Xn) in jeweils ein Reagenzglas. Versetze die Alkohole mit fünf Tropfen einer Indikatorlösung, z. B. Universalindikator. Tropfe zum Vergleich ebenfalls fünf Tropfen dieser Indikatorlösung in 3 ml 5%ige Natriumhydroxidlösung (C).
Notiere die Farben der Alkohollösungen vor und nach Zugabe des Indikators und vergleiche sie mit der Natriumhydroxidlösung. Leite aus dem Vergleich Schlussfolgerungen ab.
Entsorgung: Reste von Natriumhydroxidlösung und Ethanol in Sammelbehälter für Abwasser, andere Alkoholreste in den Sammelbehälter III geben.

6 Untersuche die Mischbarkeit von Alkoholen mit Wasser.

Gib in ein Reagenzglas mit 3 ml Ethanol (F) 3 ml Wasser. Verschließe das Reagenzglas und schüttle kräftig. Wiederhole das Experiment mit Butan-1-ol (Xn), Octan-1-ol (Xi), Nonan-1-ol, Glykol und Glycerin. *Hinweis:* Zur besseren Beobachtung kann das Wasser z. B. mit wenigen Tropfen Eosin angefärbt werden.
Fertige über die Beobachtungen eine Übersicht an.
Entsorgung: Reste in Sammelbehälter III geben.

7 Untersuche die Mischbarkeit von Alkoholen mit Petroleumbenzin und Heptan.

Gib in zwei Reagenzgläser je 3 ml Ethanol (F). Setze dem ersten Reagenzglas 3 ml Petroleumbenzin (F) und dem zweiten 3 ml Heptan (F, Xn, N) zu. Verschließe die Reagenzgläser und schüttle kräftig. Wiederhole die Experimente mit Butan-1-ol (Xn), Octan-1-ol (Xi), Nonan-1-ol, Glykol und Glycerin.
Fertige über die Beobachtungen eine tabellarische Übersicht an.
Vergleiche die Ergebnisse mit denen des Experiments 6. Leite aus beiden Experimenten Schlussfolgerungen über die Mischbarkeit von Alkoholen ab.
Entsorgung: Reste in Sammelbehälter III geben.

8 Prüfe die Brennbarkeit verschiedener Alkohole.

Gib in je eine Porzellanschale 5 ml Butan-1-ol (Xn), Octan-1-ol (Xi), Nonan-1-ol, Glykol und Glycerin. Versuche die Alkohole mit einem brennenden Span oder mit einer Brennerflamme zu entzünden.
Notiere die Beobachtungsergebnisse. Falls die Alkohole brennen, vergleiche das Aussehen der Flammen.
Entsorgung: Reste in den Sammelbehälter III geben.

9 Erkunde die Brennbarkeit von Ethanol-Wasser-Gemischen.

Stelle fünf verschiedene Ethanol-Wasser-Gemische aus Brennspiritus und Wasser her [φ(Ethanol) = 95 %; F]. Der Volumenanteil Ethanol soll in den Gemischen betragen: 95 %, 70 %, 50 %, 40 %, 30 %.
Gib jeweils 5 ml eines Gemisches in je eine Porzellanschale. Versuche die Gemische mit kleiner Brennerflamme zu entzünden.
Beobachte. Entscheide, ob sich die Gemische entzünden lassen und wie lange sie brennen. Leite Schlussfolgerungen über die Brennbarkeit von Alkohollösungen ab.
Entsorgung: Reste zur weiteren Verwendung einsammeln.

10 Unterscheide Methanol von anderen Alkoholen.

Vorsicht! Gib 5 ml Methanol (F, T), 5 ml Ethanol (F) und 5 ml Butan-1-ol (Xn) in je eine Porzellanschale. Setze den Alkoholen jeweils 1 g Borsäure und zwei Tropfen konzentrierte Schwefelsäure (C) zu. Rühre mit einem Glasstab um, bis keine feste Borsäure mehr vorhanden ist. Entzünde die Flüssigkeiten mit kleiner Brennerflamme.
Beobachte die Färbung der Flammen. Formuliere eine Aussage darüber, wie Methanol von anderen Alkoholen unterschieden werden kann.
Entsorgung: Reste in den Sammelbehälter III geben.

Ethanol

In einem Lokal wird zum Abschluss eines festlichen Essens eine brennende Nachspeise serviert. Die Früchte werden mit Alkohol, genauer mit Ethanol, flambiert.
Was ist Ethanol und welche Eigenschaften hat Ethanol? Wofür wird Ethanol verwendet?

1 Flambieren von Himbeeren

EXPERIMENT 11 [L]
Reaktion von Ethanol mit Magnesium.
Ethanoldämpfe (F) werden über stark erhitzte Magnesiumspäne (F) geleitet. Das entweichende Gas wird entzündet.

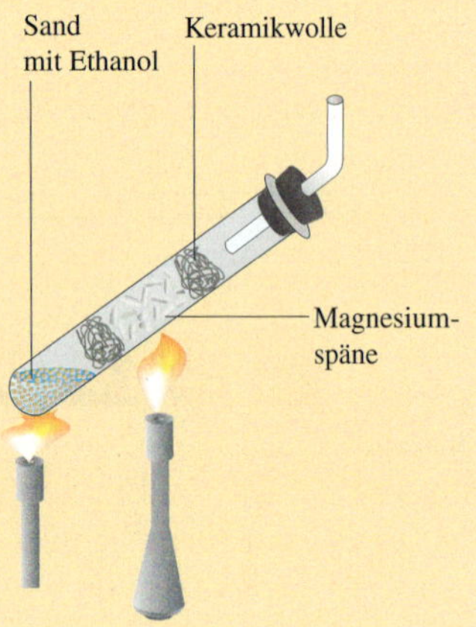

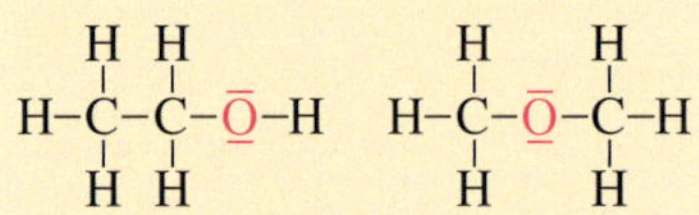

2 Mögliche Strukturformeln von Verbindungen mit der Summenformel C_2H_6O

Eigenschaften von Ethanol Reines Ethanol ist eine farblose, leicht flüchtige Flüssigkeit mit einem charakteristischen Geruch. Es hat eine Siedetemperatur von 78,4 °C und erstarrt bei –114,2 °C. ↑E.1 S.160
In Bier, Wein und Spirituosen ist Ethanol in unterschiedlichen Konzentrationen enthalten. Ethanol brennt mit blassblauer Flamme. ↑E.1,3 S.160 Beim Flambieren verbrennt nur das Ethanol, aber die Geschmacksstoffe der Spirituose bleiben erhalten. Ethanol-Wasser-Gemische sind ab einem Volumenanteil von φ(Ethanol) > 45 % brennbar. ↑E.9 S.161 Ethanol leitet nicht den elektrischen Strom, ein Ethanolstrahl wird aber von einer elektrisch aufgeladenen Folie abgelenkt. ↑E.1,2 S.160 Ethanol zerstört Eiweiße. ↑E.4 S.160 Regelmäßiger und übermäßiger Alkoholgenuss kann Gehirnzellen und innere Organe, z. B. die Leber, stark schädigen oder zerstören. Ethanol färbt im Gegensatz zu Natriumhydroxidlösung Universalindikator nicht. ↑E.5 S.161 Mit Borsäure verbrennt Ethanol mit gelber Flamme, die einen grünen Flammensaum besitzt. ↑E.10 S.161
Ethanol lässt sich mit Wasser, aber auch mit unpolaren Stoffen wie Benzin oder Heptan in jedem Verhältnis mischen. ↑E.6,7 S.161 Dieses Verhalten ist erstaunlich, da sich Heptan und Wasser nicht mischen. Wie lässt sich diese Eigenschaft des Ethanols erklären?

Struktur des Ethanolmoleküls Beim Verbrennen von Ethanol sind nur Wasser und Kohlenstoffdioxid als Reaktionsprodukte nachweisbar. ↑E.3 S.160 Bei der Reaktion mit Magnesium bildet sich Magnesiumoxid. ↑E.11 Aus den Experimentergebnissen lässt sich ableiten, dass ein Ethanolmolekül nur aus Atomen der Elemente Kohlenstoff, Wasserstoff und Sauerstoff besteht.
Das Teilchenanzahlverhältnis beträgt $N(C):N(H):N(O) = 2:6:1$.
Die Summenformel des Ethanols lautet demnach C_2H_6O, sie wird häufig auch als C_2H_5OH angegeben.

Dazu lassen sich zwei Strukturformeln aufstellen. ↑2 Analytische Untersuchungen ergaben, dass Ethanolmoleküle eine **Hydroxylgruppe (OH-Gruppe)** enthalten, die am sogenannten Ethylrest (CH_3-CH_2-) gebunden ist. Ethanol hat also die vereinfachte Strukturformel **CH_3-CH_2OH**.

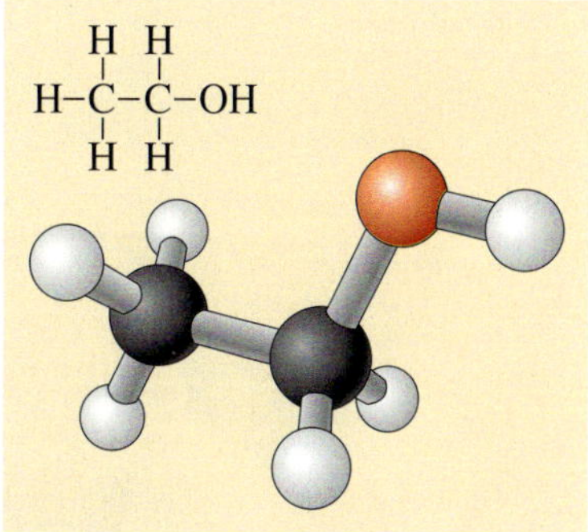

3 Strukturformel und Modell des Ethanolmoleküls

Herstellung von Ethanol Das älteste und auch heute noch wichtigste Verfahren zur Herstellung von Ethanol ist die alkoholische Gärung. Dabei reagieren zuckerhaltige Lösungen, z. B. verschiedene Fruchtsäfte, unter dem Einfluss von Enzymen zu Ethanollösungen und Kohlenstoffdioxid. Die Enzyme wirken als Biokatalysatoren. Sie werden von Hefepilzen produziert, die den Zuckerlösungen zugesetzt wurden.

$$\underset{\text{Traubenzucker (Glucose)}}{C_6H_{12}O_6} \xrightarrow{\textit{Enzyme}} \underset{\text{Ethanol}}{2\ CH_3-CH_2OH} + \underset{\text{Kohlenstoffdioxid}}{2\ CO_2}$$

Bei der alkoholischen Gärung entstehen Ethanollösungen mit einem Volumenanteil von maximal 18 %. Bei höheren Volumenanteilen an Ethanol sterben die Hefepilze ab. Werden diese Lösungen destilliert, lässt sich der Ethanolanteil bis auf etwa 96 % erhöhen.
Für industrielle Zwecke wird Ethanol auch durch katalytische Reaktion von Ethen mit Wasser hergestellt.

Verwendung von Ethanol in Alltag und Technik Ethanol dient in Industrie, Labor, Kosmetik, Arzneimittelherstellung und Haushalt als wichtiges Lösemittel. So enthalten Parfüms, Hustensäfte, Nasentropfen, Kosmetika und viele Haushaltsreiniger Ethanol.
Der größte Teil des hergestellten Ethanols wird in Form von alkoholischen Getränken für Genusszwecke genutzt. Bier, Wein, Sekt und Spirituosen wie Wein- oder Obstbrände, Korn oder Whiskey sind dafür Beispiele. Hochprozentige Alkohollösungen werden in Form von Spiritus als Brennstoffe eingesetzt. Damit Brennspiritus nicht zum Trinken missbraucht werden kann, wird er durch Zusätze schlecht schmeckender Stoffe ungenießbar gemacht (vergällt).
Ethanol kann auch als Kraftstoff anstelle von Benzin in Ottomotoren eingesetzt werden. In Deutschland wird vor allem ein Gemisch aus Ethanol mit einem Volumenanteil von 85 % und Benzin verwendet, das E85.

Schon gewusst?

Weine, Biere und Spirituosen sind die wichtigsten alkoholischen Getränke.
Wein wird durch alkoholische Gärung von Weintrauben oder von Traubenmost gewonnen, Bier durch alkoholische Gärung stärkehaltiger Substanzen wie Weizen oder Gerste. Spirituosen werden durch Brennverfahren (Destillation) aus durch Gärung entstandenen alkoholischen Lösungen hergestellt. Ethanol ist in Spirituosen wertbestimmender Anteil. Der Ethanolgehalt der verschiedenen Getränke ist sehr unterschiedlich; er liegt zwischen etwa 1 % Vol. bei Malzbier und mehr als 70 % Vol. bei Rum.

Aufgaben

1 Hochprozentige Spirituosen können zum Flambieren von Speisen genutzt werden.
a Welche Eigenschaften des Ethanols sind dabei von Bedeutung?
b Entwickle die Reaktionsgleichung für diesen Vorgang.
c Ordne die dabei ablaufende Reaktion einer Reaktionsart zu und begründe.

2 Im Winter wird Kraftstoffen oder Scheibenwaschanlagen von Kraftfahrzeugen häufig Ethanol zugesetzt. Begründe diese Maßnahme.

3 Als Hausmittel zum Fensterputzen werden Spiritus und Zeitungspapier empfohlen. Führe diese Verwendung auf Eigenschaften der verwendeten Stoffe zurück.

4 Erkunde in deiner Wohnung alle flüssigen Stoffe, in denen Ethanol enthalten ist (z. B. Getränke, Medikamente, Reinigungsmittel). Erstelle dazu eine Tabelle. Gib darin den Namen der Flüssigkeit, den Alkoholgehalt und die Verwendung an. Führe die ermittelten Verwendungen auf die Eigenschaften von Ethanol zurück.

Alkohol – eine Alltagsdroge?

1 Alkohol bringt Stimmung beim Feiern!?

2 In einer 0,3-Liter-Flasche Alcopops sind 5,5 % Vol. Alkohol enthalten. Das sind 16,5 ml bzw. 13,04 g reines Ethanol.

Alkohol – ein Alltagsgetränk Fast alle Völker kennen Alkohol bereits seit Jahrtausenden. Man schätzte seine berauschende und entspannende Wirkung. Ursprünglich stellte man meist Gärprodukte wie Wein und Met her. Mittlerweile gibt es Tausende verschiedene alkoholische Getränke. Alkohol, regelmäßig getrunken, kann beim Menschen schon in relativ geringen Mengen zur Abhängigkeit führen. Heute ist Alkohol die Droge Nummer eins. In Deutschland gibt es etwa 3 Millionen alkoholabhängige Menschen, etwa 45 000 Menschen sterben durch Alkoholmissbrauch oder durch Unfälle in Verbindung mit Alkohol.

Alkoholaufnahme im menschlichen Körper Alkohol aus alkoholischen Getränken gelangt sehr schnell ins Blut, etwa 20 % über den Magen, der restliche Anteil überwiegend über den Dünndarm. Leerer Magen, schnelles Trinken, Wärme sowie Kohlensäure in alkoholischen Getränken, z. B. Alcopops und Sekt, beschleunigen diesen Vorgang erheblich. Wenige Minuten nach dem Genuss ist Alkohol im Blut nachweisbar, nach anderthalb Stunden ist die Verteilung des Alkohols im Körper abgeschlossen. Blut und Gewebe haben nun in etwa die gleiche Alkoholkonzentration. Die Blutalkoholkonzentration (BAK) wird in Promille (‰) angegeben.

3 Trinkgelage auf einer griechischen Vasenmalerei aus dem 4. Jh. v. Chr.

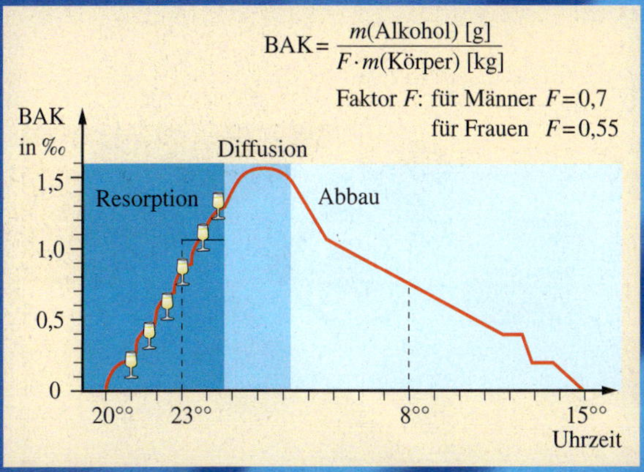

4 Blutalkoholkonzentration nach Alkoholkonsum

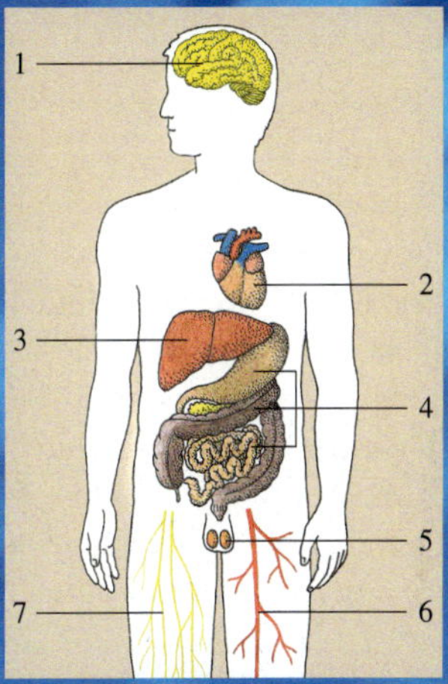

1 Gestörte Hirnfunktion
2 Herz-Kreislauf-Erkrankungen
3 Schwere Leberschäden
4 Erkrankungen von Magen, Bauchspeicheldrüse und Darm
5 Sexuelle Impotenz
6 Schäden an Blutgefäßen
7 Gestörte Nervenfunktionen

5 Mögliche Folgen von chronischem Alkoholmissbrauch

Beispiel zur Berechnung der Blutalkoholkonzentration

Eine Jugendliche hat in kurzer Zeit drei Flaschen Alcopops getrunken. Sie wiegt 53 kg. Berechne ihre Blutalkoholkonzentration.

$$\text{BAK} = \frac{3 \cdot 13{,}04\,\text{g}}{0{,}55 \cdot 53\,\text{kg}} = \frac{39{,}12\,\text{g}}{29{,}12\,\text{kg}} = 1{,}35\,\text{g/kg} = 1{,}35\,‰$$

Die Blutalkoholkonzentration der Jugendlichen beträgt 1,35 ‰.

Wirkungen von Blutalkoholkonzentrationen

Blutalkoholkonzentration	Wirkung
> 0,2 ‰	**Angeheitert** Wärmegefühl, anregende Wirkung
> 0,5 ‰	**Leichter Rausch** gereizte oder depressive Stimmung, Reaktionsvermögen, Seh- und Konzentrationsfähigkeit nehmen ab
> 1,5 ‰	**Mittlerer Rausch** Gleichgewichts-, Hör-, Seh- und Sprachstörungen, unkoordinierte Bewegungen
> 2,5 ‰	**Schwerer Rausch** Orientierungslosigkeit, Betäubungszustand
> 3,5 ‰	**Volltrunkenheit** Bewusstlosigkeit, Koma, schwere Vergiftung des Körpers

Arbeitsaufträge

1 Stelle mögliche Ursachen für den hohen Alkoholkonsum in der Gesellschaft zusammen.
2 Beschreibe die Phasen der Alkoholkrankheit.
3 Informiere dich über den Alkoholgehalt verschiedener alkoholischer Getränke, z. B. Mixbier, Bier, Wein, Sekt, Likör, Branntweine. Berechne den Gehalt an reinem Alkohol in g je Flasche und je handelsüblichem Glas. Stelle die Ergebnisse in einer Tabelle zusammen.
4 Erläutere Folgen des Fahrens unter Alkohol im Straßenverkehr. Stelle die gesetzlichen Bestimmungen zum Genuss von Alkohol im Straßenverkehr in einer Übersicht zusammen.
5 Entwickle ein Poster mit Hinweisen auf die Gefahren durch Alkohol.
6 Setze dich mit dem Thema Sucht auseinander und argumentiere zum Thema: Alkohol ist eine suchtauslösende Droge.
7 Ermittle für die Mitgliedsländer der Europäischen Gemeinschaft die gesetzlichen Promillegrenzen für Verkehrsteilnehmer. Vergleiche die Werte mit denen Deutschlands und versuche Gründe für die Unterschiede zu benennen.
8 Ein Gast hat auf einer Feier drei Gläser Wein (je 0,2 l) zu sich genommen. Berechne die Blutalkoholkonzentration. Welchen Rauschzustand hat der Gast erreicht?

Alkanole

Neben Ethanol gibt es noch andere Alkohole wie z. B. Methanol. Methanol wird in vielen Ländern als Treibstoff in Kraftfahrzeugen eingesetzt. Welche Eigenschaften und Bedeutung haben Methanol und andere Alkohole?
Worauf sind Unterschiede und Gemeinsamkeiten zwischen diesen Alkoholen zurückzuführen?

1 Methanol – ein Treibstoff der Zukunft?

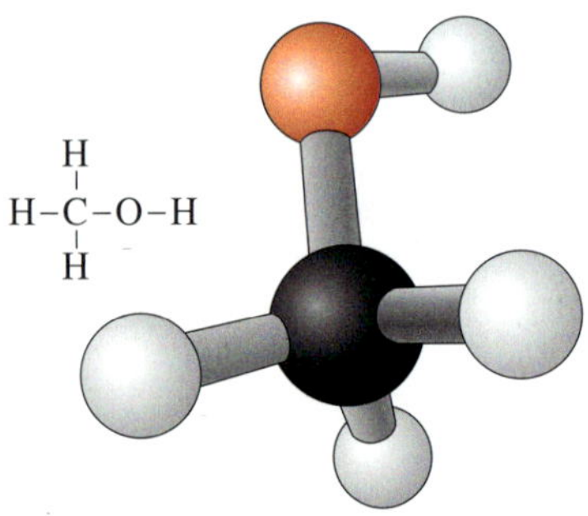

2 Strukturformel und Modell des Methanolmoleküls

Methanol Methanol ist eine farblose, leicht bewegliche, brennbare Flüssigkeit. Seine Dichte beträgt bei 25 °C $\varrho = 0{,}7869\ g/cm^3$, die Schmelztemperatur liegt bei –98 °C, die Siedetemperatur bei 64,5 °C. Methanol ist mit Wasser und mit Ethanol beliebig mischbar. Methanol ist sehr giftig. Etwa 5 bis 10 g können beim Menschen zur Erblindung und etwa 25 g zum Tod führen. Mit Borsäure verbrennt Methanol mit grüner Flamme. Dadurch kann es von Ethanol unterschieden werden. ↑E.10 S.161
Im Methanolmolekül ist ein Kohlenstoffatom mit drei Wasserstoffatomen und einer Hydroxylgruppe verbunden. Die vereinfachte Strukturformel lautet CH_3OH.
Methanol dient als Lösemittel z. B. bei der Herstellung von Farben, Lacken und Klebstoffen. Ebenso wird es bei der Herstellung von Chemiefaserstoffen benötigt. Als Treibstoff wird es in Verbrennungsmotoren oder als Brennstoff in Brennstoffzellen eingesetzt. Zunehmend gewinnt es an Bedeutung für die Eiweißgewinnung in der Technik durch biochemische Prozesse.

Die homologe Reihe der Alkanole Neben Methanol und Ethanol gibt es weitere von den Alkanen abgeleitete organische Verbindungen mit einer Hydroxylgruppe im Molekül, z. B. Propanol (C_3H_7OH), Butanol (C_4H_9OH) oder Decanol ($C_{10}H_{21}OH$). Alle Verbindungen, deren Moleküle aus einem Alkylrest mit einer Hydroxylgruppe bestehen, werden als **Alkanole** bezeichnet. Die Alkanole bilden eine homologe Reihe mit ähnlichen Molekülstrukturen und ähnlichen Eigenschaften. Die Moleküle benachbarter Glieder der homologen Reihe unterscheiden sich jeweils um eine $–CH_2$-Gruppe. Der Name leitet sich vom Namen des entsprechenden *Alkans* mit der Endung **-ol** ab, z. B. *Propan***ol**. Die Alkanole haben die **allgemeine Summenformel $C_nH_{2n+1}OH$**. Kann die OH-Gruppe an unterschiedlichen Kohlenstoffatomen im Molekül gebunden sein, wird das im Namen angegeben, z. B.

$CH_3–CH_2–CH_2OH$ für Propan-1-ol oder
$CH_3–CH(OH)–CH_3$ für Propan-2-ol.

EXPERIMENT 12 [L]

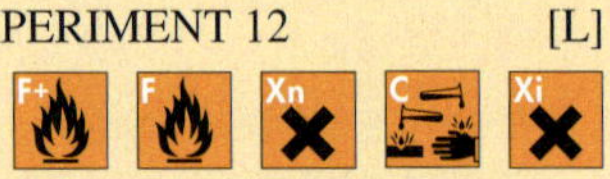

Reaktion von Alkanolen mit Natrium.
Vorsicht! Schutzscheibe!
In je eine Petrischale mit Ethanol (F), Propan-1-ol (F, Xi), Butan-1-ol (Xn) und Hexan-1-ol (Xn) wird jeweils ein kleines, gut entrindetes Stück Natrium (F, C) gleicher Masse gegeben. Die Petrischalen befinden sich auf der Glasplatte eines Overheadprojektors, sodass die Vorgänge an eine Wand projiziert werden. Die Zeiten von Beginn bis zum Ende der Reaktionen werden gemessen. In einem weiteren Experiment wird das entstehende Gas (F+) nachgewiesen.

Zusammenhang von Struktur und Eigenschaften der Alkanole Alle Alkanole besitzen in ihren Molekülen eine Hydroxylgruppe. Sie bewirkt die Reaktionen der Alkanole, z. B. die der Alkanole mit Natrium zu Alkanolaten unter Wasserstoffbildung. ↑E.12 Die Hydroxylgruppe ist das wesentliche Strukturmerkmal aller Moleküle der Alkanole. Solche Atomgruppen werden als **funktionelle Gruppen** bezeichnet. Die Hydroxylgruppe ist die funktionelle Gruppe der Alkanole.
Alkanolmoleküle sind Dipolmoleküle, da die Hydroxylgruppe polar ist. Das Wasserstoffatom hat einen positiven, das Sauerstoffatom einen negativen Ladungsschwerpunkt. Dadurch bilden sich zwischen den Alkanolmolekülen Wasserstoffbrücken. Sie bewirken die höheren Siedetemperaturen der Alkanole im Vergleich zu den Alkanen. ↑Tabelle
Kurzkettige Alkanole lösen sich sehr gut in Wasser. Die längerkettigen Alkanole lösen sich dagegen schlecht in Wasser, aber sehr gut in Petroleumbenzin. ↑E.6,7 S.161 Wie ist dieser Unterschied zu erklären? Bei den kurzkettigen Alkanolen dominiert der Einfluss der Hydroxylgruppe. Zwischen den Alkanolmolekülen und den Wassermolekülen bilden sich Wasserstoffbrücken, deshalb sind sie gut in Wasser löslich. Bei längerkettigen Alkanolen ist der Einfluss der Hydroxylgruppe gering, es dominiert der Einfluss des unpolaren Alkylrestes. Hierauf beruht deren schlechte Löslichkeit in Wasser und sehr gute Löslichkeit in Petroleum, das ein unpolarer Stoff ist.
Die Kettenlänge (Molekülgröße) beeinflusst weitere Eigenschaften der Alkanole. Kurzkettige Alkanole sind dünnflüssig, die mit mittlerer Kettenlänge sind ölig und langkettige etwa ab Dodecanol fest. Kurzkettige Alkanole reagieren z. B. mit Natrium heftiger als langkettige.
Alkanole reagieren nicht wie Hydroxidlösungen basisch, da in der Lösung keine Hydroxid-Ionen vorliegen. ↑E.5 S.161

Die ersten vier Glieder der homologen Reihe der Alkanole

Name	Vereinfachte Strukturformel
Methanol	CH_3OH
Ethanol	$CH_3{-}CH_2OH$
Propan-1-ol	$CH_3{-}CH_2{-}CH_2OH$
Butan-1-ol	$CH_3{-}CH_2{-}CH_2{-}CH_2OH$

Siedetemperaturen von Alkanen und Alkanolen in °C

Methan: −161,4	Methanol: 64,7
Ethan: −88,5	Ethanol: 78,4
Propan: −42,1	Propan-1-ol: 97,2
Butan: −0,5	Butan-1-ol: 117
Pentan: 36,2	Pentan-1-ol: 138

Alkanole bilden eine homologe Reihe. Die Hydroxylgruppe (OH-Gruppe) ist die funktionelle Gruppe der Alkanole. Die funktionelle Gruppe ist ein wesentliches Strukturmerkmal der Moleküle eines Stoffes. Sie bestimmt die Eigenschaften des Stoffes mit.

Längerkettige Alkanole Angenehm blumenartig riecht **Laurylalkohol** ($C_{12}H_{25}OH$, Dodecanol), der in Creme, Puder und Seifenparfüms verwendet wird, aber ebenso Ausgangsstoff für die Herstellung von waschaktiven Substanzen in Waschmitteln ist. Auch **Cetylalkohol** ($C_{16}H_{33}OH$, Hexadecanol) ist für die Herstellung von Waschmitteln, Salben und Kosmetika von Bedeutung.
Neben den Alkanolen gibt es weitere organische Stoffe, die als Strukturmerkmal die Hydroxylgruppe im Molekül besitzen. Alle zusammen bilden die Stoffklasse der **Alkohole**. Da Alkanole nur eine Hydroxylgruppe im Molekül besitzen, sind sie **einwertige Alkohole**.

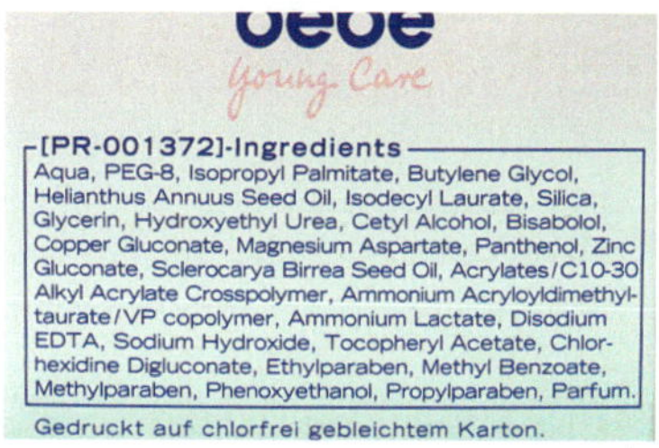

3 Viele Hand- und Körpercremes enthalten Cetylalkohol.

Aufgaben

1 Erkläre, warum Methanol in Wasser sehr gut, dagegen Decanol in Wasser nicht löslich ist.

2 Gib in einer Tabelle wichtige Alkanole mit Namen, vereinfachter Strukturformel und Verwendung an.

3 Vergleiche die Siedetemperaturen der ersten fünf Alkane mit denen der ersten fünf Alkanole und begründe die festgestellten Unterschiede.

Aus Trauben wird Wein

Wein wird aus Weintrauben hergestellt. Aus den Trauben wird Rohmost gewonnen. Der Traubenmost wird mithilfe von Hefen vergoren, wobei der Zucker im Most in Alkohol umgewandelt wird.

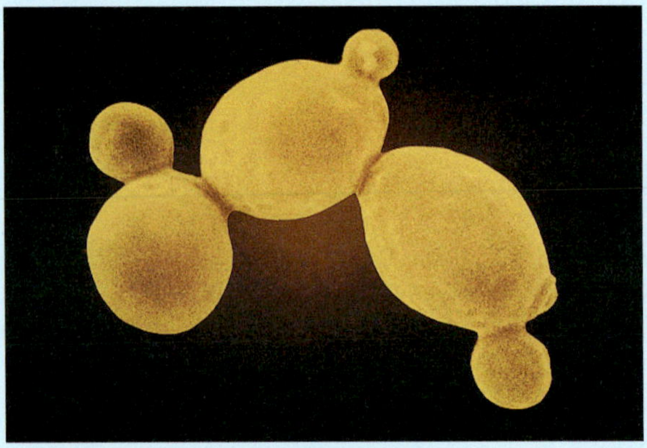

1 Mikroskopische Aufnahme von Hefezellen

Neben Alkohol entsteht bei der alkoholischen Gärung auch Kohlenstoffdioxid. Wegen seiner größeren Dichte als Luft kann es sich in den Weinkellern am Boden sammeln. Daher besteht im Gärkeller Erstickungsgefahr!
Bei der alkoholischen Gärung werden nur etwa 90 % der Zucker des Traubensaftes in Alkohol umgewandelt. Aus den restlichen 10 % entstehen in Nebenreaktionen viele weitere Stoffe, z. B. die wesentlichen Aromakomponenten des Weines.

- Welche Weinsorten werden in Deutschland erzeugt und was kennzeichnet diese Sorten?
- Welche Arbeiten muss ein Winzer während des ganzen Jahres durchführen?
- Wie erfolgt die Weinherstellung von der Weinlese bis zur Abfüllung in Flaschen?
- Wie kann man zu Hause selbst Wein herstellen?

Materialien für die Projektbearbeitung Nutzt die bereitgestellten Materialien, die Beschreibungen der Experimente und viele weitere Quellen zur Bearbeitung eurer Fragestellungen. Informiert euch auch im Internet und bei Weininstituten oder Weinkeltereien in eurer Umgebung.

Verwendung von Weintrauben

- Zum Verzehr als Tafelobst
- Herstellung von Traubenmost, Traubensaft und Wein
- Herstellung von Grappa (Branntwein aus Trester) und Beerenbranntwein
- Herstellung getrockneter Weinbeeren:
  Rosinen (Beeren mit Kernen)
  Sultaninen (große helle Beeren ohne Kerne)
  Korinthen (kleine schwarze Beeren ohne Kerne)

Weinanbaugebiet Baden

Rebfläche	15 761 ha
Böden	Löss, Lehm, Keuper, Vulkangestein
Weinerzeugung	1,2 Mio. hl, davon 66,9 % weiß und 33,1 % rot
Hauptrebsorten	Müller-Thurgau, Spätburgunder, Grauburgunder, Gutedel, Riesling, Weißburgunder

Weinanbaugebiet Württemberg

Rebfläche	11 200 ha
Böden	Muschelkalk, Keuper, Mergel
Weinerzeugung	1 Mio. hl, davon 39,7 % weiß und 68,3 % rot
Hauptrebsorten	Riesling, Kerner, Trollinger, Schwarzriesling, Lemberger

1 Stelle verschiedene Obstweine her.
Fülle je einen 1000-ml-Stehkolben mit etwa 800 ml Fruchtsaft, z. B. Rohtraubensaft oder Apfelsaft aus rohen, ungewaschenen, aber ungespritzten Früchten. Verschließe die Stehkolben mit einem Gärröhrchen, in dem sich Bariumhydroxidlösung (gesättigt, $w \approx 1{,}8\,\%$) befindet. Lass die Kolben bei Zimmertemperatur etwa eine Woche lang stehen und betrachte sie jeden Tag. Prüfe die Lösungen auf Farbe, Geruch und Brennbarkeit.
Erläutere die Vorgänge der alkoholischen Gärung von Traubensaft und begründe, warum dabei keine Hefe zugesetzt werden muss.

2 Stelle Branntweine her.
Destilliere bei maximal 85 °C jeweils 100 ml der vergorenen Obstsäfte aus Experiment 1 sowie 100 ml Weißwein und 100 ml Rotwein. Gib zu Beginn in die Lösungen Siedesteinchen. Lies während des Destillierens alle 30 s die Temperatur ab und notiere die Werte. Beende die Destillation, wenn etwa ein Drittel der jeweiligen Lösung destilliert wurde.
Prüfe die ersten und die letzten Milliliter der Destillate auf Geruch, Farbe und Brennbarkeit.
Zeichne jeweils ein Temperatur-Zeit-Diagramm.
Vergleiche die Eigenschaften der vier Destillate mit den Ausgangslösungen. Interpretiere die Temperatur-Zeit-Diagramme.

2 Verschiedene Obstweine

Vorgeschriebene Angaben für Qualitätswein

1. Anbaugebiet, aus dem der Wein stammt
2. Qualitätsstufe
3. Nennvolumen
4. Abfüller
5. amtliche Prüfungsnummer
6. Alkoholgehalt

Info

Von den 13 bedeutenden Weinanbaugebieten Deutschlands liegen sechs in Rheinland-Pfalz. Unter allen Bundesländern nimmt Rheinland-Pfalz mit über 6 Mio. Hektolitern jährlich erzeugten Weines den 1. Platz ein.

Hinweise für die Projektarbeit Stellt zu dem Thema einen Fragenkatalog zusammen. Ordnet die Fragen so, dass sie jeweils von einer Gruppe bearbeitet werden können. Fertigt über den Weinanbau in Deutschland eine Ausstellung an und stellt sie euren Mitschülern und euren Eltern vor.

Weitere Alkohole

Einige Insekten wie die Wintermücke überleben tiefe Temperaturen unter dem Gefrierpunkt, bestimmte Laufkäfer in arktischen Gebieten sogar –85 °C. Das Blut dieser Insekten enthält bestimmte Alkohole, z. B. Glykol und Glycerin als „Gefrierschutzmittel“. Was unterscheidet Glykol und Glycerin von Alkanolen? Welche Bedeutung besitzen Glykol und Glycerin?

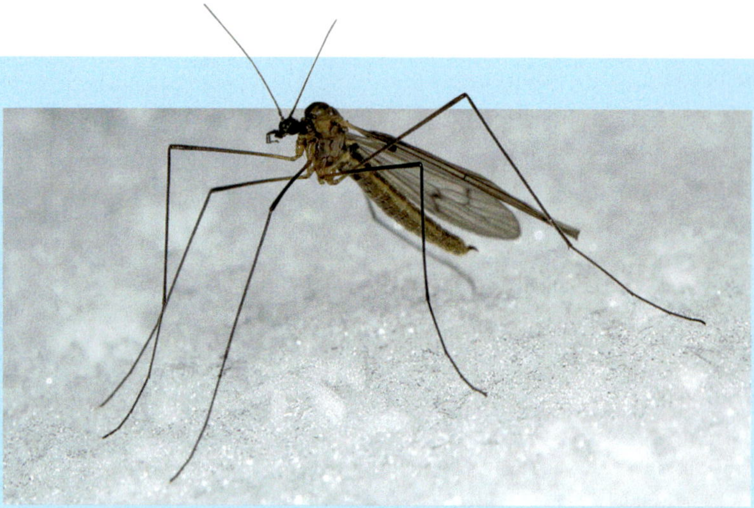

1 Wintermücke

Primäres Alkanol
$R{-}CH_2{-}OH$
Sekundäres Alkanol
H $R_1{-}C{-}R_2$ OH
Tertiäres Alkanol
R_2 $R_1{-}C{-}R_3$ OH

2 Allgemeine Formeln für Alkanole

Isomerie bei Alkanolen In einem Labor wurden drei Flaschen mit Butanol (C_4H_9OH) untersucht. Alle drei Stoffe hatten verschiedene Siedetemperaturen und lösten sich unterschiedlich gut in Wasser. Worauf ist dieses unterschiedliche Verhalten zurückzuführen?

Butanol bildet verschiedene isomere Verbindungen. In den drei Butanolen hat die Hydroxylgruppe jeweils eine andere Stellung. Ist die Hydroxylgruppe an ein Kohlenstoffatom gebunden, das höchstens ein weiteres Kohlenstoffatom bindet, spricht man von **primären Alkanolen**. Bei **sekundären Alkanolen** ist die Hydroxylgruppe an ein Kohlenstoffatom gebunden, das zwei weitere Kohlenstoffatome bindet. Bei **tertiären Alkanolen** ist die Hydroxylgruppe an ein Kohlenstoffatom gebunden, das drei weitere Kohlenstoffatome trägt.

Aufgrund der unterschiedlichen Struktur der Moleküle von Butanol besitzen diese einwertigen Alkohole unterschiedliche Eigenschaften.

Isomere des Butanols	Molekülmodell	Siedetemperatur in °C	Löslichkeit in 100 g Wasser
4 3 2 1 $CH_3{-}CH_2{-}CH_2{-}CH_2{-}OH$ Butan-1-ol (primäres Butanol)	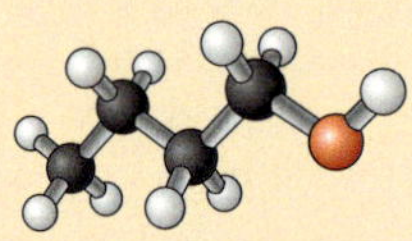	118	8,3 g
4 3 2 1 $CH_3{-}CH_2{-}CH{-}CH_3$ OH (an C2) Butan-2-ol (sekundäres Butanol)	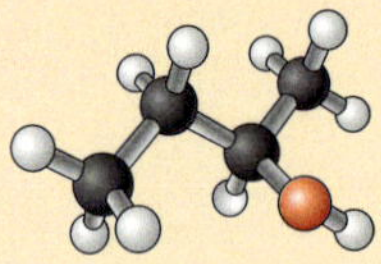	100	12,5 g
CH_3 (an C2) 3 2 1 $H_3C{-}C{-}CH_3$ OH (an C2) 2-Methylpropan-2-ol (tertiäres Butanol)	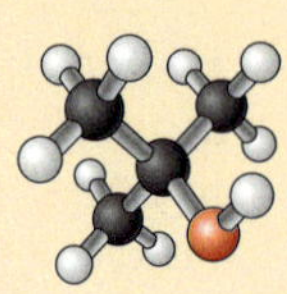	83	unbegrenzt löslich

Selbst untersucht

13 Untersuche die Wirkung von Glykol und Glycerin als Gefrierschutzmittel.
Gib in ein Reagenzglas 2 ml Wasser und 2 ml Glykol, in ein zweites 2 ml Wasser und 2 ml Glycerin und in ein drittes Reagenzglas 4 ml Wasser. Stelle die Reagenzgläser in eine Kochsalz-Eis-Kältemischung. Beobachte die Gläser einige Zeit und miss mit einem entsprechenden Thermometer die Temperatur. Deute die Ergebnisse des Experiments.
Entsorgung: Reste mit Wasser verdünnen und in den Sammelbehälter für Abwasser geben.

Mehrwertige Alkohole Die bisher vorgestellten Alkanole gehören zu den einwertigen Alkoholen. **Glykol** (Ethan-1,2-diol) besitzt in seinen Molekülen zwei Hydroxylgruppen und ist deshalb ein **zweiwertiger Alkohol**. **Glycerin** (Propan-1,2,3-triol) als **dreiwertiger Alkohol** enthält drei Hydroxylgruppen in seinen Molekülen. Da in Molekülen von Glykol und Glycerin mehr als eine Hydroxylgruppe gebunden ist, sind diese Stoffe **mehrwertige Alkohole**.
Glykol und Glycerin sind farblose, ölige und brennbare Flüssigkeiten. ↑E.8 S.161 Ihre Siedetemperaturen sind erheblich höher als die der entsprechenden einwertigen Alkohole, weil die Moleküle im Glykol und Glycerin untereinander viele Wasserstoffbrücken bilden. Da sie polare Moleküle besitzen, sind diese Stoffe stark wasseranziehend (hygroskopisch), gut mit Wasser, aber nicht mit Heptan oder Petroleumbenzin mischbar. ↑E.6,7 S.161 Beide Alkohole schmecken wie andere mehrwertige Alkohole süß (griech. glykys – süß). In größeren Mengen aufgenommen, sind sie gesundheitsschädlich. Glykol-Wasser-Gemische im Verhältnis 1 : 1 gefrieren erst bei –40 °C. ↑E.13 Deshalb wird Glykol als Frostschutzmittel in Kühlern von Kraftfahrzeugen und zum Enteisen von Flugzeugen eingesetzt. Außerdem dient es der Herstellung von Kunstfasern. Glycerin wird in der Herstellung von Kunststoffen, Sprengmitteln, Medikamenten, und Kosmetika verwendet und dient für viele Stoffe als Lösemittel. Es kommt gebunden in tierischen und pflanzlichen Fetten vor.

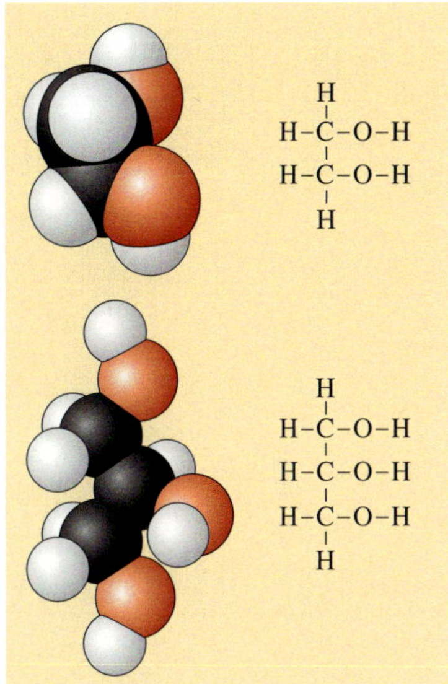

3 Modelle und Strukturformeln des Glykol- und des Glycerinmoleküls

Alkohole, deren Moleküle mehr als eine Hydroxylgruppe enthalten, z. B. Glykol (Ethan-1,2-diol) und Glycerin (Propan-1,2,3-triol), werden als mehrwertige Alkohole bezeichnet.

Aufgaben

1 Stelle die Strukturformeln aller möglichen Isomere des Pentanols auf. Benenne diese Alkanole und ordne sie den primären, sekundären oder tertiären Alkoholen zu.

2 Gib die vereinfachten Strukturformeln von Ethanol und Glykol sowie von Propanol und Glycerin an und vergleiche die Strukturen der jeweiligen Moleküle.

3 Neben den in der Tabelle auf Seite 170 genannten Isomeren des Butanols gibt es noch ein weiteres Isomer. Notiere den Namen und die Strukturformel des Isomers.

4 Wodurch unterscheiden sich einwertige von mehrwertigen Alkoholen? Gib Beispiele an und notiere von diesen die Strukturformeln.

5 Fertige eine Tabelle an, in der Ethan, Ethanol und Glykol nach folgenden Gesichtspunkten verglichen werden: Summenformel, vereinfachte Strukturformel, Aggregatzustand, Schmelztemperatur, Siedetemperatur, Dichte, Mischbarkeit mit Wasser, Mischbarkeit mit Benzin. Erkläre festgestellte Unterschiede.

6 Erkunde Beispiele aus dem Alltag für die Verwendung von Glycerin in Kosmetika.

Selbst erforscht

1 Überall begegnen uns Alkohole.

Alkohole um uns

Wenn in der Öffentlichkeit von Alkohol die Rede ist, wird meist die Verwendung von Ethanol in den verschiedenen Formen als Trinkalkohol gemeint. Das Foto oben zeigt einen kleinen Ausschnitt einer deutlich breiteren Verwendung von Alkoholen im Alltag.

- In welchen Haushaltsprodukten ist Alkohol enthalten?
- Welche Alkohole werden vor allem in diesen Produkten eingesetzt und welche Eigenschaften der Alkohole sind für deren Verwendungen von Bedeutung?
- Lässt sich nachweisen, ob in Haushaltsprodukten Alkohol enthalten ist?
- Welche Möglichkeit gibt es, selbst ein alkoholhaltiges Haushaltsprodukt herzustellen?

Materialien für die Projektbearbeitung Nutzt die Informationen dieser Seiten, die Beschreibungen der Experimente und weitere Quellen zur Bearbeitung dieser und eigener Fragestellungen. Sucht im Supermarkt nach Produkten, in denen Alkohole enthalten sind. Führt Internetrecherchen mit dem Ziel durch, weitere Verwendungsmöglichkeiten von Alkoholen zu finden.

Info

Ethanol kann in Flüssigkeiten durch die **Iodoformprobe** nachgewiesen werden. Die zu prüfende Flüssigkeit wird mit Iod-Kaliumiodid-Lösung und Natronlauge versetzt und leicht erwärmt. Ist Ethanol enthalten, fällt ein gelber Niederschlag von kristallinem Triiodmethan (Iodoform) aus und ein charakteristischer Geruch ist wahrnehmbar:

1 Weise Ethanol in Haushaltschemikalien nach. F Xn C

Gib jeweils einen Tropfen einer Haushaltschemikalie, z. B. Allzweckreiniger oder Brillenglasreiniger, 4%ige Natriumhydroxidlösung (C) und 23%ige Iod-Kaliumiodid-Lösung auf einen Objektträger. Vermische die Tropfen und erwärme den Objektträger vorsichtig. Betrachte den Objektträger unter dem Mikroskop. Entscheide, ob Ethanol in den Proben enthalten war.

2 Prüfe Arzneimittel und Kosmetika auf Ethanol.
Prüfe einen Erkältungssaft, z. B. WICK MediNait®, auf Aussehen, Geruch und Brennbarkeit. Destilliere anschließend den Erkältungssaft. Gib vor der Destillation einige Siedesteinchen in den Rundkolben. Beende die Destillation, wenn sich etwa 5 ml Destillat (F) angesammelt haben. Prüfe das Destillat auf Aussehen, Geruch und Brennbarkeit. Vergleiche die Eigenschaften mit denen des Erkältungssaftes. Wiederhole das Experiment mit anderen Medikamenten oder Kosmetika, z. B. Franzbranntwein und Birkenhaarwasser.

3 Prüfe Glycerin an der Luft.
Wiege eine mit Glycerin gefüllte große Petrischale. Lass die Schale eine Stunde lang offen stehen und wiege sie erneut. Vergleiche beide Messergebnisse. Leite aus dem Ergebnis des Experiments mögliche Verwendungen von Glycerin ab.

Info

Glycerin ist stark hygroskopisch. Deshalb wird es in vielen Hautcremes, Rasierseifen und Waschlotionen eingesetzt, um das Austrocknen der Haut zu verhindern. An Wunden darf es nicht gelangen, da durch Entzug von Flüssigkeit brennende Schmerzen verursacht werden. Auch in Produkten, die nicht austrocknen sollen, wird es eingesetzt, z. B. in Stempelkissen, Schuhcremes, Tinten, Schmiermitteln und Farbtuben.

4 Stelle ein Rosen-Handwaschgel her.
Gib sieben Tropfen synthetisches Rosenöl in 150 ml Wasser und erwärme auf etwa 85 °C. Weiche 6 g Blattgelatine in kaltem Wasser ein. Drücke die Gelatine gut aus und gib sie in das heiße Rosenwasser. Rühre bis zum vollständigen Auflösen der Gelatine um. Gib unter Umrühren einen Esslöffel Bienenhonig zu, wenn die Mischung etwa 60 °C erreicht hat. Verrühre zum Abschluss 100 g Glycerin, bis ein homogenes Gemisch entstanden ist.
Fülle das Gel in ein Gefäß mit breiter Öffnung. Verwende dieses Gel anstelle von Seife zum Händewaschen und vergleiche.

2 Zutaten zur Herstellung eines Rosen-Handwaschgels

5 Prüfe Haushaltschemikalien auf Brennbarkeit.
Gib in eine Abdampfschale nacheinander jeweils etwa 3 ml verschiedene Haushaltschemikalien, z. B. Fensterputzmittel, flüssigen Teppichreiniger, Rasierwasser, WC-Duftspüler-Gel, Kölnischwasser, Glasreiniger. Versuche diese zu entzünden. Leite aus den Ergebnissen Schlussfolgerungen über den Umgang mit diesen Haushaltschemikalien ab.

Hinweise für die Projektarbeit Überlegt, welche Fragen euch zu diesem Thema interessieren. Bildet zur Bearbeitung der Fragen Arbeitsgruppen. Informiert euch in den Gruppen untereinander über die Arbeitsergebnisse. Überlegt für die Experimente Entsorgungsmöglichkeiten und stimmt diese mit eurer Lehrkraft ab. Gestaltet einen Infonachmittag für andere Klassen eurer Schule oder einen Elternabend über eure Arbeit und deren Ergebnisse.

Ethanal und Propanon

Bevor es elektronische Atemalkohol-Messgeräte gab, mussten Personen, die auf Alkoholkonsum getestet werden sollten, durch ein Prüfröhrchen blasen. Enthielt die Ausatemluft Alkohol, änderte sich durch eine chemische Reaktion der Farbton des orangefarbenen Stoffes im Prüfröhrchen nach Grün.
Welche Stoffe sind bei dieser Reaktion entstanden? Welche Strukturmerkmale kennzeichnen deren Moleküle? Wozu werden diese Stoffe verwendet?

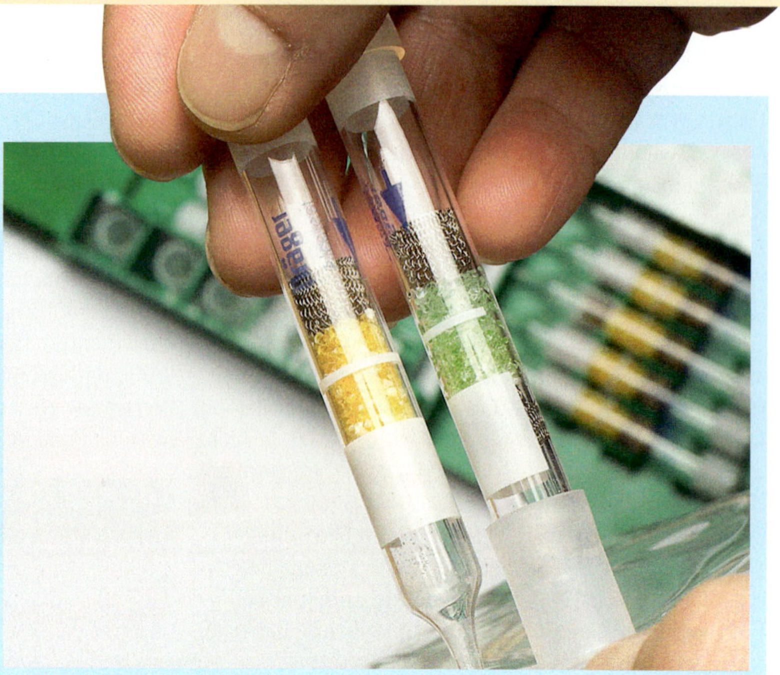

1 Prüfröhrchen zur Kontrolle des Alkoholkonsums

EXPERIMENT 14 [L]

Reaktion von Ethanol mit Kupfer(II)-oxid.

Vorsicht!
Eine glühende Kupferdrahtwendel wird mehrmals in ein mit 20 ml Ethanol (F) gefülltes Becherglas getaucht. Vor und nach dem Experiment werden Geruchsproben durchgeführt.

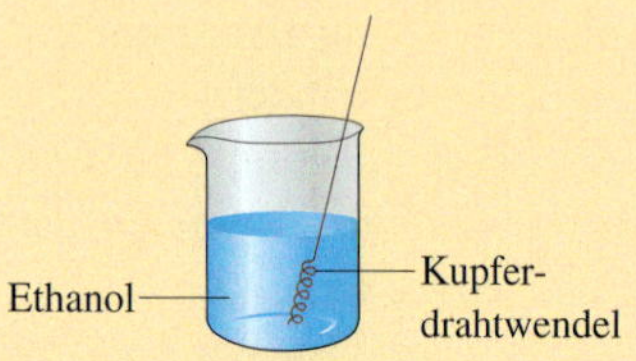

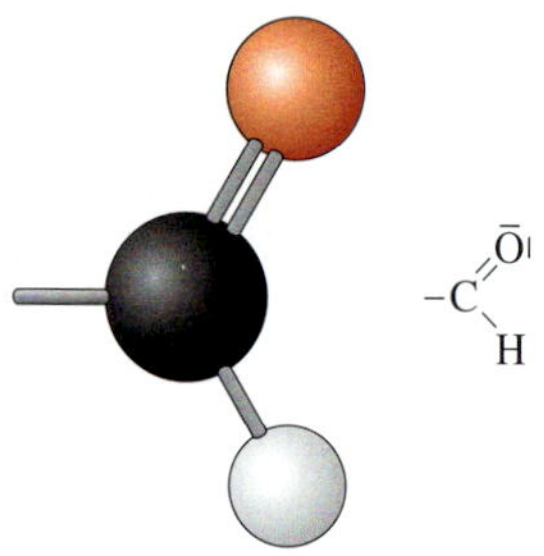

2 Modell und Strukturformel der Aldehydgruppe

Vom Ethanol zum Ethanal Im Experiment 14 wurde eine Kupferdrahtwendel erhitzt, es bildete sich schwarzes Kupfer(II)-oxid. Nach dem Eintauchen in Ethanol war rötlich glänzendes Kupfer entstanden. Ein stechender Geruch statt des typischen Alkoholgeruchs war feststellbar. Was war passiert?
Aus dem schwarzen Kupfer(II)-oxid entstand Kupfer. Das typisch riechende Ethanol reagierte unter Wasserstoffabgabe zu stechend riechendem **Ethanal**. Die Dehydrierung von Ethanol ist eine Redoxreaktion. Kupferoxid ist Oxidationsmittel und wird zu Kupfer reduziert. Ethanol ist Reduktionsmittel und wird zu Ethanal oxidiert. Als weiteres Reaktionsprodukt entsteht Wasser. Bei dieser Redoxreaktion wird aus der Atomgruppe $-CH_2OH$ des Ethanolmoleküls die Atomgruppe **–CHO** des Ethanalmoleküls gebildet, die als **Aldehydgruppe** bezeichnet wird. Ethanal gehört zur Stoffgruppe der Alkanale. Die Endung **-al** kennzeichnet die Aldehydgruppe im Molekül.

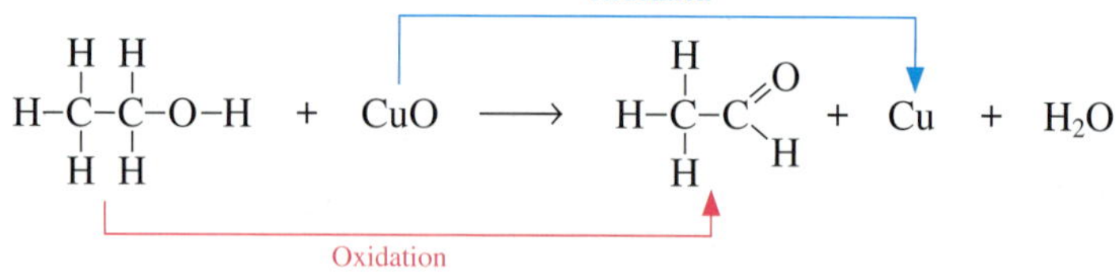

Justus von Liebig (1803 bis 1873), Professor für Chemie in Gießen und München, bezeichnete 1835 den entstandenen Stoff *Al*cohol ***dehyd****rogenatus*, weil Ethanal durch Entziehung von zwei Wasserstoffatomen aus Alkohol (Ethanol) erhalten werden konnte. Der Name **Aldehyd** steht heute für eine Stoffgruppe, zu der auch die Alkanale wie z. B. Ethanal (Acetaldehyd) und das umstrittene Methanal (Formaldehyd) gehören.

Struktur des Ethanalmoleküls Im Ethanalmolekül sind an einem Kohlenstoffatom ein Wasserstoffatom mit einer Einfachbindung und ein Sauerstoffatom mit einer Doppelbindung gebunden. ↑3 Sie bilden die Aldehydgruppe. Diese ist mit einer Methylgruppe verbunden. Die Aldehydgruppe ist wie die Hydroxylgruppe der Alkanole stark polar.
Alle Stoffe, in deren Molekülen als funktionelle Gruppe eine Aldehydgruppe enthalten ist, heißen **Aldehyde**.

Vorkommen und Bedeutung von Ethanal Ethanal ist Zwischenprodukt bei Stoffwechselvorgängen pflanzlicher und tierischer Organismen, z.B. auch im menschlichen Organismus. Es entsteht auch bei der alkoholischen Gärung, weshalb es in geringen Mengen in allen alkoholischen Getränken wie Bier und Wein enthalten ist. In Früchten und Gemüse, aber auch in Essig, Kaffee und im Zigarettenrauch ist es anzutreffen.
In den früher bei Alkoholkontrollen verwendeten Teströhrchen wird der Alkohol der Ausatmenluft durch ein gelbes Chromsalz zum Aldehyd oxidiert. Das Reaktionsprodukt weist eine grüne Farbe auf. Diese Farbänderung gilt als Nachweis für Alkohol.
Ethanal ist in der chemischen Industrie von Bedeutung. So wird es bei der Erzeugung von Pharmazeutika, Kunststoffen und Farben verwendet. Viele organische Stoffe wie Essigsäure, Butan-1-ol oder Propanon lassen sich aus Ethanal herstellen. Früher wurde Ethanal in der Spiegelherstellung eingesetzt.

Nachweis und Reaktionen der Aldehydgruppe Eine Möglichkeit, die Aldehydgruppe nachzuweisen, bietet die sogenannte Silberspiegelprobe. Aus einer frisch bereiteten ammoniakalischen Silbernitratlösung (Tollens-Reagenz) fällt nach Zugabe von Stoffen mit einer Aldehydgruppe in ihren Molekülen Silber aus. An einer Glaswand bildet dieses Silber eine spiegelnde Schicht. ↑E.15, ↑3
Der Nachweis mit Tollens-Reagenz beruht auf der Oxidierbarkeit der Aldehydgruppe. Silber-Ionen werden dabei zu Silber reduziert.
Auch der Nachweis für die Aldehydgruppe mit Fehling'scher Lösung beruht auf ihrer Oxidierbarkeit. Die tiefblaue Fehling'sche Lösung mit Kupfer-Ionen wird dabei zu rotbraunem Kupfer reduziert. ↑E.16
Ein weniger spezifischer Nachweis der Aldehydgruppe ist der mit fuchsinschwefliger Säure (Schiffs Reagenz). Die farblose Lösung des organischen Farbstoffs Fuchsin in schwefliger Säure wird bei Zugabe von Stoffen mit einer Aldehydgruppe im Molekül rotviolett. ↑E.17

3 Silberspiegelprobe

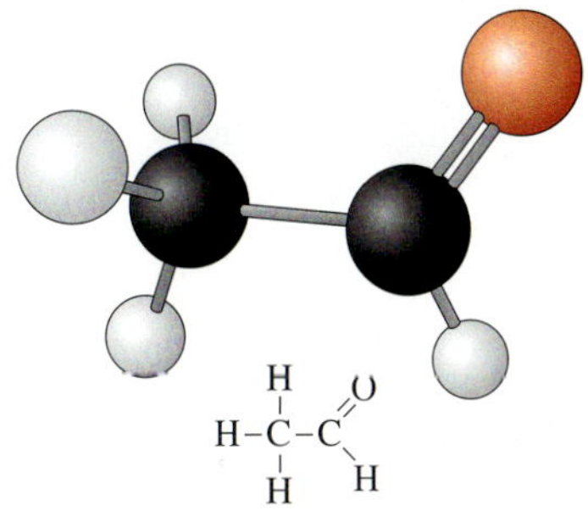

4 Modell und Strukturformel des Ethanalmoleküls

EXPERIMENT 15 [L]
Silberspiegelprobe. F+ Xn C
Abzug! In einem neuen kleinen Rundkolben wird zu frisch bereiteter ammoniakalischer Silbernitratlösung (Tollens-Reagenz, C) 1 ml Ethanal (F+, Xn) gegeben. Nach vorsichtigem Schwenken wird der Kolben einige Minuten in ein Becherglas mit warmem Wasser gestellt.

EXPERIMENT 16 [L]
Wirkung von Fehling'scher Lösung auf Propanal. F C Xi
Abzug! In einem Reagenzglas werden je 1 ml Fehling'sche Lösung I und II (C) gemischt. Langsam werden einige Tropfen Propanal (F, Xi) hinzugegeben und das Gemisch unter ständigem Schütteln vorsichtig bis zum Sieden erhitzt.

EXPERIMENT 17 [L]
Nachweis von Aldehyden mit fuchsinschwefliger Säure. F+ T Xn
Jeweils etwa 5 ml fuchsinschweflige Säure (Schiffs Reagenz) in Reagenzgläsern werden mit drei Tropfen 35%iger Formaldehydlösung (T) bzw. Ethanal (F+, Xn) versetzt und geschüttelt.

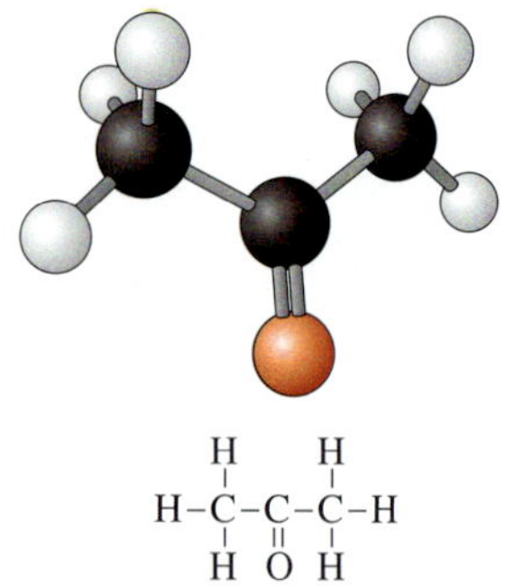

1 Molekülmodell und Strukturformel des Propanonmoleküls

Vom Propan-2-ol zum Propanon Bei der Dehydrierung des primären Alkanols Ethanol entstand Ethanal. ↑E.14 S.174 Lässt sich auch ein sekundäres Alkanol, z. B. Propan-2-ol, dehydrieren?

Leitet man Dämpfe von Propan-2-ol und Luft über einen erhitzten Katalysator, liegt nach dem Abkühlen ein Kondensat vor, das aromatisch wie ein Nagellackentferner riecht. Das Propan-2-ol wurde durch Wasserstoffabgabe zu dem stechend riechenden **Propanon**. Als weiteres Reaktionsprodukt entsteht ebenfalls Wasser. Bei dieser Redoxreaktion wird aus der Atomgruppe $>CH(OH)$ des Propan-2-ol die Atomgruppe **$>C{=}O$**. Diese Atomgruppe wird als **Ketogruppe** bezeichnet. Stoffe mit einer Ketogruppe in ihren Molekülen gehören zur Stoffklasse der **Ketone**.

$$2\ H_3C{-}\underset{\displaystyle OH}{\underset{|}{C}H}{-}CH_3 + O_2 \longrightarrow 2\ H_3C{-}\underset{\displaystyle O}{\underset{\|}{C}}{-}CH_3 + 2\ H_2O$$

Propan-2-ol Propanon

Allgemein werden Atomgruppen, bei denen ein Sauerstoffatom durch eine Doppelbindung an ein Kohlenstoffatom gebunden ist, als **Carbonylgruppen** bezeichnet.

Struktur des Propanonmoleküls Im Propanonmolekül sind drei Kohlenstoffatome, sechs Wasserstoffatome und ein Sauerstoffatom miteinander verbunden. Die stark polare Ketogruppe trägt zwei unpolare Methylgruppen. Dadurch ist Propanon sowohl in Wasser als auch in unpolaren Stoffen löslich.

2 Im Nagellackentferner ist Aceton enthalten.

Vorkommen und Bedeutung von Propanon Im Alltag wird Propanon häufig als **Aceton** bezeichnet. Es kommt in Spuren im Harn und im Blut vor. Tritt es verstärkt im Harn auf, kann dies auf Diabetes, andere schwere Stoffwechselkrankheiten oder starke Hungererscheinungen zurückzuführen sein.

Aceton wird als Lösemittel für Öl- und Lackfarben, für Kunstharze und Kunstseiden, Klebstoffe und organisches Glas verwendet. Es dient auch der Lösung von etherischen Ölen und Balsamen in der Duftstofferzeugung sowie in der Kosmetik als Nagellackentferner. Aceton löst auch Gummi und Harze, weshalb es als Lösemittel in industriellen Gummiklebern und manchen flüssigen Reinigungsmitteln eingesetzt wird.

Aufgaben

1 Fertige eine Tabelle an, in der Ethanol und Ethanal nach folgenden Gesichtspunkten betrachtet werden: Summenformel, vereinfachte Strukturformel, Strukturformel, Aggregatzustand, Schmelztemperatur, Siedetemperatur, Dichte, Mischbarkeit mit Wasser, Geruch, Brennbarkeit.

2 Fertige Steckbriefe für Ethanal und Propanon an.

3 Stelle in einer Tabelle Verwendungsmöglichkeiten von Ethanal und Propanon zusammen.

4 Propanol, Propanal und Propanon haben in ihren Molekülen jeweils eine funktionelle Gruppe.

a Kennzeichne den Begriff „funktionelle Gruppe“.

b Gib Formeln und Namen der drei funktionellen Gruppen an.

c Alle drei Stoffe sind sowohl in Wasser als auch in Heptan gut löslich. Erkläre.

5 Erläutere am Beispiel der Darstellung von Ethanal aus Ethanol den Begriff Dehydrierung. Weise nach, dass diese Reaktion zu den Redoxreaktionen gehört.

Kaum eine Stoffgruppe wird in der Öffentlichkeit so negativ gesehen wie die Aldehyde. Das liegt vor allem am Methanal (Formaldehyd), einem Aldehyd mit nur einem Kohlenstoffatom im Molekül. Methanal ist giftig und möglicherweise krebserregend. Richtig eingesetzt ist es aber auch ein unentbehrlicher Stoff zur Herstellung von Kunststoffen, Lacken und Klebern. Methanallösung (Formalin) dient zur Desinfektion und zur Konservierung biologischer Präparate.

Aldehyde – viel gescholten und doch unentbehrlich

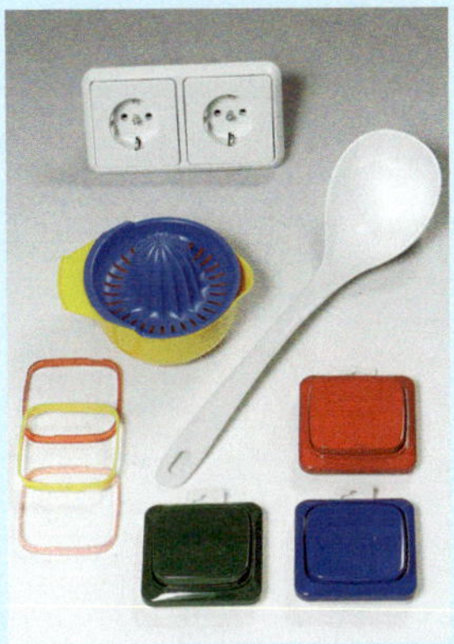

1 Einer der Ausgangsstoffe zur Herstellung dieser Kunststoffartikel ist Methanal.

2 Methanal dient in der Möbelindustrie als Bindemittel.

3 In Methanallösung werden biologische Präparate konserviert.

4 Der Rauch von nur drei bis vier Zigaretten belastet durch seinen hohen Methanalgehalt die Raumluft über die Verbotsgrenze.

Viele pflanzliche und synthetisch hergestellte Aldehyde sind wichtige Duft- und Aromastoffe. Sie werden insbesondere in der Lebensmittelindustrie sowie zur Parfümherstellung eingesetzt.

5 Die Kerne dieser Früchte enthalten Benzaldehyd. Dieser Aldehyd riecht stark nach bitteren Mandeln.

6 Aus der Rinde oder den Blättern der Zimtgewächse wird Zimtöl gewonnen, das Zimtaldehyd enthält.

7 Hexen-2-al kommt als Aromastoff in Lavendelöl vor.

8 Chanel N° 5 enthielt als erstes Parfüm einen synthetischen Aldehyd, das Dodecanal.

weiter gedacht

1 Aus Traubensaft lässt sich unter Einwirkung von Enzymen bestimmter Hefepilze durch alkoholische Gärung Wein gewinnen. Ein so erzeugter junger Schwarzriesling hat einen Volumenanteil von 12,5 % Alkohol. Durch weitere Reaktionen der Hefe bilden sich Fuselöle. Dazu gehören u. a. die Alkohole: Propan-1-ol, 2-Methylpropan-1-ol, 2-Methylbutan-1-ol und 3-Methylbutan-1-ol. Fuselöle können einerseits Kopfschmerzen hervorrufen, andererseits tragen sie zum guten Aroma des Weines bei.

a Entwickle für die alkoholische Gärung die Reaktionsgleichung.

b Gib die Formeln für die Fuselöle an und ordne sie den Alkanolen zu. Begründe die Zuordnung.

c Berechne die Masse an Glucose, die für die Herstellung einer Flasche (0,7 l) Schwarzriesling erforderlich ist [ϱ(Ethanol) = 0,79 g/cm^3].

2 Die funktionelle Gruppe im Ethanolmolekül (–OH-Gruppe) könnte mit den Hydroxid-Ionen (OH^-) in Basen verwechselt werden.

a Erläutere den Unterschied zwischen der Hydroxylgruppe und den Hydroxid-Ionen.

b Plane Experimente zur Veranschaulichung dieser Unterschiede. Zur Verfügung stehen folgende Geräte und Chemikalien: Calcium, Unitestlösung, Leitfähigkeitsmessgerät, verdünnte Salzsäure, Ethanol, Natriumhydroxidlösung.

3 In einer Zeitung erschien folgende Meldung: Gestern Abend wurde ein 14-jähriges Mädchen bewusstlos auf einer Parkbank aufgefunden. In ihrem Blut wurde eine Alkoholkonzentration von 2,15 Promille festgestellt.

a Berechne, wie viele Flaschen eines Alkoholmischgetränks die Jugendliche getrunken haben muss, um in kürzester Zeit diesen bedrohlichen Zustand zu erreichen. Nutze dazu folgende Daten: V(Mischgetränkflasche) = 0,5 l; φ(Ethanol) = 20 %; m(Körper) = 36 kg; Umrechnungsfaktor für weibliche Personen $F = 0{,}55$.

b Setze dich mit den Folgen des sogenannten Koma-Trinkens auseinander.

4 In einigen Wohnungen werden als modernes Gestaltungselement Kamine verwendet, die mit Bioethanol betrieben werden.

a Informiere dich im Internet über die Funktionsweise von solchen Bioethanolkaminen.

b Ermittle, was unter Bioethanol verstanden wird.

c Berechne das Volumen an freigesetztem Kohlenstoffdioxid, wenn 5000 dieser Kamine in Brandenburg betrieben werden und dabei je Kamin jährlich 114 l Bioethanol [φ(Ethanol) = 96 %] verbrannt werden.

5 Informiere dich im Internet über den Aufbau eines Alkoholprüfröhrchens und über die darin ablaufenden chemischen Reaktionen.

6 Wird Methanol dehydriert, entsteht daraus gasförmiges Methanal. Berechne das gebildete Volumen an Methanal, wenn 1 kg Methanol zu 80 % dehydriert wird.

7 Plane ein Experiment, mit dem du Bittermandelöl auf das Vorhandensein einer Aldehydgruppe in den Molekülen prüfen kannst.

8 Beim Renovieren eines Badezimmers wurde zum Entfernen alter Lacke Aceton verwendet. Etwas Aceton tropfte dabei auf den WC-Deckel aus Kunststoff. Unschöne Flecke darauf waren das Ergebnis. Erkläre, warum mit dieser Erscheinung zu rechnen war.

Alkohole

Organische Stoffe mit mindestens einer Hydroxylgruppe im Molekül. Werden sie von Alkanen abgeleitet und besitzen sie nur eine Hydroxylgruppe im Molekül, bezeichnet man sie als Alkanole.

Funktionelle Gruppe

Atomgruppe, die die Eigenschaften eines Stoffes wesentlich mitbestimmt

---

Mehrwertige Alkohole

Verbindungen mit mehr als einer Hydroxylgruppe im Molekül, z. B. Glykol, Glycerol

---

Vertreter der Alkohole

	Ethanol	Glykol	Glycerol
Verkürzte Strukturformel	$H_3C–CH_2–OH$	$HO–CH_2–CH_2–OH$	OH OH $H_2C–CH–CH_2$ OH
Struktur (R = Alkylrest)	R–OH einwertiger Alkohol	HO–R–OH zweiwertiger Alkohol	HO–R–OH OH dreiwertiger Alkohol
Funktionelle Gruppe	Hydroxylgruppe	Hydroxylgruppe	Hydroxylgruppe

---

Aldehyde

Stoffklasse, deren Moleküle als funktionelle Gruppe die Aldehydgruppe besitzen.
Bei der Oxidation von primären Alkoholen bilden sich Aldehyde.

Oxidationsprodukte der primären Alkohole	Aldehyde
Beispiel Verkürzte Strukturformel	Propanal $H_3C-CH_2-C(=O)-H$
Funktionelle Gruppe	Aldehydgruppe

Ketone

Stoffklasse, deren Moleküle als funktionelle Gruppe die Ketogruppe besitzen.
Bei der Oxidation von sekundären Alkoholen bilden sich Ketone.

Oxidationsprodukte der sekundären Alkohole	Ketone
Beispiel Verkürzte Strukturformel	Propanon $H_3C-C(=O)-CH_3$
Funktionelle Gruppe	Ketogruppe

Check up

1 Ethanol ist ein wichtiger Stoff im Alltag, aber auch in Industrie und Technik.

a Nenne Verwendungen von Ethanol im Haushalt und in der Technik.

b Gib Eigenschaften des Ethanols an, die die benannten Verwendungen ermöglichen.

2 Ethanol kann durch alkoholische Gärung hergestellt werden.

a Beschreibe die Durchführung der alkoholischen Gärung.

b Formuliere eine Reaktionsgleichung für diese Reaktion.

c Erläutere, warum der Volumenanteil an Alkohol im Wein kaum höher als 11 bis 14 % sein kann.

3 Regelmäßiger Alkoholkonsum kann zur Abhängigkeit führen. In Deutschland gibt es über 4 Mio. Alkoholabhängige.

a Erläutere die Gefahren des Alkohols als Suchtmittel.

b Nenne Wirkungen des Alkohols auf den Menschen.

4 Alkanole bilden eine homologe Reihe.

a Gib Namen und vereinfachte Strukturformeln der ersten vier Glieder dieser Reihe an.

b Erläutere am Beispiel der Alkohole den Begriff homologe Reihe.

c Weise am Beispiel der Glieder der homologen Reihe den Zusammenhang zwischen Struktur und Eigenschaften nach.

5 Folgende Formeln sind bekannt:
$HO{-}CH_2{-}CH_2{-}OH$, $CH_3{-}CO{-}CH_3$,
$CH_3{-}CH_2{-}CH_2{-}OH$,
$OHC{-}CH_2{-}CH_3$

a Benenne die Stoffe, deren Moleküle diese Formeln haben.

b Ordne die Stoffe jeweils einer Stoffklasse zu und begründe die Zuordnung.

6 Durch Dehydrieren von Ethanol kann Ethanal dargestellt werden.

a Formuliere die Reaktionsgleichung.

b Erläutere an diesem Beispiel, was unter Dehydrierung verstanden wird.

c Berechne die Masse an Ethanal und das Volumen an Wasserstoff, wenn 100 g Ethanol vollständig dehydriert werden.

7 Flambieren von Speisen erfolgt durch Verbrennen von Alkohol. Der Volumenanteil von Ethanol muss dabei mindestens 40 % betragen.

a Berechne die Masse an entstehendem Wasser, wenn beim Flambieren 100 ml von diesem Alkohol verbrannt werden.
Nutze zur Berechnung folgende Gleichung:

$$\varrho(\text{Ethanol}) = \frac{m(\text{Ethanol})}{V(\text{Ethanol})};$$

$\varrho(\text{Ethanol}) = 0{,}79\ \text{g/cm}^3$ (Tafelwerk)

b Berechne das Volumen an Kohlenstoffdioxid, das bei dieser Reaktion frei gesetzt wird.

8 Nenne Vorkommen und Verwendungen von Ethanal und Aceton.

Aufgabe	Hilfe findest du auf Seite …	Verbindung der Aufgabe zu den Basiskonzepten ↑S.8
1	162, 163	S
2	163	R
3	164, 165	S
4	166, 167	S T
5	167, 171, 174, 176	T S
6	75, 145, 174	R
7	78	R
8	175, 176	T

T Stoff-Teilchen-Beziehungen, S Struktur-Eigenschafts-Beziehungen, R Chemische Reaktion

› Die Lösungen findest du im Anhang.

Alkansäuren

Die brennende Wirkung von Ameisenbissen oder Brennnesseln auf der Haut, der unangenehme Geruch von ranziger Butter, der angenehme Geruch geschnittener Früchte und der spritzige Geschmack frisch gepressten Fruchtsafts sind alle auf das Vorhandensein von Alkansäuren oder auf Verbindungen der Alkansäuren in diesen Stoffen zurückzuführen.

- Was sind Alkansäuren und welche Eigenschaften besitzen sie?
- Wo kommen Alkansäuren in der Natur vor?
- Welche Bedeutung besitzen Alkansäuren in der Tier- und Pflanzenwelt?
- Wie lassen sich Alkansäuren herstellen oder gewinnen?
- Welche Rolle spielen Alkansäuren in unserem Leben?

Selbst untersucht Eigenschaften von Ethansäure und Methansäure

1 Erkunde das Verhalten von Wein an der Luft.

Fülle etwa 20 ml süßen Wein in einen Erlenmeyerkolben und lass den Kolben zwei Tage lang offen stehen. Verschließe dann den Kolben mit einem Wattebausch und prüfe nach einem weiteren Tag den Geruch und den pH-Wert der Lösung. Gib zu der Lösung unter Umrühren eine Spatelspitze Natriumcarbonat.
Interpretiere die Beobachtungsergebnisse.
Entsorgung: Reste in Sammelbehälter für Abwasser geben.

2 Untersuche zu Hause Brennhaare einer Brennnessel.

Betrachte Brennhaare einer Brennnessel unter einer Lupe. Drücke mit einer Pinzette einige Brennhaare gegen einen Objektträger. Gib einen Flüssigkeitstropfen aus den Brennhaaren auf ein Indikatorpapier.

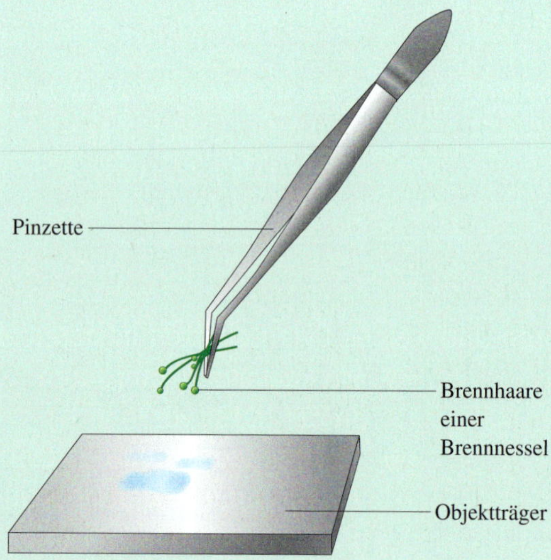

Notiere deine Beobachtungen.
Beschreibe, was beim „Brennen" der Haut an einer Brennnessel passiert.
Entsorgung: Indikatorpapier in den Sammelbehälter für Hausmüll geben.

3 Erkunde zu Hause die Wirkung von Essig auf Lebensmittel.

Spüle jeweils ein Stück gekochten Schinken, ein Stück Schnittkäse und eine frische Gurke gut mit Wasser ab. Halbiere den Schinken, den Käse und die Gurke. Gib jedes der sechs Stücke in ein sauberes Marmeladenglas. Übergieße jeweils eine der Proben mit Essig und belasse die andere offen im Glas an der Luft. Führe alle Versuche parallel dazu auch mit Wasser statt mit Essig durch.
Tropfe auf eine Ecke einer frischen Scheibe Toastbrot drei Tropfen Essig. Lege die Scheibe Toast auf einen Teller offen an die Luft.

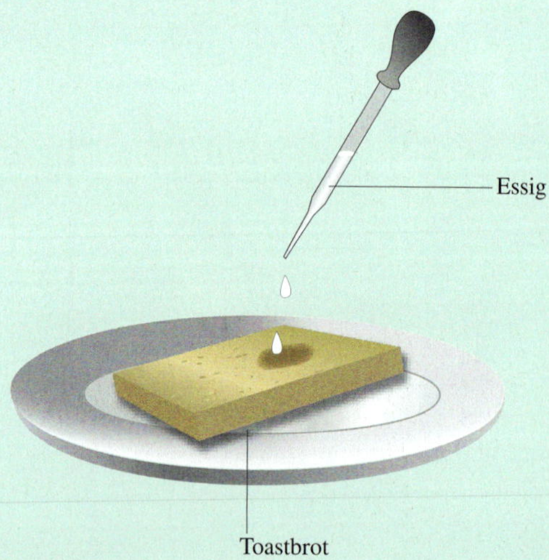

Beobachte alle Proben eine Woche lang.
Entsorgung: Proben über den Hausmüll entsorgen.

4 Prüfe das Verhalten von Ethansäure und Methansäure gegenüber Indikatoren.

Gib je 3 ml 10%ige Ethansäure (Xi) und 10%ige Methansäure (C) in Reagenzgläser. Tropfe in jedes Reagenzglas jeweils das gleiche Volumen Lackmuslösung, wässrigen Rotkohlauszug oder Universalindikatorlösung.
Vergleiche die Beobachtungsergebnisse.
Entsorgung: Lösungen in Sammelbehälter für Abwasser geben.

5 Untersuche die elektrische Leitfähigkeit von verdünnter Ethansäure, reiner Ethansäure (Eisessig) und verdünnter Methansäure.

Stelle eine Versuchanordnung zusammen, mit deren Hilfe die elektrische Leitfähigkeit von Lösungen geprüft werden kann. Gib 10 ml 10%ige Ethansäure (Xi), 10 ml reine Ethansäure (C) und 10 ml 10%ige Methansäure (C) in jeweils ein Becherglas. Prüfe die Lösungen auf elektrische Leitfähigkeit.
Interpretiere die Ergebnisse.
Entsorgung: Lösungen mit Wasser verdünnen und in den Sammelbehälter für Abwasser geben.

6 Erkunde die Brennbarkeit von verdünnter Ethansäure, reiner Ethansäure (Eisessig) und verdünnter Methansäure.

Vorsicht! Schutzhandschuhe und Schutzbrille tragen! Gib jeweils 3 ml der Lösungen in Porzellantiegel. Erhitze die Lösungen und halte über die Porzellanschälchen einen brennenden Holzspan.
Beschreibe die Beobachtungen.
Entsorgung: Abgekühlte Lösungen mit Wasser verdünnt in den Sammelbehälter für Abwasser geben.

7 Prüfe das Verhalten von verdünnter Ethansäure und verdünnter Methansäure auf Kalk und Rost.

Gib jeweils 50 ml der Säurelösungen in vier Bechergläser. Tauche in je ein Becherglas mit Ethansäure (Xi) bzw. Methansäure (C) den verkalkten Heizstab eines Tauchsieders und in die anderen Bechergläser verrostete Eisendrähte oder Eisennägel. Entferne die eingetauchten Gegenstände nach etwa 30 min aus den Bechergläsern und spüle sie mit Wasser gründlich ab.
Vergleiche das Aussehen der Gegenstände vor und nach dem Experiment. Formuliere für die abgelaufenen Reaktionen Wortgleichungen.
Entsorgung: Tauchsiederheizstab und Eisenstücke in die Sammlung, Flüssigkeitsreste in den Sammelbehälter für Abwasser geben.

8 Untersuche das Verhalten von Magnesium, Magnesiumoxid und Magnesiumhydroxid gegenüber verdünnter Schwefelsäure, verdünnter Ethansäure und verdünnter Methansäure.

Vorsicht! Schutzhandschuhe und Schutzbrille tragen! Gib in drei Reagenzgläser jeweils zwei bis drei Magnesiumspäne (F), in drei weitere Reagenzgläser jeweils eine Spatelspitze Magnesiumoxid und in weitere drei Reagenzgläser je 2 ml 5%ige Magnesiumhydroxidlösung.
Gib in je eines der Reagenzgläser etwa 3 ml 10%ige Ethansäure (Xi), in jeweils das zweite Reagenzglas 3 ml 10%ige Methansäure (C) und in das jeweils dritte Reagenzglas etwa 5 ml 5%ige Schwefelsäure (Xi).
Notiere deine Beobachtungsergebnisse in einer Tabelle und vergleiche sie.
Ziehe Schlussfolgerungen über das Verhalten von Methan- und Ethansäure im Vergleich zu Schwefelsäure.
Entsorgung: Salzlösungen in den Sammelbehälter für Abwasser geben.

9 Untersuche das Verhalten von verdünnter Ethansäure und verdünnter Methansäure gegenüber Kupfer(II)-oxid und Eisen(III)-oxid.

Vorsicht! Schutzbrille und Schutzhandschuhe tragen! Gib in zwei 50-ml-Bechergläser je 1 g Eisen(III)-oxidpulver (Fe_2O_3) und in zwei weitere Bechergläser je 1 g Kupfer(II)-oxidpulver (CuO, Xn). Gib zu den Oxiden jeweils 25 ml 10%ige Ethansäure (Xi) bzw. 10%ige Methansäure (C). Erwärme unter Umrühren, bis die Oxide vollständig reagiert haben. Gieße die Lösungen in Kristallisierschalen.
Stelle die Schalen an einen warmen Ort und lass sie mehrere Tage ruhig stehen. Beobachte die Schalen täglich und notiere die Ergebnisse.
Interpretiere die Ergebnisse.
Entsorgung: Eisensalzlösung in das Abwasser geben, Kupfersalzlösung mit Hydroxid fällen. Flüssigkeit in Abwasser, Schlamm in Sammelbehälter für „anorganische Chemikalienreste“ geben.

Essigsäure und Ameisensäure

Nach einer Feier wurde ein Rest Wein in der offenen Flasche vergessen. Nach längerer Zeit roch die Flüssigkeit in der Flasche sauer, ähnlich wie Essig beim Zubereiten eines Salats. Drückt man mit einer Pinzette die Brennhaare einer Brennnessel aus, erhält man Flüssigkeitströpfchen, die ebenfalls sauer riechen.
Sind die beiden sauer riechenden Flüssigkeiten Säuren? Welche Strukturmerkmale besitzen sie?

1 Essig zur Zubereitung eines Salats

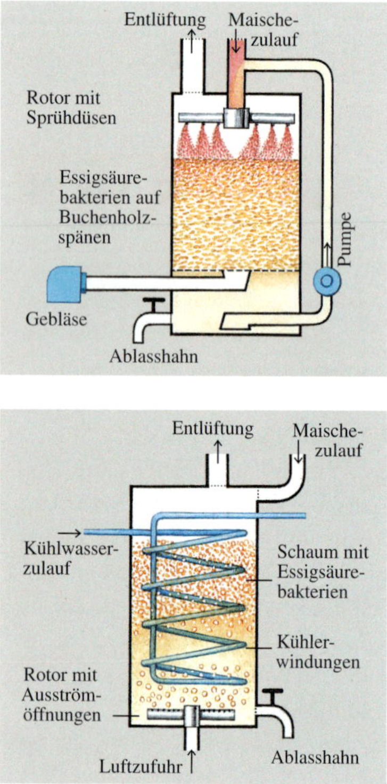

2 Schematische Darstellung des Schnellessigverfahrens und des Rundpumpverfahrens

Aus Wein wird Essig Wein, der längere Zeit offen steht, riecht unangenehm und schmeckt sauer. Dieser Wein ist zu Essig geworden. ↑E.1 S.182 Hervorgerufen wird der Vorgang, der als **Essigsäuregärung** bezeichnet wird, durch Essigsäurebakterien. Die Essigsäurebakterien und ihre Wirkung wurden bereits im 19. Jahrhundert von LOUIS PASTEUR (1822 bis 1895), einem französischen Chemiker und Biologen, entdeckt. Essigsäurebakterien bilden Enzyme, die das Ethanol des Weins mit dem Sauerstoff der Luft zu Essigsäure oxidieren. Bereits um 5000 v. Chr. war Essig bekannt und wurde durch Vergärung alkoholhaltiger Flüssigkeiten, z. B. Wein und Palmwein, hergestellt.

$$\text{Ethanol (l)} + \text{Sauerstoff (g)} \xrightarrow{\textit{Enzyme}} \text{Essig(säure) (aq)} + \text{Wasser (l)}$$

Verfahren zur Essigherstellung Heute führt man die Reaktion zur Herstellung von Essig als **Schnellessigverfahren** durch. Dabei werden ethanolhaltige Flüssigkeiten über mit Essigbakterien geimpfte Buchenholzspäne gerieselt; von unten strömt Luft entgegen.
Bei einem anderen Verfahren, dem **Rundpumpverfahren**, wird in Gärbottichen Schaum erzeugt, der auf seiner Oberfläche noch mehr Essigbakterien aufnehmen kann als Buchenholzspäne.
Der bei diesen Verfahren hergestellte Essig enthält einen Volumenanteil von weniger als 15,5 % Essigsäure. Eine höhere Konzentration würde das Absterben der Essigsäurebakterien bewirken. Die im Essig enthaltene Essigsäure weist in jedem Molekül zwei Kohlenstoffatome auf und wird deshalb auch als **Ethansäure** bezeichnet.

Darstellung von Essigsäure Die enzymatische Gärung von Ethanol wird technisch zur Gewinnung von Speiseessig eingesetzt.

$$\underset{\text{Ethanol}}{CH_3{-}CH_2OH} + O_2 \xrightarrow{\textit{Enzyme}} \underset{\text{Essigsäure}}{CH_3{-}COOH} + H_2O$$

Da Essig einen Volumenanteil an Ethansäure von maximal 15,5 % enthält, erfolgt die Herstellung höher konzentrierter Ethansäure durch katalytische Oxidation von Ethanal. ↑E.10

$$\underset{\text{Ethanal}}{2\,CH_3{-}CHO} + O_2 \xrightarrow{\textit{Katalysator}} \underset{\text{Ethansäure}}{2\,CH_3{-}COOH}$$

Essigsäure wird industriell durch enzymatische Gärung aus Ethanol oder durch katalytische Oxidation von Ethanal hergestellt.

Bau des Ethansäuremoleküls Ein Ethansäuremolekül besteht aus zwei Kohlenstoffatomen, vier Wasserstoffatomen und zwei Sauerstoffatomen. Das erste Kohlenstoffatom bildet mit zwei Sauerstoffatomen und einem Wasserstoffatom die funktionelle Gruppe der Ethansäure.
Die Atomgruppe

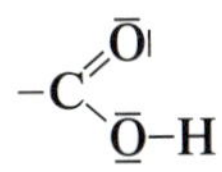

bzw. $-COOH$

wird als **Carboxylgruppe** bezeichnet. Sie bestimmt wesentlich die Eigenschaften der Säure. Am zweiten Kohlenstoffatom sind drei Wasserstoffatome gebunden. Zwischen den Kohlenstoffatomen befindet sich eine Einfachbindung. Die vereinfachte Strukturformel ist: $CH_3{-}COOH$.
Ethansäure ist eine **Alkansäure**. Die Moleküle der Alkansäuren sind kettenförmig, haben zwischen den Kohlenstoffatomen Einfachbindungen und enthalten eine Carboxylgruppe als funktionelle Gruppe im Molekül. Alle organischen Stoffe, in deren Molekülen eine oder mehrere Carboxylgruppen enthalten sind, werden als **Carbonsäuren** bezeichnet.

EXPERIMENT 10 [L]
Darstellung von Ethansäure.

Eine glühende Kupferdrahtwendel wird in eine 30%ige Ethanallösung (F+, Xn) getaucht. Über die Lösung wird ein feuchtes Universalindikatorpapier gehalten.

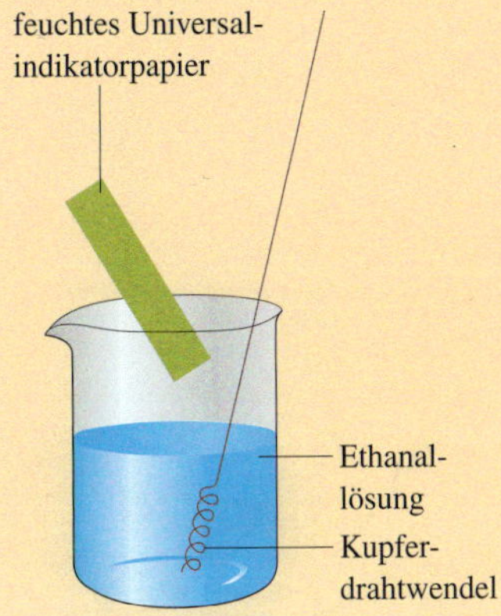

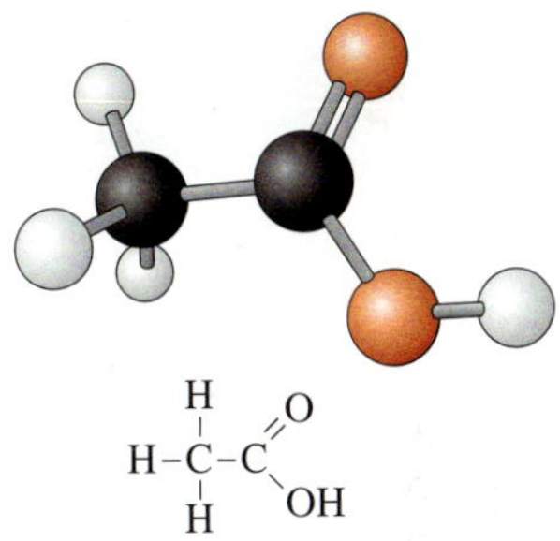

3 Modell und Strukturformel eines Ethansäuremoleküls

Aufgaben

1 Beschreibe die Essigsäuregewinnung durch Gärung von Ethanol und begründe, warum mit diesem Verfahren keine hoch konzentrierte Ethansäure hergestellt werden kann.

2 Für die Gärung von Alkohol zu Essigsäure werden die Enzyme der Essigbakterien genutzt; bei der industriellen Oxidation von Ethanal zu Essigsäure werden Mangansalze als Katalysatoren eingesetzt. Erläutere die Aufgaben von Enzymen und Katalysatoren. Nenne Gemeinsamkeiten und Unterschiede von biochemischer und katalytischer Herstellung von Essigsäure.

3 Im Handel gibt es verschiedene Essigsorten zu kaufen, u. a. Weinessig.
Zeige schematisch den Weg von der Weintraube bis zum Weinessig auf.
Formuliere für die dabei ablaufenden chemischen Reaktionen Wortgleichungen und Reaktionsgleichungen.

4 Vergleiche von Ethanol, Ethanal und Ethansäure:
a die Summenformel
b die vereinfachte Strukturformel
c die Strukturformel
d die Namen und Formeln der funktionellen Gruppe

EXPERIMENT 11 [L]
Verhalten reiner Ethansäure beim Abkühlen.
In ein Reagenzglas mit 5 ml reiner Ethansäure (C) wird ein Thermometer eingeführt. Das Reagenzglas wird in ein Becherglas mit einer Kältemischung aus Kochsalz und Eis gestellt und das Verhalten der Ethansäure in Abhängigkeit von der Temperatur beobachtet.

1 Verkalkte Blumentöpfe lassen sich mit Ethansäure reinigen.

2 Kupferacetat auf einem Kupferblech und auf der Oberfläche eines Kupferkessels

Eigenschaften und Reaktionen von Ethansäure Wasserfreie Ethansäure, auch Eisessig genannt, ist eine farblose, stechend riechende und stark ätzende Flüssigkeit. Sie siedet bei 118,1 °C und erstarrt bei 16,6 °C zu klaren Molekülkristallen. ↑E.11
Reine Ethansäure ist brennbar. Sie leitet den elektrischen Strom nicht. ↑E.5,6 S.183 Ethansäure löst sich gut in Wasser. Dabei entsteht verdünnte Ethansäure. Verdünnte Ethansäure riecht ebenfalls stechend und schmeckt sauer. Sie leitet im Unterschied zu reiner Ethansäure den elektrischen Strom und reagiert sauer. ↑E.4,5 S.182/183 Diese Eigenschaften werden durch die Reaktion der Ethansäure mit Wasser zu Hydronium-Ionen und Acetat-Ionen (Ethanat-Ionen) hervorgerufen. Die Hydronium-Ionen in der Lösung bewirken die saure Reaktion und damit die typische Färbung der Indikatoren durch Ethansäurelösung. ↑E.4 S.182

$$\underset{\text{Ethansäuremolekül}}{CH_3{-}COOH} + \underset{\text{Wassermolekül}}{H_2O} \longrightarrow \underset{\text{Hydronium-Ion}}{H_3O^+} + \underset{\text{Acetat-Ion}}{CH_3{-}COO^-}$$

Ethansäure reagiert wie andere Säuren mit Carbonaten. Deshalb eignet sie sich als Entkalker für Heizstäbe von Wasserkochern, Geschirrspülmaschinen und Waschmaschinen sowie zur Reinigung von Toiletten- und Sanitärarmaturen. ↑E.7 S.183
Verdünnte Ethansäure reagiert wie andere verdünnte Säuren, z. B. Salzsäure und Schwefelsäure, mit unedlen Metallen, Metalloxiden und Metallhydroxiden zu Salzlösungen. ↑E.8,9 S.183

$$\underset{\text{Ethansäurelösung}}{2\,CH_3COO^-\,(aq) + 2\,H_3O^+\,(aq)} + Mg\,(s) \longrightarrow \underset{\text{Magnesiumacetatlösung}}{2\,CH_3COO^-\,(aq) + Mg^{2+}\,(aq)} + H_2\,(g) + 2\,H_2O\,(l)$$

$$\underset{\text{Ethansäurelösung}}{2\,CH_3COO^-\,(aq) + 2\,H_3O^+\,(aq)} + CuO\,(s) \longrightarrow \underset{\text{Kupferacetatlösung}}{2\,CH_3COO^-\,(aq) + Cu^{2+}\,(aq)} + 3\,H_2O\,(l)$$

$$\underset{\text{Ethansäurelösung}}{CH_3COO^-\,(aq) + H_3O^+\,(aq)} + Na^+\,(aq) + OH^-\,(aq) \longrightarrow \underset{\text{Natriumacetatlösung}}{CH_3COO^-\,(aq) + Na^+\,(aq)} + 2\,H_2O\,(l)$$

Die Salze der Ethansäure heißen **Acetate** oder Ethanate. Viele Acetate sind leicht wasserlöslich. Natrium-, Kalium- und Calciumacetate sind unbedenkliche Lebensmittelzusatzstoffe. Andere Acetate, z. B. Zink- und Kupferacetat, sind giftig. Deshalb sollten mit Essig zubereitete Speisen und Salate nicht in Zink- oder Kupfergefäßen serviert oder aufbewahrt werden, andernfalls kann sich giftiges Zink- bzw. Kupferacetat (Grünspan) bilden.
Natrium-, Blei-, Aluminium- und Zinkacetat dienen als Hilfsmittel in der Textilindustrie und in der Lederindustrie. Außerdem werden sie in der Textilfärberei und zur Herstellung medizinischer Präparate benötigt.

Verdünnte Ethansäure reagiert sauer und leitet den elektrischen Strom. Ethansäure reagiert mit unedlen Metallen, Metalloxiden und Metallhydroxiden zu Salzen. Die Salze der Essigsäure heißen Acetate.

Verwendung von Ethansäure Ethansäure wird als Speiseessig [φ(Ethansäure) = 5 bis 8 %] oder Essigessenz [φ(Ethansäure) = 25 %] zum Würzen, Säuern und Konservieren von Lebensmitteln verwendet. Essig und einige Salze der Ethansäure sind wichtige Säuerungs- und Konservierungsmittel, da sie schädliche Bakterien und Pilze zerstören, ohne die menschliche Gesundheit zu beeinträchtigen. ↑E.3 S.182 Als Lebensmittelzusatzstoffe erhalten sie sogenannte E-Nummern, die auf den Etiketten der Lebensmittel angegeben sein müssen, z. B. E 260 Essigsäure. Essig ist durch seine bakterientötende sowie seine kalk- und rostlösende Wirkung auch ein altbekannter Haushaltsreiniger. ↑E.7 S.183
Ethansäure ist Ausgangsstoff zur Herstellung von Lacken und Farben, Arzneimitteln, Lösemitteln, Kunststoffen und Kunstfasern. Sie dient zur Herstellung von Riechstoffen und ist Hilfsmittel bei der Latexherstellung. Außerdem wird sie zur Entkalkung von Häuten und als Hilfsmittel in der Textilindustrie sowie in Färbereien eingesetzt.

3 Feuchtes Indikatorpapier wird durch Ameisensäure im Ameisenhaufen rot gefärbt.

Vorkommen von Ameisensäure Ameisen produzieren zu ihrem Schutz und zur Abwehr von Feinden in ihren Giftdrüsen eine Säure. Nach diesem Vorkommen wird sie als **Ameisensäure** bezeichnet. Ameisensäure findet sich in den Brennhaaren von Brennnesseln ↑E.2 S.182, in Tannennadeln, im Nesselgift von Quallentieren und in verschiedenen Laufkäferarten, Bienen und Wespen. Sie trägt zum sauren Geschmack vieler Früchte bei. Als einfachste Alkansäure enthält sie nur ein Kohlenstoffatom im Molekül. Deshalb ist ihr systematischer Name **Methansäure**.

Eigenschaften und Verwendung von Methansäure Methansäure ist eine farblose, stechend riechende und stark ätzende Flüssigkeit. Sie reagiert wie alle Säuren mit unedlen Metallen, Metalloxiden und Metallhydroxiden. ↑E.8,9 S.183 Die dabei entstandenen Salze heißen **Formiate** oder Methanate. Methansäure wird im Labor zur Darstellung von Kohlenstoffmonooxid verwendet. Sie und einige ihrer Salze sind gute Konservierungsmittel für Erfrischungsgetränke, Fruchtsäfte und Salate. Methansäure wird zum Entkalken von Kaffeemaschinen oder Heizstäben von Waschmaschinen ↑E.7 S.183 ebenso verwendet wie zur Herstellung von Lösemitteln und Geruchsstoffen.
In der Textil- und Lederindustrie dienen Formiate zum Imprägnieren, Beizen und Mattieren. In der Landwirtschaft werden Formiate zum Ansäuern von Silofutter verwendet, in der Getränkeindustrie zum Desinfizieren von Bier- und Weinfässern. Ein Gemisch aus Ameisensäure, Ethanol und Wasser dient zum Einreiben bei rheumatischen Beschwerden.

4 Um die Ausbreitung der Vogelgrippe zu verhindern, werden Kraftfahrzeuge mit Ameisensäure desinfiziert.

Aufgaben

1 Vergleiche die Strukturformeln von Methansäure und Ethansäure. Begründe, warum beide Säuren zur Gruppe der Alkansäuren gehören.

2 Verdünnte Ethansäure leitet den elektrischen Strom und färbt Indikatorpapier, reine Ethansäure zeigt diese Eigenschaften nicht. Erkläre das unterschiedliche Verhalten.

3 Eine Kaffeemaschine kann mit Methan- oder Ethansäure entkalkt werden. Entwickle für die Reaktion Wortgleichungen sowie entsprechende Reaktions- und Ionengleichungen.

4 Warum sollten Salatbestecke nicht aus Neusilber (Kupfer-Nickel-Zink-Legierung) hergestellt werden?

Nomenklatur der Alkansäuren
Der Name der Alkansäure wird aus dem Namen des Alkans und der Endung „säure“ gebildet. Die meisten Alkansäuren haben aber noch Trivialnamen.

Anzahl C-Atome	Name (Trivialname)
1	Methansäure (Ameisensäure)
2	Ethansäure (Essigsäure)
3	Propansäure (Propionsäure)
4	Butansäure (Buttersäure)
12	Dodecansäure (Laurylsäure)
16	Hexadecansäure (Palmitinsäure)
18	Octadecansäure (Stearinsäure)

EXPERIMENT 12 [L]

Reaktion von Alkansäuren mit Magnesium.

In vier Petrischalen werden jeweils 5 ml 10%ige Methansäure (C), Ethansäure (Xi), Propansäure (Xi) und Hexansäure gegeben. Ein 1 cm langer Magnesiumspan (F) wird jeweils zugegeben und die Erscheinungen an eine weiße Wand projiziert.

Homologe Reihe der Alkansäuren

Weitere Vertreter der Alkansäuren Viele Alkansäuren kommen in der Natur vor. Wie die Alkanole bilden auch sie eine homologe Reihe. Die Moleküle der Alkansäuren enthalten eine Carboxylgruppe **(–COOH)** und einen Alkylrest **(R)**. Die einzelnen Glieder unterscheiden sich um jeweils eine CH_2-Gruppe. In vereinfachten Strukturformeln wird die CH_2-Gruppe häufig in Klammern gesetzt. Der Index hinter der Klammer gibt die Anzahl der CH_2-Gruppen im Molekül an.

Name der Alkansäure	Vereinfachte Strukturformel	Vorkommen
Methansäure	H–COOH	in Giftdrüsen von Ameisen, in vielen Pflanzen und Früchten
Ethansäure	CH_3–COOH	in einigen Pflanzen und Früchten, in tierischen Sekreten, als Stoffwechselprodukt
Butansäure	CH_3–CH_2–CH_2–COOH	gebunden in Butter und Milchfett, im Schweiß, Produkt beim Faulen von Eiweiß
Hexadecansäure	CH_3–$(CH_2)_{14}$–COOH	gebunden in fast allen Naturfetten, z. B. Palmfett, Olivenöl, Kokosöl, Talg, Schmalz
Octadecansäure	CH_3–$(CH_2)_{16}$–COOH	gebunden in fast allen Naturfetten, in Hopfen, im menschlichen Gehirn

Eigenschaften und Reaktionsverhalten der Alkansäuren Die funktionelle Gruppe der Alkansäuren bedingt gleichartige chemische Reaktionen: Reaktionen mit unedlen Metallen, Metalloxiden und Metallhydroxiden sowie Reaktionen mit Alkoholen.

Mit steigender Kettenlänge der Moleküle nimmt die Reaktionsfähigkeit ab. Niedermolekulare Alkansäuren (C_1 bis C_4) sind flüssig, wasserlöslich und riechen stechend. Höhermolekulare Alkansäuren sind fest, wasserunlöslich und geruchlos.

Alkansäuren sind Derivate der Alkane mit einer Carboxylgruppe im Molekül. Alkansäuren bilden eine homologe Reihe.

Aufgaben

1 Erläutere am Beispiel der homologen Reihe der Alkansäuren den Zusammenhang zwischen Struktur der Moleküle und Eigenschaften der Stoffe.

2 Erkläre, warum Alkansäuren gleiche chemische Reaktionen eingehen, aber die Reaktionsfähigkeit innerhalb der homologen Reihe abnimmt.

3 Erläutere die Begriffe „funktionelle Gruppe“ und „homologe Reihe“ am Beispiel der Alkansäuren.

4 Stelle, wie in der Tabelle oben, Informationen über die ersten zehn Glieder der homologen Reihe der Alkansäuren zusammen und erkunde Eigenschaften und Verwendung dieser Säuren.

1 Bratheringe werden in Essig konserviert.

2 Etikett einer Essigflasche mit Angabe des Volumenanteils an Essigsäure

1 Essigsäure ist ein gutes Konservierungsmittel.
a Erläutere die konservierende Wirkung von Essigsäure.
b Informiere dich im Internet, welche Konservierungsverfahren außerdem angewendet werden und auf welchen Prinzipien ihre Wirkung beruht.

2 Folgende organische Säuren, deren Formeln gegeben sind, gehören zur homologen Reihe der Alkansäuren:
H–COOH, CH_3–COOH
CH_3–$(CH_2)_2$–COOH, CH_3–$(CH_2)_{10}$–COOH
CH_3–$(CH_2)_{13}$–COOH
CH_3–$(CH_2)_{15}$–COOH
a Benenne diese Säuren.
b Begründe, dass sie Glieder einer homologen Reihe sind.
c Formuliere zu erwartende Eigenschaften dieser Säuren. Nutze dazu die Kenntnisse über die beiden ersten Glieder der homologen Reihe.

3 Erkunde die Strukturformeln folgender Carbonsäuren: Stearinsäure, Ölsäure, Linolsäure, Oxalsäure, Milchsäure, Citronensäure, Aminopropansäure (Alanin) und Benzoesäure. Erstelle eine tabellarische Übersicht mit den Namen und vereinfachten Strukturformeln der Stoffe. Kennzeichne alle funktionellen Gruppen farbig und gib deren Namen an.

4 Bleibt Wein in einer Flasche zwei Wochen lang offen stehen, schmeckt die Flüssigkeit darin sauer. Wird diese Flüssigkeit mit Kalkablagerungen in Berührung gebracht, so kann man feststellen, dass diese nach einer Weile verschwinden.
a Plane je ein Experiment zur Bestätigung dieser beiden Beobachtungen.
b Formuliere jeweils die Wortgleichung und die Reaktionsgleichung für die chemischen Reaktionen.

5 Ein Haushaltsessig hat einen Volumenanteil an Essigsäure von 5 %. Essigessenz hat einen Volumenanteil von 25 %. Berechne für den Haushaltsessig und für die Essigessenz die Stoffmengenkonzentration.

6 Methansäure kann durch chemische Reaktion aus Methanal und dieses wiederum durch chemische Reaktion aus Methanol hergestellt werden.
a Entwickle Reaktionsgleichungen für die chemische Reaktionen.
b Benenne alle Reaktionspartner.
c Bestimme die Reaktionsarten und begründe.

7 **Gewinne Zellflüssigkeit aus den Brennhaaren von Brennnesseln.**
Sammle unter Verwendung von Gummihandschuhen die Blätter von frischen Brennnesseln. Betrachte jeweils ein Blatt unter einer Lupe und brich mit einer Pinzette die Brennhaare ab. Gewinne auf diese Art und Weise auf einem Uhrglas etwas Flüssigkeit aus diesen Brennhaaren. Gib einen Tropfen der Flüssigkeit auf ein Indikatorpapier.
a Werte das Beobachtungsergebnis aus und gib an, welche Verbindung in der Flüssigkeit enthalten ist.
b Entwickle eine Reaktionsgleichung in Ionenschreibweise für die Reaktion dieser Verbindung mit Wasser. Stelle die Reaktionsgleichungen für die Teilreaktionen auf.
c Ordne die Reaktion einer Reaktionsart zu und begründe die Zuordnung.
d Recherchiere im Internet, warum die Blätter älterer, welker Brennnesseln nicht mehr auf der Haut brennen.

Auf einen Blick

Alkansäuren

Von Alkanen abgeleitete organische Stoffe mit einer Carboxylgruppe im Molekül. Die Carboxylgruppe – COOH ist die funktionelle Gruppe der Alkansäuremoleküle.

Carbonsäuren

Organische Säuren mit einer oder mehreren Carboxylgruppen im Molekül

---

Reaktionen vom Alkanol zur Alkansäure

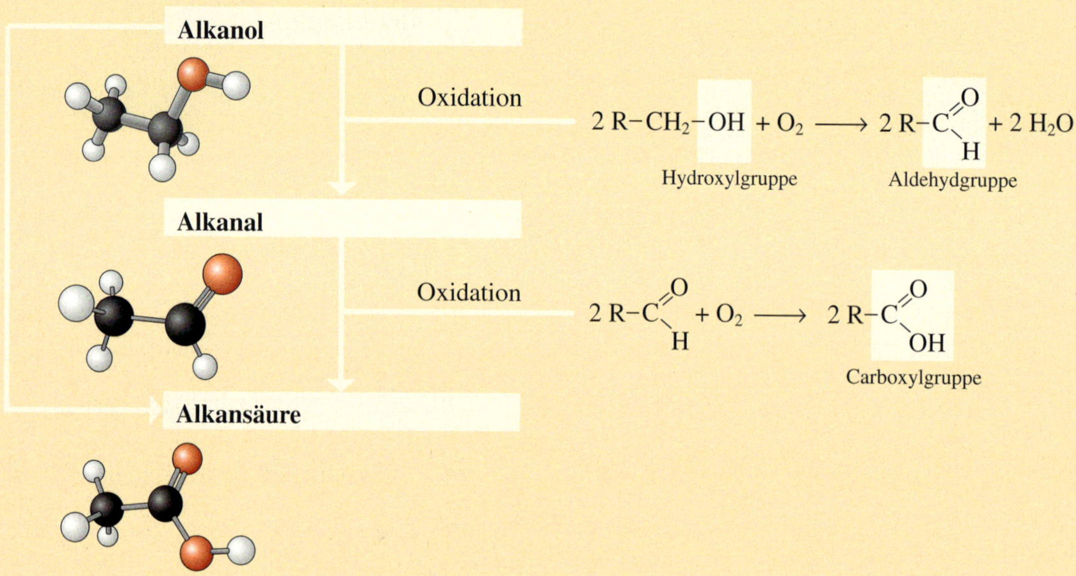

$$2\,R{-}CH_2{-}OH + O_2 \longrightarrow 2\,R{-}C(=O){-}H + 2\,H_2O$$

$$2\,R{-}C(=O){-}H + O_2 \longrightarrow 2\,R{-}C(=O){-}OH$$

Reaktionen der Alkansäuren

Dissoziation von Alkansäuren in Wasser

$$\underset{\text{Ethansäuremolekül}}{CH_3{-}COOH} + \underset{\text{Wassermolekül}}{H_2O} \longrightarrow \underset{\text{Hydronium-Ion}}{H_3O^+} + \underset{\text{Acetat-Ion}}{CH_3{-}COO^-}$$

Reaktionen von Alkansäuren mit unedlen Metallen, Metalloxiden und Metallhydroxiden

$$\underbrace{2\,CH_3COO^-(aq) + 2\,H_3O^+(aq)}_{\text{Ethansäurelösung}} + Mg(s) \longrightarrow \underbrace{2\,CH_3COO^-(aq) + Mg^{2+}(aq)}_{\text{Magnesiumacetatlösung}} + H_2(g) + 2\,H_2O(l)$$

$$\underbrace{2\,CH_3COO^-(aq) + 2\,H_3O^+(aq)}_{\text{Ethansäurelösung}} + CuO(s) \longrightarrow \underbrace{2\,CH_3COO^-(aq) + Cu^{2+}(aq)}_{\text{Kupferacetatlösung}} + 3\,H_2O(l)$$

$$\underbrace{CH_3COO^-(aq) + H_3O^+(aq)}_{\text{Ethansäurelösung}} + Na^+(aq) + OH^-(aq) \longrightarrow \underbrace{CH_3COO^-(aq) + Na^+(aq)}_{\text{Natriumacetatlösung}} + 2\,H_2O(l)$$

Ester – Fette – Seifen

Fette finden sich in jeder Mahlzeit und in allen Zellen unseres Körpers. Sie sind wichtige natürliche Ester.
Fette werden auch als Rohstoffe für die Herstellung von Seifen verwendet. Ein schäumender Badezusatz wird gerne mit Wohlgerüchen angereichert. Viele dieser Duft- und Aromastoffe gehören ebenfalls zu den Estern.
Fette und Seifen, Duft- und Aromastoffe sind ähnliche chemische Verbindungen – wie kann das sein?

- Welche Gemeinsamkeiten und Unterschiede bestehen zwischen Estern, Fetten und Seifen?
- Wie sind Ester, Fette und Seifen aufgebaut?
- Wie können diese Verbindungen gewonnen bzw. hergestellt werden?

Ester

Betritt man einen Raum, in dem eine reife Ananas aufgeschnitten wird, ist das sofort an dem angenehmen Geruch erkennbar. Der Geruch ist auf über 200 leichtflüchtige Stoffe zurückzuführen, die in einer Ananas enthalten sind. Viele dieser Stoffe gehören zu der Stoffklasse der Ester.
Was sind Ester?

1 Reife Ananas riecht und schmeckt gut.

2 In vielen Süßwaren sind Fruchtester enthalten.

Vorkommen und Bedeutung von Estern Duft und Geschmack vieler Früchte werden durch ähnliche Verbindungen hervorgerufen. Diese Verbindungen werden als **Fruchtester** bezeichnet. Der Mensch nutzt diese natürlichen oder synthetisch hergestellten Fruchtester zur Verfeinerung des Geruchs vieler Produkte, z. B. von Kosmetika, Seifen, Backaromen und Süßwaren. Auch **Wachse** gehören zu den Estern. Sie können in Kerzen, Polituren, Schmiermitteln, Imprägniermitteln und Kosmetika verwendet werden. Bestreichen wir unser Brot mit Butter, Margarine oder Schmalz, nutzen wir zur Zubereitung eines Salats Leinöl oder Olivenöl, nehmen wir ebenfalls Ester als **Fette** oder **fette Öle** zu uns. Bestimmte Sprengstoffe wie Nitroglycerin sowie Nervengifte oder das für den Stoffwechsel so lebensnotwendige Adenosintriphosphat (ATP) gehören ebenfalls zur Stoffklasse der Ester. Was ist allen diesen Stoffen gemeinsam?

EXPERIMENT 1 [L]
Darstellung eines Ananasesters.
Vorsicht!
Ein Gemisch aus Butansäure (C), Ethanol (F) und konzentrierter Schwefelsäure (C) wird erhitzt. Die Gerüche der Ausgangsstoffe und des Destillats werden geprüft.

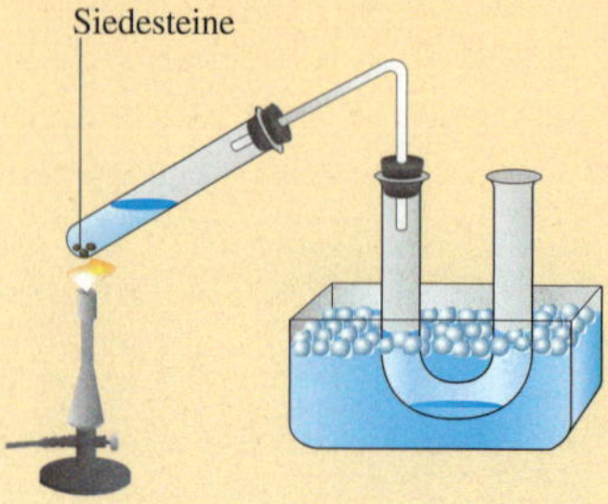

Synthese von Estern Ester können durch chemische Reaktion aus Säuren und Alkoholen dargestellt werden. Je nach eingesetzter Säure werden die Ester bezeichnet, z. B. aus Alkansäuren entstehen **Alkansäureester**.
Für die Reaktion sind Wärme und ein Katalysator, z. B. Schwefelsäure, erforderlich. ↑E.1 Neben dem Ester entsteht als weiteres Reaktionsprodukt Wasser. Diese chemische Reaktion wird als **Veresterung** bezeichnet oder, da bei dieser Reaktion Wasser entsteht, als **Kondensation**. Da bei der Veresterung zwischen den Molekülen der Alkansäure und denen des Alkohols Atome ausgetauscht werden, gehört sie zu den Substitutionsreaktionen.

$$R_1{-}C({=}\overline{O}|){-}\overline{O}{-}H \; + \; H{-}\overline{O}{-}CH_2{-}R_2 \longrightarrow R_1{-}C({=}\overline{O}|){-}\overline{O}{-}CH_2{-}R_2 \; + \; H_2O$$

Alkansäure + Alkohol ⟶ Alkansäureester + Wasser

Die Veresterung ist eine chemische Reaktion von Säuren mit Alkoholen unter Bildung von Estern und Wasser. Die Veresterung ist eine Kondensation, da Wasser ein weiteres Reaktionsprodukt ist.

Die Moleküle der Alkansäureester enthalten als charakteristisches Strukturmerkmal die **Estergruppe**:

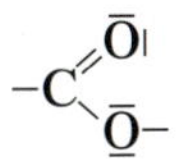

bzw. **–COO–**

Die Alkylgruppen wurden mit R_1 und R_2 bezeichnet. Durch experimentelle Untersuchungen lässt sich ermitteln, dass neben den Reaktionsprodukten Ester und Wasser auch noch die Ausgangsstoffe Säure und Alkohol vorliegen. Die Veresterung verläuft nicht vollständig.
Der Name eines Esters wird aus dem Namen der Säure und der Ethylgruppe des Alkanols abgeleitet.

$$\underset{\text{Butansäure}}{C_3H_7{-}COOH} + \underset{\text{Ethanol}}{HO{-}C_2H_5} \longrightarrow \underset{\text{Butansäureethylester}}{C_3H_7{-}\overset{\overset{O}{/\!/}}{C}{-}O{-}C_2H_5} + \underset{\text{Wasser}}{H_2O}$$

Name der Säure	Name des Alkylrestes des Alkanols	Name der Stoffgruppe „ester“
Butansäure	ethyl	ester
	Butansäureethylester	

Spaltung von Estern Wird ein Gemisch aus Buttersäureethylester (Butansäureethylester) und Wasser längere Zeit stehen gelassen oder unter Rückflusskühlung erhitzt, ist ein unangenehmer Geruch wahrnehmbar. ↑E.2 Der Geruch weist auf Butansäure hin. Daraus lässt sich folgern, dass der Ester gespalten wurde. Butansäureethylester leitet nicht den elektrischen Strom und reagiert nicht sauer. Wenn aber dieser Ester gespalten wurde und Butansäure entstanden ist, müsste die Lösung den elektrischen Strom leiten und eine saure Reaktion der Lösung feststellbar sein. Die experimentelle Überprüfung bestätigt diese Vermutungen.

$$\underset{\text{Butansäureethylester}}{C_3H_7{-}COO{-}C_2H_5} + H_2O \longrightarrow \underset{\text{Butansäure}}{C_3H_7{-}COOH} + \underset{\text{Ethanol}}{C_2H_5{-}OH}$$

Da die Esterspaltung unter Wasseraufnahme erfolgte, wird diese Reaktion als **Hydrolyse** bezeichnet. Die Esterspaltung verläuft rascher bei Zusatz von Säure- oder Hydroxidlösungen, die beim Erhitzen als Katalysator wirken. Die Esterbildung ist also eine umkehrbare Reaktion. Ein weiteres Beispiel für die Esterspaltung ist Spaltung von Hexansäurepropylester.

$$\underset{\text{Hexansäurepropylester}}{C_5H_{11}{-}COO{-}C_3H_7} + H_2O \longrightarrow \underset{\text{Hexansäure}}{C_5H_{11}{-}COOH} + \underset{\text{Propanol}}{C_3H_7{-}OH}$$

Schon früh in der Geschichte der Menschheit wurden mit diesem Verfahren aus Fetten Seifen hergestellt. Danach wird die chemische Reaktion der Esterspaltung auch als **Verseifung** bezeichnet.

$$\text{Alkansäure + Alkohol} \underset{\text{Verseifung, Hydrolyse}}{\overset{\text{Veresterung, Kondensation}}{\rightleftharpoons}} \text{Alkansäureester + Wasser}$$

Esterbildung (Kondensation) und Esterzerfall (Hydrolyse) sind umkehrbare chemische Reaktionen.

EXPERIMENT 2 [L]
Erhitzen eines Ananasesters.
Buttersäureethylester wird unter Zusatz von 10%iger Natronlauge (C) und Rückflusskühlung bis zum Sieden erhitzt. Zu Beginn und nach einiger Zeit werden Geruch, elektrische Leitfähigkeit und Verhalten gegenüber Indikatorpapier geprüft.

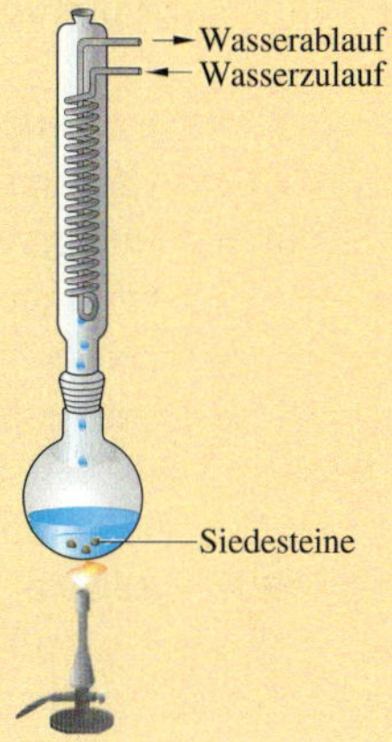

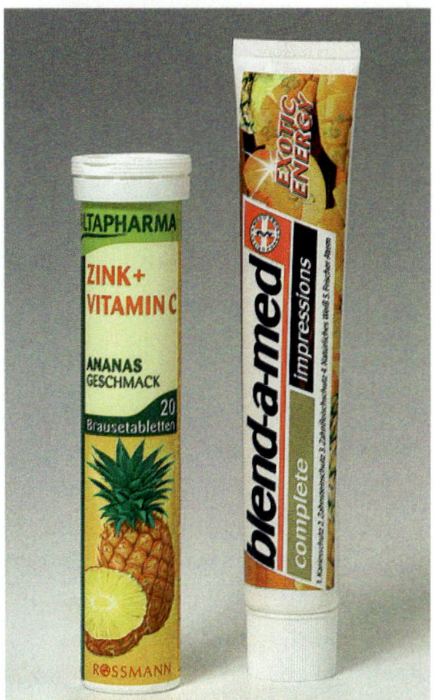

3 Produkte mit synthetisch hergestelltem Ananasaroma

Schon gewusst?

Dem schwedischen Chemiker ALFRED NOBEL (1833 bis 1896) gelang es 1867, das schon bei geringen Erschütterungen, Stößen oder beim Erhitzen explodierende Nitroglycerin als Sprengmittel verwendungsfähig zu machen. Durch Aufsaugen von Nitroglycerin in Kieselgur stellte er erstmalig **Dynamit** her.
NOBEL produzierte in eigenen Fabriken Dynamit. Aus seinem Vermögen wird der Nobelpreis finanziert. Seit 1901 wird dieser jährlich für hervorragende Leistungen auf den Gebieten Chemie, Physik, Medizin und Literatur sowie für die Förderung des Friedens verliehen.

Weitere wichtige Ester Je nach eingesetzter Säure zu ihrer Herstellung teilt man die Ester ein. Fruchtester, Wachse und Fette gehören zu den Carbonsäureestern.
Es gibt aber auch Ester anorganischer Säuren. ↑Tabelle Viele davon sind lebensnotwendig, z. B. Adenosintriphosphat (ATP) als Energiespeicher in lebenden Organismen oder Schädlingsbekämpfungsmittel zur Sicherung von Ernährung und Gesundheit. Mithilfe dieser Ester ist aber auch das Töten von Menschen möglich, sei es als chemischer Kampfstoff oder als Schieß- oder Sprengstoff in kriegerischen Auseinandersetzungen.

Ester anorganischer Säuren	Ausgangsstoffe		Verwendung
	Säure	Alkohol	
Phosphorsäureester	Phosphorsäure	meist kurzkettige Alkohole, Glycerin	Weichmacher, Lösemittel, Lack-, Film- und Kunststoffherstellung, Insektizide, Kampfstoffe, biochemische Energiespeicher
Salpetersäureester	Salpetersäure	kurzkettige Alkohole, mehrwertige Alkohole	Sprengstoffe und Schießpulver, zur Herstellung von Lacken, Kunststoffen und Medikamenten
Schwefelsäureester	Schwefelsäure	kurzkettige bis langkettige Alkohole	Hilfsstoffe für organische Synthesen, zur Herstellung von Waschmitteln

Aufgaben

1 Entwickle Wortgleichung und Reaktionsgleichung zur Esterbildung zwischen Ethansäure und Ethanol. Benenne den entstandenen Ester.

2 Nenne die Ausgangsstoffe zur Darstellung von:
a Ethansäurepropylester
b Triölsäureglycerolester
c Propansäurebutylester

3 Vergleiche die Salzbildung und die Veresterung an folgenden Beispielen:
a Bildung von Natriumacetat
b Bildung von Ethansäureethylester

4 Entwickle die Wortgleichungen für die Verseifung von:
a Propansäurepropylester
b Ethansäurepentylester

5 Aus dem Salpetersäureester Nitroglycerin wird der Sprengstoff Dynamit hergestellt. Informiere dich über die Geschichte des Dynamits.

6 Einige Ester kurzkettiger Alkansäuren und kurzkettiger Alkanole, z. B. Essigsäureethylester, sind gute Lösemittel. Unterbreite Vorschläge zur experimentellen Überprüfung dieser Aussage.

3 Führe die Fettfleckprobe durch.

Verstreiche jeweils einen Tropfen verschiedener Öle, Wasser und Ethanol (F) auf weißem Papier. Streiche wenig Butter, Margarine und Schmalz ebenfalls auf ein weißes Papier. Halte das Papier gegen das Licht.
Vergleiche Öl- und Fettflecke mit denen von Wasser und Ethanol.
Entsorgung: Papier in den Sammelbehälter für Hausmüll geben.

4 Stelle fest, welche Stoffe Fett enthalten.

Zerkleinere im Mörser verschiedene Nüsse, Sonnenblumenkerne, Mohn, verschiedene Getreidekörner, Obstkerne, Obststücke, Kohlrabistücke und Kartoffelstücke. Verreibe davon jeweils eine kleine Probe auf einem weißen Papier und ebenfalls Proben von Käse, Wurst, Fleisch, Brot und Honig. Lass die Flecke trocknen und halte das Papier gegen das Licht.
Stelle die Ergebnisse in einer Übersicht zusammen. Deute die Ergebnisse hinsichtlich des Fettanteils der Proben.
Entsorgung: Reste der Samen und Lebensmittel in den Sammelbehälter für Hausmüll geben.

5 Untersuche die Löslichkeit von Fetten.

Gib je 1 ml Pflanzenöl und je 1 g Butter in 3 ml Wasser, 3 ml 10%ige Salzsäure (Xi), 3 ml Ethanol (F), 3 ml Heptan (F, Xn, N) und 3 ml Petroleumbenzin (40 bis 60 °C, F). Schüttle die verschlossenen Gläser kräftig.
Interpretiere die Beobachtungsergebnisse.
Entsorgung: Öl, Heptan, Ethanol und Petroleumbenzin in den Sammelbehälter III, Salzsäure in den Sammelbehälter I geben.

6 Gewinne Öl durch Extrahieren.

Vorsicht! Abzug! Zerkleinere verschiedene Nüsse, Sonnenblumenkerne, Bucheckern, Mohn und Leinsamen in einem Mörser. Fülle 10 g der zerriebenen Proben in jeweils ein Becherglas. Gib in jedes Glas 15 ml Petroleumbenzin (40 bis 60 °C, F) und stelle die Gläser in einen Abzug. Rühre mit einem Glasstab etwa 5 min um. Filtriere anschließend und lass die Gläser so lange im Abzug stehen, bis das Petroleumbenzin verdampft ist.
Prüfe Farbe und Geruch der Proben.
Entsorgung: Reste der Samen in den Sammelbehälter für Hausmüll, Petroleumbenzin in den Sammelbehälter III geben.

7 Untersuche einen Milchtropfen unter dem Mikroskop.

Gib einen Tropfen Vollmilch auf einen Objektträger. Bedecke den Tropfen mit einem Deckglas und betrachte ihn unter dem Mikroskop.

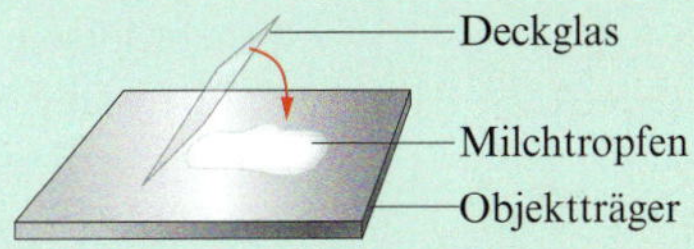

Zeichne das zu sehende Bild.
Entsorgung: Objektträger und Deckglas wieder verwenden.

8 Weise ungesättigte Fettsäuren in Fetten und fetten Ölen nach.

Vorsicht! Abzug! Schüttle jeweils in Heptan (F, Xn, N) gelöstes Butterfett, Kokosfett, Leinöl und Olivenöl mit 3%igem Bromwasser (T, Xi). Notiere deine Beobachtungen.
Entsorgung: Reste in den Sammelbehälter III geben.

Fette – wichtige natürliche Ester

Die Milch eines Wals besteht aus bis zu 50 % Fett. Mehrere Hundert Liter dieser fettreichen Milch trinkt ein Walbaby täglich. Welche Eigenschaften haben Fette und wodurch lassen sich verschiedene Fette voneinander unterscheiden?

1 Walmutter mit ihrem Jungen

EXPERIMENT 9 [L]
Brennbarkeit von Fetten.
Vorsicht!
In je eine Porzellanschale wird 1 ml Speiseöl und 1 g Butter gegeben. Die Schale wird auf einem Drahtnetz sehr stark erhitzt. Über die Schale wird ein langer brennender Holzspan gehalten.

EXPERIMENT 10 [L]
Löschversuch von brennendem Fett.
Vorsicht! Hinter einer Schutzscheibe arbeiten!
Etwas Speiseöl oder Kokosfett wird in einem Porzellantiegel erhitzt und entzündet. Aus einer Spritzflasche mit einem mindestens 60 cm langen Glasrohr ist Wasser auf das brennende Fett zu spritzen.

2 Schweine speichern viel Fett.

Fette sind in jeder lebenden Zelle enthalten. Bei Tieren findet sich Fettgewebe besonders unter der Haut sowie in der Bauchhöhle und in der Nähe von Organen, z. B. der Leber. Damit können die Tiere Zeiten mit einer geringeren Nahrungsaufnahme überbrücken. Beim Wal bildet das Fett eine dicke Isolationsschicht, es erleichtert so das Konstanthalten der Körpertemperatur und dient als Energiereserve. Zur Versorgung der Jungtiere enthält die Milch von Säugetieren Fett in Form fein verteilter Tröpfchen. ↑E.7 S.195 Pflanzen speichern Fett besonders in Samen und im Fruchtfleisch. ↑E.4 S.195 Beispiele sind Kokosnuss, Oliven, Erdnüsse, Palm- und Sonnenblumenkerne, Sojabohnen und Leinsamen. Auch hier dient das Fett als Energiereserve. Fette sind für den Menschen wichtige Nährstoffe und dürfen in der Nahrung deshalb nicht fehlen.

Eigenschaften von Fetten Tierische und pflanzliche Fette gibt es in fester und flüssiger Form, z. B. Kokosfett und Leinöl. In der Chemie wird die feste Form als **Fett** und die flüssige Form im Unterschied zu Mineralölen als **fettes Öl** bezeichnet. Fette verursachen auf Papier durchscheinende Flecke. ↑E.3 S.195 Diese **Fettfleckprobe** wird zum Nachweis von Fetten genutzt. Fette sind in Wasser nicht, in einigen unpolaren Lösemitteln dagegen gut löslich. ↑E.5 S.195 Einige natürliche Farbstoffe lösen sich gut in Fetten, was zum Färben von Butter, Margarine oder Speiseeis mit Carotin ausgenutzt wird. Fette emulgieren in Seifenlösungen. Diese Eigenschaft wird zur Herstellung vieler Kosmetika und Cremes, aber auch von Mayonnaisen genutzt. Fette sind brennbar und können sich beim Erhitzen auf über 300 °C selbst entzünden. ↑E.9 Fettbrände müssen durch Abdecken der Flammen und dürfen niemals mit Wasser gelöscht werden. ↑E.10

Bedeutung von Fetten Fette haben einen hohen Sättigungswert, da ihr Energiegehalt mit 39 kJ/g mehr als doppelt so hoch ist wie der Energiegehalt der gleichen Masse Kohlenhydrate und Eiweiße. Sie dienen als Nahrungsmittel, verbessern deren Geschmack und lösen die Vitamine A, D und E. Fette sind Ausgangsstoffe zur Gewinnung von Glycerin und Fettsäuren, die wichtige Grundstoffe bei der Waschmittelherstellung sind.

Einteilung und Bau von Fetten Fette werden nach ihrem Vorkommen in pflanzliche und tierische Fette eingeteilt. Sie sind Glycerinester, die durch chemische Reaktion der drei Hydroxylgruppen des Glycerinmoleküls mit den Carboxylgruppen von drei Fettsäuremolekülen entstehen können. Pflanzliche Fette enthalten Fettsäuren mit gerader Anzahl von Kohlenstoffatomen im Molekül, tierische Fette können auch eine ungerade Kohlenstoffanzahl enthalten.

Formel eines Fettmoleküls	Molekülreste der enthaltenen Fettsäuren
$H_2C-O-OC-C_{17}H_{33}$	Ölsäuremolekülrest
$HC-O-OC-C_{17}H_{35}$	Stearinsäuremolekülrest
$H_2C-O-OC-C_{15}H_{31}$	Palmitinsäuremolekülrest

3 Mayonnaisen sind Fettemulsionen.

Bei festen Fetten, z. B. Butter und Kokosfett, sind überwiegend gesättigte Fettsäuren verestert. Bei fetten Ölen überwiegen ungesättigte Fettsäuren. In **gesättigten Fettsäuren** sind die Kohlenstoffatome im Alkylrest durch Einfachbindung gebunden. Zu ihnen gehören kurzkettige Fettsäuren wie Buttersäure mit vier Kohlenstoffatomen im Molekül und **höhere Fettsäuren** wie Stearinsäure mit 18 Kohlenstoffatomen im Molekül. **Ungesättigte Fettsäuren** enthalten mindestens eine Doppelbindung im Alkylrest, z. B. Ölsäure, oder mehrere Doppelbindungen, z. B. Linol- und Linolensäure. Mehrfach ungesättigte Fettsäuren haben als **essenzielle Fettsäuren** (lat. essentialis – lebensnotwendig) Bedeutung für den Fettstoffwechsel. Essenzielle Fettsäuren sind vom Organismus nicht synthetisierbar und müssen mit der Nahrung aufgenommen werden. Durch den Nachweis von Mehrfachbindungen in den Fettmolekülen lässt sich feststellen, ob im Fett ungesättigte Fettsäuren verestert sind. ↑E.8 S.195, ↑4

4 Nachweis ungesättigter Fettsäuren mit Bromwasser

Fette sind Gemische verschiedener Fettsäureester des Glycerins.

Bildung und Abbau von Fetten Steht Butter längere Zeit offen in der Wärme, wird sie ranzig. Es lässt sich eine saure Reaktion nachweisen, u. a. ist Butansäure entstanden. Fette können wie alle Ester durch Reaktion mit Wasser gespalten werden. Dabei entstehen Glycerin und Fettsäuren.
Bei gesunden Menschen befinden sich Fettabbau und Fettaufbau in einem Gleichgewicht. Wird aber deutlich mehr Nahrung aufgenommen, als der Körper benötigt, ist dieses Gleichgewicht gestört. Die Nahrung wird umgewandelt und als Körperfett gespeichert. Fettabbau und Fettaufbau finden im Stoffwechsel unter Einwirkung von Enzymen statt.

$$\text{Fett} + \text{Wasser} \underset{\text{Fettbildung}}{\overset{\text{Fettabbau}}{\rightleftharpoons}} \text{Glycerin} + \text{Fettsäuren}$$

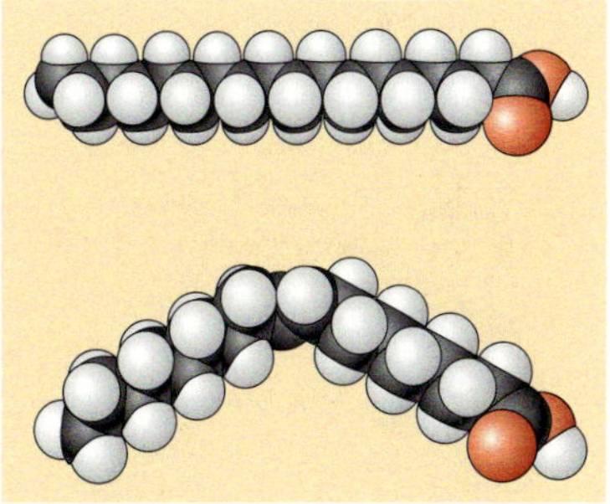
5 Molekülmodelle von Stearinsäure und Ölsäure

Aufgaben

1 Welche Unterschiede bestehen zwischen tierischen und pflanzlichen Fetten und fetten Ölen?

2 Informiere dich über Fette und fette Öle, die besonders viel essenzielle Fettsäuren enthalten.

3 Ermittle, wovon es abhängt, ob Fette, z. B. Butter, Schmalz, Kokosfett, Olivenöl und Sonnenblumenöl, bei Zimmertemperatur fest, halbfest oder flüssig sind.

Von der Sonnenblume zur Margarine

Wer freut sich nicht beim Anblick eines Feldes voller blühender Sonnenblumen. Der Anbau dieser prächtigen Pflanze dient aber nicht dem Verschönern der Landschaft, sondern in erster Linie der Gewinnung von Sonnenblumenöl. Dieses Öl wird z. B. als Salatöl verwendet. Es ist aber auch wichtiger Ausgangsstoff für die Herstellung von Margarine und Hartfetten.

Dazu müssen das Sonnenblumenöl oder andere pflanzliche Öle industriell teilweise gehärtet werden, damit Fette entstehen, die bei Zimmertemperatur fest sind. Die Fetthärtung ist eine Hydrierung. Dabei addieren Wasserstoffmoleküle an die Doppelbindungen der Reste der ungesättigten Fettsäuremoleküle in den Molekülen der fetten Öle.

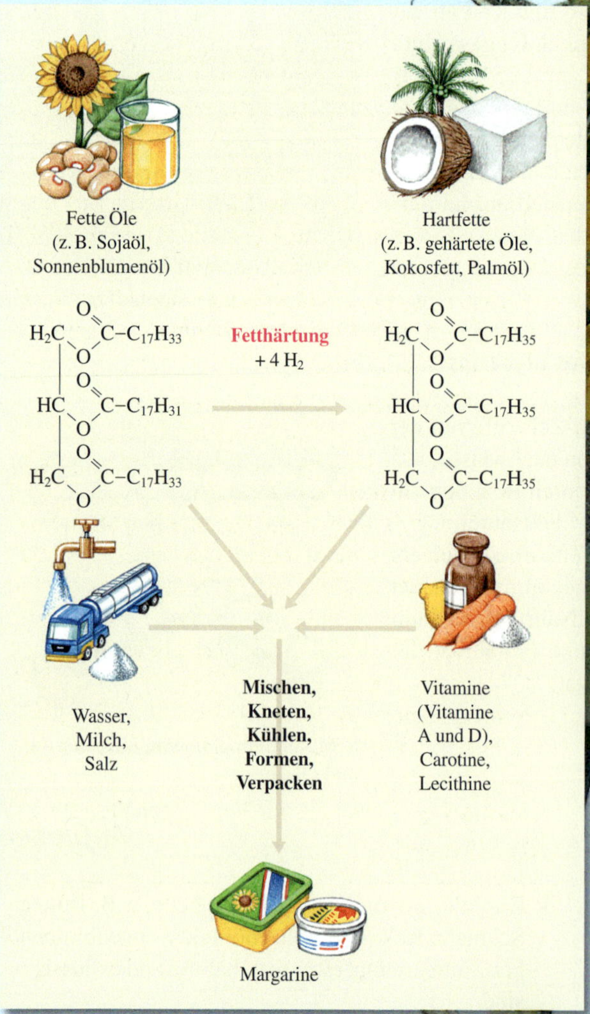

11 Stelle eine Schmierseife her.

Vorsicht! Spritzgefahr! Versetze 10 g Speisefett (z. B. einfache Margarine oder Bratfett) mit 20 ml 30%igem Ethanol (F) und 20 Plätzchen Kaliumhydroxid (C). Erhitze diese Mischung etwa 15 min lang vorsichtig unter Rühren im siedenden Wasserbad. Ergibt ein Tropfen der Reaktionsmischung in destilliertem Wasser keine Trübung, kann die Verseifung als beendet angesehen werden. *Hinweis:* Etwa 25 min erhitzen und etwa 15 min abkühlen lassen.

Als andere Ausgangsmischung eignen sich auch 50 g Fett und Kalilauge [15 g Kaliumhydroxid (C) in 20 ml destilliertem Wasser]. Diese Mischung ist 30 min im siedenden Wasserbad unter Rühren zu erhitzen. Verdampftes Wasser ist durch kleine Portionen heißen destillierten Wassers zu ersetzen.

Entsorgung: Lösungen in Sammelbehälter für Abwasser geben, Seifenreste in Sammlung aufbewahren.

12 Prüfe das Verhalten von Seifenlösungen gegenüber Schmutz.

Gib in drei Trichter Filterpapier und Straßenschmutz. Gieße Leitungswasser und Seifenlösung durch je einen Filter.

Wiederhole das Experiment mit Aktivkohle- und Braunsteinpulver anstelle des Straßenschmutzes.

Betrachte die filtrierten Lösungen.

Entsorgung: Lösungen in Sammelbehälter für Abwasser geben.

13 Prüfe das Verhalten von Seifenlösungen gegenüber Säure- und Salzlösungen.

Bestimme den pH-Wert verschiedener Seifenlösungen. Gib zu jeweils 10 ml Seifenlösung
a) 5 ml Kochsalzlösung, b) 5 ml 10%ige Salzsäure (Xi), c) 5 ml 10%ige Calciumchloridlösung.
Beobachte das Verhalten der Lösungen und vergleiche die Ergebnisse.

Entsorgung: Lösungen in Sammelbehälter für Abwasser geben.

14 Stelle eine Kernseife her.

Vorsicht! Spritzgefahr! Versetze 10 g Speisefett mit 10 ml destilliertem Wasser und erhitze vorsichtig bis zur Schmelze. Gib 15 ml 10%ige Natronlauge (C) zu und koche das Reaktionsgemisch 30 min lang. Ersetze verdampftes Wasser portionsweise durch Zugabe von heißem destilliertem Wasser. Beende das Erhitzen, wenn das Reaktionsgemisch klar erscheint. Gib zum heißen Reaktionsgemisch gesättigte Kochsalzlösung, bis sich ein weißer Stoff, die Seife, auf der Wasseroberfläche abscheidet. Schöpfe nach dem Abkühlen die halbfeste Seife ab, spüle sie mit destilliertem Wasser ordentlich ab, knete sie in einem sauberen Tuch 3 bis 5 min kräftig durch und presse dann die Seife in eine vorbereitete Form, z. B. eine Streichholzschachtel.

Soll eine farbige, duftende Seife erhalten werden, müssen in der Phase des Knetens Duft- und Farbstoffe eingearbeitet werden.

Man kann die Ausgangsstoffe variieren. Für Fein- und Toilettenseifen eignen sich statt Speisefett vor allem Palmöl, Kokosöl und frischer reiner Talg. Ein Brennen der Seife auf der Haut wird durch Zusatz von Überfettungsmitteln vermieden, z. B. Wollwachs, Glycerin, Fettalkohole oder Lecithin.

Entsorgung: Lösungen in Sammelbehälter für Abwasser geben, Seifenreste in Sammlung für weitere Experimente aufbewahren.

15 Prüfe das Verhalten von Seifenlösungen gegenüber Wasser.

Lege auf die Wasseroberfläche eines gefüllten Glases eine Nadel und tropfe anschließend Seifenlösung zu.

Beobachte die Nadel und interpretiere das Ergebnis.

Fülle danach je ein Reagenzglas randvoll mit Wasser und mit Seifenlösung. Tropfe weitere Lösung zu. Beobachte.

Entsorgung: Lösungen in Sammelbehälter für Abwasser geben.

Seifen

Seifen gehören zu den ältesten von Menschen hergestellten Stoffen.
Was ist Seife?
Wie kann Seife hergestellt werden und welche Eigenschaften besitzt sie?

1

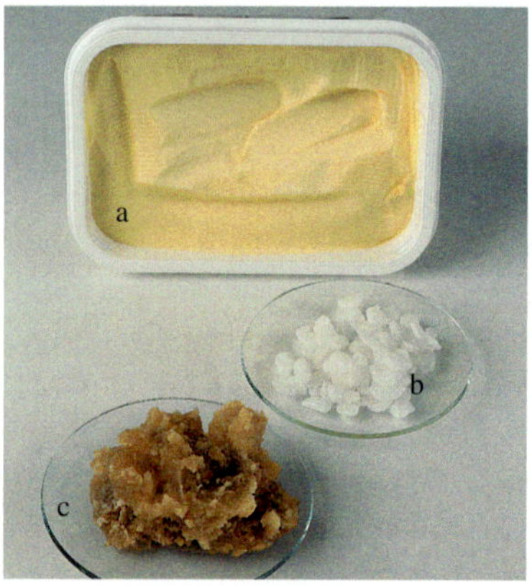

2 Margarine (a) und Kaliumhydroxid (b) als Ausgangsstoffe zur Herstellung von Schmierseife (c)

Herstellung von Seife Seifen sind Natrium- oder Kaliumsalze mittlerer und höherer Fettsäuren. Sie werden durch Kochen von Fetten und Ölen in basischen Lösungen von Alkalimetallhydroxiden oder Alkalimetallcarbonaten hergestellt. Dieser Vorgang wird seit dem 4. Jahrhundert als **Seifensieden** bezeichnet. Beim Kochen werden die Fette gespalten, es entstehen Glycerin und die Alkalimetallsalze der Fettsäuren. Die Natriumsalze sind fest und werden als **Kernseifen** benannt. Kaliumsalze dagegen sind zähflüssig bis pastös, weshalb sie als **Schmierseifen** bezeichnet werden. ↑E11,14 S.199

$$\begin{array}{l} H_2C{-}O{-}OC{-}C_{17}H_{35} \\ \quad | \\ HC{-}O{-}OC{-}C_{17}H_{35} \\ \quad | \\ H_2C{-}O{-}OC{-}C_{17}H_{35} \end{array} + 3\,NaOH \longrightarrow \begin{array}{l} H_2C{-}OH \\ \quad | \\ HC{-}OH \\ \quad | \\ H_2C{-}OH \end{array} + 3\,C_{17}H_{35}COONa$$

Tristearinsäureglycerinester (Fett) — Natronlauge — Glycerin (Propantriol) — Natriumstearat (Kernseife)

Selbst untersucht

16 Prüfe die Waschwirkung von Seifenlösungen.

Gib mit Öl und mit Straßenschmutz verschmutzte Textilstücke in Bechergläser mit Wasser bzw. mit Seifenlösungen. Bewege die Textilstücke kräftig mit einem Glasstab. Vergleiche danach das Aussehen des Wassers mit dem der Seifenlösungen. Spüle nach etwa 30 min die Textilstücke mit klarem Wasser aus. Betrachte die Textilstücke nach dem Trocknen mit bloßem Auge und mit einer Lupe.

Entsorgung: Lösungen in Sammelbehälter für Abwasser, Textilstücke in Sammelbehälter für Hausmüll geben.

17 Ermittle das Suspendier- und Emulgiervermögen von Seifenlösung und Wasser.

Xn

a) Gib in jeweils zwei Reagenzgläser eine Spatelspitze Aktivkohlepulver, Braunsteinpulver (Xn) und Straßenschmutz. Gieße in jeweils ein Reagenzglas destilliertes Wasser und in das andere Seifenlösung. Verschließe die Reagenzgläser und schüttle stark. Betrachte die Gläser über einen längeren Zeitraum von etwa 5 min.

b) Fülle ein Reagenzglas mit 10 ml destilliertem Wasser und ein Reagenzglas mit 10 ml Seifenlösung. Gib zu jedem Reagenzglas 5 ml angefärbtes Speiseöl. Verschließe die Gläser und schüttle kräftig.

Betrachte beide Gläser über einen längeren Zeitraum von etwa 5 min.

Entsorgung: Lösungen in Sammelbehälter für Abwasser geben.

Eigenschaften von Seife Seife ist wasserlöslich. Seifenmoleküle bilden in wässriger Lösung Seifen-Anionen und Alkalimetall-Kationen. Seife setzt die Oberflächenspannung von Wasser um das etwa 3,5-Fache herab. Dadurch können Textilien, Schmutz oder die menschliche Haut von der Seifenlösung benetzt werden. ↑E.12,15 S.199 Seifenlösungen zerkleinern feste und flüssige Schmutzteilchen und suspendieren bzw. emulgieren. Die Seifenlösungen zeigen im Gegensatz zu Wasser ein gutes Schmutzablösevermögen. ↑E.16,17 Seifenlösungen reagieren relativ stark basisch (alkalisch) bei pH-Werten zwischen 10 und 11. ↑E13 S.199 Das führt zum Verfilzen von Wolle oder zum Zerknittern von Seide. Seifen-Anionen schädigen den Säureschutzmantel der Haut. Die Haut wird gereizt, rötet sich und trocknet aus. Eine gesunde Haut stellt ihren natürlichen pH-Wert von 5,6 bereits nach 30 min wieder ein. Bei ständiger Seifenverwendung, bei der Haut alter Menschen oder bei kranker Haut kann diese Einstellung mehrere Stunden dauern. In dieser Zeit ist eine Besiedlung der Haut mit krankheitserregenden Keimen (z. B. Bakterien) stark erleichtert.
Seifenlösung bildet in hartem Wasser **Kalkseifen**. Kalkseifen mindern deutlich die Waschwirkung und setzen sich als Rückstände auf dem Waschgut ab. Die Wäsche vergraut und wird durch die scharfkantigen Kristalle der Kalkseife zerstört. In Gegenwart von Säuren, z. B. beim Waschen stark verschwitzter Textilien, trübt sich das Wasser und die Schaumbildung ist sehr schlecht. Die Ursache liegt in der Bildung von schwer löslichen Fettsäuren durch Reaktion der Seifen-Anionen mit den Hydronium-Ionen der Säurelösung. ↑E.13 S.199 Setzen sich die Fettsäuren unter Einschluss von Schmutzpartikeln wieder auf den Textilien ab, vergrauen diese. Beim Baden ohne Badezusatz sind sie als schmutziger Rand an der Wanne zu beobachten.

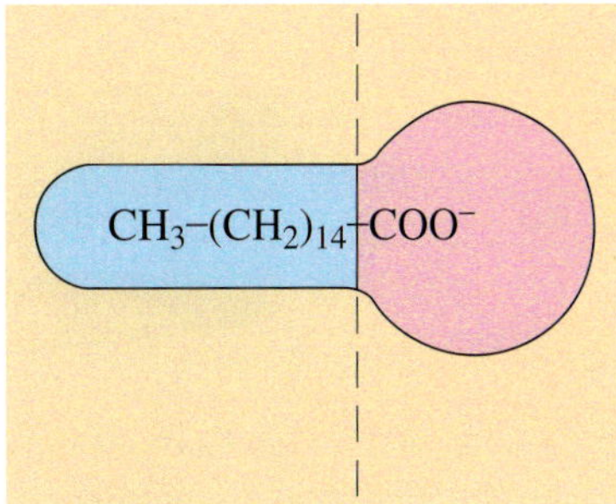

3 Modell eines Seifen-Anions (Stearat-Ion)

4 Verfilzter Wollpullover

Seifen sind Natrium- oder Kaliumsalze mittlerer und höherer Fettsäuren. Sie setzen die Oberflächenspannung des Wassers herab und zeigen ein gutes Waschvermögen. Ihre Lösungen reagieren basisch, sie bilden mit hartem Wasser Kalkseifen und in saurer Lösung freie Fettsäuren.

Aufgaben

1 Erläutere Unterschiede und Gemeinsamkeiten von Schmierseife und von Kernseife.

2 Nenne für das Waschen und für die Körperpflege wichtige und störende Eigenschaften von Seifen.

3 Seife wurde von Galliern und Germanen durch Kochen von Ziegentalg mit weiß gebrannter Pflanzenasche hergestellt. Finde heraus, warum Ziegentalg und Pflanzenasche zur Seifenherstellung geeignet sind.

4 Die meisten Menschen waschen sich mit sogenannten Flüssigseifen. Informiere dich über Unterschiede zwischen „normaler" Seife und Flüssigseife.

5 Informiere dich z. B. im Internet über Seifentypen und deren Zusammensetzung.

6 Entwickle Reaktionsgleichungen für folgende Reaktionen einer Kernseifenlösung:
a basische Reaktion
b Reaktion mit hartem Wasser
c Reaktion mit einer Säurelösung

7 Wäscht man sich sehr oft z. B. die Hände mit Seife, wird die Haut rau und brüchig.
a Begründe dieses Verhalten der Haut.
b Nenne Möglichkeiten, die diese Erscheinung verhindern helfen können.

8 Einige Insekten, z. B. der Wasserläufer, bewegen sich auf der Wasseroberfläche.
Erkläre, warum es für Insekten gefährlich sein kann, wenn Seifenlösung in die Gewässer gelangt.

weiter gedacht

1 Im Kaugummi befindet sich ein Aroma, das aus Salicylsäure (Strukturformel siehe Bild) und Methanol hergestellt werden kann.
Entwickle die Reaktionsgleichung für die Reaktion.

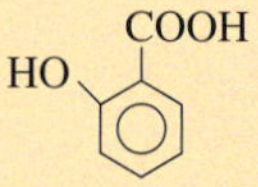

Salicylsäure

2 Erkläre, warum ein Carbonsäureester-Wasser-Gemisch sauer reagiert und den elektrischen Strom leitet, der reine Carbonsäureester sich dagegen nicht so verhält.

3 Aspirin® entsteht durch Reaktion von Salicylsäure mit Essigsäure. Entwickle die Reaktionsgleichung. Verwende dazu auch die Angaben zur Aufgabe 1.

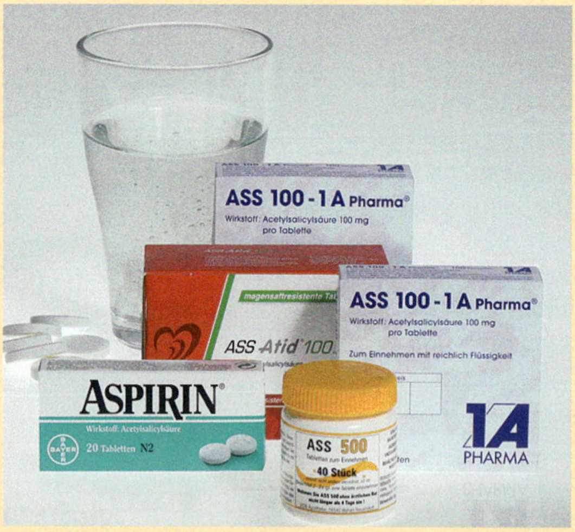

4 **Stelle einen Fruchtester her.**

Gib 2,5 ml Ethansäure (C) und 2,5 ml Hexan-2-ol (F) in ein Reagenzglas und schüttle vorsichtig um. Gib anschließend in das Glas drei Tropfen konzentrierte Schwefelsäure (C) und einige Siedesteine. Stelle das Reagenzglas in ein Wasserbad und halte das Gemisch etwa 10 min auf 70 °C. Gieße nach dem Abkühlen die Lösung in ein mit 10 ml Wasser gefülltes Becherglas und nimm die obere ölige Phase mit einer Pipette vorsichtig ab. Tropfe einige Tropfen der Flüssigkeit auf ein Filterpapier und prüfe den Geruch. Vergleiche den Geruch mit dem Geruch der Ausgangsstoffe. Beschreibe den Geruch des Fruchtesters. Entwickle für die durchgeführte Reaktion die Reaktionsgleichung.
Entsorgung: Den Ester in einer dunklen Flasche aufbewahren, Flüssigkeitsreste in den Sammelbehälter III geben.

5 Zerkleinere verschiedene Nüsse, Sonnenblumenkerne, Bucheckern, Mohn und Leinsamen. Presse die zerkleinerten Stücke mithilfe einer Knoblauchpresse, in die jeweils ein kleines Leinenläppchen gelegt wurde, damit keine festen Stoffe hindurchgelangen können. Fange die austretenden Flüssigkeiten mit Uhrgläsern auf. Prüfe Farbe und Geruch der Proben und führe die Fettfleckprobe durch.

6 Informiere dich über den Fettanteil von Lebensmitteln. Fertige eine Übersicht an. Errechne, wie viel Fett jeder täglich mit der Nahrung aufnimmt.

7 Obwohl Seife und Kochsalz zu den Salzen gehören, lassen sie sich experimentell leicht mithilfe des Tyndall-Effekts unterscheiden.
Recherchiere dazu im Internet. Beschreibe die experimentelle Möglichkeit zur Unterscheidung beider Salzlösungen.

Tyndall-Effekt

8 Wird ein Wollpullover mit Seifenlösung gewaschen, verfilzt er. Eine Seidenbluse knittert, wäscht man sie mit Seifenlösung.
Erläutere mögliche Ursachen für das Auftreten dieser Erscheinungen.

Alkansäureester

Organische Stoffe, die bei der Reaktion von Alkansäuren mit Alkoholen entstehen, deren Moleküle als funktionelle Gruppe die Estergruppe –COO– besitzen

---

Veresterung und Verseifung

Chemische Reaktion zur Bildung und zum Zerfall eines Esters. Veresterung und Verseifung sind umkehrbare Reaktionen. Die Veresterung ist eine Kondensation, die Verseifung eine Hydrolyse.

Säure + Alkohol ⇄ Ester + Wasser

z. B.

Ethansäure + Ethanol ⇄ Ethansäureethylester + Wasser

$$CH_3\text{–}COOH + C_2H_5\text{–}OH \rightleftarrows CH_3\text{–}COO\text{–}C_2H_5 + H_2O$$

Fette

Fette sind Gemische verschiedener Fettsäureester des Glycerins.

Formel eines Fettmoleküls	Molekülreste der enthaltenen Fettsäuren
$H_2C-O-OC-C_{17}H_{33}$	Ölsäuremolekülrest
$HC-O-OC-C_{17}H_{35}$	Stearinsäuremolekülrest
$H_2C-O-OC-C_{15}H_{31}$	Palmitinsäuremolekülrest

Fettsäuren

In Fetten gebundene gesättigte und ungesättigte Alkansäuren, z. B. Stearinsäure, Ölsäure

---

Seifen

Seifen sind Alkalimetallsalze von Fettsäuren. Sie werden durch Reaktion eines Fetts mit einer basischen Lösung gebildet (Verseifung). Als Reaktionsprodukte entstehen Glycerin und Seife.

$$\begin{array}{l} H_2C\text{–}O\text{–}OC\text{–}C_{17}H_{35} \\ \;|\\ HC\text{–}O\text{–}OC\text{–}C_{17}H_{35} \\ \;| \\ H_2C\text{–}O\text{–}OC\text{–}C_{17}H_{35} \end{array} + 3\,NaOH \longrightarrow \begin{array}{l} H_2C\text{–}OH \\ \;| \\ HC\text{–}OH \\ \;| \\ H_2C\text{–}OH \end{array} + 3\,C_{17}H_{35}COONa$$

Tristearinsäureglycerinester (Fett) — Natronlauge — Glycerin (Propantriol) — Natriumstearat (Kernseife)

Natriumsalze von Fettsäuren heißen Kernseife, Kaliumsalze von Fettsäure heißen Schmierseife.
Seifen setzen die Oberflächenspannung des Wassers herab und zeigen eine gute Reinigungswirkung. Seifenlösungen reagieren basisch.

Check up

1 Essigsäure kann leicht zu Hause hergestellt werden.
a Beschreibe dafür eine einfache Experimentdurchführung.
b Gib an, wie du experimentell nachweisen kannst, dass wirklich Essigsäure entstanden ist.
c Entwickle die Reaktionsgleichung.

2 Nenne Eigenschaften und Verwendungsmöglichkeiten von Essigsäure im Haushalt und in der Technik.

3 Durch Reaktion von Säuren und Alkoholen können Ester hergestellt werden.
a Erläutere die Strukturmerkmale eines Esters an einem selbst gewählten Beispiel.
b Entwickle die Reaktionsgleichung für die Herstellung von Ethansäureethylester.
c Ordne die Esterbildung einer Reaktionsart zu und begründe die Zuordnung.
d Nenne und vergleiche die funktionellen Gruppen der in den Reaktionsgleichungen formulierten Ausgangsstoffe bzw. Reaktionsprodukte. Gib auch deren chemische Zeichen an.

4 Nenne Verwendungsmöglichkeiten von mindestens drei verschiedenen Gruppen von Estern.

5 Fette sind Stoffgemische aus natürlichen Estern.
a Gib wichtige Eigenschaften von Fetten an. Entwickle die Wortgleichungen für die Bildung und für den Abbau von Fetten.
b Beschreibe den Unterschied zwischen gesättigten und ungesättigten Fettsäuren.
c In der Werbung wird häufig auf essenzielle Fettsäuren in Nahrungsmitteln hingewiesen. Erläutere, was man darunter versteht. Nenne eine essenzielle Fettsäure.

6 Beim Braten mit Öl fängt es in der Pfanne an zu brennen. Erläutere, wie man brennendes Fett löschen kann und womit auf keinen Fall gelöscht werden darf. Begründe deine Erläuterungen.

7 Kernseifen und Schmierseifen sind die Ausgangsstoffe für die Weiterverarbeitung zu einer Vielzahl von Seifenarten.
a Formuliere Wortgleichungen für die Herstellung von Kernseife und Schmierseife.
b Nenne Unterschiede zwischen beiden Seifenarten.
c Begründe, warum man heute weder das Waschen der Wäsche noch die Körperreinigung mit Kern- oder Schmierseife vornimmt.

8 Mit Seife kann ermittelt werden, ob Wasser hart oder weich ist.
Beschreibe ein mögliches experimentelles Vorgehen.

9 Nimmt man ein Bad ohne Schaumzusatz und wäscht sich mit Seife, können sich am Wannenrand unschöne Schmutzränder bilden.
Erläutere, worauf diese Erscheinung zurückzuführen sein kann.

Aufgabe	Hilfe findest du auf Seite …	Verbindung der Aufgabe zu den Basiskonzepten ↑S.8
1	184, 185, 186	S R
2	186, 187	S
3	163, 185, 192, 193	T S R E
4	194	S
5	196, 197	T S R
6	Band 7/8: S. 64	S R E
7	200, 201	T S R
8	201	S R
9	201	S R

T Stoff-Teilchen-Beziehungen, S Struktur-Eigenschafts-Beziehungen, R Chemische Reaktion, E Energetische Betrachtungen bei Stoffumwandlungen

› Die Lösungen findest du im Anhang.

Wahlthemen aus der organischen Chemie

In der Natur, im Alltag und in der Technik begegnen uns täglich vertraute organische Stoffe: Reinigungsmittel, Klebstoffe, Lösemittel, Bienenwachs, Farbstoffe, Würz- und Konservierungsmittel.
Ihre vielfältige und für uns nützliche Verwendung beruht auf den Eigenschaften dieser Stoffe.

Treibhausgase

Halogenkohlenwasserstoffe

Von der Vielfalt der Halogenkohlenwasserstoffe sind vor allem die CFKW (Chlor-Fluor-Kohlenwasserstoffe) bekannt und sorgen in der Öffentlichkeit immer wieder für Schlagzeilen.↑S. 206 ff.
Obwohl der Anteil der CFKW in der Atmosphäre sehr gering ist, tragen sie wie andere Treibhausgase erheblich zum Treibhauseffekt bei.↑S. 210 f.

Carbonsäuren

Duft- und Aromastoffe

Carbonsäuren sind organische Säuren. Zu ihnen gehören beispielsweise die Essigsäure, Citronensäure, Apfel- und Weinsäure.↑S. 212 ff.
Aber auch viele Düfte und Aromen von Früchten, Blumen, Süßigkeiten und Parfüms stammen von Stoffen, die sich aus Carbonsäuren und Alkoholen gewinnen lassen.↑S. 222 ff.

Waschmittel

Eine Vielzahl von Waschmitteln ist auf dem Markt, die für die unterschiedlichsten Zwecke angeboten werden: Vollwaschmittel, Feinwaschmittel, Colorwaschmittel, Gardinenwaschmittel, Wollwaschmittel usw. Sie sind meist als Pulver, in Form von Perlen, als Tabs oder flüssig erhältlich.
Die richtige Wahl zu treffen, fällt nicht immer leicht.↑S.216 ff.

Halogenkohlenwasserstoffe

Nur hauchdünn zeichnet sich die Atmosphäre über dem Erdball ab.
Erst sie ermöglicht ein Leben auf der Erde. Eine besondere Schicht, die Ozonschicht, ist notwendig, um uns vor allzu harter UV-Strahlung der Sonne zu schützen.
In diesem Zusammenhang taucht immer wieder der Begriff bzw. die Abkürzung „CFKW" auf.
Was sind CFKW?

1

EXPERIMENT 1 [L]
Beilstein-Probe.

Vorsicht! Abzug!
Eine kleine Menge Haarspray (F, Xi), Backofenspray (F+, Xi) und Universalkleber (F, Xi) werden jeweils auf erkaltetes, ausgeglühtes Kupferblech gegeben. Die Kupferbleche werden in die nicht leuchtende Brennerflamme gehalten.

3 FRIEDRICH BEILSTEIN (1838 bis 1906) entwickelte die Beilstein-Probe.

Bildung von Halogenkohlenwasserstoffe Würde ein Gemisch von Methan und Chlor mit Sonnenlicht oder mit einer Höhensonne bestrahlt werden, wäre eine explosionsartige Reaktion die Folge. Es entstehen Chlormethan und das farblose Gas Chlorwasserstoff.

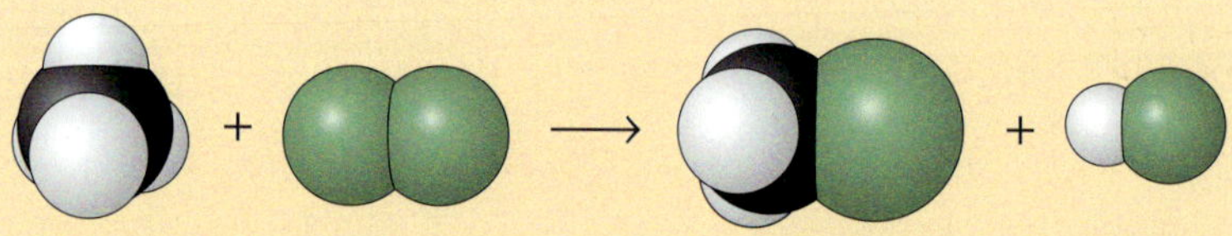

$$CH_4 + Cl{-}Cl \longrightarrow CH_3Cl + H{-}Cl$$

(Strukturformeln: H–C–H mit je einem H oben und unten + Cl–Cl ⟶ H–C–Cl mit je einem H oben und unten + H–Cl)

Methan + Chlor ⟶ Chlormethan + Chlorwasserstoff

2 Bildung von Chlormethan – Modell, Reaktions- und Wortgleichung

Der Verlauf der Reaktion entspricht der Reaktion von Hexan mit Brom. Bei der Reaktion zwischen Methan und Chlor wird ein Wasserstoffatom eines Methanmoleküls gegen ein Chloratom eines Chlormoleküls substituiert. Durch Substitution gebildete Stoffe werden als Abkömmlinge oder **Derivate** (lat. derivare – ableiten) des Ausgangsstoffes bezeichnet. Chlormethan ist also ein Chlorderivat des Methans.
Die Reaktion zwischen Methan und Chlor kann auch zur Bildung anderer Chlorderivate des Methans führen. Wird ein Wasserstoffatom im Chlormethanmolekül durch ein Chloratom ersetzt, so entsteht Dichlormethan. Durch weitere Reaktionen wird Dichlormethan zu Trichlormethan und schließlich zu Tetrachlormethan umgewandelt.

$$CH_3Cl\,(g) + Cl_2\,(g) \longrightarrow CH_2Cl_2\,(l) + HCl\,(g) \quad |\ \text{exotherm}$$
$$CH_2Cl_2\,(l) + Cl_2\,(g) \longrightarrow CHCl_3\,(l) + HCl\,(g) \quad |\ \text{exotherm}$$
$$CHCl_3\,(l) + Cl_2\,(g) \longrightarrow CCl_4\,(l) + HCl\,(g) \quad |\ \text{exotherm}$$

Bei allen Reaktionen wird durch Energieeinwirkung die Atombindung im Chlormolekül gespalten. Die entstehenden Chloratome sind sehr reaktionsfähig und führen im Methanmolekül stufenweise zur Spaltung der Atombindung zwischen einzelnen Wasserstoffatomen und dem Kohlenstoffatom. Es entstehen Gemische verschiedener Chlorderivate des Methans. Auch mit anderen Halogenen sind Reaktionen möglich. Jedes Wasserstoffatom eines Kohlenwasserstoffmoleküls kann durch ein Halogenatom substituiert werden. Es gibt deshalb eine Vielzahl von Halogenderivaten der Kohlenwasserstoffe, die **Halogenkohlenwasserstoffe** (Halogenalkane) genannt werden.

Eigenschaften Halogenkohlenwasserstoffe haben andere Eigenschaften als die Kohlenwasserstoffe, aus denen sie entstanden sind. So haben sie höhere Siedetemperaturen und größere Dichten. Die Ursache sind stärker wirkende Anziehungskräfte zwischen ihren Molekülen als zwischen denen der Kohlenwasserstoffe. Halogenkohlenwasserstoffe sind miteinander und in Kohlenwasserstoffen löslich. Sie sind gute Lösemittel für Fette. Je mehr Wasserstoffatome in Kohlenwasserstoffmolekülen durch Halogenatome substituiert sind, desto geringer ist ihre Brennbarkeit. Die meisten Halogenkohlenwasserstoffe sind sehr giftig. Eine ordnungsgemäße Entsorgung ist zum Schutz des Grund- und Trinkwassers besonders wichtig.
Einen Hinweis auf organische Halogenverbindungen erhält man durch die **Beilstein-Probe**. Wird eine kleine Probe eines Halogenkohlenwasserstoffs auf einem ausgeglühten Kupferblech in die nicht leuchtende Flamme gehalten, so wird diese deutlich grün gefärbt. Diese Grünfärbung tritt immer auf, wenn in den organischen Verbindungen Halogenatome gebunden sind.

Verwendung Halogenkohlenwasserstoffe wurden früher aufgrund ihrer Eigenschaften vielseitig verwendet. ↑Tabelle unten Heute gilt für viele Halogenkohlenwasserstoffe, vor allem für die CFKWs (Chlor-Fluor-Kohlenwasserstoffe, umgangssprachlich auch FCKWs genannt), ein Einsatzverbot, da viele vermutlich krebserregend sind. Außerdem zerstören sie die schützende Ozonschicht.

Name (Trivial- bzw. Handelsname)	Strukturformel	Verwendung
Dichlormethan (Methylenchlorid)	Cl | H–C–Cl | H	Lösemittel für Lacke und Polyvinylchlorid, Extraktionsmittel
Triiodmethan (Iodoform)	I | H–C–I | I	Antiseptikum (Wundbehandlung), Desinfektionsmittel
Dichlordifluormethan (ein Freon)	Cl | F–C–Cl | F	früher Kältemittel in Kühlschränken, Treibgas in Spraydosen

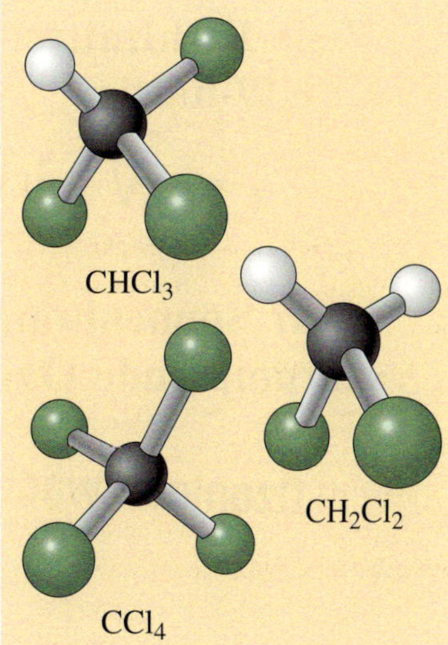

4 Modelle und Formeln von Halogenkohlenwasserstoffmolekülen

Name	Schmelztemperatur in °C	Siedetemperatur in °C
Methan	–182,5	–161,5
Trichlormethan	–63,5	60,7
Tetrachlormethan	–22,9	76,7
Ethan	–183,5	–88,6
Chlorethan	–136,4	12,3

Aufgaben

1 Begründe, warum es viele Halogenkohlenwasserstoffe gibt.
2 Wie kann überprüft werden, ob in einem Fleckenwasser Halogenkohlenwasserstoffe enthalten sind?
3 Erläutere anhand der Bildung von Trichlormethan die chemische Reaktion Substitution.
4 Erkunde Verwendungen von Chlorethan.

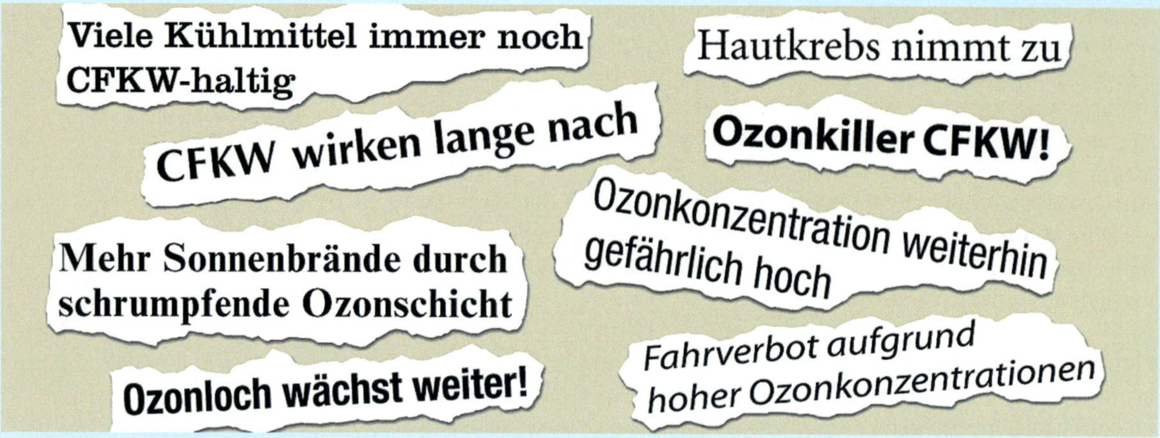

1 Schlagzeilen zum Thema „Ozon“

CFKW kontra Ozonschicht

Während eine erhöhte Ozonkonzentration in der unteren Atmosphäre unsere Gesundheit beeinträchtigen kann, ist die Ozonschicht in der oberen Atmosphäre lebensnotwendig, da sie die Erdoberfläche vor der schädlichen UV-Strahlung der Sonne abschirmt. Hat Ozon zwei „Gesichter“? Haben CFKWs und Ozon etwas miteinander zu tun?

- Wie entsteht Ozon und wie wirkt es?
- Was sind Ozonkiller?
- Wie werden Ozonmessungen durchgeführt und wann wird Ozonalarm ausgelöst?
- Welche Risiken bestehen durch Ozon für Lebewesen?
- Welche nationalen und internationalen Maßnahmen gibt es, um den Ozonabbau in der Stratosphäre zu stoppen?

Materialien für die Projektbearbeitung Nutzt das bereitgestellte Material und die Experimente, aber auch Materialien aus anderen Quellen zur Bearbeitung eurer Fragen. Die Umweltämter werden euch sicher behilflich sein.

Info

Im Herbst 2006 erreichte das Ozonloch über der Antarktis seine zweitgrößte Ausdehnung seit Beginn der Messungen im Jahr 1980. Mit einer Größe von 27,9 Mio. m^2 entsprach es der Fläche Nordamerikas. Die Ozonschicht war auf weniger als 30 % ihrer ursprünglichen Stärke reduziert. Wenn der Polarwinter in der Antarktis im August zu Ende geht, beginnt die Ozonschicht zu schrumpfen. Die niedrigsten Werte werden Anfang Oktober gemessen, ehe sich die Schicht wieder aufbaut.

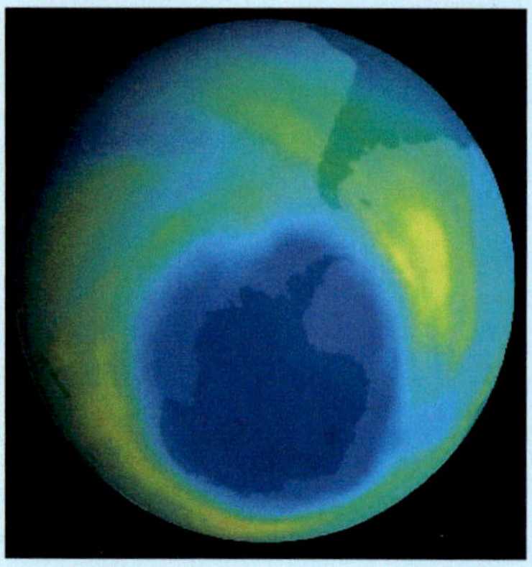

2 Die Schwächung der Ozonschicht führt zur Verstärkung der UV-Strahlung auf der Erde.

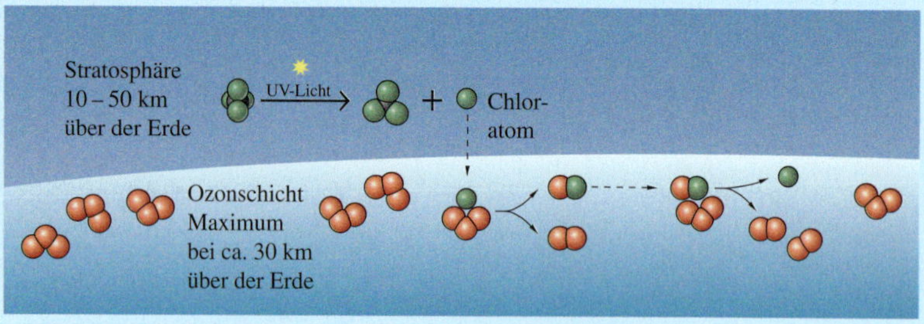

3 Zerstörung der Ozonschicht durch CFKWs im Modell

1 Stelle Ozon durch elektrische Entladung her.
Abzug benutzen! Ozon (O, T) nicht direkt einatmen!
Anleitung für den Tesla-Transformator genau beachten! Gib in das Reagenzglas ein Gemisch aus 1%iger Kaliumiodidlösung und 1%iger Stärkelösung. Schließe an die Kupferdrahtelektroden den Tesla-Transformator an. Die Elektroden dürfen sich nicht berühren!
Schalte nach Rücksprache den Transformator für etwa 1 min an.
Drücke mit dem Gummihandgebläse das erzeugte Gas aus dem Rohr in die Kaliumiodid-Stärkelösung. Beachte den auftretenden Geruch.
Deute das Ergebnis.

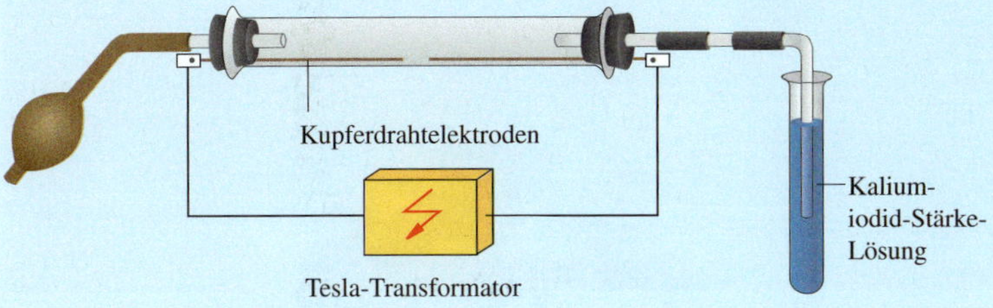

4 Erzeugung von Ozon mithilfe eines Tesla-Transformators

2 Untersuche Eigenschaften von Ozon.
Abzug benutzen! Ozon (O, T) nicht einatmen! Benutze zur Herstellung von ozonhaltiger Luft die Apparatur von Experiment 1.
Befestige einen Wattebausch an einem Glasstab und tränke ihn mit Ethanol (F). Stelle dann ozonhaltige Luft her. Leite diese
a) auf den alkoholgetränkten Wattebausch,
b) auf eine Stelle eines aufgeblasenen Luftballons.
Drücke schließlich ozonhaltige Luft durch ein Reagenzglas mit 5 ml 5%iger Salzsäure und zehn Tropfen Lackmuslösung und durch ein zweites Reagenzglas mit Indigo-Farbstofflösung.
Fertige ein Protokoll an.

3 Ermittle den Ozongehalt in der Luft mit einem Gasspürgerät und Teströhrchen.
Wähle verschiedene Messpunkte aus (z. B. eine verkehrsreiche Straßenkreuzung, die Nähe eines Fotokopierers, einer Höhensonne oder einer UV-Lampe). Ermittle dort den Ozongehalt. Vergleiche die Ergebnisse.
Fertige ein Protokoll an.

Hinweise für die Projektarbeit Stellt euch interessante Forschungsaufgaben, die ihr im Zusammenhang mit dem Thema untersuchen möchtet. Bildet zur Bearbeitung des Projekts verschiedene Arbeitsgruppen, die jeweils einen Themenkomplex bearbeiten.
Bedenkt, dass ihr bei der Befragung von Experten Termine vereinbaren müsst. Nutzt Printmedien, Lehr- und Fachbücher und das Internet zur Informationsrecherche.
Diskutiert mit allen am Projekt beteiligten Schülerinnen und Schülern die Ergebnisse und fasst sie schließlich zu einem Arbeitsergebnis zusammen. Überlegt, wie ihr die Ergebnisse eurer Arbeit der Öffentlichkeit vorstellen könnt.

Info

Ozon durch Hochspannung
Überall wo elektrische Felder durch Hochspannung auftreten, bewirken sie durch Funkenstrecken oder „stille Entladung“ die Erzeugung von Ozon. Auch entlang von Hochspannungsleitungen bildet sich Ozon. Bei einer Übertragungsspannung von 380 kV kann bei nassem Wetter am Boden mit einer Erhöhung von 2 mg/m³ gerechnet werden.

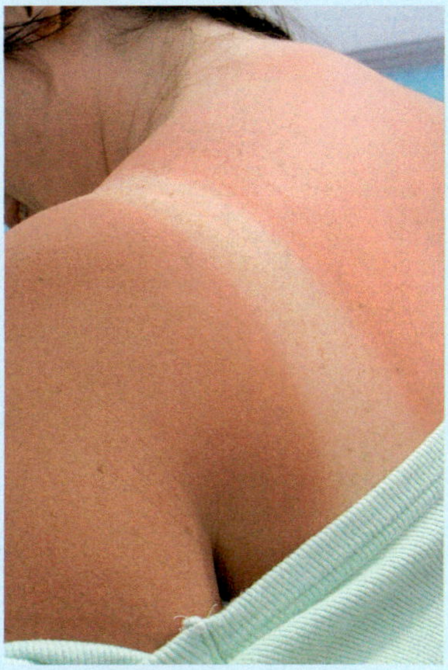

5 Jeder Sonnenbrand erhöht das Hautkrebsrisiko.

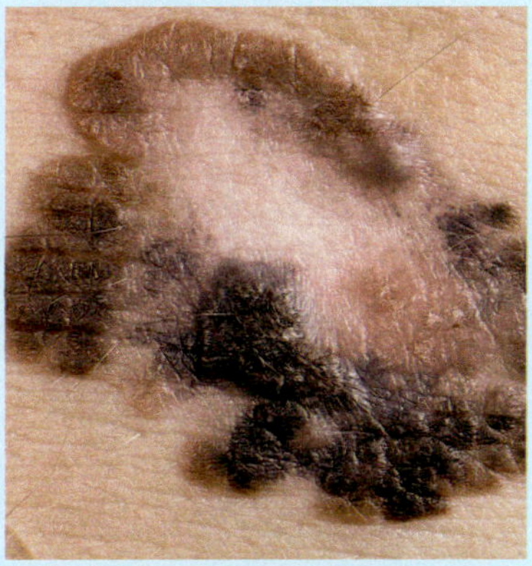

6 Hautkrebs kann die Folge übermäßigen Sonnenbadens sein.

Treibhausgase

Das Leben auf der Erde ist maßgeblich auch von den Prozessen in der Atmosphäre abhängig. Veränderungen in der Zusammensetzung der Atmosphäre, z. B. durch Schadstoffemission, können zu Klimaveränderungen führen und damit die Lebensbedingungen auf der Erde stark beeinflussen. Um welche Stoffe handelt es sich dabei und welche Auswirkungen können sie nach sich ziehen?

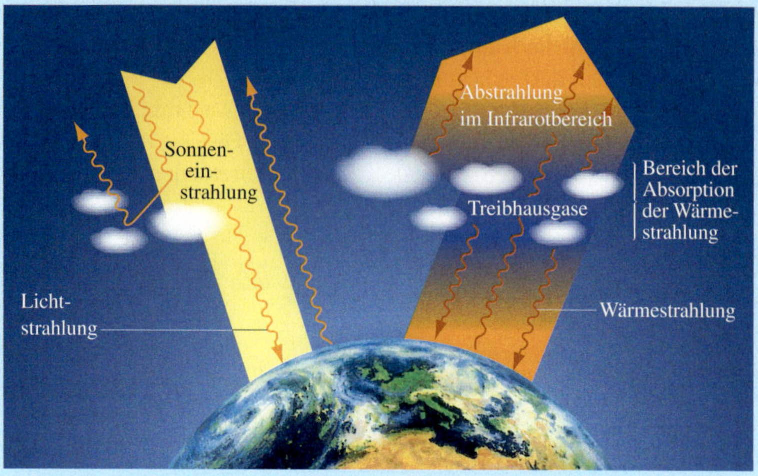

1

Natürlicher Treibhauseffekt Insbesondere das Klima der Erde ist von der Energie der Sonneneinstrahlung abhängig. Etwa 30 % der Sonnenstrahlung werden von der Erde, den Wolken und der Atmosphäre zurück in das Weltall reflektiert. Der größte Teil der Strahlung (70 %) wird dagegen von der Erdoberfläche und der Atmosphäre absorbiert.
Diese absorbierte Energie führt einerseits zur Verdunstung von Wasser, zur Erwärmung und damit zum Aufsteigen von Luft. Andererseits gibt die Erdoberfläche einen Teil der Strahlung als Wärmestrahlung (IR-Strahlung) wieder ab, wovon nur ein kleiner Teil in das Weltall entweichen kann. Der überwiegende Teil der Wärmestrahlung wird durch die Wolken und die **Treibhausgase** (Kohlenstoffdioxid, Wasser, Methan u. a.) in der Atmosphäre absorbiert und zurückgestrahlt. Diese Treibhausgase wirken also ganz ähnlich wie die Glasscheiben in einem Gewächshaus. Durch diesen natürlichen Treibhauseffekt hat sich auf der Erde eine Durchschnittstemperatur von +15 °C ergeben, die für das Leben wichtig ist. Ohne diesen Effekt läge sie bei –18 °C.

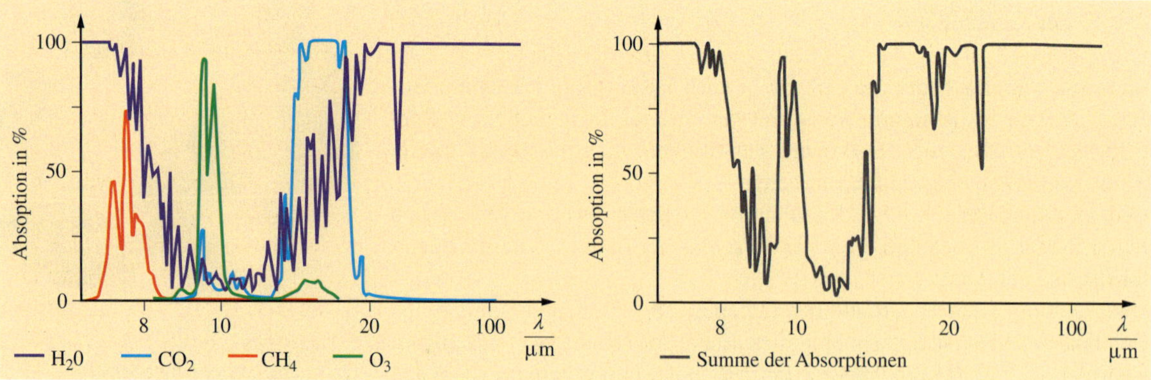

2 Absorption von Wärmestrahlung durch Treibhausgase (links) und Summe aller Absorptionen (rechts)

Verstärkung des Treibhauseffekts Vor allem durch die Verbrennung fossiler Energieträger (Kohle, Erdöl, Erdgas) sowie wegen der Vernichtung von Wäldern durch die Brandrodung gelangen jährlich zusätzlich große Mengen an Kohlenstoffdioxid in die Atmosphäre, wodurch die Wärmeabstrahlung zunehmend behindert wird.
Seit Beginn der Industrialisierung ist der Kohlenstoffdioxidanteil in der Atmosphäre um etwa ein Drittel angestiegen. Da aber Kohlenstoffdioxid neben Wasserdampf der Hauptverursacher der Treibhauswirkung ist, sagen die meisten Forscher für die nächsten Jahrzehnte eine Temperaturerhöhung von 3 bis 5 °C voraus. Klimauntersuchungen der Erdgeschichte belegen, dass immer dann die Durchschnittstemperatur auf der Erde relativ hoch lag, wenn auch der Kohlenstoffdioxidanteil der Luft hoch war.
Der zusätzliche Treibhauseffekt beruht außerdem noch auf der Zunahme der anderen Treibhausgase wie Methan, CFKW, Distickstoffmonooxid und Ozon. Neben der Freisetzung von CFKWs tragen vor allem der Reisanbau, die Rinderhaltung, der ständig zunehmende Straßen- und Luftverkehr und der vermehrte Einsatz von Stickstoffdüngern zu dieser Entwicklung bei. Welche Stoffe den durch den Menschen verursachten Treibhauseffekt (anthropogener Treibhauseffekt) verstärken, zeigt die Tabelle.

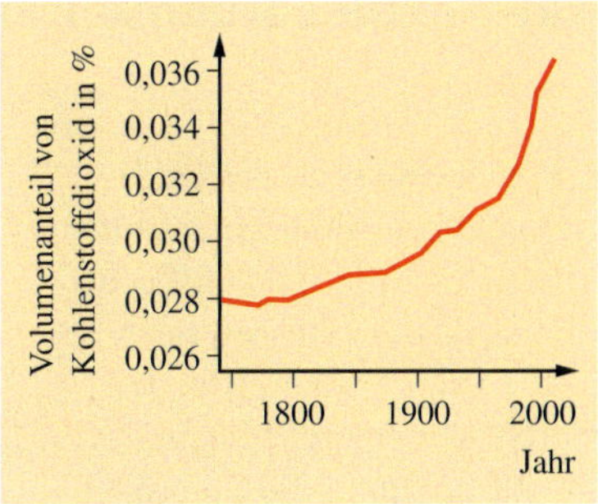

3 Kohlenstoffdioxidanstieg in der Atmosphäre

Treibhausgas	Anteil am anthropogenen Treibhauseffekt (%)	Anthropogene Quellen
Kohlenstoffdioxid	61	Verbrennung fossiler Brennstoffe, Waldrodung, Verkehrswesen
Methan	15	Sümpfe, Erdgasverluste, Reisanbau, Großviehhaltung (Wiederkäuer), Vergärung von Biomasse, Deponiegas
CFKW	11	CFKW-Anwendungen
Ozon	8	Fotochemische Reaktionen über Stickstoffoxide (Verkehr)
Distickstoffmonooxid	5	Stickstoffdüngung, Verbrennung fossiler Brennstoffe und Biomasse, Brandrodung

4 Sturmschäden in einem Wald

Folgen des zusätzlichen Treibhauseffekts In erster Linie wird als Folge des anthropogenen Treibhauseffekts vor einer globalen Erwärmung der Atmosphäre gewarnt. Mit der Erwärmung ist eine Verringerung des Polareises und das Abschmelzen der Gletscher verbunden, wodurch der Meeresspiegel ansteigt. Inselstaaten im Südpazifik und andere Küstengebiete wären dann ernsthaft bedroht.
Berechnungen mit Klimamodellen lassen eine Verschiebung von Klimazonen und damit eine Verlagerung der Niederschlagszonen befürchten. Außerdem könnten extreme Wetterlagen, die zu Sturm-, Dürre- und Überschwemmungskatastrophen führen, zunehmen.
Durch die Naturkatastrophen sind die Hauptanbaugebiete für Getreide gefährdet, was Hungerkatastrophen, Massenflucht und zusätzliche Konflikte zwischen Entwicklungsländern und Industriestaaten auslösen kann.

Aufgaben

1 Beschreibe anhand einer einfachen schematischen Darstellung den Kohlenstoffdioxidkreislauf.

2 Erläutere den natürlichen Treibhauseffekt.

3 Die Vernichtung tropischer Wälder durch Brandrodung verstärkt den Treibhauseffekt in doppelter Hinsicht. Begründe diese Aussage.

4 Erkunde, wodurch globale Klimaveränderungen verhindert werden können.

Natürliche Carbonsäuren

Vogelbeeren (großes Bild) enthalten Äpfelsäure, saure Früchte wie die Johannisbeere (kleines Bild) Citronensäure. Diese Säuren gehören zu den Carbonsäuren und enthalten wie die Alkansäuren die Carboxylgruppe im Molekül. Was unterscheidet Carbonsäuren von den Alkansäuren? Welche Carbonsäuren kommen in der Natur vor?

1

2 In Milchprodukten ist Milchsäure enthalten.

3 Oxalsäure lässt Sauerampfer sauer schmecken.

Vielfalt der Carbonsäuren Neben den Alkansäuren gibt es weitere organische Stoffe mit der Carboxylgruppe im Molekül. Viele von ihnen sind in der Natur weitverbreitet, z. B. in sauer schmeckenden Pflanzen und Früchten oder in saurer Milch und Milchprodukten. Alle organischen Verbindungen, in deren Molekülen eine oder mehrere Carboxylgruppen enthalten sind, werden als **Carbonsäuren** bezeichnet. Da sie sich in Art, Anzahl und Anordnung der funktionellen Gruppen oder in anderen Strukturmerkmalen voneinander unterscheiden können, gibt es eine Vielzahl von Carbonsäuren. Sind sie in pflanzlichen oder tierischen Organismen enthalten, werden sie als **natürliche Carbonsäuren** bezeichnet.
Die gebunden in Fetten vorkommenden Carbonsäuren Palmitinsäure, Stearinsäure, Ölsäure und Linolsäure gehören zu den Fettsäuren. Fettsäuren ohne Doppelbindungen zwischen Kohlenstoffatomen in ihrem Molekül, wie Palmitin- und Stearinsäure, werden als **gesättigte Fettsäuren** bezeichnet. **Ungesättigte Fettsäuren** haben dagegen eine oder mehrere Doppelbindungen zwischen den Kohlenstoffatomen im Molekül. Beispiele hierfür sind die Ölsäure mit einer und Linolsäure mit zwei Doppelbindungen.

Carbonsäuren mit weiteren funktionellen Gruppen Andere Carbonsäuren können mehrere gleiche oder unterschiedliche funktionelle Gruppen im Molekül enthalten. Oxalsäure besitzt in ihren Molekülen zwei Carboxylgruppen. Sie gehört deshalb zu den **Dicarbonsäuren**. Milchsäure, Weinsäure und Citronensäure sind **Hydroxycarbonsäuren**. Sie besitzen neben Carboxylgruppen auch Hydroxylgruppen im Molekül.
Aminopropansäure (Alanin) besitzt neben der Carboxylgruppe noch die Aminogruppe (NH_2-Gruppe) im Molekül. Diese Säuren heißen Aminocarbonsäuren, kurz **Aminosäuren**. Carboxlygruppen können auch gebunden an ringförmigen Molekülstrukturen vorkommen. Ein wichtiger Vertreter ist die Benzoesäure. Da Benzen ein aromatischer Kohlenwasserstoff ist, wird diese Säure zu den **aromatischen Carbonsäuren** gezählt.

Vorkommen und Verwendung ausgewählter Carbonsäuren		
Säure	Verkürzte Strukturformel	Vorkommen (•) und Verwendung (▪)
Stearinsäure	$C_{17}H_{35}-COOH$	• gebunden in Fetten und Ölen; in Kerzen ▪ Nahrungsmittel, zur Herstellung von Seifen, Waschmitteln, Kosmetika, Kerzen, Pharmazeutika, Farbstoffen, Imprägnier- und Schmiermitteln
Ölsäure	$C_{17}H_{33}-COOH$	
Linolsäure	$C_{17}H_{31}-COOH$	
Oxalsäure	$HOOC-COOH$	• in Sauerklee, Sauerampfer, Rhabarber, Spinat- und Rübenblättern; Stoffwechselprodukt des Menschen im Urin ▪ Bleichmittel, Rohstoff für Färbereien und Tintenherstellung, zur Entfernung von Tinten- und Rostflecken, Analysensubstanz
Milchsäure	$CH_3-CH-COOH$ (an CH: OH)	• in Milch, Fleischsaft, Sauergemüse; Zwischenprodukt des menschlichen Stoffwechsels ▪ Desinfektions- und Beizmittel, zur Herstellung von Limonaden, Essenzen, Salben und Mundwässern, Hilfsstoff in Woll- und Lederfärbereien
Citronensäure	COOH $HOOC-CH_2-C-CH_2-COOH$ OH	• in Zitrusfrüchten, Beerenobst, Milch; Zwischenprodukt des menschlichen Stoffwechsels ▪ Textilhilfsmittel, zur Herstellung von Likören, Salaten, Essenzen, Limonaden und Säuglingsnahrung
Aminopropansäure (Alanin)	$CH_3-CH-COOH$ NH_2	• gebunden in Eiweißen (z. B. Naturseide), in Steinpilzen, in Milchsäurebakterien; Produkt im menschlichen Stoffwechsel ▪ zur Entfernung von Schwefelwasserstoff aus Gasen
Benzoesäure	$-COOH$	• in Früchten, Obstschalen, Blättern und Rinden ▪ zur Herstellung von Seifen, Klebstoffen und Farbstoffen, Konservierungsmittel, Analysensubstanz

Konservieren mit Carbonsäuren Neben physikalischen Verfahren zur Konservierung von Lebensmitteln, z. B. Einkochen, Trocknen, sind auch zahlreiche chemische Stoffe als Konservierungsstoffe geeignet. Sie verhindern die Entwicklung von Mikroorganismen und unterbinden ihre Vermehrung. Konservierungsstoffe müssen von der Europäischen Union als Lebensmittelzusatzstoff zugelassen und durch eine dreistellige Zahl, die mit 2 beginnt, z. B. E 210 für Benzoesäure, gekennzeichnet werden. Nur wenige Stoffe sind als Konservierungsstoffe zugelassen, die wichtigsten sind einige Carbonsäuren, besonders die Benzoesäure und ihre Salze.

Aufgaben

1 Nenne Namen, Vorkommen und Verwendung wichtiger Carbonsäuren.

2 Stearinsäure ist eine gesättigte und Ölsäure eine ungesättigte Fettsäure. Erläutere diese Begriffe.

3 Welche Arten der Konservierung sind gebräuchlich?
Erläutere einzelne Methoden der Konservierung von Lebensmitteln und gib Beispiele für auf diese Weise konservierte Lebensmittel an.

4 Was sind Konservierungsstoffe und wie müssen diese gekennzeichnet sein?

5 Ermittle im Internet die E-Nummern und die Namen von zugelassenen Konservierungsstoffen.

6 Erkundige dich bei der Verbraucherzentrale über Lebensmittelzusatzstoffe. Diskutiere mit deinen Mitschülerinnen und Mitschülern die Bedenklichkeit bzw. Unbedenklichkeit dieser Stoffe.

7 Informiere dich anhand von Etiketten, welche Lebensmittel Konservierungsstoffe enthalten.

8 Ermittle Unterschiede und Gemeinsamkeiten von Propansäure, Milchsäure und Alanin.

9 An einer Heizspirale befindet sich Kalk.
Berechne die Masse an Calciumcarbonat, die mit 100 g 5%igem Essig entfernt werden kann.
Berechne das Volumen an Kohlenstoffdioxid, das dabei entsteht.

Organische Säuren für die Gesundheit

Als CHRISTOPH KOLUMBUS 1493 von seiner Entdeckungsreise aus Amerika zurückkehrte, war ein großer Teil seiner Besatzung gestorben. Die Seefahrer litten an einer Krankheit, bei der großflächige Blutungen der Haut, der Muskulatur, des Zahnfleisches und des Gewebes auftreten. Bei fortschreitender Erkrankung faulte das Zahnfleisch und die Zähne fielen aus. Schließlich trat infolge von Herzschwäche durch den Blutverlust der Tod ein. Damals war die Todesursache noch völlig unerklärlich.

1 Seefahrer erkrankten auf langen Fahrten früher oft an Skorbut.

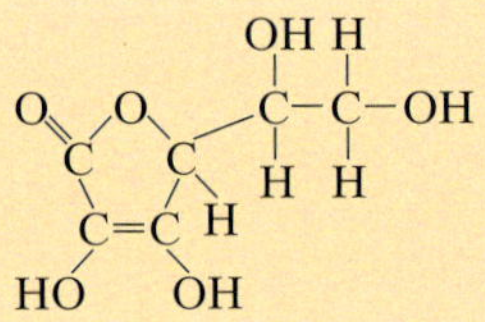

2 Strukturformel von Ascorbinsäure

Gehalt an Vitamin C von Früchten und Gemüse	
Frucht/Gemüse	Masse an Vitamin C in 100 g essbarer Substanz
Äpfel, süß	5 mg
Bananen	10 mg
Erdbeeren	60 mg
Johannisbeeren, schwarz	136 mg
Orangen	50 mg
Trauben	4 mg
Zitronen	45 mg
Blumenkohl	78 mg
Gartenkresse	69 mg
Gurken	8 mg
Kartoffeln	20 mg
Spargel	33 mg
Tomaten	23 mg

Ascorbinsäure (Vitamin C) Bei der Krankheit der frühen Seefahrer handelt es sich um Skorbut, eine Vitamin-C-Mangelerkrankung (Vitamin-C-Avitaminose). Der Name Ascorbinsäure für das Vitamin C leitet sich also vom Skorbut ab.

Alle höheren Säugetiere mit Ausnahme der Primaten, des Meerschweinchens, der Fledermäuse und des Menschen vermögen Vitamin C in ihrem Organismus selbst zu synthetisieren. Beim Menschen verhindert ein genetischer Defekt einen der notwendigen Syntheseschritte. Ascorbinsäure stellt also für den Menschen ein Vitamin dar, das mit der Nahrung aufgenommen werden muss. Der Tagesbedarf an Vitamin C wird für Jugendliche und Erwachsene mit 75 mg angegeben.

Ascorbinsäure ist wärmeempfindlich und wird durch Licht und den Sauerstoff der Luft leicht zersetzt. Dadurch geht bei der Lagerung und Zubereitung von Lebensmitteln mitunter ein großer Teil der in den Lebensmitteln enthaltenen Ascorbinsäure verloren. In Kohlgemüse liegt die Ascorbinsäure chemisch gebunden im sogenannten Ascorbigen vor. Beim Erhitzen in Gegenwart verdünnter Säurelösungen zerfällt das Ascorbigen, es bildet sich Ascorbinsäure. Gekochtes Kohlgemüse kann also mehr Ascorbinsäure enthalten als der rohe Kohl.

Im menschlichen Organismus wird Vitamin C in vielen Organen gespeichert. So ist auch zu verstehen, dass Skorbut als Vitamin-C-Mangelerkrankung erst nach etwa drei Monaten ohne Vitamin-C-Zufuhr auftritt.

Obwohl Vitamin C in vielen Pflanzen und Früchten und daraus hergestellten Lebensmitteln enthalten ist, werden weltweit etwa 40 000 Tonnen Ascorbinsäure pro Jahr nach einem 1934 von TADEUS REICHSTEIN (1897 bis 1996) entwickelten mikrobiologisch-chemischen Verfahren hergestellt.

In einigen Organen des Menschen kommt Vitamin C in sehr hohen Konzentrationen vor. So beträgt die Konzentration an Vitamin C in der Nebenniere 400 mg/kg, in der Augenlinse 250 mg/kg, in Gehirn und Leber jeweils 150 mg/kg sowie im Herzmuskel und der Niere jeweils 50 mg/kg.

3 Produktion von Aspirin®-Tabletten

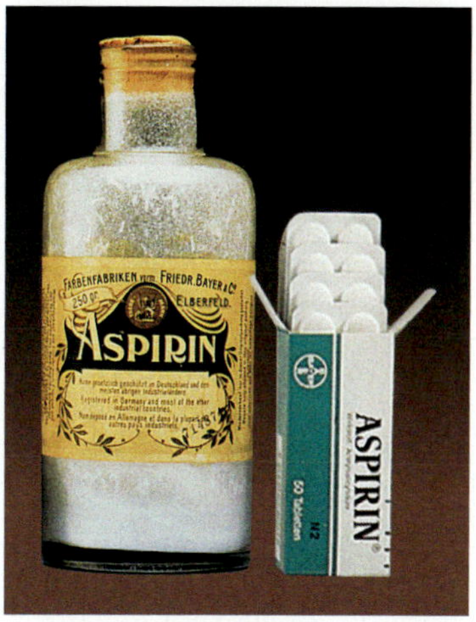

4 Seit 1899 wird Aspirin® in Apotheken verkauft – historische und heutige Handelsform.

Acetylsalicylsäure Das Medikament Aspirin® bzw. Medikamente mit dem Wirkstoff Acetylsalicylsäure sind wohl in jeder Hausapotheke anzutreffen. Seit über 100 Jahren wird Aspirin® produziert. Anwendung findet der Wirkstoff in der Heilpraxis bereits seit mehreren Tausend Jahren.
So riet der berühmte griechische Arzt HIPPOKRATES schon vor etwa 2400 Jahren werdenden Müttern, gegen den Wehenschmerz kurz vor der Geburt Weidenrinde zu kauen. Im 16. Jahrhundert wurde neben Weidenrinde auch das Mädesüßkraut (*Filipendula ulmaria*) bei Erkältungen und gegen rheumatische Muskel- und Gelenkschmerzen empfohlen.
Die Heilwirkungen dieser Pflanzen sind auf die Salicylate als ihre Inhaltsstoffe zurückzuführen. Als Salicylate bezeichnet man Abkömmlinge der Salicylsäure. Reine Salicylsäure und das im 19. Jahrhundert häufig verwendete Natriumsalicylat, das Natriumsalz der Salicylsäure, verursachten oft unangenehme Nebenwirkungen: Sie reizten den Magen und führten häufig zu Erbrechen. Blutungen von Magen und Darm konnten hervorgerufen werden. Auch ist ihr Geschmack unangenehm. Acetylsalicylsäure zeigt diese Nebenwirkungen nicht.
Acetylsalicylsäure wurde erstmals 1853 von dem Franzosen CHARLES FRÉDÉRIC GERHARD (1816 bis 1856) synthetisiert, jedoch nicht rein erhalten. Die „Reinsynthese" gelang 1897 FELIX HOFFMANN, einem Chemiker der Firma Bayer. Am 1. Februar 1899 wurde Acetylsalicylsäure unter der Bezeichnung Aspirin® als Handelspräparat und Warenzeichen unter der Nummer 36433 beim Berliner Patentamt eingetragen. Aspirin® wurde seither zum meist verwendeten Arzneimittel der Welt. 1998 produzierte die Firma Bayer 12,7 Millionen Aspirin®-Tabletten. Weltweit werden pro Jahr 50 000 Tonnen Acetylsalicylsäure hergestellt.

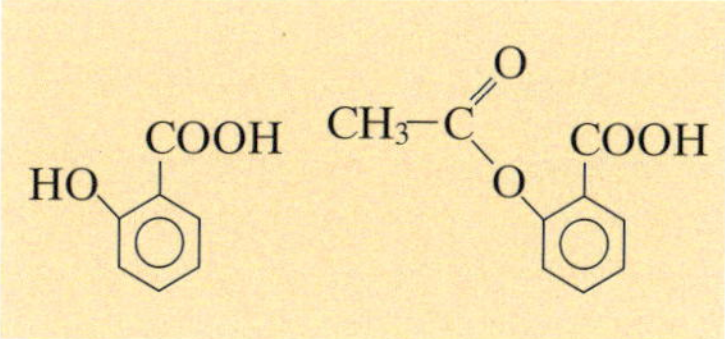

5 Strukturformeln von Salicylsäure und Acetylsalicylsäure

Aufgaben

1 Stelle die Bedeutung von Vitamin C zusammen. Nutze auch das Internet.

2 Aspirin® entsteht durch Reaktion von Salicylsäure mit Essigsäure. Entwickle dafür die Reaktionsgleichung. Nutze dafür Bild 5.

3 Nach Ablauf des Verfallsdatums kann das Medikament Aspirin® nach Essig riechen. Versuche die Erscheinung zu deuten.

4 Informiere dich anhand eines Beipackzettels über die Nebenwirkungen von Aspirin®.

Wir waschen Wäsche – aber womit?

Immer wieder kommt es vor, dass man sich die Kleidung beschmutzt. Ein Hamburger hinterließ auf dem T-Shirt unangenehme Fett- und Ketchupflecke. Grasflecke auf der Hose waren das Ergebnis des gemütlichen Liegens auf einer Wiese. Das Fruchteis schmeckte zwar gut, aber hinterließ farbige Flecke auf dem Rock.

- Wie bekommt man Flecke wieder weg?
- Warum wird Wäsche heute nicht mehr mit Seife, sondern mit Waschmitteln gewaschen?
- Warum gibt es so viele verschiedene Waschmittel?
- Was geschieht mit den Waschmitteln, die nach dem Waschen ins Wasser gelangen?
- Seit wann gibt es Waschmittel?

Materialien für die Projektbearbeitung Nutzt die bereitgestellten Materialien zur Bearbeitung eurer Aufgabenstellungen. Verwendet auch andere Quellen wie das Internet oder die Informationen auf Waschmittelverpackungen, um die notwendigen Informationen zu erhalten. Auch Waschmittelhersteller halten auf ihren Internetseiten Materialien bereit. Befragt ältere Bürger, wie früher Wäsche gewaschen wurde.

1 Untersuche den Einfluss von hartem Wasser auf Seifen- und Waschmittellösungen.
Versetze Lösungen von Kernseife, Schmierseife und verschiedenen Waschmitteln mit destilliertem Wasser und mit hartem Wasser. Schüttle die Lösungen und lass sie danach etwa 2 min ruhig stehen. Erfasse die Beobachtungen in Form einer tabellarischen Übersicht.

Info

Ein Mensch bildet etwa 0,5 bis 1 Liter Schweiß täglich. Bei Schwerstarbeit kann diese Menge auf bis zu 15 Liter ansteigen.

Zusammensetzung des menschlichen Schweißes

Inhaltsstoff	Massenkonzentration β in g/l
Natriumchlorid	2 bis 5
Kaliumsalze	0,3 bis 0,5
Calciumsalze	0,04 bis 0,08
Stickstoffverbindungen (aus Harnstoff und Eiweißabbauprodukten)	0,3 bis 1,6
verschiedene Alkohole und Fettsäuren, Fette	2 bis 5
Wasser	Rest

1 Seifenlösung in hartem Wasser

2 Ermittle die pH-Werte von Seifen- und Waschmittellösungen.
Stelle 1%ige Lösungen von Kernseife, Schmierseife und verschiedenen Waschmitteln her. Stelle den pH-Wert der Lösungen mit einem pH-Meter oder einem geeigneten Farbindikator fest. Erfasse die Ergebnisse in einer Übersicht.
Ziehe aus den Ergebnissen von Experiment 1 und 2 Schlussfolgerungen für die Verwendung der Lösungen zum Wäschewaschen.

3 Prüfe die bleichende Wirkung von Seifen- und Waschmittellösungen.
Färbe verschiedene Textilstücke mit Farbstoffen, z.B. rote Bete, Tinte, Farbindikatoren. Zerschneide die Textilstücke nach dem Trocknen in mehrere Teile. Gib die Stücke in 1%ige Lösungen von Kernseife, Schmierseife und verschiedenen Waschmitteln und tauche sie mit einem Glasstab öfter unter. Vergleiche die Ergebnisse nach etwa 10 bis 15 min. Untersuche die Bleichwirkung auch bei unterschiedlichen Temperaturen.
Trage die Ergebnisse in eine Tabelle ein.

4 Wird das wieder sauber?

Zusammensetzung eines pulverförmigen Vollwaschmittels

Gruppe	Stoff	Anteil in %
Enthärter	Zeolith 4 A	20 bis 40
Bleichmittel	Natriumperborat	10 bis 25
anionische Tenside	Dodecylsulfonat	5 bis 10
nichtionische Tenside	Alkoholethoxylat	2 bis 7
Stellmittel	Natriumsulfat	2 bis 20
Korrosionsinhibitor	Natriumsilikat	2 bis 7
Schaumhemmer	Siliconöle	0,1 bis 4
Vergrauungsinhibitor	Carboxymethylcellulose	0,5 bis 2
Enzyme	Proteasen	0,3 bis 1
Aufheller	Stilben-disulfonsäure	0,1 bis 0,3
Duftstoffe		0,05 bis 0,3
Farbstoffe		0 bis 0,001

Verschmutzte Wäscheart	Anzahl der Keime je Wäscheart
Damenblusen	10^2 bis 10^4
Herrenhemden	10^4 bis 10^8
Unterwäsche	10^5 bis 10^7
Geschirrtücher	10^8
Socken	10^9

2 Kompaktwaschmittel

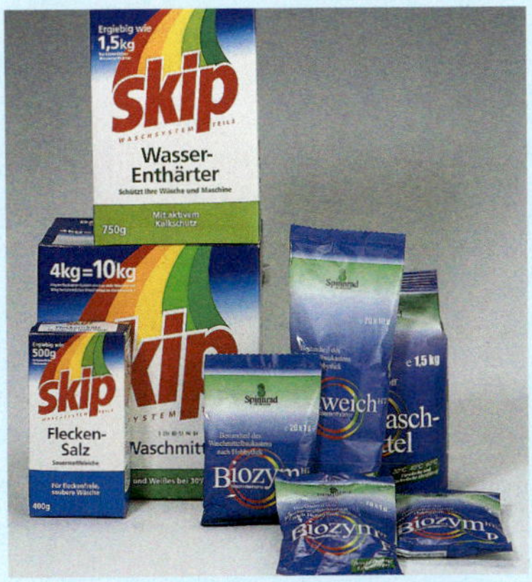

3 Baukastenwaschmittel

Info

Der Schmutzanteil bei normal verschmutzter Wäsche liegt bei etwa 1,8 bis 4 % des Wäschegewichts. Enthalten sind 25 bis 30 % Pigmente aus Staub, Asche, Ruß und Erde; etwa 20 % Eiweiß aus Hautschuppen, Blut, Ei, Milch und Kakao; etwa 20 % Kohlenhydrate aus Kartoffeln, Mehl, Soßen und Faserresten; etwa 15 bis 20 % Kochsalz und Harnstoff aus Schweiß, Urin und Speiseresten; etwa 10 % Fette aus Speisen, Hautfett und Kosmetika sowie Farbstoffe aus Obst, Gras, Kaffee, Tee, Wein und Fruchtsäften. Nicht sichtbarer Wäscheschmutz ist Keimschmutz, z.B. Bakterien. Er wird als lebender Schmutz bezeichnet.

selbst erforscht

Info

Farbige Verschmutzungen können durch Seife oder die Tenside in den Waschmitteln kaum entfernt werden. Das betrifft besonders Flecke von Obst, Gemüse, Fruchtsäften, Rotwein, Kaffee, Tee, Gewürzen, Kosmetika, Farbtinten und chlorophyllhaltigen Pflanzenteilen wie Gras. ↑1 Farbverschmutzungen können durch in Waschmitteln enthaltene Bleichmittel aufgehellt oder völlig entfernt werden. Bleichmittel zerstören durch Oxidation die Farbstoffe. Als Bleichmittel dienen meist Natriumperborat oder Natriumpercarbonat. Diese Stoffe entwickeln bei hohen Waschtemperaturen bleichaktiven Sauerstoff. Man spricht daher auch von Sauerstoffbleiche. Damit Bleichmittel schon bei niedrigen Temperaturen wirken, setzt man Waschmitteln Bleichaktivatoren zu. Bei der Angabe der Inhaltsstoffe der Waschmittel werden sie als TAED bezeichnet.

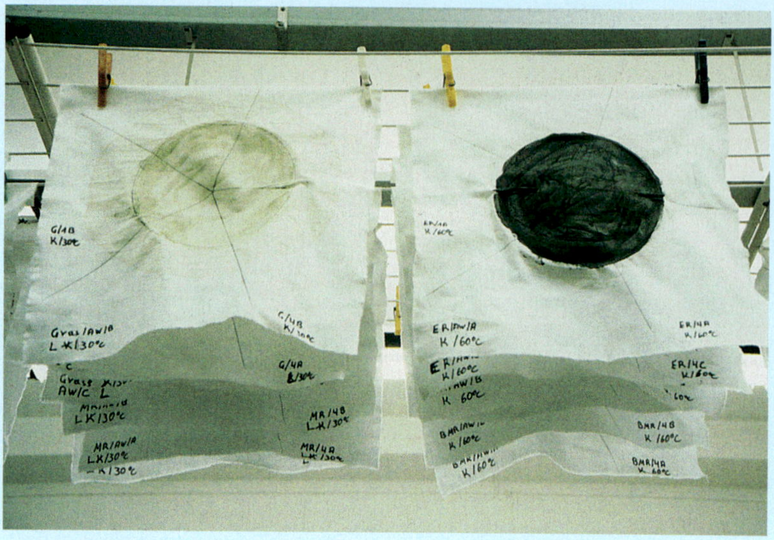

1 Waschmittelhersteller testen die Wirkung der Waschmittel auf Verschmutzungen von Wäschestücken.

4 Prüfe Waschmittel, ob Perborat als Bleichmittel enthalten ist.

Erhitze vorsichtig 0,5 g Waschmittelpulver im Reagenzglas mit 2 ml Methanol (F, T) und fünf Tropfen konzentrierter Schwefelsäure (C). Entzünde die entweichenden Dämpfe mit einem brennenden Span.
Welche Waschmittel enthalten Perborat?

5 Prüfe Waschmittel, ob Proteasen enthalten sind.

Reibe weiße Textilstücke mit gekochtem Eidotter ein. Gib die Textilstücke in Bechergläser mit verschiedenen Waschmittellösungen sowie in destilliertes Wasser. Betrachte die Textilstücke nach einer Stunde.
Welche der Waschmittel enthalten Proteasen?

6 Prüfe Waschmittel, ob optische Aufheller enthalten sind.

Bestrahle verschiedene Waschmittelproben mit einer UV-Lampe. Bringe einige Tropfen verschiedener Waschmittellösungen auf Filterpapier oder weiße Tücher, die nicht schon mit Aufheller behandelt sind. Bestrahle diese nach dem Trocknen mit einer UV-Lampe.
Schlussfolgere, welche Waschmittel optische Aufheller enthalten.

7 Prüfe die Wirkung von Kastaniensaft auf weiße Textilien.

Gib in ein Becherglas Leitungswasser und bestrahle das Wasser mit einer UV-Lampe. Stelle einige kleine Zweige von Rosskastanien in das Becherglas und bestrahle wiederum mit einer UV-Lampe. Leite aus dem Ergebnis ab, wofür man diese Lösung verwenden könnte.

2 Gewebe mit optischem Aufheller beim Bestrahlen mit UV-Licht

Hinweise zur Projektarbeit Zur Bearbeitung der Fragen sollten Arbeitsgruppen gebildet werden. Damit sich jeder für eine Gruppe entscheiden kann, sollte vorher festgelegt werden, welche Arbeiten von den einzelnen Gruppen zu erledigen sind. In die Überlegungen können u. a. folgende Arbeitsaufgaben für die Gruppen einfließen:

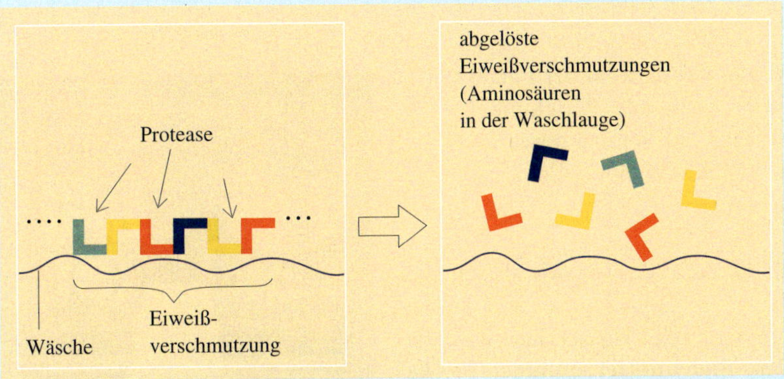

3 Eiweißabbau durch Proteasen (Modell)

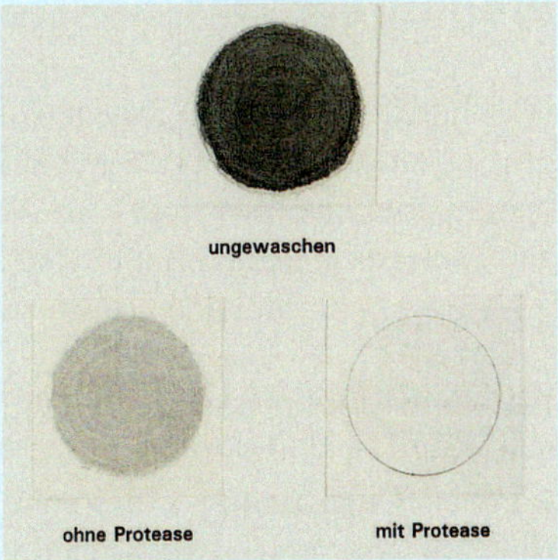

4 Wirkung von Protease auf Eiweißflecke

– Ermitteln, warum Wäsche gewaschen wird (Prüfen des Geruchs verschmutzter Kleidung, betrachten von Wäscheschmutz mit der Lupe, Auswerten von Übersichten zu Schmutzarten und Schmutzbestandteilen, Befragungen von Mitschülern durchführen, Waschhäufigkeiten in der Familie ermitteln …).
– Erkunden, warum heute Textilien nicht mehr mit Seife gewaschen werden (Lehrbuch nutzen, Experimentieranleitungen lesen, Geräteanordnungen aufbauen, entsprechende Experimente mit verschiedenen Seifen und Waschmitteln durchführen, Beobachtungen auswerten und miteinander vergleichen …).
– Ermitteln, welches Waschmittel das beste für den jeweiligen Zweck ist (Waschmittelarten sammeln, z.B. Listen aller Waschmittel eines Supermarkts zusammenstellen, Inhaltsangaben vergleichen und feststellen, wodurch sich die Waschmittel hinsichtlich ihrer Inhaltsstoffe unterscheiden, Eltern und Großeltern befragen, mit welchen Waschmitteln sie waschen und warum sie gerade diese Waschmittel verwenden, Inhaltsangaben von den Waschmittelherstellern schicken lassen, verschmutzte Wäsche aus unterschiedlichem Fasermaterial mit verschiedenen Waschmitteln waschen und Ergebnisse vergleichen …).
– Untersuchen, wie die Waschmittelinhaltsstoffe auf verschiedene Wäscheverschmutzungen wirken (Experimentieranleitungen lesen, Geräteanordnungen aufbauen, Experimente mit verschiedenen Seifen und Waschmitteln durchführen, Beobachtungen auswerten und miteinander vergleichen, Erfahrungen von Eltern und Großeltern erfragen …).
– Untersuchen, welche Waschmittelinhaltsstoffe in das Abwasser gelangen und ob diese die Umwelt belasten (Eigenschaften benutzter Waschmittellösung von der Handwäsche oder aus der Ablauge einer Waschmaschine experimentell untersuchen, Angaben des Landesumweltamtes, von Ökoinstituten und der Waschmittelhersteller zur Umweltbelastung schicken lassen und auswerten, eigenes Verbraucherverhalten ermitteln …).
– Besichtigen einer Wäscherei oder einer chemischen Reinigung im Wohnort und erkunden, wie dort die Reinigung der Wäsche erfolgt und welche Wasch- und Reinigungsmittel dafür verwendet werden.
Überlegt euch, wie ihr die Ergebnisse eurer Arbeit vorstellen könnt. Möglich wären folgende Präsentationen: Poster zu Zielen des Wäschewaschens; grafische Darstellung von Ergebnissen der Befragung von Eltern und Großeltern zu Waschgewohnheiten früher und heute.

Info

Das Bundesumweltamt hat die Belastung der Umwelt durch Waschmittel geprüft. Kriterien waren u. a.: Gesamtchemikalienmenge pro Waschgang, Entfernbarkeit der Inhaltsstoffe in Kläranlagen und ihre Giftigkeit gegenüber Wasserlebewesen, Sauerstoffbedarf zum Abbau der Inhaltsstoffe. Am günstigsten sind Baukastenwaschmittel. Es folgen kompakte pulverförmige Colorwaschmittel und kompakte Vollwaschmittel. Normale Pulverwaschmittel und flüssige Vollwaschmittel belasten die Umwelt am stärksten.

5 Tenside werden durch Mikroorganismen abgebaut.

Vielfalt der Waschmittel

Waschmittel für jeden Zweck Durch gezielte Auswahl der Inhaltsstoffe gibt es praktisch für jede Waschaufgabe geeignete Waschmittel. Vollwaschmittel sind besonders für Weißwäsche bei Temperaturen ab 60 °C geeignet. Spezialwaschmittel sind u. a. Wollwaschmittel, Colorwaschmittel, Feinwaschmittel und Gardinenwaschmittel.

2 Verschiedene Waschmittel für jeden Zweck

Waschmittelinhaltsstoffe Synthetisch hergestellte **Tenside** bilden die waschaktiven Substanzen. Ihre Wirkung ist ähnlich der von Seifen-Anionen. **Gerüststoffe**, z. B. Zeolithe, enthärten das Wasser, indem sie die Calcium- und Magnesium-Ionen binden. **Bleichmittel** entfernen Flecke und töten bakterielle Keime. Sie sind nicht in Fein-, Woll- und Colorwaschmitteln enthalten. **Enzyme** (Proteasen, Lipasen, Cellulasen, Amylasen) entfernen Eiweiß-, Fett- und Kohlenhydratverschmutzungen. In Fein- und Wollwaschmitteln sind keine Proteasen enthalten. **Optische Aufheller** erhöhen den Weißheitsgrad besonders bei Weiß-, Voll- und Gardinenwaschmitteln. **Inhibitoren** verhindern das Vergrauen, das Verfärben, zu große Schaumbildung und die Korrosion von Waschmaschinenteilen. **Duft-** und **Farbstoffe** verbessern Geruch und Aussehen.

Der Waschvorgang Modellhaft lässt sich der Waschvorgang in fünf Phasen einteilen: Beim *Benetzen* lagern sich die Tensidteilchen, z. B. Tensid-Anionen, an den Grenzflächen des Wassers zur Faser und des Wassers zum Schmutz an. An Faser- und Schmutzoberfläche bilden sich Ionenschichten, wobei der hydrophile Teil des Tensid-Anions in Richtung Wasser angeordnet ist. Ölschmutz wird benetzt und auf der Faser langsam zusammengeschoben, die Adhäsionskräfte zwischen Öl und Faser werden weitgehend überwunden. Im Ergebnis des *Umnetzens* entsteht ein nur noch schwach an der Faser haftender Tropfen. Bei Pigmentschmutz werden die Tensid-Anionen an der Schmutz- und Faseroberfläche angelagert. Im weiteren Verlauf kommt es zu gegenseitiger Abstoßung der hydrophilen Enden der Ionen und damit zur Lockerung der Schmutzteilchen. Durch mechanische Bewegung des Waschgutes in der Waschmaschine oder bei der Handwäsche wird der Prozess der Umnetzung abgeschlossen, es kommt zum vollständigen *Ablösen* der Schmutzteilchen. In der Zerkleinerungs- und Dispersionsphase wird der Schmutz in kleinere Teilchen zerlegt und fein verteilt. Durch mehrfaches Spülen des Waschgutes werden die Schmutzteilchen mit der Waschlauge entfernt.

3 Dieses T-Shirt wurde ohne Inhibitor gegen Verfärben gewaschen.

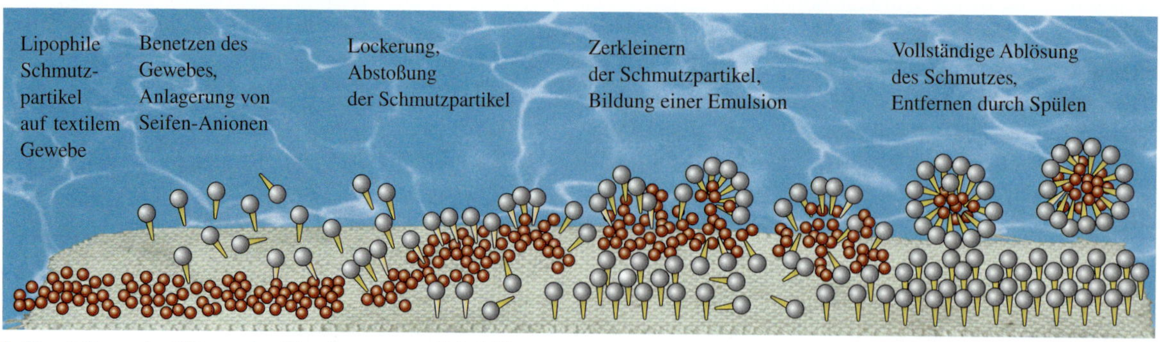

1 Darstellung der Phasen des Waschprozesses (Modell)

Waschmittel, Umwelt, Gesundheit und Verbraucherverhalten Rückstände von Waschmitteln gelangen gemeinsam mit dem abgelösten Schmutz (etwa 200 000 t jährlich) in das Abwasser. Obwohl der Verbrauch an Waschmitteln je Einwohner von 1990 bis zum Jahr 2000 von 8,9 kg auf 7,7 kg gesunken ist (das sind insgesamt 635 000 t), gelangen noch große Mengen unverbrauchter Waschmittelinhaltsstoffe in die Umwelt. Denn etwa 15 % der Abwässer werden nicht in Kläranlagen gereinigt, sondern direkt in natürliche Gewässer eingeleitet.
Tenside können Wasserlebewesen schädigen. Bestimmte Anteile an Gerüststoffen und Bleichmitteln können Schwermetall-Ionen aus dem Gewässerschlamm herauslösen und so toxische Wirkungen für Wasserlebewesen bewirken. Abbauprodukte des Bleichmittels Perborat schädigen besonders Pflanzen des Schilfgürtels sowie Obst- und Gemüsepflanzen. Duftstoffe und Farbstoffe können Allergien auslösen. Deshalb sind seit 2006 die Duftstoffe namentlich auf den Verpackungen auszuweisen. Viele weitere Inhaltsstoffe sind zwar unbedenklich, da sie aber schwer abbaubar sind, müssen sie mit dem Klärschlamm entsorgt werden.

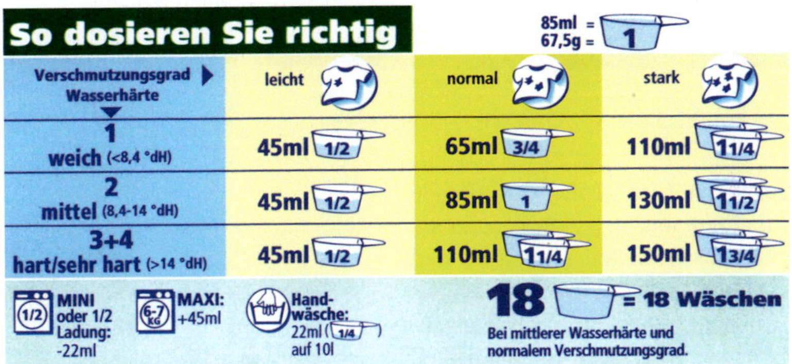

4 Dosierungsempfehlung auf einer Waschmittelverpackung

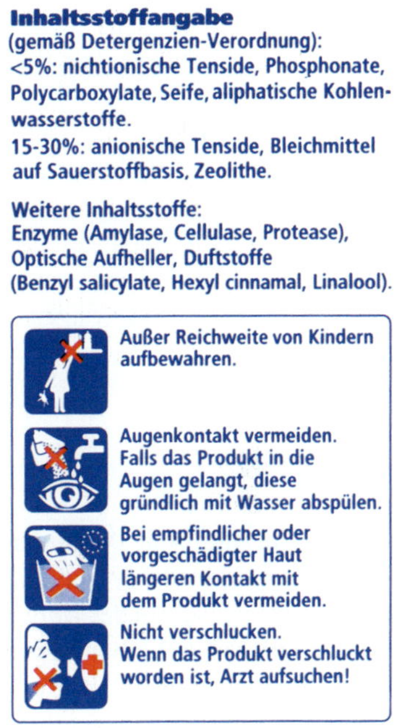

5 Inhaltsstoffangabe auf einer Waschmittelverpackung

Umweltbewusster Einsatz von Waschmitteln erfordert: Nutzen von energie- und wassersparenden Waschmaschinen, Ausnutzen des gesamten Fassungsvermögens der Maschine, Waschen bei Temperaturen zwischen 30 und 60 °C. Der Energieverbrauch bei 30 °C liegt bei 0,4 kWh, bei 40 °C bei 0,7 kWh, bei 60 °C bei 1,3 kWh und bei 90 °C sogar bei 2 kWh. Außerdem ist die Bildung von Kalk bei 40 °C wesentlich geringer als bei höheren Temperaturen. Weitere Maßnahmen sind: Verzicht auf Vorwäsche, Trennen der Wäsche nach Textilart, Farbe und Verschmutzung, exaktes Dosieren des Waschmittels, Verzicht auf Vollwaschmittel zugunsten von Fein-, Kompakt- und Baukastenwaschmitteln (hierbei werden die Waschmittelinhaltsstoffe getrennt zusammengestellt und dosiert), Verzicht auf Weichspüler und andere Waschhilfsmittel, Verwenden von Nachfüllpackungen und Recycling der leeren Waschmittelverpackungen.

Aufgaben

1 Beschreibe die Phasen des Waschvorgangs.

2 Gib an, durch welche Inhaltsstoffe sich die einzelnen Gruppen von Waschmitteln unterscheiden, und begründe diese Unterschiede.

3 Obwohl die Verwendung von Baukastenwaschmitteln sehr ökologisch ist, verwenden es weniger als 5 % der Haushalte in Deutschland. Erörtere möglich Gründe.

Vom Schmecken und Riechen

Wohlgerüche von Badeessenzen, aromatisch duftende Pflanzen und Kerzen beleben beim Baden unseren Körper und steigern das Wohlbefinden. Was aber sind Duft- und Aromastoffe und wie werden sie gewonnen?

1

Um uns ein Meer von Düften und Gerüchen Eine gepflegte, duftende Haut wirkt anziehend, der Geruch von Fruchtgummis regt zum Verzehr an, ein unangenehm riechender Burger bewirkt das Gegenteil. Duftstoffe sind flüchtige chemische Verbindungen, die beim Menschen ein angenehmes Geruchsempfinden auslösen. Sie werden daher vor allem in der Kosmetikindustrie zur Parfümherstellung verwendet. Aber auch Sanitärartikel, Seifen, Pflegemittel und Waschmittel enthalten Duftstoffe.
Aromastoffe werden im Gegensatz zu den Duftstoffen häufig erst beim Kauen, durch die Wärme und Feuchtigkeit der Mundhöhle, freigesetzt. Aromastoffe dienen dazu, Lebensmitteln einen besonderen Geschmack und Geruch zu verleihen.

Vom Schmecken Unter Geschmack verstehen wir alle Sinneseindrücke, die bei der Aufnahme der Nahrung im Mund, Nasen- und Rachenraum entstehen. Der Mensch kann nur vier Geschmacksqualitäten unterscheiden: süß, sauer, bitter und salzig.

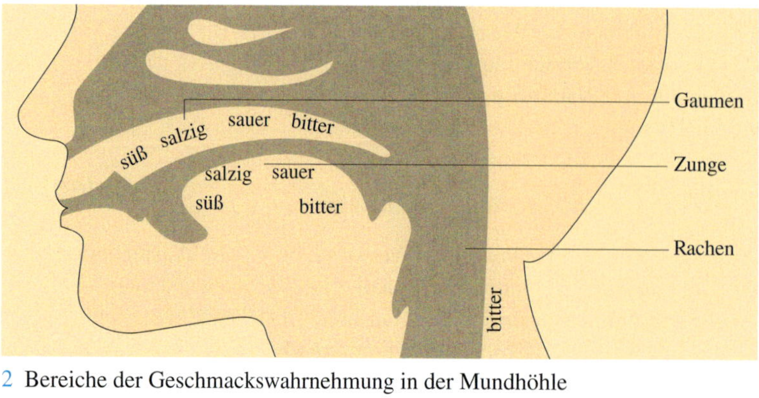

2 Bereiche der Geschmackswahrnehmung in der Mundhöhle

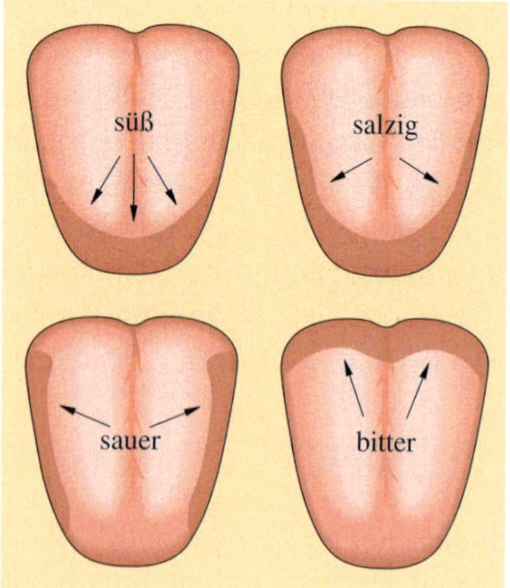

3 Wahrnehmungsbereiche der vier Geschmacksqualitäten auf der Zunge

Die Geschmackswahrnehmung ist unterschiedlich empfindlich. ↑Tabelle Sie liefert aber mehr Informationen über ein verzehrtes Mittagessen als nur sauer und süß oder salzig und bitter. Das liegt daran, dass nur etwa 20 % der Geschmackseindrücke von der Zunge festgestellt werden. 80 % des „Geschmacks" werden von der Nase wahrgenommen, weil Aromastoffe beim Essen aus dem Mund in die Nase aufsteigen.

Stoffmengenkonzentrationen, ab denen Geschmacksstoffe wahrgenommen werden

Geschmack	Stoff	Stoffmengenkonzentration in mol/l
bitter	Chinin-Sulfat	0,000 008
süß	Glucose	0,08
	Saccharin	0,000 032
sauer	Essigsäure	0,001 8
salzig	Kochsalz (Natriumchlorid)	0,01

Vom Riechen. Der Geruchssinn ist ein chemischer Sinn zur Wahrnehmung von flüchtigen gelösten und gasförmigen Stoffen. Die Sinneszellen liegen in einer speziellen Region der Nasenschleimhaut. Die Informationen der Geruchssinnesorgane werden über den Riechnerv direkt in den entwicklungsgeschichtlich ältesten Teil des Gehirns weitergeleitet, in das limbische System. Da in diesem Teil des Großhirns emotionale Reaktionen des Menschen beeinflusst werden, können Gerüche angenehme oder unangenehme Erinnerungen hervorrufen.

Beim Menschen ist der Geruchssinn im Gegensatz zu anderen Säugetieren relativ schlecht ausgebildet. Wir verlassen uns in erster Linie auf unsere Augen. Deshalb gibt es auch keine eigenen Bezeichnungen für Düfte. Für Farben gibt es Namen wie Rot oder Blau. Düfte dagegen werden in Vergleichen umschrieben: Es riecht z. B. nach Rose, frisch oder wie Moos.

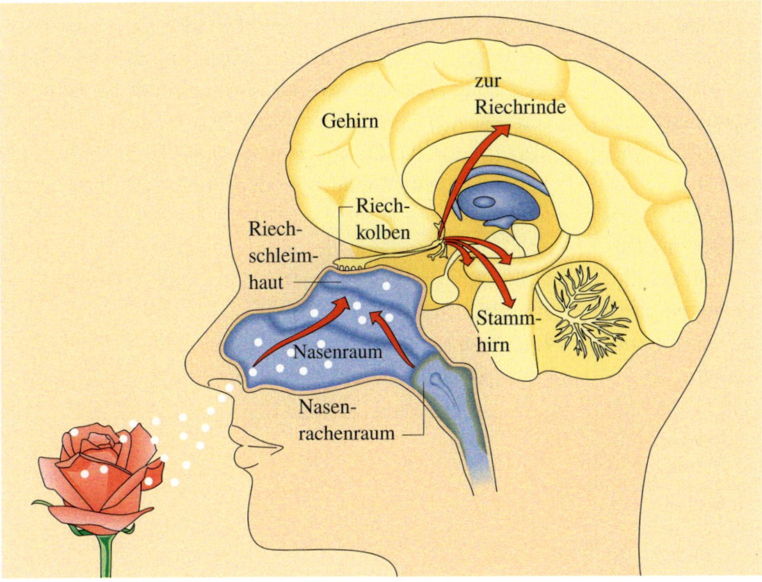

4 Geruchswahrnehmung beim Menschen

Schon gewusst?

Die Riechschleimhaut in der Nasenhöhle des Menschen hat eine Größe von etwa 5 cm^2 und enthält 10^7 Sinneszellen. Deutlich besser können Hunde riechen. Die Riechschleimhaut eines Schäferhunds hat eine Größe von etwa 85 cm^2 und ist mit $2 \cdot 10^8$ Sinneszellen besetzt.

5 Drogenhunde riechen geringste Mengen von Drogen.

6 Sexuallockstoffe des Ebers lösen beim Weibchen die Duldungsstarre aus, sodass es künstlich besamt werden kann.

Aufgaben

1 Fertige eine tabellarische Übersicht über die Sinne beim Menschen, deren Funktionsweise und deren Aufgaben an.

2 Lasst eure Mitschüler mit zugehaltener Nase und verschlossenen Augen Proben von Apfelmus, Tomatenketchup und Zwiebelpüree durch Kosten ermitteln. Versucht das wahrscheinlich nicht erwartete Ergebnis zu erklären.

3 Wenn man bestimmte Düfte wahrnimmt, können positive Erinnerungen geweckt werden. Begründe.

Selbst untersucht Gewinnen von Duft- und Aromastoffen

1 Gewinne Zitrusöle aus Schalen von Zitrusfrüchten.

Entferne die Schalen chemisch unbehandelter Zitrusfrüchte, z. B. Apfelsinen und Limetten. Schneide die Schalen klein und presse sie aus. Gib die Flüssigkeitstropfen in geruchloses Speiseöl oder in unvergällten Alkohol (F).
Prüfe den Geruch der Lösungen.
Entsorgung: Abfälle in Sammelbehälter für Hausmüll, Zitrusöle in Sammlung aufbewahren.

2 Gewinne Wintergrünöl und Nelkenöl durch Schnellextraktion

Zerkleinere getrennt Blätter von Wintergrün und Gewürznelken. Zerreibe diese Blätter in Mörsern mit sauberem Sand. Gib nach dem trockenen Reiben 15 ml Ethanol (F) beim Reiben zu. Filtriere und bewahre die gewonnenen Tinkturen in dunklen Fläschchen auf. Tropfe jeweils einen Tropfen auf je ein Riechpapier. Prüfe den Geruch nach 1 min und dann alle 3 min.
Entsorgung: Aromastoffe in die Sammlung, Reste in Sammelbehälter für organische Stoffe geben.

3 Stelle verschiedene Fruchtaromen her.

Schutzhandschuhe! Durchführung unter Aufsicht!
Gib jeweils in ein Demonstrationsreagenzglas:
a) 2,5 ml Ethansäure (C) und 2,5 ml 3-Methyl-butan-1-ol (Isopentanol, Xn), b) 2,5 ml Ethansäure (C) und 2,5 ml 2-Methyl-propan-1-ol (Isobutanol, Xn), c) 1 g Benzoesäure (Xn) und 5 ml Ethanol (F).
Gib in jedes Glas 3 Tropfen konzentrierte Schwefelsäure (C) und einige Siedesteine. Erhitze die Gemische im Wasserbad auf etwa 70 °C. Gieße die Lösungen nach dem Abkühlen jeweils in ein mit 10 ml Wasser gefülltes Becherglas und nimm die obere ölige Phase mit einer Pipette vorsichtig ab.
Tropfe einige Tropfen auf Riechpapier (Filterpapier) und stelle den Geruch fest. Beschreibe den Geruch der drei Aromastoffe.
Entsorgung: Aromastoffe in die Sammlung, Reste in Sammelbehälter für organische Stoffe geben.

4 Gewinne verschiedene Duftstoffe durch Wasserdampfdestillation.

Durchführung nur unter Aufsicht!
Baue eine Apparatur zur Wasserdampfdestillation auf. Fülle den 1. Kolben zu einem Drittel mit Wasser und einigen Siedesteinen. Gib in den 2. Kolben
a) 20 g zerkleinerten Gewürzkümmel oder
b) 50 g zerkleinerte getrocknete Pfefferminze oder
c) 30 zerkleinerte Nelken oder
d) 50 g zerkleinerte getrocknete Lavendelblüten.
Gib in den zweiten Kolben so viel Wasser, bis die darin befindlichen Pflanzenteile knapp mit Wasser bedeckt sind. Erhitze das Wasser in beiden Kolben bis fast zum Sieden. Halte die Temperatur im zweiten Kolben und erhitze den ersten Kolben so stark, dass ein lebhafter Wasserdampfstrom in den zweiten Kolben übergeht. Führe die Destillation so lange durch, bis sich in der Vorlage etwa 100 ml Flüssigkeit angesammelt haben. Trenne vorsichtig die Tropfen der Duftstoffe vom Wasser ab und stelle deren Geruch fest.
Vergleiche die Duftnoten und deren Intensität.
Entsorgung: Abfälle in Sammelbehälter für Hausmüll, Duftstoffe in dunkle Fläschchen in die Sammlung geben.

5 Gewinne Duftstoffe aus Pflanzenblüten.

Bestreiche die Innenseiten von kleinen verschließbaren Döschen, z. B. leere Filmdosen, dünn mit nicht parfümierter Vaseline. Gib auf die Vaseline mit einer Pinzette frische stark riechende Blütenblätter, z. B. von Hyazinthen, Rosen oder Jasmin. Verschließe die Dosen. Erneuere die Blätter jeweils nach 2 Tagen. Wiederhole den Vorgang mindestens 5-mal.
Stelle anschließend den Geruch in den Dosen fest. Prüfe über einige Monate, wie lange der Geruch noch deutlich feststellbar ist.
Entsorgung: Abfälle in Sammelbehälter für Hausmüll, Duftdöschen in die Sammlung geben.

Aromastoffe

1 Im Kaffeearoma wurden etwa 700 verschiedene Verbindungen nachgewiesen.

2 Kreuzkümmel dient als Gewürz. Das aus ihm gewonnene ätherische Öl kann zur Herstellung von Geschmacksstoffen dienen.

Vielfalt von Aromastoffen Das Wort „Aroma" leitet sich vom Lateinischen ab und bedeutet so viel wie Wohlgeruch. Aromastoffe sind natürliche oder synthetisch hergestellte chemische Verbindungen mit aromatisierenden Eigenschaften. Darunter werden geruchliche und geruchlich-geschmackliche Eigenschaften verstanden. Je nach Einsatzzweck der Aromastoffe unterscheidet man z. B. Back-, Speiseeis-, Käse- und Fischaroma. Nach ihrem Geschmackstyp werden z. B. Birnen-, Apfel-, Erdbeeraroma unterschieden. Das natürliche Aroma von Früchten, Fleisch, Kaffee, Tee und alle anderen Aromen kommen immer durch eine Vielzahl zusammenwirkender Verbindungen zustande. Aromastoffe als Lebensmittelzusätze enthalten deutlich weniger Verbindungen. Sie sind niemals zum alleinigen Verzehr zugelassen.

Wichtige Aromaträger sind **ätherische Öle**, die meist aus Pflanzen bzw. Pflanzenteilen und Gewürzen gewonnen werden können. Ätherische Öle sind leicht flüchtig. So enthält das Aroma der Erdbeere über 200 flüchtige Verbindungen. Darunter sind 12 verschiedene Aldehyde, z. B. Ethanal, Propanal und Benzaldehyd, und 100 verschiedene Ester, z. B. Ameisensäureethylester und Essigsäurehexylester. Wichtige ätherische Öle bei der Herstellung von Aroma- und Geschmacksstoffen sind z. B. Anisöl, Bittermandelöl, Orangenöl, Kümmelöl oder Nelkenöl.

Herstellung von Aromastoffen Ausgangsstoffe für natürliche Aromastoffe sind pflanzlicher oder tierischer Herkunft. Sie werden durch physikalische, biochemische oder mikrobiologische Prozesse gewonnen. So können z. B. die ätherischen Öle durch Extraktion aus Pflanzenteilen mithilfe geeigneter Lösemittel aus diesen herausgelöst werden. ↑E.2, 4

Naturidentische Aromastoffe werden chemisch hergestellt. Sie kommen aber genauso in der Natur vor, z. B. Vanillin, das den typischen Vanillegeschmack aufweist.

Synthetische Aromastoffe besitzen kein natürliches Vorbild und werden chemisch hergestellt. Zu ihnen gehören z. B. verschiedene Fruchtester. Sie werden durch Veresterung aus den entsprechenden Carbonsäuren und Alkoholen hergestellt. ↑E.3

3 Aus den Blütenknospen des Gewürznelkenbaums wird Nelkenöl zur Aromaherstellung gewonnen.

Aufgaben

1 Stelle eine Übersicht über Pflanzenteile zusammen, aus denen ätherische Öle gewonnen werden können. Gib jeweils zwei geeignete Pflanzen an, von denen die Pflanzenteile stammen können.

2 Synthetische und naturidentische Aromastoffe werden im Labor bzw. in chemischen Betrieben hergestellt. Weise nach, dass es sich um verschiedene Gruppen von Aromastoffen handelt.

Duftstoffe

Schon gewusst?

Eine sehr alte Methode zur Gewinnung von Duftstoffen ist die Enfleurage, bei der duftende Pflanzenteile auf Fett gegeben werden. Die Duftstoffe werden vom Fett aufgenommen und können anschließend aus diesem isoliert werden.

1 Aus etwa 100 Rosenblüten wird ein Tropfen Rosenöl gewonnen.

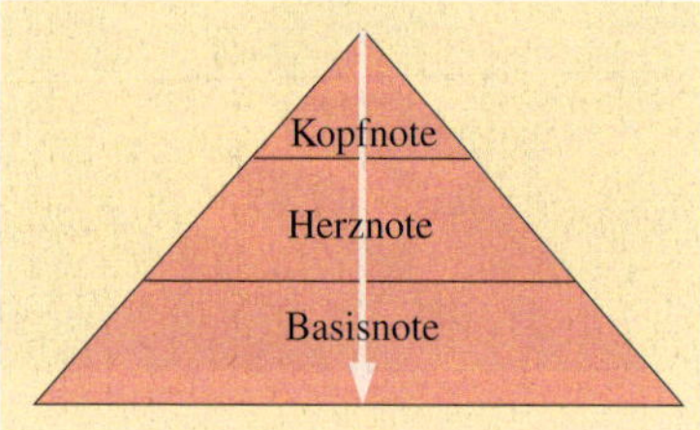

2 Duftpyramide eines Parfums

Aufgaben

1 Erkunde aus verschiedenen Quellen alte Rezepte zur Parfum- oder Duftwasserherstellung. Die Rezepte müssen einfach zu realisieren sein und keine exotischen oder teuren Zutaten benötigen. Stelle einige Stoffe her und teste ihren Geruch.

2 Gib in leere Filmdosen Watte und tropfe in jeweils zwei Dosen 3 Tropfen Duftstoff, z. B. Rose, Jasmin, Zwiebel, Eukalyptus, Vanille, Citrus. Versuche so schnell wie möglich durch Riechen die Duftpaare herauszufinden.

Vielfalt von Duftstoffen. Heute gibt es eine kaum zu überschauende Zahl von Duftstoffen. Natürliche Duftstoffe kommen als ätherische Öle in fast allen Pflanzenteilen vor, z. B. in Wurzeln, Zwiebeln, Holz, Rinden, Blättern, Nadeln, Blüten, Früchten und Schalen von Früchten. Tierische Duftstoffe aus Düsensekreten finden kaum noch Anwendung. Synthetische Duftstoffe ohne natürliches Vorbild erlauben die Schaffung verschiedener Phantasie-Duftkompositionen. Pflanzliche Duftstoffe können durch Auspressen, Extrahieren oder Wasserdampfdestillation aus Pflanzenteilen oder Harzen gewonnen werden.

Parfüm Das Wort „Parfüm" ist abgeleitet aus dem Lateinischen (lat. per fumum – durch den Rauch). Mit dem Verbrennen von wohlriechendem Räucherwerk wie Weihrauch und Myrrhe wurden schon vor Tausenden von Jahren die Gebete der Menschen begleitet, um die Götter wohlgesonnen zu machen.

Die Duftpyramide. Seit 1889 orientiert sich die Parfumherstellung am Pyramiden- bzw. Dreistufensystem. Die Spitze der Pyramide bildet die Kopfnote gefolgt von Herznote und Basisnote.
Die Kopfnote eines Parfums hat meist eine spritzige Frische z. B. von Citrusölen. Beim Riechen nimmt man sie als Erstes wahr. Ihre stärkste Wirkung entfaltet sie in den ersten 15 Minuten. Den eigentlichen Charakter des Parfums bestimmt die Herznote. Sie entfaltet sich nach etwa einer Viertelstunde und bleibt mehrere Stunden aktiv. Sie enthält beispielsweise Jasmin, Veilchen, Geißblatt oder Maiglöckchen.
Die Basisnote bilden schwere, weniger flüchtige Stoffe. Daher entfaltet sie sich erst nach einer Stunde, hält aber 24 Stunden oder mehr an. Wichtig für diese Gruppe sind Moschusduft und ätherische Öle verschiedener Hölzer, Wurzeln und Rinden. Ihr Gesamtanteil am Parfum beträgt in der Regel 15 %. Die Anzahl der Komponenten eines Parfums, meist über 50, schwankt ebenso wie die Zusammenstellung.

3 Schon im 18. Jahrhundert hatten die Parfumeure eine reiche Auswahl an Duftstoffen für die Parfumherstellung.

Makromolekulare Stoffe

Makromolekulare Stoffe sind aufgrund ihrer großen Verbreitung sowohl in der Natur wie auch in der Technik allgegenwärtig. Es sind Stoffe, die aus „Riesenmolekülen" (Polymeren) aufgebaut sind. Diese wiederum bestehen aus vielen Grundbausteinen, den Monomeren.

Kohlenhydrate

Kohlenhydrate sind natürliche makromolekulare Stoffe, die als Energiequelle für körperliche und geistige Leistungen bevorzugt werden. So ist Glucose das einzige Kohlenhydrat, das von allen Zellen verwertbar ist. Im Muskelgewebe wird Glucose, die nicht verbraucht wird, in Glykogen umgewandelt und gespeichert. ↑S. 228 ff.

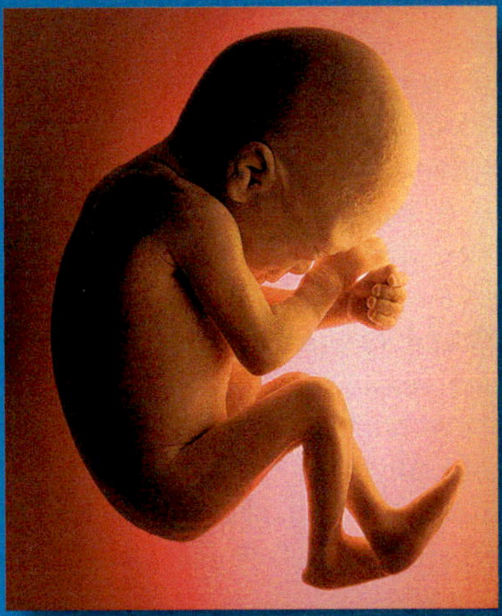

Eiweiße

Eiweiße sind natürliche makromolekulare Stoffe, die entscheidend am Stoff- und Energiewechsel, an den Funktionen des Blutes, an der Vermehrung und Vererbung beteiligt sind. Ohne Eiweiße kein Leben! ↑S. 236 ff.

Kunststoffe

Kunststoffe sind synthetische makromolekulare Stoffe, die heute jeder kennt. Seit Beginn der industriellen Herstellung von Kunststoffen haben sie sich über Massenprodukte bis zu Spezialwerkstoffen entwickelt. In allen Bereichen sind deshalb Kunststoffe nicht mehr wegzudenken. ↑S. 240 ff.

Trauben- und Fruchtzucker

EXPERIMENT 1 [L]
Einwirkung von konzentrierter Schwefelsäure auf Glucose.
Abzug! In einem hohen Becherglas wird etwas Traubenzucker mit 96%iger Schwefelsäure (C) versetzt.

Die Süße in Weintrauben, Orangen und vielen anderen reifen Früchten entsteht durch Fotosynthese von grünen Pflanzen. Die Süße rührt vom **Traubenzucker** (Glucose) und einem weiteren Zucker, dem **Fruchtzucker** (Fructose), her. Was aber sind Zucker?

Glucose und Fructose Trauben- und Fruchtzucker zersetzen sich beim Erhitzen. Sie verkohlen. ↑E.2 Dabei bildet sich Wasserdampf. Das gleiche Ergebnis zeigt sich bei der Zersetzung von Traubenzucker durch Schwefelsäure. Auch Haushaltszucker, Stärke und Cellulose verhalten sich beim Erhitzen oder gegenüber Schwefelsäure ähnlich. ↑E.1 Alle diese Beobachtungen lassen den Schluss zu, dass diese Stoffe mindestens aus den Elementen Kohlenstoff, Wasserstoff und Sauerstoff bestehen.
Die Summenformel von Glucose und Fructose lautet $C_6H_{12}O_6$. Früher wurde als Formel dafür auch $C_6(H_2O)_6$ geschrieben. Von solchen Darstellungen leitet sich die Bezeichnung **Kohlenhydrate** für die ganze Stoffgruppe ab. Da viele Stoffe der Kohlenhydrate süß schmecken, werden sie auch **Zucker** oder **Saccharide** (lat. saccharum – Zucker) genannt.

Schon gewusst?

Die im Blut gelöste Glucose wird als Blutzucker bezeichnet. Der Normalwert der Blutzuckerkonzentration weist im Laufe des Tages in Abhängigkeit von den Mahlzeiten natürliche Schwankungen auf. Die Konzentration liegt beim gesunden Menschen zwischen 70 und 115 mg Glucose pro 100 ml Blut. Eine ständig erhöhte Blutzuckerkonzentration tritt bei der Zuckerkrankheit (Diabetes mellitus) auf.

Selbst untersucht

2 Erhitze Traubenzucker und Fruchtzucker.
Abzug! Fülle zwei trockene Reagenzgläser jeweils 1 cm hoch mit Traubenzucker und Fruchtzucker. Erhitze erst vorsichtig, dann kräftiger. Prüfe das Kondensat an der Reagenzglaswand mit Watesmo-Indikatorpapier.
Wiederhole den Versuch mit Haushaltszucker, Stärke und Zellstoffwatte.
Beschreibe deine Beobachtungen. Leite Schlussfolgerungen daraus ab.
Entsorgung: Reste in Sammelbehälter für Hausmüll.

3 Ermittle Eigenschaften von Glucose und Fructose.
Untersuche die Löslichkeit von Glucose und Fructose in Wasser und in n-Heptan (F, Xn, N). Prüfe die Flüssigkeiten mit Universalindikatorpapier und auf elektrische Leitfähigkeit.
Notiere deine Beobachtungen. Deute das Ergebnis.
Entsorgung: Heptanhaltige Flüssigkeiten in Sammelbehälter III, andere Flüssigkeiten in Sammelbehälter für Abwasser geben.

Selbst untersucht

4 Prüfe Glucose und Fructose mit Fehling'scher Lösung.

Gib 2 ml Fehling'sche Lösung (C) in ein Reagenzglas. Füge 2 ml Glucoselösung zu und erhitze im siedenden Wasserbad 5 min. Prüfe dann eine Glucoselösung mit Glucoseteststäbchen.

Wiederhole die Experimente mit Fructoselösung. Notiere deine Beobachtungen. Vergleiche die Ergebnisse.

Entsorgung: Lösungen filtrieren. Filtrate in Sammelbehälter für Abwasser, Niederschläge in Sammelbehälter II geben.

Eigenschaften von Glucose und Fructose Glucose ist ein weißer, kristalliner Stoff mit süßem Geschmack, der in Wasser gut löslich, in unpolaren Lösemitteln unlöslich ist. Glucoselösungen reagieren neutral und leiten den elektrischen Strom nicht.

Glucose ist energiereich, im Organismus leicht transportierbar und am Stoffwechsel von Menschen, Tieren und Pflanzen beteiligt.

In vielen Eigenschaften ähnelt Fructose der Glucose. Eine Fructoselösung schmeckt aber z. B. süßer als eine Glucoselösung bei gleichem Massenanteil. Sie kristallisiert aus wässrigen Lösungen schlecht aus und bildet stattdessen sirupartige Flüssigkeiten.

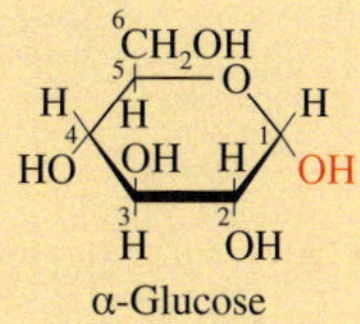

1 Strukturformel des Glucosemoleküls

Bau der Moleküle von Glucose und Fructose Im Molekül der Glucose sind sechs Kohlenstoffatome durch Einfachbindungen miteinander verbunden. Sie bilden eine unverzweigte Kette mit fünf Hydroxylgruppen und einer Aldehydgruppe am endständigen Kohlenstoffatom. Die Hydroxylgruppen im Glucosemolekül bedingen das hydrophile Verhalten der Glucose und rufen außerdem ihren süßen Geschmack hervor.

Weitere Untersuchungen haben gezeigt, dass die Glucosemoleküle auch ringförmig vorliegen können. Beim Glucosemolekül schließen sich dabei das erste und das fünfte Kohlenstoffatom über ein Sauerstoffatom zu einem Sechsring zusammen. Nach der Stellung der Hydroxylgruppe am 1. Kohlenstoffatom wird zwischen α-Glucose- und β-Glucosemolekülen unterschieden.

In wässrigen Lösungen liegen Moleküle aller drei Formen nebeneinander vor, wobei der Anteil der Moleküle in den Ringformen 99 % beträgt. In kristallisierter Glucose kommen die Moleküle nur in der Ringstruktur vor.

Fructosemoleküle kommen ebenfalls in Ketten- und Ringform vor. Anstelle der Aldehydgruppe im Glucosemolekül enthält das Fructosemolekül am 2. Kohlenstoffatom eine **Ketogruppe** $>C=O$. ↑S.176

Glucose und Fructose sind **Isomere**. Glucose und Fructose zählen aufgrund ihres Molekülbaus zu den **Einfachzuckern**, den **Monosacchariden**.

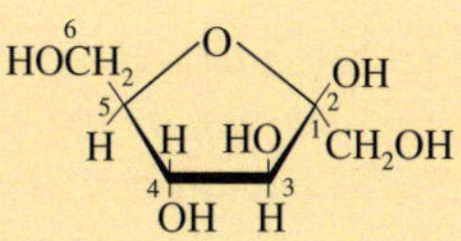

2 Strukturformel des Fructosemoleküls

Nachweis Glucose und Fructose wirken reduzierend, daher kann zum Nachweis Fehling'sche Lösung verwendet werden. Dabei bildet sich ein rotbrauner Niederschlag.

In der Medizin wird Glucose spezifisch mit Teststäbchen nachgewiesen. Die Glucoseteststäbchen zeigen anhand einer Farbreaktion die Anwesenheit und den Konzentrationsbereich der Glucose im Harn an.

Glucose und Fructose sind Monosaccharide. Ihre Moleküle treten in Ketten- und Ringform auf. Sie sind Bausteine der Kohlenhydrate.

Aufgaben

1 Erläutere anhand der Fotosynthese die Bildung von Glucose.

2 Informiere dich über die Verwendung von Glucose und Fructose.

3 Wie kann sicher nachgewiesen werden, ob ein süß schmeckendes Getränk Glucose enthält?

4 Glucose und Fructose haben die gleiche Summenformel. Wodurch unterscheiden sich die Moleküle beider Stoffe? Notiere die Formel und erläutere.

5 Glucose ist ein wichtiger Energiespender. Begründe.

Vom Einfachzucker zum Zweifachzucker

1 Zuckerrohr

2 Mandel- und Sesamkrokant

Schon gewusst?

Der Name Krokant kommt vom französischen *croquer* „knabbern“. Um Mandel- oder Sesamkrokant herzustellen, müsst ihr in einem Pfännchen 30 g Zucker und 20 g Butter erhitzen, 100 g Mandelstifte bzw. Sesam zugeben und goldbraun karamellisieren. Anschließend die Masse auf einer geölten Fläche abkühlen lassen. Guten Appetit!

Saccharose – unser Haushaltszucker Der im Haushalt zum Kochen und Backen fast unentbehrliche Zucker heißt Saccharose. Nach seiner Herkunft wird er auch **Rohrzucker** oder **Rübenzucker** genannt. Dieser Zucker wird vielseitig verwendet, entweder zum Süßen von Speisen und Getränken, aber auch zur Herstellung von Gebäck, Schokolade und Bonbons. Wie unterscheidet sich Saccharose von Glucose?
Saccharose gleicht in vielen Eigenschaften dem Trauben- bzw. Fruchtzucker. Sie bildet weiße Kristalle, löst sich sehr gut in Wasser, jedoch nicht in unpolaren Lösemitteln, wie z. B. in Petroleumbenzin. Saccharoselösungen reagieren neutral und leiten den elektrischen Strom nicht.
Bienen spalten die im Nektar enthaltene Saccharose in ein Gemisch aus Fructose und Glucose, den Bienenhonig. Dieser Vorgang verläuft mithilfe von Enzymen. Auch im menschlichen Verdauungstrakt ist ein Saccharose spaltendes Enzym vorhanden.

Selbst untersucht

5 Ermittle Eigenschaften von Saccharose.

Gib in ein Reagenzglas 2 g Saccharose. Erhitze vorsichtig bei kleiner Flamme bis zur Schmelze. Untersuche danach die Löslichkeit von Saccharose in Wasser und in Petroleumbenzin (F). Prüfe die Flüssigkeiten mit Universalindikatorpapier und auf elektrische Leitfähigkeit.
Notiere deine Beobachtungen. Welche Schlussfolgerungen lassen sich aus ihnen ableiten?
Entsorgung: Petroleumbenzinhaltige Flüssigkeiten in Sammelbehälter III, andere Flüssigkeiten in Sammelbehälter für Abwasser geben.

6 Prüfe eine Saccharoselösung mit Fehling'scher Lösung.

Vorsicht! Löse 2 g Haushaltszucker in 6 ml Wasser. Teile diese Lösung in drei gleiche Portionen. Prüfe die 1. Probe mit Fehling'scher Lösung (C). Gib in die 2. und 3. Probe einige Tropfen 10%ige Salzsäure (Xi). Erhitze vorsichtig bis zum Sieden. Neutralisiere die Proben nach Abkühlung mit 10%iger Natronlauge (C). Prüfe anschließend die 2. Probe mit Fehling'scher Lösung (C) und die 3. Probe mit Glucoseteststäbchen. Vergleiche die Ergebnisse.
Entsorgung: Lösungen filtrieren, Flüssigkeiten in Sammelbehälter für Abwasser, Niederschläge in Sammelbehälter II geben.

Beim Erhitzen karamellisiert Zucker. Der geschmolzene Zucker nimmt dabei eine braune Farbe und einen besonderen Geschmack an.
Die Saccharoselösung zeigt mit Fehling'scher Lösung keine Reaktion. Wird sie aber unter Säurezugabe erhitzt, verläuft die Reaktion wie auch die Prüfung mit Glucoseteststäbchen positiv. Beim Erhitzen mit Säure wird Saccharose unter Aufnahme von Wasser in Einfachzucker gespalten (**Hydrolyse**), wobei die Säure als Katalysator wirkt. Die Untersuchung der Reaktionsprodukte zeigt, dass Saccharosemoleküle aus je einem Molekül Glucose und Fructose gebildet werden.
Zucker, die aus zwei Monosaccharidmolekülen aufgebaut sind, werden als **Zweifachzucker** oder **Disaccharide** bezeichnet. Alle Disaccharide liegen nur in Ringform vor und haben die **Summenformel** $\mathbf{C_{12}H_{22}O_{11}}$.

$$\underset{\text{Saccharose}}{C_{12}H_{22}O_{11}\,(s)} + H_2O\,(l) \underset{\text{Kondensation}}{\overset{\text{Hydrolyse}}{\rightleftharpoons}} \underset{\text{Glucose}}{C_6H_{12}O_6\,(s)} + \underset{\text{Fructose}}{C_6H_{12}O_6\,(s)}$$

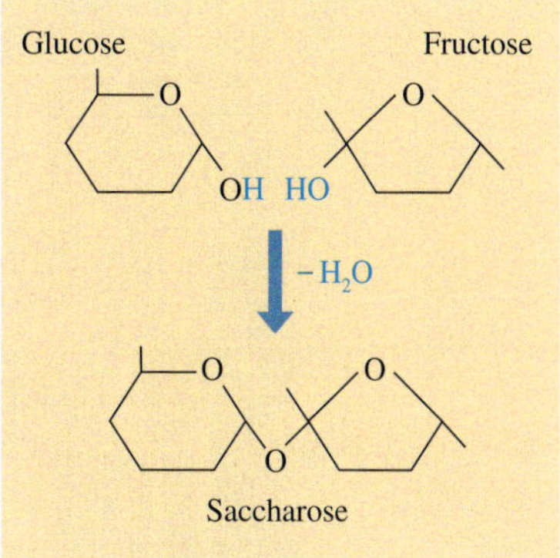

3 Vereinfachte Darstellung der Bildung von Saccharose

Zweifachzucker aus Malz und Milch In der Natur kommt **Maltose (Malzzucker)** in keimendem Getreide und in Kartoffelkeimen vor. Sie ist im Malzextrakt und im Malzbier enthalten. Malzzucker schmeckt weniger süß als Rohrzucker.
Maltose hat wie alle Disaccharide die Formel $C_{12}H_{22}O_{11}$, ihre Moleküle sind aber anders aufgebaut als z. B. Saccharosemoleküle. Im Maltosemolekül sind zwei α-Glucosemoleküle miteinander verknüpft. Ein Maltosemolekül wird deshalb durch Hydrolyse in zwei Glucosemoleküle gespalten. Dieser Vorgang verläuft im Stoffwechsel von Lebewesen unter dem Einfluss von Enzymen.

$$\underset{\text{Maltose}}{C_{12}H_{22}O_{11}\,(s)} + H_2O\,(l) \longrightarrow \underset{\text{Glucose}}{2\,C_6H_{12}O_6\,(s)}$$

4 Nahrungsmittel, die Malzzucker enthalten

Das Disaccharid **Lactose** (**Milchzucker**) $C_{12}H_{22}O_{11}$ bildet farblose Kristalle und schmeckt noch weniger süß als Malzzucker. Lactose ist ein wichtiger Bestandteil der Säuglingsnahrung. In der Muttermilch beträgt der Milchzuckeranteil 5 bis 7 %. Milchzucker wird aus tierischer Milch gewonnen. Von der Milch werden zunächst Rahm und Eiweiß abgetrennt. Aus der verbliebenen Molke kristallisiert schließlich Lactose aus.
Ein Lactosemolekül ist aus Molekülen der Einfachzucker Galactose und Glucose aufgebaut.

5 Vollmilch enthält 4 bis 5 % Milchzucker.

Disaccharide sind Kohlenhydrate, deren Moleküle aus zwei Monosaccharidbausteinen bestehen. Sie lassen sich durch Hydrolyse wieder in Monosaccharide spalten.

Aufgaben

1 Stelle mithilfe eines Molekülbaukastens die Bildung eines Saccharosemoleküls dar.

2 Wende die Begriffe Hydrolyse und Kondensation auf die Bildung und Spaltung von Malzzucker an.

3 Erkunde den Maltosegehalt (Massenanteil) in verschiedenen Biersorten.

4 Nenne Isomere des Kohlenhydrats mit der Summenformel $C_{12}H_{22}O_{11}$.

selbst **erforscht**

1 Zuckergewinnung um 1600

Von der Rübe zum Haushaltszucker

2 In der verdickten Wurzel der Zuckerrübe ist Zucker gespeichert.

Zucker ist etwas ganz Selbstverständliches in unserem Leben. Jeder kennt ihn und weiß, was gemeint ist, wenn jemand im Café nach Zucker verlangt.

- ➔ Woher kommt der Zucker?
- ➔ Wie viel Tonnen Zucker werden pro Jahr in Deutschland und weltweit produziert?
- ➔ Welche Rolle spielt der Zucker in der Geschichte der Menschheit?
- ➔ Was bewirkt Zucker in unserem Körper?

Materialien für die Projektbearbeitung Nutzt die hier bereitgestellten Materialien und Experimente sowie Lehr- und Fachbücher und das Internet zur Beantwortung eurer Fragen. Auch Zuckerfabriken stellen sicherlich Material zur Thematik zur Verfügung. Sucht auch nach weiteren Experimenten entsprechend euren ausgewählten Themenkomplexen.

1 Gewinne Rohsaft aus Zuckerrüben.
Reinige eine frische Zuckerrübe mit Wasser. Schäle sie und zerkleinere sie mit einem Gurkenhobel. Lauge die Rübenschnitzel in heißem Wasser aus. Beachte, dass der entstehende Saft noch viele Verunreinigungen enthält. Dicke ihn im Wasserbad unter ständigem Rühren ein, bis ein zäher Sirup entsteht. Verdünne eine Portion des Sirups mit Wasser und schüttle sie danach mit gekörnter Aktivkohle.

2 Prüfe Saccharose mit Seliwanoff-Reagenz.
Gib in je ein Reagenzglas eine reichliche Spatelspitze gemörserten Würfelzucker, Puderzucker und Feinzucker. Löse die Proben in je 2 ml destilliertem Wasser und versetze sie danach mit 5 ml Seliwanoff-Reagenz (Resorcin-Salzsäure-Gemisch; Xn, Xi, N). Schüttle vorsichtig und stelle anschließend die Proben für 1 min in ein siedendes Wasserbad. Führe eine Blindprobe durch.
Wiederhole den Versuch mit etwas Sirup aus dem Experiment 1.

3 Löse Würfelzucker in Wasser und gewinne ihn wieder zurück.
Wiege zwei Stück Würfelzucker und löse sie in 30 ml Wasser.
Überlege, wie der Zucker zurückgewonnen werden könnte. Plane das Experiment und führe es durch. Bestimme die Masse des rückgewonnenen Zuckers. Führe als Nachweis für den Haushaltszucker den Test mit Seliwanoff-Reagenz durch.
Erkunde zu Hause die Süßkraft von Haushaltszucker, Trauben- und Fruchtzucker.

4 Stelle Karamell und Zuckercouleur her.
Erhitze unter ständigem Rühren etwa 30 g Zucker in einem hellen Topf, bis sich der Zucker goldbraun gefärbt hat. Gieße einen Teil der Masse in eine Porzellanschale. Erhitze weiter, bis der Zucker dunkelbraun ist. Gib diese Masse ebenfalls in eine Porzellanschale. Löse den Rest der Masse vollständig in heißem Wasser auf.
Erkunde die Bedeutung dieser Zuckersorten.
Was versteht man unter „Glasieren"? Plane den Versuch und führe ihn zu Hause durch.

Hinweise für die Projektarbeit Erarbeitet euch entsprechende Untersuchungsschwerpunkte. Ihr könnt z. B. Arbeitsgruppen bilden. Informiert euch in den Gruppen untereinander über die erreichten Arbeitsergebnisse. Bereitet alle Experimente sorgfältig vor und lasst die Versuchsanordnungen stets vor Beginn des Arbeitens von eurer Lehrerin bzw. eurem Lehrer bestätigen. Überlegt für die Experimente Entsorgungsmöglichkeiten und stimmt diese ebenfalls mit der Lehrkraft ab.
Plant auch Exkursionen in eine Zuckerfabrik oder in ein Zuckermuseum. Überlegt, welche Ergebnisse in Form eines Posters einem größeren Publikum vorgestellt werden können. Gestaltet einen Infonachmittag für andere Klassen eurer Schule über eure Arbeit und deren Ergebnisse.

Info

100 kg Zuckerrüben ergeben:
12 bis 15 kg Zucker
3,4 kg Melasse
45 kg feuchte Rübenschnitzel

3 Andreas Sigismund Marggraf (1709 bis 1782) entdeckte 1747 den Zucker in der Runkelrübe.

Info

Zuckersüße Tipps
- Speisen süßen, solange sie heiß sind.
- Säurehaltige Speisen erst nach dem Kochen süßen.
- Pikante Speisen wie Salate, Gemüse, Wildgerichte mit einer Prise Zucker würzen.
- Konfitüren und Gelees mit Gelierzucker statt normalem Zucker schmecken fruchtiger, sind aber nicht so lange haltbar.

Stärke und Cellulose

Schon gewusst?

Stärke wird in Pflanzenzellen in Form von 5 bis 200 µm großen Stärkekörnern gespeichert. Jede Pflanzenart bildet dabei für sie typische Kornformen. Diese lassen sich leicht gewinnen und mikroskopieren. Beispielsweise wird eine Kartoffel einfach gerieben und anschließend durch ein Tuch gepresst. Die Stärkekörner lassen sich dann leicht durch Sedimentieren und Dekantieren aus dem Filtrat gewinnen. Bei 100- bis 200-facher Vergrößerung lassen sich die Formen unter dem Mikroskop leicht betrachten.

Die Pflanzen legen für Mangelzeiten einen Nährstoffvorrat an. Einer der wichtigsten Reservestoffe ist die Stärke. Sie wird in Knollen, Wurzelstöcken, Stämmen, Samen und Früchten gespeichert.

Eigenschaften und Nachweis von Stärke Stärke ist ein weißer, fester Stoff, der sich beim Erhitzen zersetzt. In kaltem Wasser löst sich die Stärke kaum, in heißem etwas besser. Im warmen Wasser quillt sie zu einer klebrigen Masse auf, dem Stärkekleister. Stärke kann durch die **Blaufärbung** mit **Iod-Kaliumiodid-Lösung** nachgewiesen werden. Diese Färbung verschwindet beim Erhitzen und erscheint beim Abkühlen erneut.

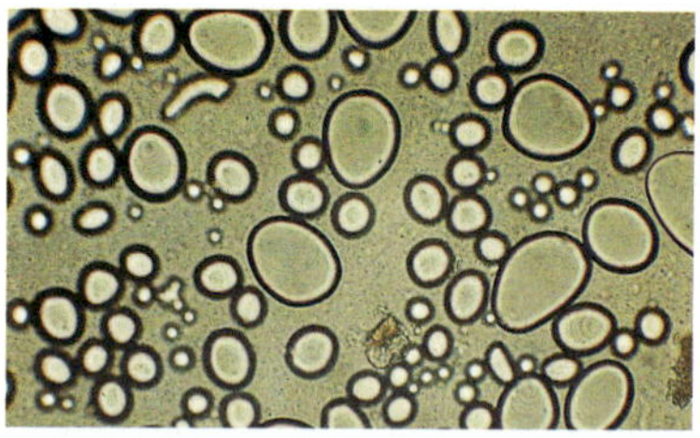

1 Kartoffelstärkekörner unter dem Mikroskop

2 Iod-Kaliumiodid-Lösung auf Stärkepulver

Selbst untersucht

7 Untersuche das Verhalten von Stärke in Wasser.

Rühre in einem Becherglas etwa 5 g trockene Kartoffelstärke zu einem dünnen Brei an. Erhitze in einem zweiten Becherglas 100 ml Wasser bis zum Sieden. Gieße den Brei unter ständigem Rühren langsam in das siedende Wasser und lass ihn abkühlen. Beschreibe deine Beobachtungen.
Streiche mit einem Pinsel etwas von der Masse auf ein Blatt Papier und falte es. Entfalte das Blatt nach einer halben Stunde.
Entsorgung: Feste Stoffe in Sammelbehälter für Hausmüll, Flüssigkeiten in Sammelbehälter für Abwasser geben.

8 Untersuche Nahrungsmittel auf Stärke.

Mische etwa 3 g Stärke mit 100 ml Wasser. Koche die Lösung kurz auf und lass sie abkühlen. Gib danach einige Tropfen Iod-Kaliumiodid-Lösung zu. Erwärme dann die Lösung und kühle sie anschließend unter fließendem Wasser wieder ab. Beobachte. Prüfe nun Kartoffeln, Mehl, Reis und Käse auf Stärke. Zerreibe eine kleine Menge des Nahrungsmittels im Mörser. Gib davon kleine Stoffportionen in ein Reagenzglas mit etwa 5 ml Wasser. Erhitze bis zum Sieden, kühle bis auf Zimmertemperatur ab. Versetze die Proben mit je einem Tropfen Iod-Kaliumiodid-Lösung. Deute das Ergebnis.
Entsorgung: Feste Stoffe in Sammelbehälter für Hausmüll, Flüssigkeiten in Sammelbehälter für Abwasser.

Stärke – ein Nährstoff In der Stärke sind jeweils mehrere Tausend Glucosemolekülreste zu Makromolekülen miteinander verbunden. Deshalb wird sie auch als **Vielfachzucker** oder **Polysaccharid** (griech. poly – viel) bezeichnet.
In lebenden Zellen wird der Abbau der Stärke durch Enzyme gesteuert. Im menschlichen Körper bauen bereits im Mund Verdauungsenzyme des Speichels (Amylasen) Stärkemoleküle unter Bildung von Malzzucker ab. Bei der weiteren Verdauung im Dünndarm erfolgt unter Mitwirkung von Enzymen die vollständige Zerlegung in Glucose, die ins Blut aufgenommen wird. Stärke ist somit ein wichtiger Nährstoff für die Energieversorgung des Körpers.

4 Cellulose (30 000-fach vergrößert)

3 Cellulose verleiht den Pflanzen Festigkeit.

5 Cellulosereiche Nahrungsmittel

Cellulose – das Gerüst der Pflanzen Die höchsten Bäume auf der Erde ragen über 150 m in die Höhe. Um sich aber im Kampf um das Sonnenlicht überhaupt vom Erdboden zu erheben, brauchen die Pflanzen verstärkende Gerüstsubstanzen. **Cellulose** ist die wichtigste **Gerüstsubstanz** der Pflanzen. Cellulosefasern, die in die Zellwände eingelagert sind, verleihen den Pflanzen Festigkeit und Stabilität. Holz enthält 40 bis 60 % Cellulose. Baumwolle besteht fast nur aus Cellulose, auch Hanf hat einen sehr hohen Celluloseanteil. Cellulose kann durch Violettfärbung einer Iod-Zinkchlorid-Lösung nachgewiesen werden. Cellulose ist in reinem Zustand weiß, geruchlos und in Wasser unlöslich.

EXPERIMENT 9 [L]
Nachweis von Cellulose. C Xn
Ein Wattebausch auf einem Uhrglas wird mit Iod-Zinkchlorid-Lösung (C, Xn) beträufelt. Der benetzte Wattebausch wird danach in ein Becherglas mit etwa 300 ml Wasser gelegt. Der Versuch wird mit Filterpapier wiederholt.

Bedeutung der Cellulose für die Ernährung Cellulose ist wie Stärke ein Polysaccharid. Sie ist aus Makromolekülen aufgebaut, die aus Glucosemolekülresten bestehen, allerdings mit einer anderen Art der Verknüpfung.
Wie Stärke gehört Cellulose zu den Kohlenhydraten. Sie dient aber nicht der Energieversorgung, da sie für den menschlichen Organismus nicht verdaulich ist. Trotzdem ist Cellulose für den Menschen unverzichtbar. Als **Ballaststoff** regt sie die Darmbewegung an und wirkt so verdauungsfördernd. Ballaststoffreiche Nahrung beugt zahlreichen Krankheiten vor.
Cellulose kann aber auch unter Einwirkung von bestimmten Enzymen abgebaut werden. Im Pansen von Wiederkäuern, z. B. von Kühen, werden solche Enzyme von Mikroorganismen gebildet. Sie bauen die Cellulose jedoch nicht zu Glucose ab, sondern zu Methan und Kohlenstoffdioxid, Ethan-, Propan- und Butansäure, die den Wiederkäuern zum Aufbau von körpereigenem Eiweiß dienen.

Aufgaben

1 Kaue einen Löffel voll Haferflocken mindestens 5 min lang. Beschreibe und deute deine Geschmacksempfindung.
2 Informiere dich, was unter Viskosefasern zu verstehen ist.
3 Bei der Cellulosegewinnung kann es zu erheblichen Umweltbelastungen kommen. Führe eine Recherche im Internet durch.
4 Warum sollten wir mit der Nahrung möglichst viele Ballaststoffe zu uns nehmen?

Eiweiße und ihre Bausteine

Eiweiße sind die wichtigsten Bau- und Gerüststoffe im menschlichen Körper. Ohne sie ist Entwicklung, Wachstum und Leben nicht möglich.

1 Eiweiße im menschlichen Körper

2 Die hauchdünnen Fäden eines Spinnennetzes werden aus Eiweißstoffen gebildet.

EXPERIMENT 10 [L]
Erhitzen von Eiweiß mit Natriumhydroxid.
Festes Eiweiß (Haare, Fingernägel) wird mit Natriumhydroxidplätzchen (C) stark erhitzt.
Die Dämpfe (T) werden mit feuchtem Universalindikatorpapier und feuchtem Bleiacetatpapier geprüft.

Vorkommen und Bedeutung von Eiweißen Eiweiße oder Proteine finden sich in Wolle, Haaren, Hörnern, Hufen und Nägeln, in Knochen und in Milch, aber auch in Seidenfäden der Seidenraupe oder von Spinnen und in Schalen von Weichtieren. Mehr als 50 % der Trockenmasse bei Mensch und Tier bestehen aus Eiweiß. Pflanzliches Eiweiß ist besonders in den Samen und Knollen von Pflanzen gespeichert. Eiweiße bestimmen die Struktur und Funktion jeder Zelle im Organismus. Sie sind am Stoffwechsel als Enzyme, Hormone und Regulatoren beteiligt und spielen eine wichtige Rolle bei der Fortpflanzung und der Vererbung der Lebewesen.
Eiweißhaltige Stoffe sind wichtige Nahrungsmittel für den Menschen und Futtermittel für Tiere. Einige Eiweiße werden bei der Herstellung von Kosmetika, in der Waschmittelindustrie und als Schaumbildner bei Feuerlöschern eingesetzt.

Eigenschaften von Eiweißen Eiweiße werden bei starkem Erhitzen und bei Erhitzen mit Natriumhydroxid zerstört. ↑E.10 Reaktionsprodukte sind dabei u. a. Ammoniak, Schwefelwasserstoff und Wasser. Bei vorsichtigem Erhitzen gerinnen Eiweiße, bei Zugabe von Alkohol, Säuren und Schwermetallsalzen flocken sie aus. Dabei werden die Strukturen der Eiweiße verändert. Dadurch verlieren sie ihre biologische Wirksamkeit, weshalb diese Vorgänge als **Denaturierung** bezeichnet werden. Eier werden durch Kochen, Milch durch Gerinnen denaturiert. Denaturiertes Eiweiß aus Lebensmitteln kann leichter vom Körper verwertet werden.
Übermäßiger Alkoholgenuss schädigt das Eiweiß in den Körperzellen, besonders der Leber und des Gehirns. Starke Hitze schädigt Hautzellen.

Aminosäuren Eiweiße gehören zu den makromolekularen Naturstoffen, die die Elemente Kohlenstoff ($w \approx 50\,\%$), Wasserstoff ($w \approx 7\,\%$), Stickstoff ($w \approx 16\,\%$), Sauerstoff ($w \approx 25\,\%$) und Schwefel ($w \approx 2\,\%$) in fast konstantem Verhältnis enthalten. Werden Eiweiße hydrolytisch gespalten, entstehen **Aminosäuren**, die die Grundbausteine aller Eiweiße bilden. In einem Eiweißmolekül können weit über 100 Aminosäurereste verknüpft sein, sodass die molare Masse $6 \cdot 10^3$ bis etwa $4 \cdot 10^7$ g/mol betragen kann.

Selbst untersucht

11 Untersuche Eigenschaften von Aminosäuren.

Gib jeweils eine Spatelspitze verschiedener Aminosäuren auf eine Magnesiarinne und erhitze stark. Beobachte.
Gib je 1 g Alanin in drei Reagenzgläser. Gib in das erste Reagenzglas 5 ml Wasser, in das zweite 5 ml 10%ige Salzsäure (Xi) und in das dritte 10 ml 10%ige Natronlauge (C). Vergleiche die Beobachtungen.
Entsorgung: Feste Rückstände in Sammelbehälter für Hausmüll, Lösungen in Sammelbehälter für Abwasser.

12 Weise Aminosäuren mit Ninhydrin nach.

Löse in zwei Reagenzgläsern je eine Spatelspitze Glycin und Alanin in 5 ml Wasser. Versetze die Lösungen mit 1 ml 1%iger Ninhydrinlösung und erwärme leicht. Versetze außerdem 5 ml 10%ige Essigsäure (Xi) mit 1 ml Ninhydrinlösung und erhitze ebenfalls.
Vergleiche die Beobachtungsergebnisse.
Entsorgung: Lösungen in Sammelbehälter II geben.

Eigenschaften von Aminosäuren Aminosäuren sind bei Zimmertemperatur feste, kristalline Stoffe. Sie sind gut in Wasser und schlecht in unpolaren Lösemitteln löslich. Bei starkem Erhitzen zersetzen sie sich und verbrennen vollständig. ↑E.11
Aminosäuren zeigen mit Ninhydrin eine intensive violette Farbreaktion. Diese Reaktion ist ein empfindlicher Nachweis für Aminosäuren. ↑E.12
Aminosäuren sind amphoter (griech. amphóteros – jeder von beiden). Das bedeutet, dass sie sich je nach Reaktionspartner als Säure oder als Base verhalten können. Aufgrund der Carboxylgruppe im Molekül können sie wie andere Carbonsäuren mit Hydroxidlösungen Salze bilden. Wegen der Aminogruppe im Molekül können sie wie andere Basen mit Säuren ebenfalls Salze bilden.

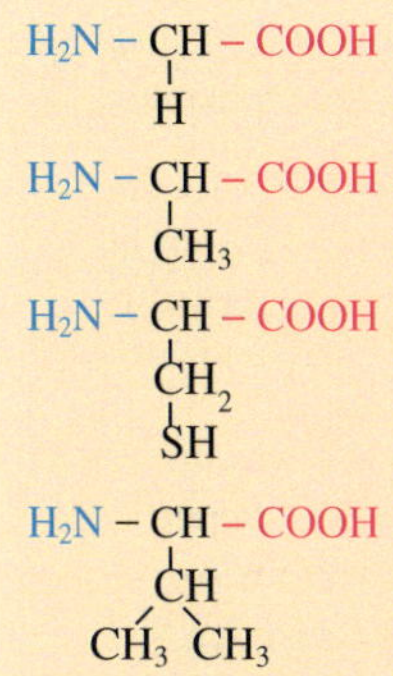

3 Verschiedene Aminosäuren

Molekülstruktur von Aminosäuren Aminosäuren gehören zu den organischen Verbindungen, deren Moleküle mehrere funktionelle Gruppen haben. Aminosäuren sind Carbonsäuren, in deren Molekülen mindestens eine **Carboxylgruppe (–COOH)** und eine **Aminogruppe ($-NH_2$)** enthalten sind. In der Natur kommen über 500 verschiedene Aminosäuren vor.
Von besonderer Bedeutung sind die 22 Aminosäuren, aus denen alle Eiweiße aufgebaut sind. Bei diesen Aminosäuren befindet sich die Aminogruppe am zweiten Kohlenstoffatom im Molekül, dem Kohlenstoffatom neben der Carboxylgruppe. Deshalb werden diese auch als 2-Aminosäuren (alte Bezeichnung α-Aminosäuren) bezeichnet.

Aminosäuren sind Carbonsäuren mit mindestens einer Carboxylgruppe und einer Aminogruppe im Molekül.

2-Aminosäure: Allgemeine Formel und funktionelle Gruppen

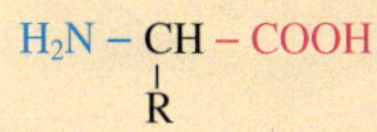

$-NH_2$	Aminogruppe
$-COOH$	Carboxylgruppe

Beispiele:

Name	R (Molekülrest)
Serin (Ser)	$-CH_2OH$
Lysin (Lys)	$-(CH_2)_3-CH_2-NH_2$
Glutaminsäure (Glu)	$-CH_2-CH_2-COOH$

Aufgaben

1 Eiweiße werden als Träger des Lebens auf der Erde bezeichnet. Finde Belege für die Richtigkeit dieser Aussage durch Recherchen in geeigneten Informationsquellen.

2 Informiere dich über Aufgaben von Eiweißen für die Vererbung und Fortpflanzung von Lebewesen.

3 Für die menschliche Ernährung werden essenzielle und nicht essenzielle Aminosäuren unterschieden. Kennzeichne die Begriffe und gib für jede Gruppe drei Beispiele mit Namen und Formel an.

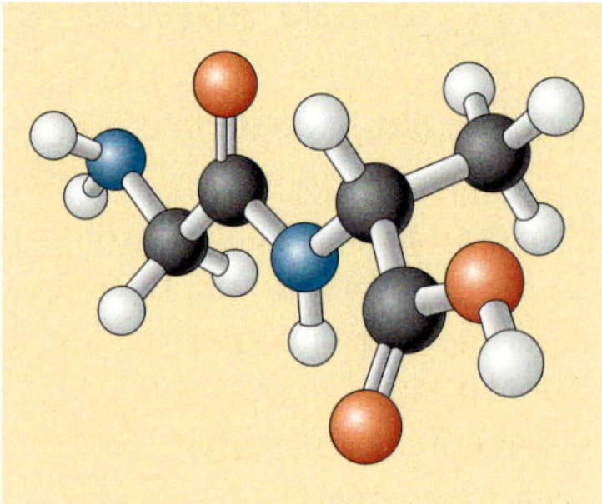

1 Molekülmodell eines Dipeptids aus Glycin und Alanin

Vielzahl der Kombinationen	
Tripeptide aus Glycin (Gly) und Alanin (Ala) ($2^3 = 8$ Möglichkeiten)	
Gly-Gly-Gly	Gly-Gly-Ala
Gly-Ala-Gly	Ala-Gly-Gly
Ala-Ala-Ala	Ala-Ala-Gly
Ala-Gly-Ala	Gly-Ala-Ala

Für ein Peptid aus 3 verschiedenen Aminosäuren bei einer Peptidlänge von 10 Aminosäuren ergeben sich $3^{10} = 59\,049$ Möglichkeiten.

2 Nahrungsmittel mit hohem Eiweißanteil

Peptide und Polypeptide Bei der Bildung von Peptiden wird Wasser in einer Kondensationsreaktion abgespalten. Reagieren zwei Aminosäuren miteinander, entstehen Dipeptide. Ein Dipeptidmolekül besitzt immer noch mindestens eine Carboxyl- und eine Aminogruppe. Es kann deswegen mit weiteren Aminosäuren reagieren, sodass längere Peptidketten entstehen. Bei der Reaktion von drei Aminosäuren entstehen Tripeptide. Bei Reaktionen von bis zu 10 Aminosäuren werden die entstehenden Produkte Oligopeptide genannt. Moleküle mit bis zu 100 Aminosäurerestmolekülen werden als Polypeptide bezeichnet. Sie gehören zu den makromolekularen Stoffen (griech. makros – groß).
Alle Peptide besitzen in ihren Molekülen als wichtiges Strukturmerkmal –CO–NH-Gruppen. Diese werden als Peptidgruppen oder als Peptidbindungen bezeichnet.

Aminosäure	+ Aminosäure	→ Dipeptid	+ Wasser
$H_2N{-}CH(H){-}COOH$	$+\ H{-}N(H){-}CH(CH_3){-}COOH$	$\rightarrow H_2N{-}CH(H){-}C({=}O){-}N(H){-}CH(CH_3){-}COOH$	$+\ H_2O$
Glycin (Gly)	Alanin (Ala)	Dipeptidmolekül Gly-Ala	

Aminosäuremoleküle reagieren unter Bildung von Wassermolekülen zu Peptidmolekülen.

Bau von Eiweißen – Abbau von Eiweißen Eiweiße sind makromolekulare Stoffe, die aus Polypeptidmolekülen bestehen. In jedem Polypeptidmolekül sind teilweise mehr als 100 Aminosäuremolekülreste durch die Peptidgruppe miteinander verbunden. Die Verknüpfungsmöglichkeiten bei 100 Aminosäuremolekülresten von 22 verschiedenen Aminosäuren im Polypeptidmolekül ergeben 22^{100} mögliche Strukturen, eine unvorstellbare Anzahl. Im menschlichen Organismus finden sich über 100 000 verschiedene Eiweiße.
Eiweiße werden im Verdauungssystem bei Einwirkung von Enzymen (z. B. Pepsin) und Salzsäure unter Wasseraufnahme gespalten. Diese als Hydrolyse bezeichnete Reaktion ist die Umkehrung der Kondensation. Die beim Abbau der Eiweiße im Organismus entstehenden Spaltprodukte, Peptide und Aminosäuren, lassen sich an viele Stellen im Körper transportieren, wo sie zu körpereigenen Eiweißen auf- und umgebaut werden.

$$\text{Eiweiße} \xrightleftharpoons{+\text{ Enzyme, } H_2O} \text{Peptide} \xrightleftharpoons{+\text{ Enzyme, } H_2O} \text{Aminosäuren}$$

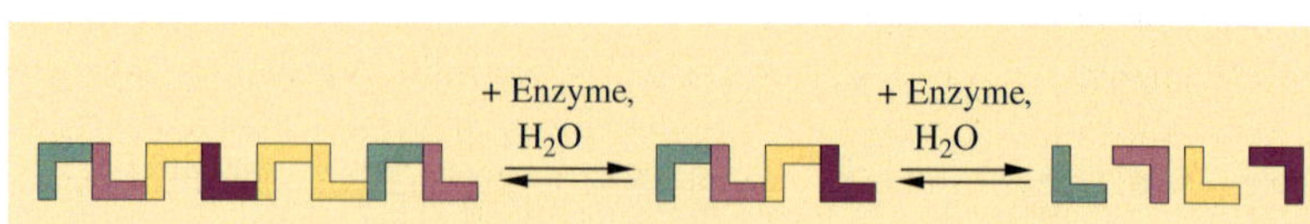

Eiweiße bestehen aus langen Molekülketten, die aus sehr vielen durch die Peptidgruppe verbundenen Aminosäuremolekülen aufgebaut sind.

Nachweis von Eiweißen Werden Eiweiße stark erhitzt, entstehen Dämpfe, die feuchtes Universalindikatorpapier blau und feuchtes Blei(II)-acetatpapier schwarz werden lassen. Die Blaufärbung des feuchten Universalindikatorpapiers weist Stickstoff als Ammoniak nach. Die Schwarzfärbung des feuchten Blei(II)-acetatpapiers ist ein Nachweis für Schwefel als Schwefelwasserstoff. ↑E13
Eiweiße reagieren mit konzentrierter Salpetersäure unter Gelbfärbung. Diese als **Xanthoprotein-Reaktion** bezeichnete Reaktion dient dem Nachweis von Eiweißen. ↑E14
Mit Kupfersulfat- und Natriumhydroxidlösung reagieren Eiweiße unter Violettfärbung. Alle Stoffe mit Peptidgruppen reagieren auf diese Weise. Dieser Nachweis für Peptidgruppen in Peptiden und in Eiweißen wird als **Biuret-Reaktion** bezeichnet. ↑3

Eiweiß und Nahrung Der menschliche Körper setzt bei Stoffwechselreaktionen täglich etwa 300 g an Eiweißen um. Dabei werden Eiweiße bei Wachstumsvorgängen zum Aufbau neuer Zellen, z. B. beim Haarwachstum, benötigt. Defekte Zellen, z. B. Hautzellen, werden aber auch regelmäßig abgebaut. Im menschlichen Körper beträgt der Anteil an Eiweißen im Muskelgewebe etwa 18 %, im Blut etwa 21 %, in Knochen 28 %, in der Haut etwa 95 % sowie in Haaren und Fingernägeln etwa 90–100 %.
Zur Deckung des Eiweißbedarfs reichen die Spaltprodukte des Eiweißabbaus jedoch nicht aus. Eiweiß muss täglich mit der Nahrung aufgenommen werden, da dieses im Gegensatz zu den Fetten und Kohlenhydraten nicht vom menschlichen Körper gespeichert werden kann.
Eiweißmangel kann über einen längeren Zeitraum zu lebensbedrohlichen Erkrankungen führen. Deshalb benötigen Erwachsene täglich etwa 50 bis 60 g Eiweiß über die Nahrung, das entspricht einem Richtwert von 0,8 g Eiweiß je Kilogramm Körpergewicht für einen gesunden Menschen. Kinder und Jugendliche haben wegen des Wachstums und des damit verbundenen Aufbaus an Körpersubstanz einen Bedarf von 1,2 bis 2,0 g Eiweiß je Kilogramm Körpergewicht.

EXPERIMENT 13 [L]
Nachweis von Stickstoff und Schwefel in Eiweißen.
In einem Reagenzglas wird Eiweiß (Hühnereiweiß, Haare, Federn, Fingernägel) stark erhitzt. Über die Dämpfe werden feuchtes Universalindikatorpapier und feuchtes Blei(II)-acetatpapier gehalten.

EXPERIMENT 14 [L]
Reaktion von konzentrierter Salpetersäure mit Eiweiß.
Auf gekochtes Hühnereiweiß und in Eiklar werden einige Tropfen konzentrierte Salpetersäure (C) gegeben.

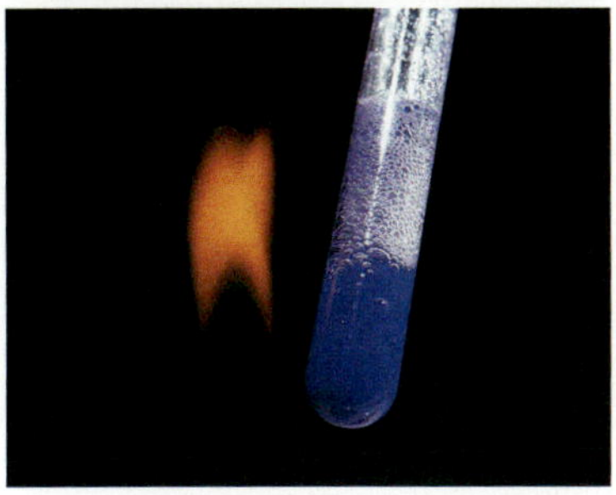

3 Biuret-Reaktion

Aufgaben

1 Formuliere eine Reaktionsgleichung für die Darstellung eines Tripeptidmoleküls aus Glycin, Alanin und Serin.
2 Vergleiche die Peptidbildungs- mit der Esterbildungsreaktion und nenne Strukturmerkmale, die ein Peptid bzw. einen Ester kennzeichnen.
3 Um verschiedene Lebensmittel miteinander vergleichen zu können, wurde der Begriff „biologische Wertigkeit" eingeführt. Informiere dich im Internet oder in anderen Informationsquellen, was darunter zu verstehen ist.
4 Ein hart gekochtes Ei kann vom Körper im Stoffwechsel leichter abgebaut werden als ein rohes Hühnerei. Versuche dafür mögliche Erklärungen zu finden und überprüfe diese durch Literaturrecherchen.
5 Regelmäßiger Konsum von Alkohol schränkt die Leistungen des Gehirns ein. Erkläre.
6 Erläutere am Beispiel von Bildung und Abbau eines Eiweißes die Begriffe Kondensation und Hydrolyse.

Kunststoffe – vielfältig einsetzbar

Schon gewusst?

In Entwicklungsländern verderben bis zu 50 % der Nahrungsmittel, bevor sie verbraucht werden. Ungeeignete und unbrauchbare Verpackungen sind häufig die Ursache.

1 Lebensmittel werden unterschiedlich verpackt gehandelt.

2 Kunststoffe wie PVC eignen sich sehr gut für die Verwendung im Modellbau.

Kunststoffe für Folien und Verpackungen Optimale Funktionalität bei einem möglichst geringen Materialverbrauch stellt hohe Anforderungen an Verpackungsmaterialien. Kunststoffe erfüllen diese Anforderungen. Joghurt kommt in etwa 5 g schweren Bechern aus **Polystyrol** (PS) zum Verbraucher. Die Schokolade ist in einer 1,5 g schweren **Polypropylen**-(PP)-Folie verpackt. Und der Frischhaltebeutel aus **Polyethylen** (PE) wiegt ganze 1,2 g. Wurst, Fleisch und Gemüse werden häufig in Folien aus einem zweilagigen Kunststoff verpackt. Die erste Schutzschicht aus Polyethylen hält die Feuchtigkeit zurück. Die zweite Sperrschicht, häufig aus **Polyamid** (PA), ist für den Luftsauerstoff undurchlässig. Bei den Getränkeverpackungen hat **Polyethylenterephthalat** (PET) Vorteile gegenüber Glasflaschen. Neben seinen optischen Eigenschaften und der geringen Masse spielt die Wiederverwendbarkeit eine große Rolle.

Ein Kunststoff für viele Anwendungen Ob Leitungsisolierungen, Stecker, Ventile, Rollläden oder Tapeten, ob Autoverkleidungen, Schuhe, Regenmäntel oder Spielzeug, es gibt kaum einen Bereich, in dem nicht **Polyvinylchlorid** (PVC) zum Einsatz kommt. Weltweit beträgt der Anteil von PVC an allen produzierten Kunststoffen etwa ein Drittel. Durch den Zusatz von Weichmachern lässt sich aus dem harten, spröden Polymer (Hart-PVC) ein flexibler, dehnbarer Kunststoff (Weich-PVC) herstellen. PVC ist nicht unumstritten. Die Auswirkungen der eingesetzten Weichmacher und anderer Zusätze auf die Gesundheit und die Umwelt sind ebenso immer wieder Grund für Diskussionen wie das Risiko und die Folgen von Bränden, bei denen sehr giftige chlorhaltige Verbindungen entstehen.

3 Polycarbonate, aus denen CDs und DVDs hergestellt werden, machen Multimedia erst möglich.

Multimedia und Kunststoffe Bei den kleinen silberfarbenen Scheiben, auf denen sich heute Datenmengen von mehreren Gigabyte speichern lassen, spielen die formbeständigen und für Laserlicht transparenten **Polycarbonate** (PC) die Hauptrolle. Ihre hervorragende Fließfähigkeit erlaubt das Brennen von vielen Milliarden winziger Vertiefungen innerhalb weniger Sekunden. Und die Entwicklung geht weiter: Die Holografie-Technik ermöglicht mehrere Speicherschichten auf den modifizierten Polymeren. Auf einen Rohling passen dann die Inhalte von 1500 heutigen CDs.

Synthetische Klebstoffe Natürliche Klebstoffe wie Stärkekleister oder Kautschuk werden vielfach durch leistungsfähige thermoplastische Kunststoffe und synthetische Harze wie **Epoxydharze** (EP), **Polyesterharze** (UP) oder **Silicone** (SI) ersetzt. Bei Alleskleben verdampft das Lösemittel, der **Polyester** oder die **Nitrocellulose** binden dabei ab. Bei Ein- oder Mehrkomponentenklebern wird das hochmolekulare Bindemittel aus kleinen, reaktionsfreudigen Molekülen, den Monomeren, aufgebaut und räumlich vernetzt.

4 Eine Vielzahl synthetischer Klebstoffe sind im Handel erhältlich.

Kunststoffe im Automobilbau Im Innenraum und in der Karosserie werden **Polyurethane** (PU) als Polster- und Dämmstoffe eingesetzt, durchschnittlich 18 kg pro Fahrzeug. Rückleuchten und Reflektoren sind aus **Polymethylmethacrylat** (PMMA) gefertigt, seine Transparenz und Kratzfestigkeit zeichnen es aus. Im Motorraum kommen die wärmebeständigen, chemikalienresistenten, zähen und bruchsicheren Polyamide (PA) zum Einsatz, z. B. als glasfaserverstärkte Ansaugrohre am Motorblock. Für die Reifen werden je nach Witterung und Bodenbeschaffenheit spezielle **Gummimischungen** angeboten.

5 Autos sind heute ohne Kunststoffe nicht mehr vorstellbar.

Verbundstoffe Mechanisch sehr belastbare **Verbundstoffe** bieten optimale Voraussetzungen für den Einsatz im Sport. Moderne Fußbälle werden aus mehreren Kunststoff- und Gewebelagen gefertigt. Die Außenhaut ist aus einer Polyurethan-Paste geschäumt, die Millionen von mikroskopisch kleinen, gasgefüllten Kugeln enthält. Nach einem Schuss nimmt der Ball sofort wieder seine ursprüngliche Form an. **Glasfaserverstärkte Kunststoffe** (GfK) haben ein geringes Gewicht und sind äußerst stabil.

Einteilung der Kunststoffe So mannigfaltig die gestellten Anforderungen an Kunststoffe und ihre Einsatzgebiete sind, so vielfältig sind auch ihre Eigenschaften. Wofür sich ein Kunststoff einsetzen lässt, darüber bestimmen die Eigenschaften. Und diese werden von Chemikern gesteuert. Die Struktur der einzelnen Makromoleküle und ihre Anordnung untereinander lassen sich gezielt verändern.
Thermoplaste (griech. thermos – warm; plasso – bilden) lassen sich plastisch verformen und sind beliebig oft schmelzbar. Beim Erkalten behalten sie ihre Form bei. **Duroplaste** (lat. durus – hart; auch Duromere genannt) sind hart und spröde. Sie lassen sich nicht verformen und sind nicht schmelzbar. **Elastomere** (griech. meros – Teil) sind elastisch wie Gummi und zersetzen sich bei hohen Temperaturen.

Schon gewusst?

Im Jahr 2000 wurde der Nobelpreis für Chemie für die Entwicklung elektrisch leitender Polymere vergeben. Normalerweise sind Kunststoffe Isolatoren. Nicht so diese neuen Werkstoffe. Durch gezielte Beimischung von Fremdmaterialien leiten sie den Strom genauso gut wie Metalle.

Aufgaben

1 Untersuche eine Sportart auf die Entwicklung der verwendeten Ausrüstung. Welche Sportarten sind ohne Kunststoffe kaum denkbar? Fasse deine Ergebnisse tabellarisch zusammen.
2 Nenne mögliche Einsatzgebiete von glasfaserverstärkten Kunststoffen und anderen Verbundstoffen.
3 Informiere dich über die Geschichte und Verwendung von Celluloid.
4 Nenne Einsatzmöglichkeiten von Siliconen.
5 Stelle Vor- und Nachteile ausgewählter Verpackungsmaterialien gegenüber. Wo lassen sich Verpackungen einsparen?
6 Informiere dich über elektrisch leitende Polymere. Nenne Eigenschaften und mögliche Einsatzgebiete für diese Kunststoffe.
7 Stelle die Möglichkeiten des Recyclings von Kunststoffen dar. Wie werden die 52 Mio. Altreifen, die jährlich in Deutschland anfallen, entsorgt?

Kunststoffe bestehen aus Makromolekülen

Moderne Architekturen erfordern Baumaterialien mit bestimmten Eigenschaften. Kunststoffe sind dafür häufig bestens geeignet.
Heute gibt es für beinahe jeden Zweck besondere Kunststoffe, die alle aus riesigen Molekülen aufgebaut sind.
Wie aber entstehen solche Riesenmoleküle?

1

Schon gewusst?

Zu Beginn des 20. Jahrhunderts erkannte der deutsche Chemiker HERMANN STAUDINGER (1881 bis 1965) die Struktur von Makromolekülen und entwickelte Vorstellungen zur Synthese solcher Moleküle. Damit begann das Zeitalter der Kunststoffe. 1926 wurde erstmals PVC technisch produziert.

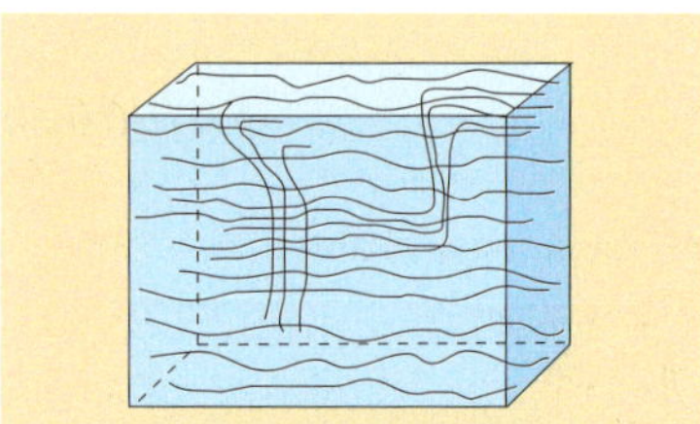

2 Struktur der Makromoleküle in einem Thermoplast. Sind die Makromoleküle parallel angeordnet, wirken stärkere Van-der-Waals-Kräfte als im geknäuelten Zustand.

Kunststoffe Kunststoffe bestehen wie Naturstoffe, z. B. Pflanzenfasern und Tierhaare, aus vielen gleichartigen kleinen Molekülen. Aufgrund ihres Baus reagieren diese Moleküle, die **Monomere** (griech. monos – einer, allein, einzig; meros – Teil), in vielen gleich ablaufenden Reaktionsschritten zu Makromolekülen. In den Makromolekülen sind etwa 2000 bis 20 000 Monomere gebunden. Die Makromoleküle, die auch als **Polymere** bezeichnet werden, bilden die Kunststoffe.
Bei der Herstellung von Polyethylen reagieren viele Monomere, die Ethenmoleküle, miteinander. Unter dem Einfluss von Licht, Wärme oder eines Initiators (Reaktionsstarters) spaltet sich die Kohlenstoff-Kohlenstoff-Doppelbindung des Ethenmoleküls auf. Durch Addition entstehen kettenförmige Makromoleküle aus Polyethen, dabei bilden sich Einfachbindungen zwischen den Kohlenstoffatomen aus.
Diese Art der Reaktion wird als **Polymerisation** bezeichnet.

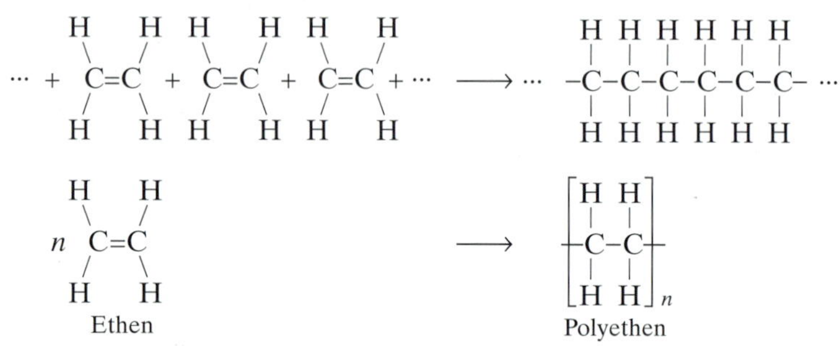

Struktur von Thermoplasten Thermoplaste bestehen aus kettenförmigen oder wenig verzweigten Makromolekülen. Die einzelnen Makromoleküle liegen parallel angeordnet, in manchen Bereichen auch geknäuelt vor. Der Zusammenhalt der Makromoleküle erfolgt über zwischenmolekulare Wechselwirkungen (VAN-DER-WAALS-Kräfte).
Die Molekülstruktur erklärt das thermische Verhalten der Thermoplaste. Beim Erwärmen geraten die Moleküle zunehmend in Schwingungen, die zwischenmolekularen Kräfte werden kleiner, der Thermoplast erweicht und kann verformt werden.

Struktur von Duroplasten. Duroplastische Kunststoffe, wie z. B. Phenoplaste, zeichnen sich durch große Härte und Festigkeit, Gleitfähigkeit, Druckfestigkeit und Korrosionsbeständigkeit aus. Außerdem sind sie wärmebeständig, schwer entflammbar und elektrisch nicht leitfähig. Deshalb werden Steckdosengehäuse, Radlager und Möbel aus Duroplasten hergestellt, sogar Autokarosserien wurden daraus gefertigt. Phenoplaste sehen bernsteinfarben bis braun aus. Allerdings haben sie eine geringe Lichtechtheit und werden deshalb nur in dunkle Farben eingefärbt. Als Verpackungsmaterial für Lebensmittel sind Phenoplaste nicht zugelassen.
Die Makromoleküle der Duroplaste entstehen durch eine enge räumliche Vernetzung der Ausgangsstoffe über Atombindungen. Diese Struktur bleibt wegen der Stabilität der Atombindungen auch beim Erwärmen bestehen. Duroplaste sind deshalb unschmelzbar. Bei sehr hohen Temperaturen werden die Bindungen gespalten und der duroplastische Kunststoff zersetzt sich.
Häufig verwendete Duroplaste sind Phenoplaste und Aminoplaste. Ausgangsstoffe für die Herstellung eines Phenoplasts sind Phenol und Formaldehyd (Methanal). Da die Kondensationsreaktion vielfach und schnell hintereinander erfolgt, wird die Reaktion als **Polykondensation** bezeichnet.

$$\text{Phenol} + \text{Formaldehyd} \xrightarrow{\text{Polykondensation}} \text{Phenoplast} + \text{Wasser}$$

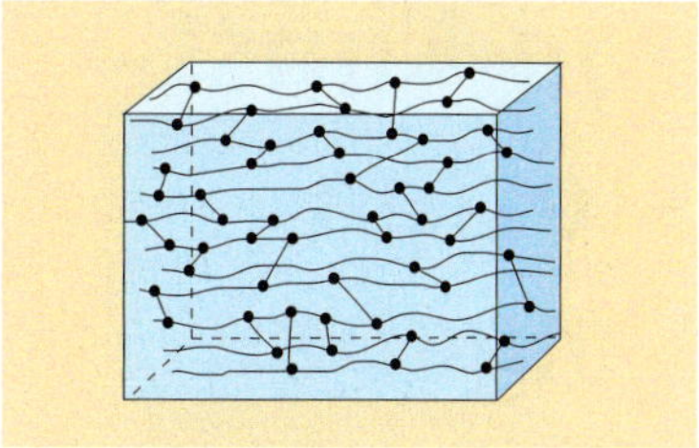

3 Struktur der Makromoleküle in einem Duroplast

Struktur von Elastomeren Die Makromoleküle der Elastomere sind weitmaschig vernetzt angeordnet, sie bilden Knäuel. Nach Einwirken einer verformenden Kraft nehmen Elastomere ihre ursprüngliche Form wieder an.
Die zunehmende Technisierung und Motorisierung mit Beginn des 20. Jahrhunderts führte zu einem wachsenden Bedarf z. B. an Reifengummi. Die Nachfrage konnte durch Naturkautschuk nicht mehr gedeckt werden.
Seit 1929 konnte Kautschuk in großem Maß auch synthetisch durch Polymerisation von **Buta-1,3-dien** hergestellt werden. Als Katalysator dient Natrium. Aus den Anfangsbuchstaben der beiden Stoffe entstand die Bezeichnung Buna (**Bu**ta-1,3-dien, **Na**trium).

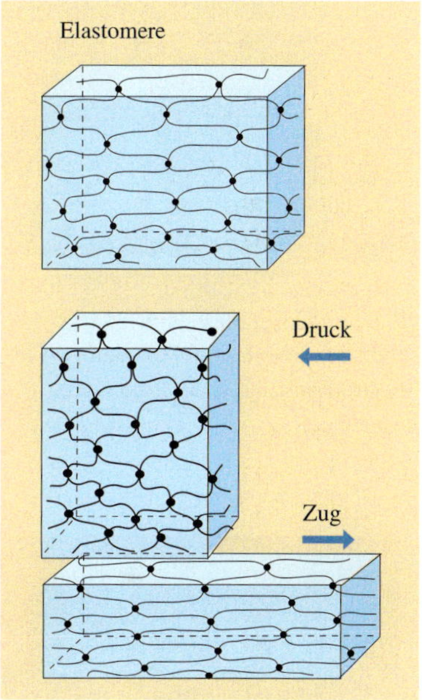

4 Struktur der Makromoleküle in einem Elastomer und Verhalten beim Einwirken einer äußeren Kraft

Kunststoffe sind aus synthetisch hergestellten Makromolekülen aufgebaut. Sie werden nach ihren Eigenschaften in Thermoplaste, Duroplaste und Elastomere eingeteilt.

Aufgaben

1 PVC wird durch Polymerisation von Monochlorethen gebildet. Stelle die Reaktionsgleichung auf.
2 Begründe, weshalb die Verwendung von PVC als Pfannengriff gefährlich wäre.
3 Erkunde weitere Kunststoffe, die durch Polymerisation hergestellt werden.
4 Entwickle einen Steckbrief von Polyethylen.
5 Erläutere den Verlauf einer Polykondensation am Beispiel der Bildung eines Phenoplasts.
6 Begründe Verwendungsmöglichkeiten für Phenoplaste mit deren Eigenschaften.
7 Kaugummi ist mit Zucker bzw. Zuckeraustauschstoffen und Geschmacksstoffen versetzter Kautschuk. Beschreibe die Eigenschaften von Kautschuk anhand dieses Beispiels.
8 Recherchiere, welche anderen Kunststoffsorten mit elastomeren Eigenschaften hergestellt werden. Informiere dich über Anwendungen und Produkte.

Von Kunststoffen umgeben

1 Sprunghöhe des Siegers im Stabhochsprung bei den Olympischen Spielen

2 HERMANN STAUDINGER (1881 bis 1965) entdeckte, dass Kunststoffe aus sehr langen Molekülfäden, den Makromolekülen, aufgebaut sind.

Sportliche Höchstleistungen sind heute ohne Kunststoffe kaum noch vorstellbar. Kunststoffe haben manche Sportarten erst möglich gemacht. Aber nicht nur im Sport werden sie eingesetzt. Diesen vielseitigen Werkstoffen sind kaum Grenzen gesetzt.

➜ Welche Einsatzmöglichkeiten gibt es für Kunststoffe?
➜ Wann und wie begann die Entwicklung der Kunststoffe?
➜ Welche Vorteile bieten Kunststoffe gegenüber anderen Materialien?
➜ Welche Kunststoffe werden im Automobilbau verwendet?
➜ Wie können Kunststoffe entsorgt werden?

Materialien für die Projektbearbeitung Nutzt die Materialien und Experimente auf diesen Seiten zur Beantwortung eurer Fragen. Überlegt, wo ihr Informationen über die Verwendung von Kunststoffen beschaffen könnt. Neben kunststoffproduzierenden bzw. -verarbeitenden Betrieben stehen euch die Stadtbibliothek und das Internet zur Verfügung.
Sammelt auch Gegenstände aus Kunststoff, z. B. Verpackungsmaterialien, Schläuche, Haushaltsgeräte.

3 Die Entsorgung von Kunststoffen bereitet Probleme.

4 Spielzeug aus Kunststoff – bei Kleinkindern beliebt

1 Unterscheide transparente Kunststoffe.
Vorsicht! Abzug! Lege Proben verschiedener glasklarer Kunststoffe, z. B. von Lebensmittelbehältern, Plexiglas® oder Autobeleuchtungen, bereit. Halte die Proben (etwa 1 cm breite Streifen) mit der Tiegelzange an den Rand der Brennerflamme. Beobachte. Prüfe den Geruch der Dämpfe (T) durch Zufächeln. Überprüfe auch den Geruch beim Anfeilen der Proben. Suche nach Kriterien, in denen sich die Kunststoffproben voneinander unterscheiden.

2 Untersuche Siliconkautschuk.
Presse aus einer Kartusche Siliconpaste (aus dem Baumarkt) eine etwa 5 cm lange Probe auf eine Pappe.
Verbinde zwei beliebige Kunststoffproben mit dem Kautschuk. Welche Eigenschaften hat der Kunststoff?

3 Untersuche einen Polyurethan-Bauschaum.
Vorsicht! Schutzhandschuhe! Keinen Bauschaum auf die Haut gelangen lassen! Lies die Herstellerinformationen auf einer Dose mit Polyurethan-Bauschaum (F+, Xn; aus dem Baumarkt) sorgfältig durch. Besprühe nach kräftigem Schütteln einen angefeuchteten Untergrund, z. B. eine große Pappe, mit Bauschaum. Beobachte.
Erläutere das Verhalten des Bauschaums. Nenne Einsatzmöglichkeiten für Polyurethan-Bauschaum.

4 Untersuche eine Windel.
Zerlege eine „Papier-Babywindel" und fülle die Inhaltsstoffe in eine Tüte. Trenne nach dem Schütteln die unterschiedlichen Bestandteile. Untersuche die Aufnahmefähigkeit der einzelnen Bestandteile für Wasser.
Presse die unterschiedlichen Materialien zusammen. Beobachte.
Vergleiche sie mit anderen Materialien wie Watte, Papiertaschentüchern oder einer Baumwollwindel.

5 Verändere die Beschaffenheit von Hart-PVC.
Vermische etwa 5 g Hart-PVC-Späne in einem Reagenzglas mit 2 g Weichmacher (z. B. Phthalsäuredioctylester). Stelle das Reagenzglas in ein Becherglas mit Glycerin und erhitze das Glycerin auf eine Temperatur von 120 °C. Rühre das Gemisch ständig mit einem Glasstab um. Wenn die Schmelze homogen ist, gieße sie auf eine mit Paraffinöl eingeriebene Fliese.
Vergleiche die erstarrte Schmelze mit der ursprünglichen Probe. Erläutere.

Hinweise für die Projektarbeit Erarbeitet entsprechende Untersuchungsschwerpunkte. Erstellt einen Plan, wie ihr Informationen und Materialien erhalten könnt. Lassen sich weitere Experimente durchführen? Recherchiert auch im Internet. Überlegt, wie ihr eure Ergebnisse den anderen Arbeitsgruppen oder einem größeren Publikum vorstellen könnt.

5 Verschiedene transparente Kunststoffe

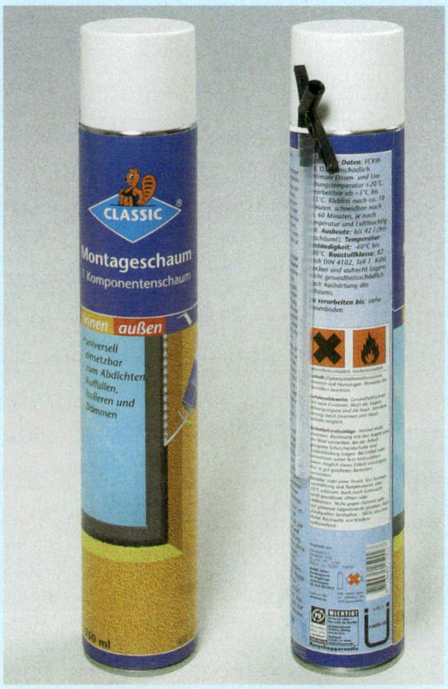

6 Polyurethan-Bauschaum

Info

Kunststoffe bestehen aus organischen Makromolekülen. Ihre chemischen und physikalischen Eigenschaften und damit die vielfältigen Einsatzmöglichkeiten sind von ihrem Bau sowie von ihrer Größe abhängig.

Kunststoffe in der Medizin

1 Dünne Kontaktlinse aus Spezialsilicon

Ein **Pflaster** hat schon jeder auf eine blutende Wunde geklebt. Sowohl das Trägermaterial als auch die klebende Schicht bestehen aus Kunststoffen. Das **Sprühpflaster** kommt bei größeren Wunden zum Einsatz. Es hat den Vorteil, dass es sich auflöst, wenn die Wunde verheilt ist.

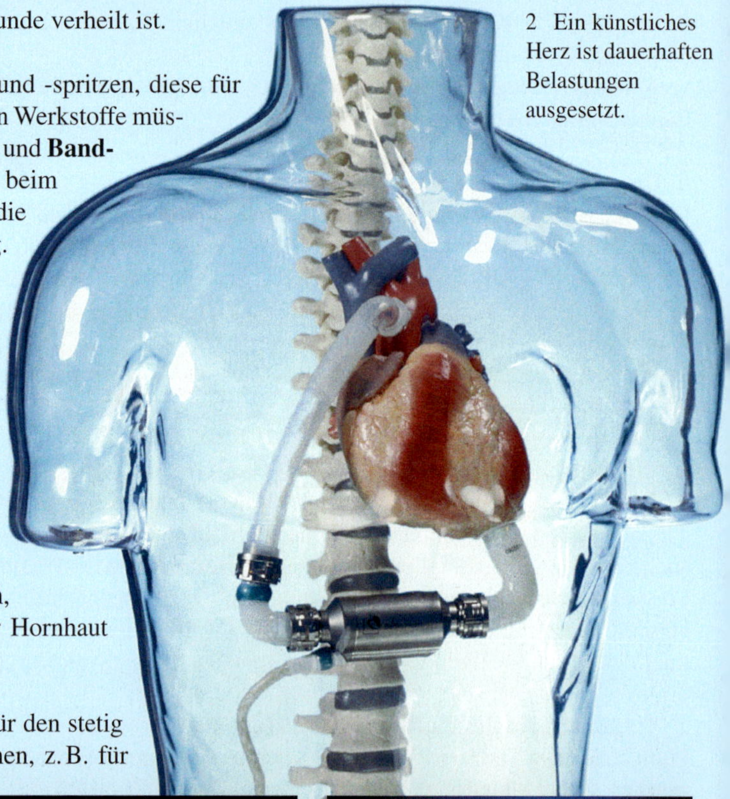

2 Ein künstliches Herz ist dauerhaften Belastungen ausgesetzt.

Sonden und Schläuche, Einmalhandschuhe und -spritzen, diese für medizinische Zwecke eingesetzten polymeren Werkstoffe müssen reißfest und elastisch sein. Bei **Kathetern** und **Bandscheibenprothesen**, bei **Kunstherzen** und beim künstlichen **Hüftgelenk** sind nicht allein die mechanischen Eigenschaften von Bedeutung. Die Oberflächen der eingesetzten Kunststoffe müssen so gestaltet sein, dass sie im Körper keine Immunabwehr hervorrufen.

Als unsichtbare Sehhilfen sind **Kontaktlinsen** aus flexiblem Kunststoff seit Jahrzehnten im Einsatz. Auch die Hornhaut kann, wenn sich der Blick z. B. durch eine Verätzung getrübt hat, durch eine Kunststoffprothese ersetzt werden. Nur 0,3 mm dick ist das hochtransparente Spezialsilicon, das die biomechanischen Eigenschaften der Hornhaut nachempfindet.

Polymere Implantate werden zunehmend für den stetig wachsenden Bedarf an Geweben und Organen, z. B. für künstliche Haut und Sehnen, eingesetzt. Ging es anfangs nur um das neutrale Verhalten von Kunststoffen gegenüber anderen Werkstoffen, so spielen heute andere Faktoren eine wesentliche Rolle. Das den Kunststoff umgebende Gewebe soll zu einem eigenen Stoffwechsel und zum weiteren Wachstum angeregt werden. In Zell-Werkstoff-Verbünden werden mittlerweile Zellen oder Gewebe und der synthetische Werkstoff zusammen verarbeitet.

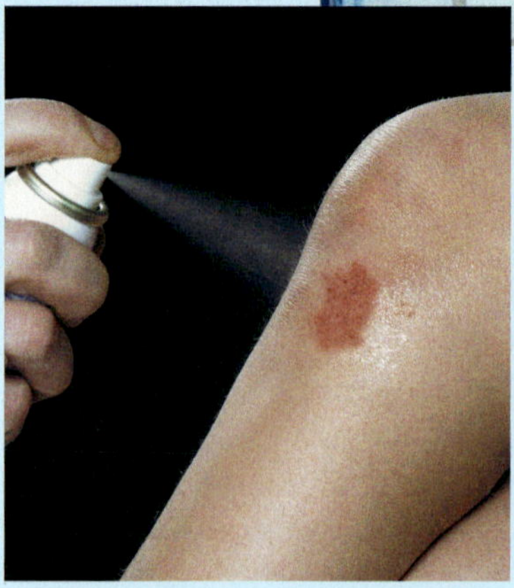

3 Sprühpflaster wird auf eine Wunde gesprüht.

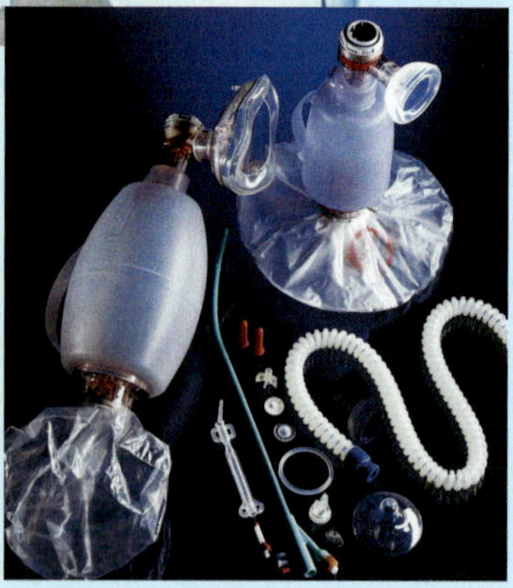

4 Beatmungsbeutel für die künstliche Beatmung in Notfällen

Kunststoffrecycling

1 Kunststoffverpackungen mit dem „Grünen Punkt“

Jedes Jahr fallen in Deutschland etwa 3 Mio. Tonnen Kunststoffabfälle an. Davon gelangen 1,7 Mio. Tonnen in den Hausmüll, vor allem als Kunststoffverpackungen und Einwegartikel. Kunststoffe sind jedoch wertvolle Rohstoffe, die zum Wegwerfen zu schade sind. Deshalb schreiben inzwischen auch Gesetze vor, dass Kunststoffverpackungen wiederverwendet werden müssen. Solche Verpackungen sind mit dem „Grünen Punkt“ gekennzeichnet. Für die Wiederverwertung von Kunststoffabfällen können verschiedene Verfahren genutzt werden.

Kennzeichnung häufig verwendeter Polymere

Kennzeichnung	Polymer
1	Polyethylenterephthalat (PET)
2	Polyethen (HDPE; engl. high density polyethene)
3	Polyvinylchlorid (PVC)
4	Polyethen (LDPE; engl. low density polyethene)
5	Polypropen (PP)
6	Polystyrol (PS)
7	andere

Werkstoffliches Recycling

sortierte, zerkleinerte Kunststoffabfälle

↓

Umschmelzen

↓

Produkte aus recyceltem Kunststoff

Rohstoffliches Recycling

Spaltung der Makromoleküle der Kunststoffe in die Ausgangsstoffe

↓

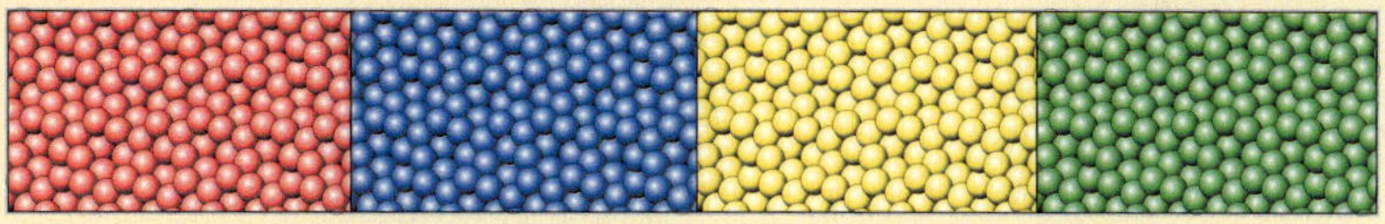

Granulate von sortenreinen Kunststoffabfällen

↓

Pyrolyse
Erhitzen unter Luftabschluss auf 700 °C

↓

Rohstoffe: Pyrolysegas

↓

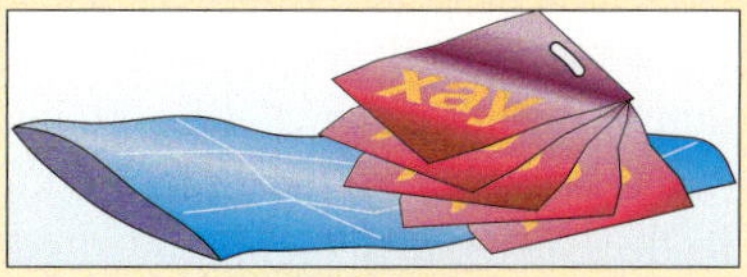

PE-Produkte

↓

Hydrierung
Erhitzen unter Zusatz von Wasserstoff

↓

Rohstoffe: Rohöle

↓

PP-Produkte

Kleidung für jeden Zweck

1 Naturfasern fühlen sich auf der Haut angenehm an.

2 Trekkingtour im Himalaya: Scherpa in einfacher Kleidung, Trekkingtourist mit Funktionskleidung

3 Der Kokon des Maulbeerseidenspinners wird zu Seide verarbeitet.

Kleidung nach Maß Unsere Haut lässt uns Wärme, Kälte, Lust und Schmerz empfinden. Sie reguliert die Körpertemperatur und den Wasserhaushalt, sie atmet und reagiert auf Reize aus der Umgebung. Kleidung soll diese Funktionen unterstützen, indem sie vor Umwelteinflüssen schützt und starken Wärmeverlust oder einen Wärmestau verhindert. Sie sollte auch hautfreundlich und atmungsaktiv sein.

Naturfasern Die **Wolle** ist das Haar des Schafes und der Mohairziege. Sie ist wie alle tierischen Fasern aus Eiweißen aufgebaut. Eiweiße sind Makromoleküle. Die einzelnen Eiweißmoleküle sind spiralförmig angeordnet. Wolle fühlt sich rau an und hat einen warmen, weichen Griff. Sie ist elastisch und gut dehnbar. Bis zu einem Drittel ihrer eigenen Masse kann sie an Feuchtigkeit aufnehmen.

Seide stammt von der Raupe des Seidenspinners. Sie ist ebenfalls aus Eiweißmolekülen aufgebaut. Diese liegen wie Blätter aufeinander. Das Gewebe ist kaum dehnbar, seine Oberfläche fühlt sich glatt und weich an.

Baumwolle besteht fast nur aus Cellulose. Die Cellulosefasern aus der Fruchtkapsel der Baumwollpflanze haben einen warmen, festen Griff und eine hohe Wasseraufnahmefähigkeit. Sie sind kochfest und gegenüber Laugen unempfindlich. Cellulose ist aus Makromolekülen aufgebaut, die lange Ketten bilden. Die Ketten sind von einer dünnen Haut aus Lignin, dem Holzstoff, umhüllt.

Die Naturfasern Wolle, Seide und Baumwolle werden zunehmend mit Synthesefasern zu Mischgeweben kombiniert oder von diesen ersetzt.

Funktionsbekleidung Mehrere Schichten unterschiedlicher Gewebe können verschiedene Anforderungen erfüllen. In der ersten Schicht wird Schweiß schnell von der Haut wegtransportiert. So entsteht keine Verdunstungskälte, der Körper bleibt trocken und warm. In der mittleren Schicht spielen Wärmeisolierung und Feuchtigkeitsaufnahme eine große Rolle. Die dritte Schicht schützt gegen Wind und Wetter. Die Feuchtigkeit wird nach außen abgegeben, Regen und Wind bleiben draußen. Funktionelle Bekleidung soll leicht, strapazierfähig und pflegeleicht sein.

Schon gewusst?

Die Seidenraupe produziert ihren glänzenden Faden aus besonderen Eiweißen, den Fibroinen. Ohne zu verklumpen, formt sich in ihren Drüsen aus einer wässrigen Eiweißlösung die begehrte Faser.

Kein zweites Material in der Natur ist derart reißfest. Seine Festigkeit gleicht der von Stahldrähten.

4 Polyamid wird als Fallschirmseide eingesetzt.

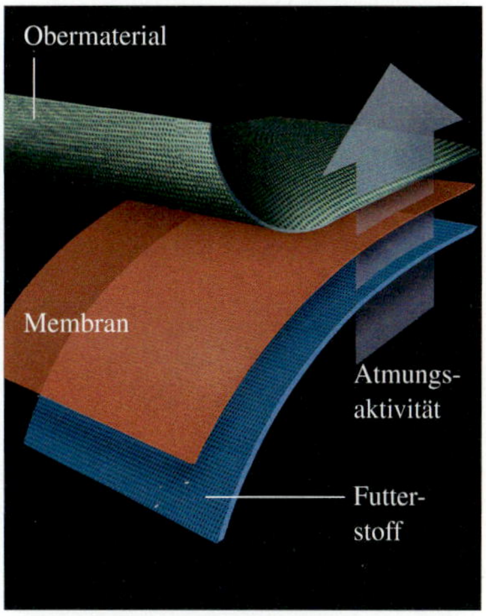

5 Aufbau eines Stoffes mit SympaTex®-Membran

Kunstfasern Auf dem Bekleidungsmarkt findet sich eine Vielzahl verschiedener synthetischer Fasern mit sehr unterschiedlichen Eigenschaften, die auf einigen wenigen Grundstoffen basieren.
Polyester ist eine reißfeste, leichte Textilfaser, die kaum Wasser aufnimmt und sehr pflegeleicht ist. **Polyamid** (Nylon®, Perlon®) ist die reiß- und scheuerfesteste aller synthetischen Fasern. Sie wird nicht nur für Kleidung, sondern auch für Taue, Seile und Netze oder auch in Autoreifen eingesetzt.
Mikrofasern sind sehr feine Fasern. Auf einem Quadratzentimeter können bis zu 8000 Polyester- oder Polyamid-Filamente engmaschig verwebt sein. Bekleidung aus Mikrofasern ist sehr weich, stark wasserabweisend und winddicht.
Kunstfasern werden in Textilien wegen ihrer Knitterfreiheit geschätzt. Dem Problem der verstärkten Geruchsbildung versuchen die Hersteller durch die Behandlung mit antibakteriell wirkenden Beschichtungen zu begegnen. Auf die Faseroberfläche aufgebrachtes Silber reguliert in klimatisierter Unterbekleidung die Körpertemperatur bei großer Hitze und extremer Kälte. Gleichzeitig wirkt das Silber keimtötend.

Wasserdichte Membranen GoreTex® ist eine wasserdichte, poröse Membran aus **Polytetrafluorethylen** (PTFE). Die Mikroporen, etwa 1,4 Milliarden pro Quadratzentimeter, sind 700-mal größer als ein Wassermolekül, aber 20 000-mal kleiner als ein Regentropfen. SympaTex® ist eine leichtere, nur 1 Mikrometer dicke, porenfreie Membran, die ebenfalls für wind- und wasserdichte Regenbekleidung eingesetzt wird.

Schon gewusst?

In Ruhe gibt unser Körper weniger als 100 ml Wasser pro Stunde ab; ein Spaziergang führt zu einem halber Liter Flüssigkeitsverlust. Bei sportlicher Aktivität wird weit mehr als ein Liter Schweiß pro Stunde produziert. Atmungsaktive Membranen geben den Wasserdampf nach außen ab. Über 200 ml Dampf können pro Quadratmeter in einer Stunde entweichen. Gleichzeitig gelangt kein Regenwasser nach innen.
GoreTex®-Membranen halten einer 80 m hohen Wassersäule stand. Als wasserdicht gilt ein Gewebe, wenn es einer 1,30 m hohen Wassersäule standhält.

Aufgaben

1 Informiere dich über die Funktion atmungsaktiver Membranen. Vergleiche dazu Kataloge verschiedener Anbieter.

2 Welche Eigenschaften muss ein Schlafsack haben? Wie lässt sich dies erreichen?

3 Schweiß kann durch eine Membran erst entweichen, wenn das Temperatur- und Druckgefälle nach außen hin stimmt. Erkläre. Warum herrscht in den warmen und feuchten Tropen kein gutes „Funktionsklima"?

Lösungen zu den Check-up-Aufgaben

Saure und basische Lösungen – Säuren und Basen (Seite 36)

1 a) Säuren wirken ätzend. Die wässrige Lösung einer Säure färbt Indikatoren charakteristisch, leitet den elektrischen Strom und reagiert mit Kalkstein.
b) Typische Teilchen sind die Hydronium-Ionen H_3O^+. Hydronium-Ionen bilden sich bei der Aufnahme eines Protons (Wasserstoff-Ions, H^+) durch ein Wassermolekül.
c) Säuren sind z. B. Chlorwasserstoff oder Schwefelsäure, saure Lösungen sind Salzsäurelösung oder Essigsäurelösung.

2 a) Beim Einleiten von Chlorwasserstoff in Wasser spalten sich die Chlorwasserstoffmoleküle jeweils in ein Proton und ein Chlorid-Ion. Die Protonen verbinden sich jeweils mit einem Wassermolekül zu Hydronium-Ionen. Die chemische Bindung erfolgt über ein freies Elektronenpaar des Wassermoleküls.
b) Chlorwasserstoffmoleküle sind die Protonendonatoren; Wassermoleküle fungieren als Protonenakzeptoren.

3 a) $H_2SO_4(l) + 2\ H_2O(l) \longrightarrow 2\ H_3O^+(aq) + SO_4^{2-}(aq)$
b) Reaktion mit Protonenübergang
Protonenabgabe $H_2SO_4 \longrightarrow 2\ H^+ + SO_4^{2-}$
Protonenaufnahme $2\ H_2O + 2\ H^+ \longrightarrow 2\ H_3O^+$
c) Protonendonator: Schwefelsäuremoleküle
Protonenakzeptor: Wassermoleküle
d) Reine Schwefelsäure leitet den elektrischen Strom nicht, eine verdünnte Schwefelsäure leitet den elektrischen Strom dagegen sehr gut.
Begründung: Reine Schwefelsäure enthält als Teilchen Schwefelsäuremoleküle, die keine elektrischen Ladungsträger sind.
In verdünnter Schwefelsäure befinden sich frei bewegliche Ionen (Hydronium-Ionen und Sulfat-Ionen). Diese Ionen sind elektrische Ladungsträger.
e) Die Hydronium-Ionen bestimmen die saure Reaktion einer Lösung. In verdünnter Schwefelsäure sind Hydronium-Ionen enthalten, deshalb reagiert sie sauer.

4 a) Diese Nichtmetalloxide bilden mit Wasser Säurelösungen.
b) Kohlenstoffdioxid + Wasser $\longrightarrow$ Kohlensäurelösung
$CO_2(g) + 3\ H_2O(l) \longrightarrow 2\ H_3O^+(aq) + CO_3^{2-}(aq)$
Schwefeldioxid + Wasser $\longrightarrow$ schweflige Säurelösung
$SO_2(g) + 3\ H_2O(l) \longrightarrow 2\ H_3O^+(aq) + SO_3^{2-}(aq)$
c) Wenn es regnet, sollte etwas Regenwasser aufgefangen werden. Bei Prüfung mit einem Farbindikator müsste ein pH-Wert kleiner als 7 festgestellt werden.

5 a) Ammoniaklösung, Natronlauge
b) Typische Teilchen einer basischen Lösung sind die Hydroxid-Ionen (OH^-). Sie bilden sich z. B. bei der Reaktion eines Metalloxids mit Wasser, wobei die Wassermoleküle jeweils ein Proton an die Oxid-Ionen des Metalloxids übertragen.
Auch beim Lösen eines Metallhydroxids bilden sich frei bewegliche hydratisierte Hydroxid-Ionen.

6 Erst wenn Ammoniakmoleküle mit den Wassermolekülen des feuchten Indikatorpapiers in Berührung kommen, kann der Protonenübergang zur Bildung von hydratisierten Ammonium-Ionen $NH_4^+(aq)$ und hydratisierten Hydroxid-Ionen $OH^-(aq)$ erfolgen.

7 a) Einige Metalloxide, darunter auch Magnesiumoxid, reagieren mit Wasser unter Bildung einer Metallhydroxidlösung.
$MgO(s) + H_2O(l) \longrightarrow Mg^{2+}(aq) + 2\ OH^-(aq)$
b) Die Farbänderung müsste von Grün nach Blau erfolgen. Magnesiumhydroxidlösung reagiert aufgrund der enthaltenen Hydroxid-Ionen basisch. Das bewirkt die charakteristische Farbänderung des Universalindikators.

8 Wassermoleküle ordnen sich mit ihrem negativ polarisierten Sauerstoffatom zu den Barium-Ionen Ba^{2+} an und bilden in der Lösung hydratisierte Barium-Ionen $Ba^{2+}(aq)$. Zu den Hydroxid-Ionen OH^- zeigen die positiv polarisierten Wasserstoffatome der Wassermoleküle und bilden hydratisierte Hydroxid-Ionen $OH^-(aq)$.
$BaOH_2(s) \longrightarrow Ba^{2+}(aq) + 2\ OH^-(aq)$

9 Viele Reinigungsmittel sind saure oder basische Lösungen bzw. bilden mit Wasser saure oder basische Lösungen. Ein Kontakt dieser Reinigungsmittel mit den Augen kann deshalb zu Verätzungen der Augen führen.

Neutralisation (Seite 52)

1 a) Die Urinprobe ist eine saure Lösung.
b) $c(H_3O^+) = 10^{-5}$ mol/l; $c(OH^-) = 10^{-9}$ mol/l
c) Die Stoffmengenkonzentration der Hydronium-Ionen in der Urinprobe ist um den Faktor 100 größer als in einer neutralen Lösung. Die Stoffmengenkonzentration der Hydroxid-Ionen beträgt 1/100 der Stoffmengenkonzentration in einer neutralen Lösung.

2 Man versetzt die drei Flüssigkeiten z. B. mit Universalindikatorlösung. Eine Blaufärbung deutet auf eine basische Lösung hin, eine Grünfärbung zeigt eine neutrale Lösung an und die saure Lösung zeigt eine rote Farbe.

3 a) Die Augenoberfläche ist stets von einem dünnen Tränenfilm bedeckt, der ständig neu gebildet wird.
Die Augentropfen müssen deshalb genau dem pH-Wert der Tränenflüssigkeit entsprechen, damit diese Bildung nicht gestört wird. Bei verändertem pH-Wert der Augentropfen könnte das Auge gereizt oder sogar geschädigt werden.

b) Der pH-Wert ist eine Zahlenangabe zur genauen Kennzeichnung saurer, basischer und neutraler Lösungen.
Er beschreibt die Stoffmengenkonzentration der Hydronium-Ionen in einer Lösung.
c) Ein maßanalytisches Verfahren, mit dem man die Stoffmengenkonzentration einer sauren oder basischen Lösung ermitteln kann, ist die Titration. Grundlage des Verfahrens sind die Neutralisationsreaktionen. Bei der Titration werden Maßlösungen eingesetzt, die aus einer Bürette in die Lösung mit unbekannter Stoffmengenkonzentration getropft werden. Ein Indikator zeigt das Ende der Titration an, z. B. wenn eine neutrale Lösung entstanden ist. Aus den experimentellen Befunden kann die Stoffmengenkonzentration der Analysenlösung berechnet werden.

4 a) Spülmittel: Lackmus – blau, Universalindikator – blau
Klarspüler: Lackmus – rot, Universalindikator – rot – orange – gelb
b) In der Spülmaschine kommt es zu einer Neutralisationsreaktion. Das basische Spülmittel reagiert im Klarspülgang mit der sauren Lösung zu einer neutralen Lösung. Diese Lösung gelangt ins Abwasser und kann so gefahrlos weiter entsorgt werden.

5 a) Bei der chemischen Reaktion von Kalilauge mit einem bestimmten Volumen Schwefelsäure reagieren eine basische und eine saure Lösung in einer exothermen Reaktion zu einer neutralen Lösung. Die hydratisierten Hydronium-Ionen der Schwefelsäure reagieren dabei mit den hydratisierten Hydroxid-Ionen der Kalilauge zu Wassermolekülen. Ein solcher Vorgang wird als Neutralisation bezeichnet.
b) $2\,K^+(aq) + 2\,OH^-(aq) + 2\,H_3O^+(aq) + SO_4^{2-}(aq) \longrightarrow 4\,H_2O(l) + 2\,K^+(aq) + SO_4^{2-}(aq)$
c) Der Protonenübergang findet zwischen den Hydronium-Ionen und den Hydroxid-Ionen statt. Hydronium-Ionen geben Protonen ab und wirken als Protonendonatoren. Hydroxid-Ionen nehmen Protonen auf und sind die Protonenakzeptoren.

6 Gesucht: $c(\text{KOH})$
Gegeben: $c(\text{HCl}) = 0{,}2$ mol/l; $V(\text{HCl}) = 15{,}6$ ml
$V(\text{KOH}) = 20$ ml
Reaktionsgleichung:
$$K^+(aq) + OH^-(aq) + H_3O^+(aq) + Cl^-(aq) \longrightarrow 2\,H_2O(l) + K^+(aq) + Cl^-(aq)$$
Lösung:
$$n(OH^-) = n(H_3O^+)$$
$$n(OH^-) = n(\text{KOH}) \text{ und } n(H_3O^+) = n(\text{HCl})$$
$$n(\text{KOH}) = n(\text{HCl})$$
$$c(\text{KOH}) \cdot V(\text{KOH}) = c(\text{HCl}) \cdot V(\text{HCl})$$
$$c(\text{KOH}) = \frac{c(\text{HCl}) \cdot V(\text{HCl})}{V(\text{KOH})}$$
$$c(\text{KOH}) = \frac{0{,}2\,\text{mol/l} \cdot 15{,}6\,\text{ml}}{20\,\text{ml}}$$
$$c(\text{KOH}) = 0{,}156\,\text{mol/l}$$
Ergebnis: Die Stoffmengenkonzentration der Lauge im Abwasser beträgt 0,156 mol/l.

7 Beispiele: Abwasseraufbereitung, Rauchgasentschwefelung, Kalken von Böden und Wäldern, Hilfe bei Sodbrennen

Salze (Seite 86)

1

Salz	Name und chemisches Zeichen des Kations	Name und chemisches Zeichen des Anions	Verhältnisformel des Salzes
Magnesiumcarbonat	Magnesium-Ionen, Mg^{2+}	Carbonat-Ionen, CO_3^{2-}	$MgCO_3$
Ammoniumchlorid	Ammonium-Ionen, NH_4^+	Chlorid-Ionen, Cl^-	NH_4Cl
Natriumsulfat	Natrium-Ionen, Na^+	Sulfat-Ionen, SO_4^{2-}	Na_2SO_4
Strontiumnitrat	Strontium-Ionen, Sr^{2+}	Nitrat-Ionen, NO_3^-	$Sr(NO_3)_2$

2 a) Kaliumcarbonat K_2CO_3
b) Bariumnitrat $Ba(NO_3)_2$
c) Natriumphosphat Na_3PO_4
d) Calciumchlorid $CaCl_2$
e) Ammoniumsulfat $(NH_4)_2SO_4$

3 Protonenübergang
$$CuO(s) + 2\,H_3O^+(aq) + 2\,Cl^-(aq) \longrightarrow Cu^{2+}(aq) + 2\,Cl^-(aq) + 3\,H_2O(l)$$

4 Eine Fällungsreaktion liegt vor, wenn nach Zugabe eines Reagenzes zu einer Lösung ein Stoff aufgrund seiner Schwerlöslichkeit als Niederschlag ausfällt. Gibt man z. B. Silbernitratlösung zu Ammoniumchloridlösung, so fällt schwer lösliches Silberchlorid aus, während die Ammonium-Ionen und die Nitrat-Ionen in der Lösung verbleiben, da Ammoniumnitrat gut wasserlöslich ist. Im Labor werden Fällungsreaktionen dazu verwendet, die Anwesenheit bestimmter Ionen (z. B. Chlorid-Ionen) in Lösungen durch die Bildung charakteristischer Niederschläge nachzuweisen.

5 a) $2\,K(s) + Cl_2(g) \longrightarrow 2\,KCl(s)$
Kaliumchlorid

b)

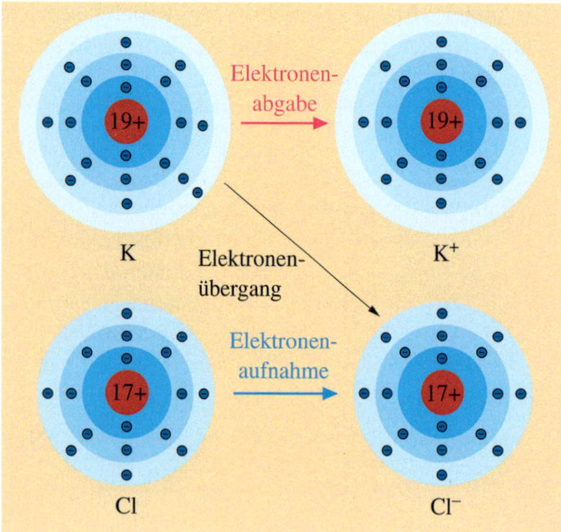

c) Bei der Reaktion findet ein Elektronenübergang von Kaliumatomen zu Chloratomen statt. Es handelt sich also um eine Redoxreaktion.

6 Zu den Redoxreaktionen mit Sauerstoffübertragung gehören z. B. die Reduktionen von Metalloxiden durch unedle Metalle. Bei der Reaktion von schwarzem Kupferoxid mit Aluminium wird Sauerstoff vom Kupferoxid auf das Aluminium übertragen und es entstehen Kupfer und Aluminiumoxid.

Reduktion

$3\,CuO(s) + 2\,Al(s) \longrightarrow 3\,Cu(s) + Al_2O_3(s)$

Oxidation

Aus der Verbindung Kupferoxid (aufgebaut aus Kupfer-Ionen und Oxid-Ionen) entsteht elementares Kupfer (bestehend aus Kupferatomen). Dabei nehmen die zweifach positiv geladenen Kupfer-Ionen jeweils zwei Elektronen auf und Kupferatome entstehen. Gleichzeitig geben die Aluminiumatome jeweils drei Elektronen ab. Es entstehen dreifach positiv geladene Aluminium-Ionen, die mit den Oxid-Ionen die Verbindung Aluminiumoxid bilden.

Reduktion/Elektronenaufnahme: $3\,Cu^{2+} + 6\,e^- \longrightarrow 3\,Cu$
Oxidation/Elektronenabgabe: $2\,Al \longrightarrow 2\,Al^{3+} + 6\,e^-$

7 a) Elektronenabgabe/Oxidation: $Zn \longrightarrow Zn^{2+} + 2\,e^-$
Elektronenaufnahme/Reduktion: $2\,I + 2\,e^- \longrightarrow 2\,I^-$
Elektronenübergang/Redoxreaktion: $Zn + I_2 \longrightarrow ZnI_2$

b) Elektronendonator: Zinkatome
Elektronenakzeptor: Iodatome

c) Reduktion

$Zn(s) + I_2(s) \longrightarrow ZnI_2(s)$

Oxidation

Reduktionsmittel: Zinkatome
Oxidationsmittel: Iodatome

8 a) Bei der Reaktion von Salzsäure mit Calcium entstehen Wasserstoff und eine Calciumchloridlösung.
$Ca(s) + 2\,H_3O^+(aq) + 2\,Cl^-(aq)$
$\longrightarrow Ca^{2+}(aq) + 2\,Cl^-(aq) + 2\,H_2O(l) + H_2(g)$

b) Elektronenabgabe/Oxidation:
$Ca(s) \longrightarrow Ca^{2+}(aq) + 2\,e^-$
Elektronenaufnahme/Reduktion:
$2\,H_3O^+(aq) + 2\,e^- \longrightarrow 2\,H_2O(l) + H_2(g)$

c) Gesucht: $V(H_2)$
Gegeben: $m(Ca) = 4$ g; $M(Ca) = 40$ g/mol;
$V_m = 22{,}4$ l/mol (↑Tabellenwerk)
Reaktionsgleichung:
$Ca(s) + 2\,H_3O^+(aq) + 2\,Cl^-(aq)$
$\longrightarrow Ca^{2+}(aq) + 2\,Cl^-(aq) + 2\,H_2O(l) + H_2(g)$

Lösung: $n(Ca) = n(H_2)$

$$n(Ca) = \frac{m(Ca)}{M(Ca)}$$

$$n(H_2) = \frac{V(H_2)}{V_m}$$

$$\frac{m(Ca)}{M(Ca)} = \frac{V(H_2)}{V_m}$$

$$V(H_2) = \frac{m(Ca) \cdot V_m}{M(Ca)}$$

$$V(H_2) = \frac{4\text{ g} \cdot 22{,}4\text{ l/mol}}{40\text{ g/mol}}$$

$$V(H_2) = 2{,}24\text{ l}$$

Ergebnis: Bei der Reaktion von 4 g Calcium mit Salzsäure bilden sich 2,24 l Wasserstoff.

9 Das Aluminiumblech wird sich mit einer Kupferschicht überziehen, da Aluminium unedler als Kupfer ist. Aluminiumatome haben ein höheres Bestreben zur Elektronenabgabe als Kupferatome. Sie geben jeweils drei Elektronen ab. Es bilden sich Aluminium-Ionen. Aus den zweifach positiv geladenen Kupfer-Ionen der Lösung entstehen an der Aluminiumblechoberfläche Kupferatome durch Aufnahme von jeweils zwei Elektronen.

10 Die zweifach positiv geladenen Zink-Ionen werden von der Kathode (Minuspol) angezogen, während die einfach negativ geladenen Chlorid-Ionen zur Anode (Pluspol) wandern. An der Kathode nehmen die Zink-Ionen jeweils zwei Elektronen auf und Zink-Atome entstehen. Elementares Zink scheidet sich in Form eines grauen Belags ab. An der Anode geben die Chlorid-Ionen jeweils ein Elektron ab. Es bilden sich Chloratome, die sich zu Chlormolekülen verbinden. An der Anode steigt Chlor in Form kleiner Gasbläschen auf.
Elektronenaufnahme an der Kathode: $Zn^{2+} + 2\,e^- \longrightarrow Zn$
Elektronenabgabe an der Anode: $2\,Cl^- \longrightarrow Cl_2 + 2\,e^-$

Merkmale und Verlauf chemischer Reaktionen (Seite 100)

1 Beim Abbrennen eines Lagerfeuers finden chemische Reaktionen statt, da Stoffumwandlungen zu beobachten sind, die mit Energieumwandlungen verbunden sind. Feste Brennstoffe wie Holz reagieren mit dem Sauerstoff der Luft vor allem zu den gasförmigen Verbrennungsprodukten Kohlenstoffdioxid und Wasserdampf. Neue Stoffe mit anderen Eigenschaften, als sie die Ausgangsstoffe haben, entstehen. Bedingungen für das Unterhalten eines Lagerfeuers sind: Vorhandensein von brennbaren Stoffen wie trockenes Holz mit ausreichendem Zerteilungsgrad, Zutritt von sauerstoffreicher Luft und Erreichen der Entzündungstemperatur. Das kontrollierte Abbrennen erfordert auch das Bereitstellen von Löschmitteln, in diesem Fall Sand zum Abdecken des Feuers, das durch den Entzug von Sauerstoff „erstickt".

2 Stoffumwandlung: Gasförmiger, farbloser Wasserstoff verbrennt mit bläulicher Flamme in gasförmigem, farblosem Sauerstoff (der Luft) zu Tröpfchen von Wasser. Ein neuer Stoff entsteht.
Energieumwandlung: Beim Zünden eines Gasgemisches aus Wasserstoff und Sauerstoff ist am explosionsartigen Verlauf der chemischen Reaktion die Wirkung der Energieumwandlung besonders gut festzustellen. Wärme wird abgegeben und auch mechanische Arbeit wird verrichtet. Die chemische Reaktion ist exotherm.
Teilchenveränderung: Aus Wasserstoffmolekülen und Sauerstoffmolekülen bilden sich durch Umgruppierung und Veränderung der Teilchen Wassermoleküle.
Umbau chemischer Bindungen: Atombindungen in Wasserstoffmolekülen und Sauerstoffmolekülen werden gespalten und polare Atombindungen in Wassermolekülen neu ausgebildet.

3 Bei der chemischen Reaktion von Wasserstoff mit Chlor zu Chlorwasserstoff reagieren Wasserstoffmoleküle mit Chlormolekülen zu Chlorwasserstoffmolekülen. Dabei werden Atombindungen in Wasserstoff- und Chlormolekülen gespalten und polare Atombindungen in Chlorwasserstoffmolekülen neu ausgebildet.

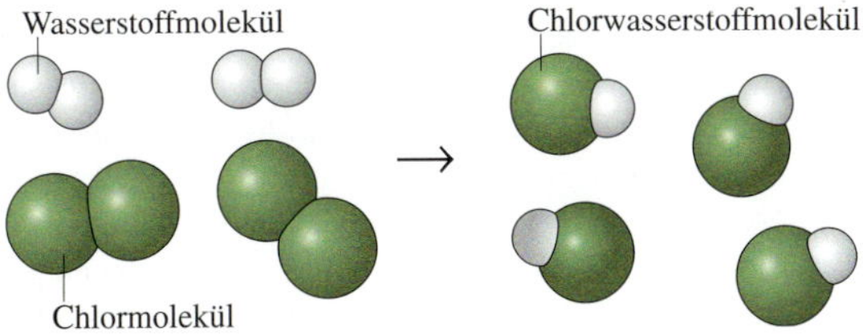

4 Die eigentliche chemische Reaktion zwischen einer Säure und einer Metallhydroxidlösung findet zwischen den Wasserstoff-Ionen der Säure und den Hydroxid-Ionen der Base statt. Die anderen jeweils vorhandenen Ionen bleiben in der Lösung. Die bei der chemischen Reaktion abgegebene Wärme ist auf die Bildung von Wassermolekülen zurückzuführen. Die Übereinstimmung der abgegebenen Wärme bei unterschiedlichen Säuren und Basen setzt das Vorhandensein von Wasserstoff-Ionen und Hydroxid-Ionen im Stoffmengenverhältnis 1 : 1 voraus.

5 Beispiele:
- Lebensmittellagerung bei Kühlung, d. h. Verringerung der Reaktionsbedingung Temperatur, verlangsamt die chemischen Reaktionen, die zum Verderben der Lebensmittel führen.
- Entfernen von Kalkablagerungen in Kesseln, im Sanitärbereich und an Armaturen durch Säurelösung mit ausreichend hoher Konzentration. Die Erhöhung der Konzentration der Säurelösung beschleunigt die chemische Reaktion. Es muss jedoch darauf geachtet werden, dass eine zu hohe Konzentration der Säurelösung zur Beschädigung der zu reinigenden Flächen führen kann.
- Das Entzünden eines Feuers gelingt zunächst nur mit Holzspänen. Der hohe Zerteilungsgrad des brennbaren Stoffes beschleunigt die chemische Reaktion.
- Das Wirken hunderter Enzyme und Hormone in menschlichen Organismus, die als Biokatalysatoren wirken, beschleunigt den Abbau von Nahrungsmitteln. Wenn krankheitsbedingt die Produktion dieser Biokatalysatoren unzureichend ist, müssen diese dem Körper zugeführt werden, wie z. B. Insulin bei der Zuckerkrankheit.

6 Lisa überlegte richtig, dass Chromarmaturen und Kacheln mit einer Essigsäurelösung höherer Konzentration besser und schneller zu reinigen sind. Sie berücksichtigte jedoch nicht, dass Marmorfliesen sowie die Marmor-Fensterbank aus Calciumcarbonat bestehen, das mit der Säure reagiert. Die Oberflächen würden bei der Reinigung mit Essigessenz beschädigt werden.

7 a) Die chemische Reaktion von Marmormehl mit Salzsäure verläuft schneller als die von Marmorstücken mit Salzsäure. Der Zerteilungsgrad ist bei Marmormehl höher als bei Marmorstücken.
b) Die chemische Reaktion von Marmor mit 15%iger Salzsäure verläuft schneller als die mit 7%iger Salzsäure. Die Erhöhung der Konzentration der Säure beschleunigt die chemische Reaktion.

8 Der zeitliche Verlauf der Reaktion von Calciumcarbonat mit Salzsäure kann am Verbrauch eines Ausgangsstoffs, d. h. an der Abnahme der Konzentration der Salzsäure oder auch an der Abnahme der Masse an Calciumcarbonat in einer bestimmten Zeit verfolgt werden. Im Verlauf der Reaktion verringert sich die Konzentration der Salzsäure ständig, aber nicht gleichmäßig. Die Geschwindigkeit wird gegen Ende der Reaktion geringer.

9 Im Diagramm ist der Zusammenhang zwischen der Stoffmengenkonzentration eines Ausgangsstoffs und der Zeit beim Ablauf einer chemischen Reaktion dargestellt. Die Stoffmengenkonzentration $c(A)$ ist auf der Ordinate, die Zeit t auf der Abszisse des Koordinatensystems aufgetragen. Die beiden Graphen zeigen den Verlauf der

Reaktion mit Katalysator (rote Kurve) und ohne Katalysator (blaue Kurve). Aus dem Diagramm ist ersichtlich, dass der Einsatz eines Katalysators den zeitlichen Verlauf der Reaktion beschleunigt. Der vollständige Umsatz des Ausgangsstoffs (Abnahme der Stoffmengenkonzentration → 0) wird durch den Einsatz des Katalysators eher erreicht.

Kohlenwasserstoffe – Energieträger und Rohstoffe (Seite 158)

1 a) Element Kohlenstoff

b) Das Kohlenstoffatom ist vierbindig. Kohlenstoffatome verfügen über die Eigenschaft, sich durch Atombindung miteinander zu verbinden. So kann sich eine unbegrenzte Anzahl organischer Verbindungen bilden.

c) Kohlenstoffdioxid lässt sich mit Kalkwasser nachweisen. Dabei bildet sich Calciumcarbonat, ein weißes, schwer lösliches Salz.

Wasser kann mit weißgrauem Kupfersulfat, das mit Wasser zu blauem Kupfersulfat reagiert, nachgewiesen werden.

2 a) Vorkommen: in Sumpfgas, Erdgas, Biogas, Klär- und Faulgas, Grubengas

Bedeutung: Heizgas, Kraftstoff und Rohstoff für die chemische Industrie

b) Steckbrief Methan

Farbe:	farblos
Geruch:	geruchlos
Aggregatzustand:	gasförmig
Dichte:	$0{,}72\,g \cdot l^{-1}$
Schmelztemperatur:	−182 °C
Siedetemperatur:	−161 °C
Brennbarkeit:	brennt mit bläulicher Flamme; Methan-Luft-Gemische sind explosiv
Löslichkeit:	in Wasser schwer löslich; gut in organischen Lösemitteln

c) 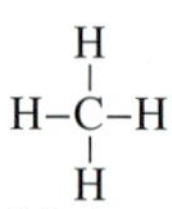

Im Methanmolekül sind die vier Wasserstoffatome jeweils über eine Elektronenpaarbindung mit dem Kohlenstoffatom verbunden. Nach dem Elektronenpaarabstoßungsmodell ordnen sich die Atome tetraederförmig an. Im Zentrum des Tetraeders befindet sich das Kohlenstoffatom, an den vier Ecken sind die Wasserstoffatome.

3 a) Homologe Reihe: Reihe chemisch ähnlicher Verbindungen, bei denen sich die Moleküle aufeinander folgender Glieder stets um eine CH_2-Gruppe unterscheiden.

b) C_7H_{16} Heptan 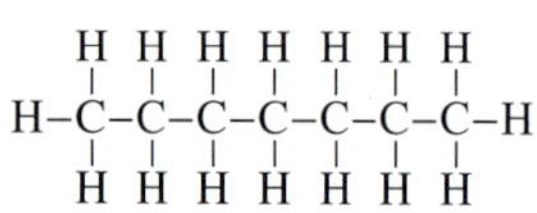

$C_{10}H_{22}$ Decan 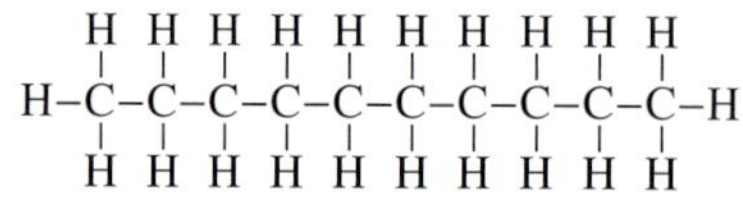

C_5H_{12} Pentan 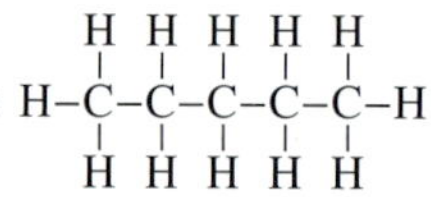

c) $C_{11}H_{24}$; $C_{19}H_{40}$; $C_{24}H_{50}$

Gemeinsame Eigenschaften: leiten den elektrischen Strom nicht, sind hydrophob, nicht mit Wasser mischbar

Unterschiedliche Eigenschaften: Aggregatzustände, Schmelz- und Siedetemperaturen, Dichte, Viskosität, Entzündungstemperaturen

4 Bei der Reaktion von Octan mit Brom wird ein Wasserstoffatom eines Octanmoleküls gegen ein Bromatom eines Brommoleküls ausgetauscht. Es entstehen ein Bromoctanmolekül und ein Bromwasserstoffmolekül.

Dass die Reaktion abgelaufen ist, lässt sich daran erkennen, dass die braune Farbe des Broms verschwindet und dass das feuchte Indikatorpapier mit dem farblosen Gas Bromwasserstoff eine saure Reaktion (Rotfärbung) anzeigt.

$C_8H_{18}(l) + Br_2(g) \longrightarrow C_8H_{17}Br(l) + HBr(g)$

5 1,2-Dichlorethan und 1,1-Dichlorethan sind Verbindungen, deren Moleküle gleiche Summenformeln ($C_2H_4Cl_2$), aber unterschiedliche Molekülstrukturen und damit auch unterschiedliche Eigenschaften haben.

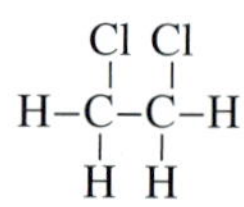
1,2-Dichlorethan

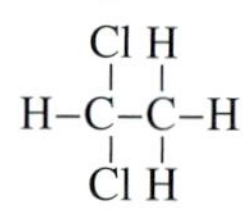
1,1-Dichlorethan

6 Benzin mit Bromwasser prüfen; Entfärbung gelingt nur bei Anwesenheit von ungesättigten Kohlenwasserstoffen.

7 Gesättigte Kohlenwasserstoffe: Die Moleküle enthalten nur Einfachbindungen zwischen den Kohlenstoffatomen. In den Molekülen sind alle Kohlenstoffatome mit der größtmöglichen Anzahl Wasserstoffatome verbunden.

Ungesättigte Kohlenwasserstoffe: Die Moleküle enthalten mindestens eine Doppelbindung (oder eine Dreifachbindung) zwischen zwei Kohlenstoffatomen. Die Moleküle enthalten weniger Wasserstoffatome, als sie aufgrund der möglichen Anzahl an Atombindungen binden könnten.

Gesättigte Kohlenwasserstoffe: 2-Methylbutan, n-Hexan, 2,3-Dimethylnonan

Ungesättigte Kohlenwasserstoffe: Hept-2-in, Pent-1-en, Octadec-3-en

8 a) Es entstehen 1,2-Dichlorpropan und 2-Chlorpropan. Es handelt sich um Halogenderivate der Alkane, also um Halogenalkane.

b) Additionsreaktionen

c) 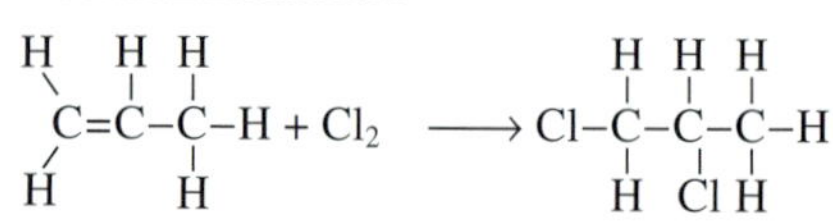

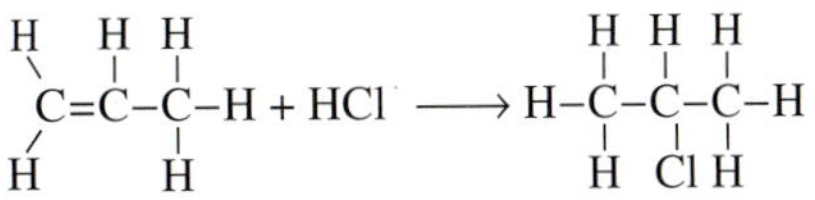

9 Hydrierung heißt Anlagerung von Wasserstoff. Dehydrierung ist die Umkehrung der Hydrierung, also die Abspaltung von Wasserstoff.
Hydrierung von Propen: Bei dieser Reaktion lagert sich das Wasserstoffmolekül an die Kohlenstoffatome der Doppelbindung im Propenmolekül an. Als Reaktionsprodukt bildet sich Propan. Die Propanmoleküle enthalten nur Einfachbindungen. Es handelt sich um eine Additionsreaktion.
Dehydrierung von Propan: Bei dieser Reaktion wird aus einem Propanmolekül ein Wasserstoffmolekül abgespalten. Als Reaktionsprodukte bilden sich Propen und Wasserstoff. Die Propenmoleküle enthalten zwischen zwei Kohlenstoffatomen eine Doppelbindung. Es handelt sich um eine Eliminierungsreaktion.

10 a) Die Rohölfraktionen unterscheiden sich z. B. in ihrer Schmelz- und Siedetemperatur sowie in ihrer Viskosität (Zähigkeit). Dies hängt mit dem Anteil kurz- bzw. langkettiger Kohlenwasserstoffmoleküle in den unterschiedlichen Rohölfraktionen zusammen. Je größer die Kettenlänge eines Kohlenwasserstoffmoleküls ist, desto größer sind die Anziehungskräfte (Van-der-Waals-Kräfte) zwischen ihnen. Damit steigen dann auch z. B. Schmelz- und Siedetemperatur sowie Viskosität der Rohölfraktion.
b) Das Rohöl wird zunächst einer fraktionierten Destillation unterzogen. Anschließend werden die hochsiedenden Fraktionen (Fraktionen mit Kohlenwasserstoffen aus langkettigen Molekülen) einem Crack-Verfahren unterzogen, um den Anteil kurzkettiger Kohlenwasserstoffe zu erhöhen. Durch Reformieren wird die Octanzahl des Benzins erhöht. Abschließend werden dem Benzin noch Additive hinzugegeben, um die Eigenschaften des Kraftstoffs zu optimieren.
c) Unterschiede zwischen der fraktionierten Destillation im Schülerexperiment und der in einer Raffinerie:
- im Schülerexperiment keine kontinuierliche Destillation aufgrund geringer Mengen an Rohöl
- beim Schülerexperiment ständige Erhöhung der Temperatur im Rundkolben, da keine Glockenböden vorhanden sind

d) Der Destillationsturm ist durch sogenannte Glockenböden stockwerkartig unterteilt, auf denen unterschiedliche Temperaturen herrschen. Auf dem untersten ist es am heißesten, auf dem obersten am kältesten. Die verdampften Bestandteile steigen im Destillationsturm empor, kühlen sich ab und kondensieren etwas unterhalb ihrer Siedetemperatur auf den verschiedenen Glockenböden des Destillationsturms wieder. Das Kondensat fließt durch den Überlauf in den darunterliegenden Glockenboden zurück. Stoffe mit niedrigerer Siedetemperatur verdampfen dann erneut. Dadurch wird eine optimale Trennung der Fraktionen erreicht. Da die Temperatur von unten nach oben abnimmt, reichern sich niedrig siedende Kohlenwasserstoffe oben an, unten sammeln sich die Kohlenwasserstoffe mit den hohen Siedetemperaturen. Die auf den verschiedenen Glockenböden entstehenden Fraktionen werden von dem jeweiligen Boden in Vorratsbehälter abgeleitet.
e) Der Rückstand enthält einen hohen Anteil langkettiger Kohlenwasserstoffe. Er ist zu wertvoll, um ihn zu verwerfen.
f) Bei beiden Crack-Verfahren werden aus langkettigen Molekülen der Kohlenwasserstoffe durch Aufspaltung Moleküle mit kürzerer Kettenlänge gewonnen. Während beim thermischen Cracken die Kohlenwasserstoffmoleküle erst bei hohem Druck und sehr hoher Temperatur gespalten werden, gelingt dies beim katalytischen Cracken energiesparender unter Verwendung eines Katalysators bei niedrigerem Druck und niedrigerer Temperatur. Der Katalysator setzt die Aktivierungsenergie herab, sodass die Spaltung bei niedrigerer Temperatur stattfinden kann. Zudem laufen die Reaktionen mit Katalysator schneller ab.

Alkohol – mehr als nur zum Trinken (Seite 180)

1 a) Verwendung als Lösemittel in Laboren, in der Kosmetik, in der Industrie, bei der Arzneimittelherstellung und im Haushalt, Verwendung in alkoholischen Getränken, als Kraftstoff und als Kraftstoffzusatz
b) – Verwendung als Kraftstoff: brennbar
- Verwendung als Lösemittel: gut mit Wasser aber auch mit unpolaren Stoffen mischbar
- Verwendung als Trinkalkohol: angenehmer Geschmack in alkoholischen Getränken

2 a) Zuckerhaltige Lösungen (z. B. Fruchtsäfte) werden in Gärgefäße gegeben und unter Luftabschluss vergoren. Enzyme wirken dabei als Biokatalysatoren.
b)
$$C_6H_{12}O_6\,(aq) \xrightarrow{\text{Enzyme}} 2\;C_2H_5OH\,(l) + 2\;CO_2\,(g)$$
c) Durch Gärung hergestellter Alkohol kann max. 18 % Ethanol enthalten, da bei einer höheren Konzentration die Hefebakterien absterben.

3 a) Regelmäßiger Alkoholkonsum kann zur Abhängigkeit führen. Die Nervenzellen reagieren bei regelmäßiger Alkoholaufnahme mit der Bildung zusätzlicher Rezeptoren. Außerdem erhöht sich die Geschwindigkeit des Alkoholabbaus in der Leber. Die Toleranz gegenüber Alkohol steigt erheblich. Der Körper benötigt bald mehr Alkohol als früher, um die gleiche Wirkung zu erreichen. Das kann unbewusst zu einer psychischen Abhängigkeit führen, die in eine physische Abhängigkeit übergeht. Der Mensch ist süchtig nach Alkohol, er ist alkoholkrank.
b) Kurzfristig: angenehmes Gefühl, Erregtheit mit aufsteigender Hitze, Gesichtsrötung, Verminderung der Selbsteinschätzung und Gefahr der Selbstüberschätzung, Störung der Motorik und Einschränkung des Gesichtsfeldes

Langfristig: Störung des Gleichgewichtssinns, Verminderung der Konzentrations- und Merkfähigkeit, Zerstörung von Gehirnzellen, Schädigung von Nervenbahnen, Erhöhung der Hauttemperatur und damit Möglichkeit der Auskühlung, Gefäßerweiterungen, Herzprobleme und erhöhter Blutdruck, Fettleber und Leberzirrhose, Schädigungen der Magenschleimhaut, Magengeschwüre, Nierenschädigung
Besonders gefährlich für Entwicklung der Embryonen im Mutterleib sowie für Kinder und Jugendliche, deren körperliche und geistige Entwicklung stark beeinträchtigt werden können

4 a) Methanol: $CH_3{-}OH$
Ethanol: $CH_3{-}CH_2{-}OH$
Propanol: $CH_3{-}CH_2{-}CH_2{-}OH$
Butanol: $CH_3{-}CH_2{-}CH_2{-}CH_2{-}OH$

b) Eine homologe Reihe ist eine Reihe ähnlicher organischer Verbindungen, bei denen sich die Moleküle der aufeinanderfolgenden Glieder jeweils um eine CH_2-Gruppe unterscheiden. Ihre chemischen Eigenschaften stimmen infolge übereinstimmender Strukturmerkmale weitgehend überein.
Die Alkanole haben übereinstimmende Strukturmerkmale: kettenförmig, Kohlenstoff-Kohlenstoff-Einfachbindungen, eine Hydroxylgruppe im Molekül.
Die Glieder der homologen Reihe der Alkanole unterscheiden sich jeweils um eine CH_2-Gruppe.
Die chemischen Eigenschaften stimmen weitgehend überein: brennbar, können dehydriert werden, reagieren mit Säuren.

c) Alle Glieder haben eine Hydroxylgruppe im Molekül: Alkanole reagieren deshalb mit Natrium zu Alkanolaten und Wasserstoff und mit Säuren zu Estern.
Hydroxylgruppe bewirkt Polarität: Dadurch gibt es Wasserstoffbrücken zwischen den Molekülen, die höhere Siedetemperaturen im Vergleich zu den Alkanen bewirken.
Bei längerkettigen Alkanolen überwiegt der Einfluss der unpolaren Alkylreste: Deshalb sind kurzkettige Alkanole gut in polaren Stoffen löslich, langkettige dagegen gut in unpolaren. Durch Zunahme der Kettenlänge ändert sich der Aggregatzustand der Glieder von dünnflüssig über ölig zu fest (ab $C_{12}H_{25}OH$).

5 a) Ethan-1,2-diol (Glykol), Propanon (Aceton), Propanol, Propanal

b) Die Moleküle aller vier Stoffe sind kettenförmig, alle Kohlenstoffatome sind untereinander durch Einfachbindungen verbunden.
Ethan-1,2-diol hat zwei Hydroxylgruppen im Molekül: zweiwertiger Alkohol.
Propanon hat eine Ketogruppe im Molekül: Alkanon.
Propanol hat eine Hydroxylgruppe im Molekül: Alkanol.
Propanal hat eine Aldehydgruppe im Molekül: Alkanal.

6 a) $CH_3{-}CH_2{-}OH \longrightarrow CH_3{-}CHO + H_2$

b) Dehydrierung ist eine chemische Reaktion, bei der aus einem Molekül des Ausgangsstoffs mindestens ein Molekül Wasserstoff abgespalten wird. Dabei entstehen mindestens zwei Reaktionsprodukte.
Hier wird aus einem Molekül Ethanol ein Molekül Wasserstoff abgespalten. Als weiteres Produkt entsteht ein Molekül Ethanal.

c) Gesucht: $m(CH_3CHO)$; $V(H_2)$
Gegeben: $m(CH_3CH_2OH) = 100\,g$;
$M(CH_3CH_2OH) = 46\,g/mol$;
$M(CH_3CHO) = 44\,g/mol$;
$V_m = 22{,}4\,l/mol$
Lösung: $n(CH_3CHO) = n(CH_3CH_2OH)$

$$n(CH_3CHO) = \frac{m(CH_3CHO)}{M(CH_3CHO)}$$

$$n(CH_3CH_2OH) = \frac{m(CH_3CH_2OH)}{M(CH_3CH_2OH)}$$

$$\frac{m(CH_3CHO)}{M(CH_3CHO)} = \frac{m(CH_3CH_2OH)}{M(CH_3CH_2OH)}$$

$$m(CH_3CHO) = \frac{m(CH_3CH_2OH) \cdot M(CH_3CHO)}{M(CH_3CH_2OH)}$$

$$m(CH_3CHO) = \frac{100\,g \cdot 44\,g/mol}{46\,g/mol}$$

$$m(CH_3CHO) = 95{,}7\,g$$

$$n(CH_3CH_2OH) = n(H_2)$$

$$n(CH_3CH_2OH) = \frac{m(CH_3CH_2OH)}{M(CH_3CH_2OH)}$$

$$n(H_2) = \frac{V(H_2)}{V_m}$$

$$V(H_2) = \frac{m(CH_3CH_2OH) \cdot V_m}{M(CH_3CH_2OH)}$$

$$V(H_2) = \frac{100\,g \cdot 22{,}4\,l/mol}{46\,g/mol}$$

$$V(H_2) = 48{,}7\,l$$

Ergebnis: Bei der vollständigen Dehydrierung von 100 g Ethanol bilden sich 95,7 g Ethanal und 48,7 l Wasserstoff.

7 a) Gesucht: m(Wasser)
Gegeben: V(Alkohol flamb.) = 0,1 l
φ(Ethanol) = 40 % = 0,4
ϱ(Ethanol) = 0,79 g/cm³
$M(CH_3CH_3OH) = 46\,g/mol$
$M(H_2O) = 18\,g/mol$
Reaktionsgleichung der Verbrennung von Ethanol:
$C_2H_5OH + 3\,O_2 \longrightarrow 2\,CO_2 + 3\,H_2O$
Lösung:

$$\varphi(\text{Ethanol}) = \frac{V(\text{Ethanol})}{V(\text{Alkohol flamb.})}$$

V(Ethanol) = φ(Ethanol) · V(Alkohol flamb.)

V(Ethanol) = 0,4 · 0,1 l = 0,04 l = 40 ml

$$\varrho(\text{Ethanol}) = \frac{m(\text{Ethanol})}{V(\text{Ethanol})}$$

$m(\text{Ethanol}) = \varrho(\text{Ethanol}) \cdot V(\text{Ethanol})$

$m(\text{Ethanol}) = 0{,}79\,\text{g/cm}^3 \cdot 40\,\text{ml} = 31{,}6\,\text{g}$

In 100 ml eines zum Flambieren genutzten Alkohols mit φ (Ethanol) = 40 % sind 31,6 g Ethanol enthalten.

$$m(\text{Wasser}) = \frac{n(\text{Wasser}) \cdot M(\text{Wasser}) \cdot m(\text{Ethanol})}{n(\text{Ethanol}) \cdot M(\text{Ethanol})}$$

$$m(\text{Wasser}) = \frac{3\,\text{mol} \cdot 18\,\text{g/mol} \cdot 31{,}6\,\text{g}}{1\,\text{mol} \cdot 46\,\text{g/mol}}$$

$m(\text{Wasser}) = 37{,}1\,\text{g}$

Ergebnis: Wenn 100 ml eines 40%igen Alkohols beim Flambieren verbrannt werden, entsteht eine Masse von 37,1 g Wasser.

b) Gesucht: V(Kohlenstoffdioxid)

Gegeben: $V_m = 22{,}4\,\text{l}$

Lösung:

V(Kohlenstoffdioxid) =

$$\frac{V(\text{Kohlenstoffdioxid}) \cdot V_m \cdot m(\text{Ethanol})}{n(\text{Ethanol}) \cdot M(\text{Ethanol})}$$

$$V(\text{Kohlenstoffdioxid}) = \frac{2\,\text{mol} \cdot 22{,}4\,\text{l} \cdot 31{,}6\,\text{g}}{1\,\text{mol} \cdot 46\,\text{g/mol}}$$

$V(\text{Kohlenstoffdioxid}) = 30{,}78\,\text{l}$

Ergebnis: Wenn 100 ml eines 40%igen Alkohols beim Flambieren verbrannt werden, entsteht ein Volumen von 30,78 l Kohlenstoffdioxid.

8 Ethanal

Vorkommen: Stoffwechselprodukt im pflanzlichen und tierischen Organismus; Nebenprodukt bei der alkoholischen Gärung, teilweise in Früchten und Gemüse

Bedeutung: Erzeugung von Kosmetika, Kunststoffen, Farben und Pharmazeutika

Aceton

Vorkommen: in Spuren in Harn und Blut

Bedeutung: Lösemittel für Farben, Harze, Kunstseiden, Klebstoffe, Gummi und organisches Glas (Plexiglas); Lösemittel für Kosmetika, z. B. Nagellack, ätherische Öle und Balsame

Alkansäuren | Ester – Fette – Seifen (Seite 204)

1 a) Weißwein längere Zeit offen in einem warmen Raum stehen lassen.

b) Geruchsprobe, prüfen der Lösung mit Indikator auf saure Lösung, prüfen der elektrischen Leitfähigkeit.

c) $C_2H_5OH\,(l) + O_2\,(g) \longrightarrow CH_3\text{–}COOH\,(l) + H_2O\,(l)$

2 Eigenschaften: Wasserfreie Ethansäure (Eisessig) ist eine farblose, stechend riechende und stark ätzende Flüssigkeit. Sie siedet bei 118,1 °C und erstarrt bei 16,6 °C zu klaren Molekülkristallen. Reine Ethansäure ist brennbar, leitet den elektrischen Strom nicht und löst sich gut in Wasser. Dabei entsteht verdünnte Ethansäure. Verdünnte Ethansäure riecht ebenfalls stechend und schmeckt sauer. Sie leitet den elektrischen Strom. Verdünnte Ethansäure reagiert sauer. Sie reagiert mit unedlen Metallen, Metalloxiden und Metallhydroxiden zu Salzlösungen.

Verwendung: Ethansäure wird als Speiseessig [Volumenanteil φ(Ethansäure) = 5 bis 8 %] oder Essigessenz [Volumenanteil φ(Ethansäure) = 25 %] zum Würzen, Säuern und Konservieren von Lebensmitteln verwendet. Essigsäure und einige ihrer Salze sind wichtige Säuerungs- und Konservierungsmittel. Essig ist durch seine Bakterien tötende sowie seine Kalk und Rost lösende Wirkung auch ein altbekannter Haushaltsreiniger. Ethansäure ist Ausgangsstoff zum Herstellen von Lacken und Farben, Arzneimitteln, Lösemitteln, Kunststoffen und Kunstfasern. Sie dient zur Herstellung von Riechstoffen und ist Hilfsmittel bei der Latexherstellung. Außerdem wird sie zur Entkalkung von Häuten und als Hilfsmittel in der Textilindustrie sowie in Färbereien eingesetzt.

3 a) Die Moleküle der Alkansäureester enthalten als charakteristisches Strukturmerkmal die

Estergruppe 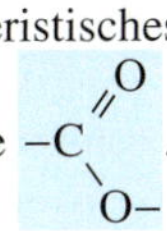 .

Reagieren z. B. Ethansäure und Ethanol zu Ethansäureethylester, ist zwischen den beiden Molekülresten der Ausgangsstoffe die Estergruppe als Strukturmerkmal vorhanden: $H_3C\text{–CO–O–}CH_2\text{–}CH_3$.

b) $CH_3\text{–COOH} + C_2H_5OH$

$\rightleftarrows CH_3\text{–CO–O–}C_2H_5 + H_2O$

c) Die Veresterung ist eine Kondensationsreaktion, da bei dieser Reaktion Wasser gebildet wird.

d) Ethansäure: funktionelle Gruppe –COOH, Carboxylgruppe

Ethanol: funktionelle Gruppe –OH, Hydroxylgruppe

Ethansäureethylester: funktionelle Gruppe –CO–O–, Estergruppe

4 Phosphorsäureester: Sprengstoffe und Schießpulver, zur Herstellung von Lacken, Kunststoffen und Medikamenten

Salpetersäureester: Sprengstoffe und Schießpulver, zur Herstellung von Lacken, Kunststoffen und Medikamenten

Schwefelsäureester: Hilfsstoffe für organische Synthesen, zur Herstellung von Waschmitteln

5 a) Fette können fest oder flüssig sein. Sie sind in Wasser nicht löslich, in einigen polaren Lösemitteln dagegen gut löslich. Fette sind brennbar und können sich beim Erhitzen auf über 300 °C selbst entzünden. Fette emulgieren in Seifenlösungen.

$$\text{Glycerin} + \text{Fettsäuren} \underset{\text{Fettabbau}}{\overset{\text{Fettbildung}}{\rightleftarrows}} \text{Fett} + \text{Wasser}$$

b) In gesättigten Fettsäuren sind die Kohlenstoffatome im Alkylrest durch Einfachbindung gebunden. In ungesättigten Fettsäuren ist mindestens eine Doppelbindung im Alkylrest enthalten.

c) Essenzielle Fettsäuren kann der Organismus im Gegensatz zu den nicht essenziellen nicht selbst synthetisieren. Sie müssen deshalb mit der Nahrung aufgenommen werden. Beispiel: Linolensäure

6 Fettbrände löscht man selbst durch Abdecken der Flammen (Entzug der Luftzufuhr) oder mit Sand. Ebenfalls möglich sind spezielle Fettbrandfeuerlöscher. Fettbrände dürfen niemals mit Wasser gelöscht werden. Kommt Wasser auf das heiße, brennende Fett wird es sehr fein verteilt, verdampft und reißt Fettteilchen mit. Diese fein verteilten Fettteilchen bilden mit der Luft explosive Gemische, sodass sich ein riesiger Flammenpilz bildet.

7 a) Fett + Natriumhydroxid
$\rightarrow$ Natriumstearat (Kernseife) + Glycerin
Fett + Kaliumhydroxid
$\rightarrow$ Kaliumstearat (Schmierseife) + Glycerin

b) Kernseife ist fest, Schmierseife zähflüssig bis pastös.

c) Seifenlösungen reagieren basisch: Wolle verfilzt, Seide knittert, der Säureschutzmantel der Haut wird angegriffen.

Seifenlösungen bilden mit Säuren schwer lösliche Fettsäuren und setzen sich als Schmutz auf dem Waschgut ab.

Seifenlösungen bilden mit hartem Wasser Kalkseifen. Diese sind scharf kristallin, zerstören die Faserstruktur des Waschguts und führen zum Vergrauen der Wäsche.

8 Klare Seifenlösung in hartes Wasser tropfen. Es bildet sich eine weiße Trübung des Wassers (Kalkseife fällt aus). In weichem Wasser sind fast keine Calcium-Ionen enthalten, sodass die Lösung klar bleibt.

9 Seifenlösungen bilden mit Säuren schwer lösliche Fettsäuren und mit hartem Wasser Kalkseifen. Beide Stoffe, Fettsäuren und Kalkseifen, können die unschönen Schmutzränder in der Badewanne bilden.

Einfache Laborgeräte

Gefahrensymbole, Kennbuchstaben und Gefahrenbezeichnungen (Auswahl)

Die Gefahrenbezeichnungen werden durch die R-Sätze für die einzelnen Stoffe präzisiert (→ unten).

T

Giftige Stoffe (sehr giftige Stoffe T+) verursachen durch Einatmen, Verschlucken oder Aufnahme durch die Haut meist erhebliche Gesundheitsschäden oder gar den Tod.
Was tun? Nicht direkt berühren! Unwohlsein sofort dem Lehrer melden!

Xn

Gesundheitsschädliche Stoffe können durch Einatmen, Verschlucken oder Aufnahme durch die Haut gesundheitsschädigend wirken.
Was tun? Nicht direkt berühren! Unwohlsein sofort dem Lehrer melden!

C

Ätzende Stoffe zerstören das Hautgewebe oder die Oberfläche von Gegenständen.
Was tun? Berührung mit der Haut, Augen und Kleidung vermeiden! Dämpfe nicht einatmen!

Xi

Reizende Stoffe haben Reizwirkung auf Haut, Augen und Atmungsorgane.
Was tun? Berührung mit Haut, Augen und Atmungsorganen vermeiden! Nicht einatmen!

F

Leicht entzündliche Stoffe (hochentzündliche Stoffe F+) entzünden sich von selbst an heißen Gegenständen.
Zu ihnen gehören selbstentzündliche Stoffe, leicht entzündliche gasförmige Stoffe, brennbare Flüssigkeiten und Stoffe, die mit Feuchtigkeit brennbare Gase bilden.
Was tun? Vorsicht beim Umgang mit offenen Flammen und Wärmequellen! Keine Berührung mit brandfördernden Stoffen!

O

Brandfördernde Stoffe können brennbare Stoffe entzünden oder ausgebrochene Brände fördern.
Was tun? Kontakt mit brennbaren Stoffen vermeiden!

E

Explosionsgefährliche Stoffe können unter bestimmten Bedingungen explodieren.
Was tun? Schlag, Stoß, Reibung, Funkenbildung und Hitzeeinwirkung vermeiden!

N

Umweltgefährliche Stoffe sind sehr giftig, giftig oder schädlich für Wasserorganismen und können in Gewässern längerfristig schädliche Wirkungen haben. In der nichtaquatischen Umwelt sind sie giftig für Pflanzen, Tiere, Bodenorganismen und Bienen, können auf die Umwelt längerfristig schädliche Wirkungen haben und für die Ozonschicht gefährlich sein.
Was tun? Freisetzung der Stoffe in die Umwelt vermeiden, Stoffe der Problemabfallentsorgung zuführen!

Gefahrenhinweise (R-Sätze)

R 1 In trockenem Zustand explosionsgefährlich
R 2 Durch Schlag, Reibung, Feuer oder andere Zündquellen explosionsgefährlich
R 3 Durch Schlag, Reibung, Feuer oder andere Zündquellen besonders explosionsgefährlich
R 4 Bildet hochempfindliche explosionsgefährliche Metallverbindungen
R 5 Beim Erwärmen explosionsfähig
R 6 Mit und ohne Luft explosionsfähig
R 7 Kann Brand verursachen
R 8 Feuergefahr bei Berührung mit brennbaren Stoffen
R 9 Explosionsgefahr bei Mischung mit brennbaren Stoffen
R 10 Entzündlich
R 11 Leicht entzündlich
R 12 Hochentzündlich
R 14 Reagiert heftig mit Wasser
R 15 Reagiert mit Wasser unter Bildung hochentzündlicher Gase
R 16 Explosionsgefährlich in Mischung mit brandfördernden Stoffen
R 17 Selbstentzündlich an der Luft
R 18 Bei Gebrauch Bildung explosionsfähiger / leicht entzündlicher Dampf-Luft-Gemische möglich
R 19 Kann explosionsfähige Peroxide bilden
R 20 Gesundheitsschädlich beim Einatmen
R 21 Gesundheitsschädlich bei Berührung mit der Haut
R 22 Gesundheitsschädlich beim Verschlucken
R 23 Giftig beim Einatmen
R 24 Giftig bei Berührung mit der Haut
R 25 Giftig beim Verschlucken
R 26 Sehr giftig beim Einatmen
R 27 Sehr giftig bei Berührung mit der Haut
R 28 Sehr giftig beim Verschlucken
R 29 Entwickelt bei Berührung mit Wasser giftige Gase
R 30 Kann bei Gebrauch leicht entzündlich werden
R 31 Entwickelt bei Berührung mit Säure giftige Gase
R 32 Entwickelt bei Berührung mit Säure sehr giftige Gase
R 33 Gefahr kumulativer Wirkungen
R 34 Verursacht Verätzungen
R 35 Verursacht schwere Verätzungen
R 36 Reizt die Augen
R 37 Reizt die Atmungsorgane
R 38 Reizt die Haut
R 39 Ernste Gefahr irreversiblen Schadens
R 40 Verdacht auf krebserzeugende Wirkung
R 41 Gefahr ernster Augenschäden
R 42 Sensibilisierung durch Einatmen möglich
R 43 Sensibilisierung durch Hautkontakt möglich
R 44 Explosionsgefahr bei Erhitzen unter Einschluss
R 45 Kann Krebs erzeugen
R 46 Kann vererbbare Schäden verursachen
R 48 Gefahr ernster Gesundheitsschäden bei längerer Exposition
R 49 Kann Krebs erzeugen beim Einatmen
R 50 Sehr giftig für Wasserorganismen
R 51 Giftig für Wasserorganismen
R 52 Schädlich für Wasserorganismen
R 53 Kann in Gewässern längerfristig schädliche Wirkungen haben
R 54 Giftig für Pflanzen
R 55 Giftig für Tiere
R 56 Giftig für Bodenorganismen
R 57 Giftig für Bienen
R 58 Kann längerfristig schädliche Wirkungen auf die Umwelt haben
R 59 Gefährlich für die Ozonschicht
R 60 Kann die Fortpflanzungsfähigkeit beeinträchtigen
R 61 Kann das Kind im Mutterleib schädigen
R 62 Kann möglicherweise die Fortpflanzungsfähigkeit beeinträchtigen
R 63 Kann das Kind im Mutterleib möglicherweise schädigen
R 64 Kann Säuglinge über die Muttermilch schädigen
R 65 Gesundheitsschädlich: kann beim Verschlucken Lungenschäden verursachen
R 66 Wiederholter Kontakt kann zu spröder und rissiger Haut führen
R 67 Dämpfe können Schläfrigkeit und Benommenheit verursachen
R 68 Irreversibler Schaden möglich

Kombination der R-Sätze (Auswahl)

R 14/15 Reagiert heftig mit Wasser unter Bildung hochentzündlicher Gase
R 20/22 Gesundheitsschädlich beim Einatmen und Verschlucken
R 20/21/22 Gesundheitsschädlich beim Einatmen, Verschlucken und bei Berührung mit der Haut
R 21/22 Gesundheitsschädlich bei Berührung mit der Haut und beim Verschlucken
R 23/25 Giftig beim Einatmen und beim Verschlucken
R 23/24/25 Giftig beim Einatmen, Verschlucken und bei Berührung mit der Haut
R 24/25 Giftig bei Berührung mit der Haut und beim Verschlucken
R 36/37 Reizt die Augen und die Atmungsorgane
R 36/38 Reizt die Augen und die Haut
R 36/37/38 Reizt die Augen, Atmungsorgane und die Haut
R 50/53 Sehr giftig für Wasserorganismen, kann in Gewässern längerfristig schädliche Wirkungen haben
R 51/53 Giftig für Wasserorganismen, kann in Gewässern längerfristig schädliche Wirkungen haben
R 52/53 Schädlich für Wasserorganismen, kann in Gewässern längerfristig schädliche Wirkungen haben

Sicherheitsratschläge (S-Sätze)

S 1	Unter Verschluss aufbewahren
S 2	Darf nicht in die Hände von Kindern gelangen
S 3	Kühl aufbewahren
S 4	Von Wohnplätzen fernhalten
S 5	Unter … aufbewahren (geeignete Flüssigkeit vom Hersteller anzugeben)
S 6	Unter … aufbewahren (inertes Gas vom Hersteller anzugeben)
S 7	Behälter dicht geschlossen halten
S 8	Behälter trocken halten
S 9	Behälter an einem gut gelüfteten Ort aufbewahren
S 12	Behälter nicht gasdicht verschließen
S 13	Von Nahrungsmitteln, Getränken und Futtermitteln fernhalten
S 14	Von … fernhalten (inkompatible Substanzen sind vom Hersteller anzugeben)
S 15	Vor Hitze schützen
S 16	Von Zündquellen fernhalten – Nicht rauchen
S 17	Von brennbaren Stoffen fernhalten
S 18	Behälter mit Vorsicht öffnen und handhaben
S 20	Bei der Arbeit nicht essen und trinken
S 21	Bei der Arbeit nicht rauchen
S 22	Staub nicht einatmen
S 23	Gas/Rauch/Dampf/Aerosol nicht einatmen (geeignete Bezeichnung[en] vom Hersteller anzugeben)
S 24	Berührung mit der Haut vermeiden
S 25	Berührung mit den Augen vermeiden
S 26	Bei Berührung mit den Augen sofort gründlich mit Wasser abspülen und Arzt konsultieren
S 27	Beschmutzte, getränkte Kleidung sofort ausziehen
S 28	Bei Berührung mit der Haut sofort abwaschen mit viel … (vom Hersteller anzugeben)
S 29	Nicht in die Kanalisation gelangen lassen
S 30	Niemals Wasser hinzugießen
S 33	Maßnahmen gegen elektrostatische Aufladungen treffen
S 35	Abfälle und Behälter müssen in gesicherter Weise beseitigt werden
S 36	Bei der Arbeit geeignete Schutzkleidung tragen
S 37	Geeignete Schutzhandschuhe tragen
S 38	Bei unzureichender Belüftung Atemschutzgerät anlegen
S 39	Schutzbrille/Gesichtsschutz tragen
S 40	Fußboden und verunreinigte Gegenstände mit … reinigen (Material vom Hersteller anzugeben)
S 41	Explosions- und Brandgase nicht einatmen
S 42	Bei Räuchern/Versprühen geeignetes Atemschutzgerät anlegen (geeignete Bezeichnung[en] vom Hersteller anzugeben)
S 43	Zum Löschen … (vom Hersteller anzugeben) verwenden (wenn Wasser die Gefahr erhöht, anfügen: „Kein Wasser verwenden“)
S 45	Bei Unfall oder Unwohlsein sofort Arzt hinzuziehen (wenn möglich dieses Etikett vorzeigen)
S 46	Bei Verschlucken sofort ärztlichen Rat einholen und Verpackung oder Etikett vorzeigen
S 47	Nicht bei Temperaturen über … °C aufbewahren (vom Hersteller anzugeben)
S 48	Feucht halten mit … (geeignetes Mittel vom Hersteller anzugeben)
S 49	Nur im Originalbehälter aufbewahren
S 50	Nicht mischen mit … (vom Hersteller anzugeben)
S 51	Nur in gut gelüfteten Bereichen verwenden
S 52	Nicht großflächig für Wohn- und Aufenthaltsräume verwenden
S 53	Exposition vermeiden – vor Gebrauch besondere Anweisungen einholen
S 56	Dieses Produkt und seinen Behälter der Problemabfallentsorgung zuführen
S 57	Zur Vermeidung einer Kontamination der Umwelt geeigneten Behälter verwenden
S 59	Information zur Wiederverwendung/Wiederverwertung beim Hersteller/Lieferanten erfragen
S 60	Dieses Produkt und sein Behälter sind als gefährlicher Abfall zu entsorgen
S 61	Freisetzung in die Umwelt vermeiden. Besondere Anweisungen einholen/Sicherheitsdatenblatt zurate ziehen
S 62	Bei Verschlucken kein Erbrechen herbeiführen. Sofort ärztlichen Rat einholen und Verpackung oder dieses Etikett vorzeigen
S 63	Bei Unfall durch Einatmen: Verunfallten an die frische Luft bringen und ruhig stellen
S 64	Bei Verschlucken Mund mit Wasser ausspülen (nur wenn Verunfallter bei Bewusstsein ist)

Kombination der S-Sätze (Auswahl)

S 1/2	Unter Verschluss und für Kinder unzugänglich aufbewahren
S 3/7	Behälter dicht geschlossen halten und an einem kühlen Ort aufbewahren
S 3/9	Behälter an einem kühlen, gut gelüfteten Ort aufbewahren
S 3/9/14	An einem kühlen, gut gelüfteten Ort, entfernt von …, aufbewahren (die Stoffe, mit denen Kontakt vermieden werden muss, sind vom Hersteller anzugeben)
S 3/9/14/49	Nur im Originalbehälter an einem kühlen, gut gelüfteten Ort, entfernt von …, aufbewahren (die Stoffe, mit denen Kontakt vermieden werden muss, sind vom Hersteller anzugeben)
S 3/9/49	Nur im Originalbehälter an einem kühlen, gut gelüfteten Ort aufbewahren
S 3/14	An einem kühlen, von … entfernten Ort aufbewahren (die Stoffe, mit denen Kontakt vermieden werden muss, sind vom Hersteller anzugeben)
S 7/8	Behälter trocken und dicht geschlossen halten
S 7/9	Behälter dicht geschlossen an einem gut gelüfteten Ort aufbewahren
S 7/47	Behälter dicht geschlossen und nicht bei Temperatur über … °C aufbewahren (vom Hersteller anzugeben)
S 20/21	Bei der Arbeit nicht essen, trinken oder rauchen
S 24/25	Berührung mit den Augen und der Haut vermeiden
S 29/56	Nicht in die Kanalisation gelangen lassen; dieses Produkt und seinen Behälter der Problemabfallentsorgung zuführen
S 36/37	Bei der Arbeit geeignete Schutzhandschuhe und Schutzkleidung tragen
S 36/37/39	Bei der Arbeit geeignete Schutzhandschuhe, Schutzkleidung und Schutzbrille/Gesichtsschutz tragen
S 36/39	Bei der Arbeit geeignete Schutzkleidung und Schutzbrille/Gesichtsschutz tragen
S 37/39	Bei der Arbeit geeignete Schutzhandschuhe und Schutzbrille/Gesichtsschutz tragen

Hinweise zur Arbeit mit Gefahrstoffen

Beim Arbeiten mit Chemikalien sind die geltenden Rechtsvorschriften (Chemikaliengesetz, Gefahrstoffverordnung, Technische Regeln für den Umgang mit Gefahrstoffen, Arbeits- und Unfallschutzvorschriften) einzuhalten. Dies gilt in gleichem Maße für die Entsorgung der beim Arbeiten anfallenden Gefahrstoffabfälle; das grundlegende Gesetz hierfür ist das Kreislaufwirtschafts- und Abfallgesetz.
Alle in diesem Buch bei Experimenten angeführten Gefahrstoffe werden in einer Liste, Seite 474 ff., mit den jeweils zutreffenden R-, S- und E-Sätzen aufgeführt. Die Übersicht zur Entsorgung von Gefahrstoffabfällen, Seite 478, stellt den prinzipiellen Ablauf der Behandlung und des Sammelns bis zur Entsorgung sowie der Übergabe der Gefahrstoffabfälle zur Sondermüllentsorgung dar. Die Behandlung und das Sammeln der Abfälle setzt solide Kenntnisse der Lehrerinnen und Lehrer voraus. Daher kann die Übersicht nur eine Orientierungshilfe sein.

Liste von Gefahrstoffen

Gefahrstoff	Kenn-buchstabe	R-Sätze	S-Sätze	E-Sätze
Aceton (Propanon)	F, Xi	11-36-66-67	(2)-9-16-26	1-10-14
Aluminium, Grieß	F	10-15	(2)-7/8-43	6-9
Aluminium, Pulver	F	15-17	(2)-7/8-43	6-9
Aluminiumbromid, wasserfrei	C	22-34	7/8-26-36/37/39-45	2
Aluminiumchlorid, wasserfrei	C	34	(1/2)-7/8-28-45	2
Aluminiumiodid	C	34	26-36/37/39-45	2
Ameisensäure (Methansäure)				
$w \geq 90\,\%$	C	35	(1/2)-23-26-45	1-10
$10\,\% \leq w < 90\,\%$	C	34	(1/2)-23-26-45	1-10
$2\,\% \leq w < 10\,\%$	Xi	36/38	(1/2)-23-26-45	1-10
Ammoniak, wasserfrei	T, N	10-23-34-50	(1/2)-9-16-26-36/37/39-45-61	2-7
Ammoniaklösung				
$10\,\% \leq w < 25\,\%$	C	34	(1/2)-26-36/37/39-45-61	2
$5\,\% \leq w < 10\,\%$	Xi	36/37/38	(1/2)-26-36/37/39-45-61	2
Ammoniumchlorid	Xn	22-36	(2)-22	1
Anilin (Aminobenzol)	T, N	20/21/22-40-48/23/24/25-50	(1/2)-28-36/37-45-61	10
Bariumchlorid	T	20-25	(1/2)-45	1-3
Bariumchloridlösung				
$3\,\% \leq w < 25\,\%$	Xn	22	(1/2)-45	1
Bariumhydroxid	C	20/22-34	26-36/37/39-45	1-3
Bariumhydroxid-8-Wasser	C	20/22-34	26-36/37/39-45	1-3
Bariumoxid	Xn	20/22-36/38	26	1-3
Benzoesäure	Xn	22-36	24	10-12
Benzol	F, T	45-11-48/23/24/25	53-45	10-12
Blei (bioverfügbar)	T	61-20/22-33	53-45	8
Blei(II)-acetat-3-Wasser	T, N	61-33-40-48/22-50/53-62	53-45-60-61	8-14
Brennspiritus (Ethanol)	F	11	(2)-7-16	1-10
Brom	T+, C, N	26-35-50	(1/2)-7/9-26-45-61	16
Bromethan (Ethylbromid)	F, Xn	11-20/22-40	(2)-36/37	10
Bromthymolblaulösung				
(ethanolisch, $w = 0{,}1\,\%$)	F	11	(2)-7-16	1-10
Bromwasser $1\,\% \leq w < 5\,\%$	T, Xi	23-24	7/9-26	16
Bromwasserstoff	C	35-37	(1/2)-7/9-26-45	2
Butan	F+	12	(2)-9-16	7
1-Butanol	Xn	10-22-37/38-41-67	(2)-7/9-13-26-37/39-46	10
Butansäure (Buttersäure)	C	34	(1/2)-26-36-45	10
Caesium	F, C	14/15-34	(1/2)-5-8-45	6-12-16
Calcium	F	15	(2)-8-24/25-43	15
Calciumcarbid	F	15	(2)-8-43	15-16
Calciumchlorid	Xi	36	(2)-22-24	1
Calciumhydroxid	Xi	41	22-24-26-39	2
Calciumoxid	Xi	41	22-24-26-39	2
Chlor	T, N	23-36/37/38-50	(1/2)-9-45-61	16
Chlorethan (Ethylchlorid)	F+, Xn	12-40-52/53	(2)-9-16-33-36/37-61	7-12
Chlormethan (Methylchlorid)	F+, Xn	12-40-48/20	(2)-9-16-33	7-12

w: Massenanteil

Gefahrstoff	Kenn-buchstabe	R-Sätze	S-Sätze	E-Sätze
Chloroform (Trichlormethan)	Xn	22-38-40-48/20/22	(2)-36/37	10-12
Chlorwasser, gesättigt $w = 0{,}7\,\%$	Xn	20	9-45	16
Chlorwasserstoff	T, C	23-35	(1/2)-9-26-36/37/39-45	2
Cyclohexan	F, Xn, N	11-38-50/53-65-67	(2)-9-16-33-60-61-62	10-12
1,2-**D**ibromethan	T, N	45-23/24/25-36/37/38-51/53	53-45-61	10-12
Dichlormethan	Xn	40	(2)-23-24/25-36/37	10-12
Diethylether (Ether)	F+, Xn	12-19-22-66-67	(2)-9-16-29-33	9-10-12
1,4-Dioxan	F, Xn	11-19-36/37-40	(2)-16-36/37	10-12
Eisen(III)-chlorid	Xn	22-38-41	26-39	2
Eisen(II)-sulfatlösung $w \geq 25\,\%$	Xn	22-38-41	26-39	2
Essigessenz	C	34	(1/2)-23-26-45	2-10
Essigsäure (Ethansäure)				
$w \geq 90\,\%$ (Eisessig)	C	10-35	(1/2)-23-26-45	2-10
$25\,\% \leq w < 90\,\%$	C	34	(1/2)-23-26-45	2-10
$10\,\% \leq w < 25\,\%$	Xi	36/38	23-26	2-10
Essigsäureethylester (Ethylacetat)	F, Xi	11-36-66-67	(2)-16-26-33	10-12
Ethan	F+	12	2-9-16-33	7
Ethanal (Acetaldehyd)	F+, Xn	12-36/37-40	(2)-16-33-36/37	9-10-12-16
Ethanallösung $w \geq 10\,\%$	Xn	36/37-40	(2)-16-33-36/37	9-10-12-16
Ethanol (Brennspiritus)	F	11	(2)-7-16	1-10
Ethen (Ethylen)	F+	12	(2)-9-16-33	7
Ethin (Acetylen)	F+	5-6-12	(2)-9-16-33	7
Fehling'sche Lösung II	C	35	(2)-26-27-37/39	2
Formaldehydlösung s. Methanallösung				
n-**H**eptan	F, Xn, N	11-38-50/53-65-67	(2)-9-16-29-33-60-61-62	10-12
n-Hexan	F, Xn, N	11-38-48/20-51/53-62-65-67	(2)-9-16-29-33-36/37-61-62	10-12
1-Hexen	F	11	9-16-23-29-33	10-12
1-Hexin	F	11	16	10-12
Hydrochinonlösung $w \geq 25\,\%$	Xn	22-40-41-43	(2)-26-36/37/39-61	10
Iod	Xn, N	20/21-50	(2)-23-25-61	1-16
Iodwasserstoff	C	35	(1/2)-9-26-36/37/39-45	1
Kalium	F, C	14/15-34	(1/2)-5-8-45	6-12-16
Kaliumcarbonat	Xn	22-36/37/38	22-26	1
Kaliumdichromatlösung				
$0{,}5\,\% \leq w < 7\,\%$	T	49-46-43	53-45-60-61	6-12-16
Kaliumhydroxid (Ätzkali)	C	22-35	(1/2)-26-36/37/39-45	2
Kaliumhydroxidlösung (Kalilauge)				
$w \geq 25\,\%$	C	22-35	(1/2)-26-36/37/39-45	2
$5\,\% \leq w < 25\,\%$	C	35	(1/2)-26-36/37/39-45	2
$2\,\% \leq w < 5\,\%$	C	34	(1/2)-26-36/37/39-45	2
$0{,}5\,\% \leq w < 2\,\%$	Xi	36/38	26	1
Kaliumnitrat	O	8	16-41	1
Kaliumnitrit	O, T, N	8-25-50	(1/2)-45-61	1-16
Kaliumpermanganat	O, Xn, N	8-22-50/53	(2)-60-61	1-6
Kaliumpermanganatlösung				
$w \geq 25\,\%$	Xn	22	(2)-60	1-6

Gefahrstoff	Kenn-buchstabe	R-Sätze	S-Sätze	E-Sätze
Kohlenstoffmonooxid	F+, T	61-12-23-48/23	53-45	7
Kupferacetat	Xn	22		11
Kupfer(II)-chlorid	T	25-36/37/38	37-45	11
Kupfer(II)-chloridlösung				
3 % ≤ *w* < 25 %	Xn	22	37-45	11
Kupfer(I)-oxid	Xn	22	(2)-22	8-16
Kupfer(II)-sulfat	Xn, N	22-36/38-50/53	(2)-22-60-61	11
Kupfer(II)-sulfatlösung *w* ≥ 25 %	Xn	22-36/38	(2)-22-60	11
Lithium	F, C	14/15-34	(1/2)-8-43-45	15-1
Lithiumchlorid	Xn	22-36/38	26-36	1
Magnesium, Pulver (phlegmatisiert)	F	11-15	(2)-7/8-43	3
Magnesium, Späne	F	11-15	(2)-7/8-43	3
Mangan(IV)-oxid (Braunstein)	Xn	20/22	(2)-25	3
Methan	F+	12	(2)-9-16-33	7
Methanallösung (Formaldehyd-lösung)				
w ≥ 25 %	T	23/34/25-34-40-43	(1/2)-26-36/37/39-45-51	10-12-16
5 % ≤ *w* < 25 %	Xn	20/21/22-36/3738-40-43	(1/2)-26-36/37/39-51	1-10
1 % ≤ *w* < 5 %	Xn	40-43	23-37	1
0,2 % ≤ *w* < 1 %	Xi	43	23-37	1
Methanol	F, T	11-23/24/25-39/23/24/25	(1/2)-7-16-36/37-45	1-10
Methansäure s. Ameisensäure				
Methansäuremethylester	F+, Xn	12-20/22-36/37	9-16-24-26-33	10-12
Natrium	F, C	14/15-34	(1/2)-5-8-43-45	6-12-16
Natriumcarbonat	Xi	36	(2)-22-26	1
Natriumhydroxid (Ätznatron)	C	35	(1/2)-26-37/39-45	2
Natriumhydroxidlösung (Natronlauge)				
w ≥ 5 %	C	35	(1/2)-26-37/39-45	2
2 % ≤ *w* < 5 %	C	34	(1/2)-26-37/39-45	2
0,5 % ≤ *w* < 2 %	Xi	36/38	26	1
Natriumnitrat	O	8	16-41	1
Nickel(II)-sulfat-6-Wasser	Xn, N	22-40-42/43-50/53	(2)-22-36/37-60-61	11-12
Nicotin	T+, N	25-27-51/53	(1/2)-36/37-45-61	10-16
Octan	F, Xn, N	11-38-50/53-65-67	(2)-9-16-29-33-60-61-62	10-12
1-Octanol	Xi	36/38	23	10
Oxalsäure	Xn	21/22	(2)-24/25	5
Oxalsäurelösung *w* ≥ 5 %	Xn	21/22	(2)-24/25	5
Ozon	O, T	34-36/37/38		7
n-**P**entan	F+, Xn, N	12-51/53-65-66-67	(2)-9-16-29-33-61-62	10-12
1-Pentanol	Xn	10-20	(2)-24/25	10-14
Petrolether	F	11	9-16-29-33	10-12
Petroleumbenzin	F	11	9-16-29-33	10-12
Phenol	T	24/25-34	(1/2)-28-45	10-12
Phenollösung 1 % ≤ *w* < 5 %	Xn	21/22-36/38	(1/2)-28-45	10-12
Phenolphthaleinlösung (ethanolisch, *w* = 1 %)	F	11	(2)-7-16	1-10
Phosphor, rot	F, N	11-16-50	(2)-7-43-61	6-9
Phosphor(V)-oxid	C	35	(1/2)-22-26-45	2

Gefahrstoff	Kenn-buchstabe	R-Sätze	S-Sätze	E-Sätze
Phosphorsäure $w \geq 25\,\%$	C	34	(1/2)-26-45	2
$10\,\% \leq w < 25\,\%$	Xi	36/38	25	1
Propan	F+	12	(2)-9-16	7
Propanal	F, Xi	11-36/37/38	(2)-9-16-29	9-10-12-16
1-Propanol	F, Xi	11-41-67	(2)-7-16-24-26-39	10
2-Propanol	F, Xi	11-36-37	(2)-7-16-24/25-26	10
Propanon s. Aceton				
Propansäure (Propionsäure)				
$10\,\% \leq w \leq 25\,\%$	Xi	36/37/38	(1/2)-23-36-45	2
Quecksilber	T, N	23-33-50/53	(1/2)-7-45-60-61	6-12-14-16
Resorcin (1,3-Dihydroxybenzol)	Xn, N	22-36/38-50	(2)-26-61	10
Salpetersäure $w \geq 70\,\%$	O, C	8-35	(1/2)-23-26-36-45	2
$20\,\% \leq w < 70\,\%$	C	35	(1/2)-23-26-27	2
$5\,\% \leq w < 20\,\%$	C	34	(1/2)-23-26-27	2
Salzsäure $w \geq 25\,\%$	C	34-37	(1/2)-26-45	2
$10\,\% \leq w < 25\,\%$	Xi	36/37/38	(2)-28	2
Sauerstoff	O	8	(2)-17	
Schiffs Reagenz	Xi	36/37	24-26	2
Schwefeldioxid	T	23-34	(1/2)-9-26-36/37/39-45	7
Schwefelsäure $w \geq 15\,\%$	C	35	(1/2)-26-30-45	2
$5\,\% \leq w < 15\,\%$	Xi	36/38	(2)-26	2
Schwefelwasserstoff	F+, T+, N	12-26-50	(1/2)-9-16-28-36/37-45-61	2-7
Schwefelwasserstofflösung				2
$0{,}1\,\% \leq w \leq 1\,\%$	Xn	20	(1/2)-9-28-45-61	
Schweflige Säure				2
$5\,\% \leq w \leq 10\,\%$	Xi	36/37/38	24-26	
Silbernitrat	C, N	34-50/53	(1/2)-26-45-60-61	12-13-14
Silbernitratlösung				
$5\,\% \leq w < 10\,\%$	Xi	36/38	(1/2)-26-45-60	12-13-14
Silberoxid	O, Xi	8-41-44	26-39	12-13-14
Stickstoffdioxid	T+	26-34	(1/2)-9-26-28-36/37/39-45	7
Stickstoffmonooxid	T+	26/27	45	7
Styrol	Xn	10-20-36/38	(2)-23	10-12
Tetrachlormethan	T, N	23/24/25-40-48/23-52/53-59	(1/2)-23-36/37-45-59-61	10-12
Toluol	F, Xn	11-20	(2)-16-25-29-33	10-12
Trichlormethan (Chloroform)	Xn	22-38-40-48/20/22	(2)-36/37	10-12
Wasserstoff	F+	12	(2)-9-16-33	7
Wasserstoffperoxidlösung				
$w \geq 60\,\%$	O, C	8-34	(1/2)-3-28-36/39-45	1-16
$20\,\% \leq w < 60\,\%$	C	34	(1/2)-28-36/39-45	1
$5\,\% \leq w < 20\,\%$	Xi	36/38	(1/2)-28-36/39-45	1
Zink, Pulver (stabilisiert)		10-15	(2)-7/8-43	3
Zink, Staub	F	15-17	(2)-7/8-43	3
Zinkbromid	C, N	34-50/53	26-60-61	1-11
Zinkchlorid	C, N	34-50/53	(1/2)-7/8-28-45-60-61	1-11
Zinkchloridlösung $5\,\% \leq w < 10\,\%$	Xi	36/38	(1/2)-28-45	1-11
Zinksulfat	Xi, N	36/38-50/53	(2)-22-25-60-61	1-11
Zinn(II)-chlorid	Xn	22-36/37/38	26	1-11

Stoffe mit E 1
Natriumchlorid, Natriumcarbonat, Wasserstoffperoxidlösung
Verdünnen
Abwasser

Stoffe mit E 2
Mineralsäuren, Essigsäure, Laugen
Neutralisieren
Abwasser

Stoffe mit E 3
Eisen (Späne), Calciumcarbonat, Mangan(IV)-oxid, Aktivkohle
Hausmüll

Stoffe mit E 4
Bleisalze
Als Sulfid fällen, Niederschlag absetzen lassen.
Niederschlag
Sammelbehälter
„Anorganische Chemikalienreste“ (T, C)
pH > 10 beachten!
Sondermüllentsorgung (evtl. Recycling)

Stoffe mit E 5
Fluoride, Oxalate
Mit Calciumchloridlösung fällen und Niederschlag abtrennen.
Flüssigkeit → **Abwasser**; Feststoff → **Hausmüll**

Stoffe mit E 7
Stickstoffdioxid, Chlorwasserstoff, Ammoniak
Abzug!
Wenn möglich, Stoffe absorbieren oder verbrennen.
Abluft

Stoffe mit E 9
roter Phosphor, Kohlenstoffdisulfid, Diethylether
In kleinsten Portionen *vorsichtig (!)* verbrennen; kleinste Kohlenstoffdisulfidmengen im Freien verdunsten lassen.
Abluft

Stoffe mit E 10

halogenfrei	halogenhaltig
Lösemittelreste, z. B. Petroleumbenzin, Methanol, Toluol	Lösemittelreste, z. B. Brommethan, Trichlormethan
Sammelbehälter „Organische Reste halogenfrei“ (F, T bzw. F, Xn)	**Sammelbehälter** „Organische Reste halogenhaltig“ (F, T bzw. F, Xn)

Sondermüllentsorgung

Stoffe mit E 11
Nickelsalze, Cobaltsalze, Kupfersalze
Als Hydroxid fällen (pH = 8), Niederschlag absetzen lassen.
Flüssigkeit → **Abwasser**
Schlamm → **Sammelbehälter** „Anorganische Chemikalienreste“ (T, C) pH > 10 beachten! → **Sondermüllentsorgung (evtl. Recycling)**

Stoffe mit E 13
Silbersalze, Kupfersalze
Mit unedlem Metall (z. B. Eisen) behandeln, eine Nacht stehen lassen.
Flüssigkeit → **Abwasser**
Metall → **Recycling oder Sondermüllentsorgung**

Stoffe mit E 15
Calcium
Abzug!
Vorsichtig mit Wasser umsetzen, Gase verbrennen oder ableiten, Rückstände verdünnen.
Abwasser

Stoffe mit E 16

Alkalimetalle, z. B. Natrium, Kalium
Mit Ethanol bzw. Butanol (Kalium) vorsichtig umsetzen; nach 1 bis 3 Tagen wie Stoffe mit E 2 weiterbehandeln (neutralisieren).
Abwasser

Chlorwasser, Brom, Bromwasser, Iod
Mit Natriumthiosulfatlösung umsetzen.
Abwasser

Chromsalze, Chromate
Mit Natriumhydrogensulfitlösung bei pH = 2 zu Chrom(III)-Salzlösung reduzieren; nach etwa 2 Stunden in den Sammelbehälter geben.
Sammelbehälter „Anorganische Chemikalienreste“ (T, C)
Sondermüllentsorgung (evtl. Recycling)

Quecksilber, quecksilberhaltige Rückstände
Sammelbehälter „Quecksilberreste“ (T+) (verschlossen aufbewahren)
Recycling oder Sondermüllentsorgung

Entsorgungsratschläge (E-Sätze)

E 1 Verdünnen, in den Ausguss geben (WGK 0 bzw. 1)
E 2 Neutralisieren, in den Ausguss geben
E 3 In den Hausmüll geben, gegebenenfalls im Polyethylenbeutel (Stäube)
E 4 Als Sulfid fällen
E 5 Mit Calcium-Ionen fällen, dann E 1 oder E 3
E 6 Nicht in den Hausmüll geben
E 7 Im Abzug entsorgen
E 8 Der Sondermüllbeseitigung zuführen (Adresse zu erfragen bei der Kreis- oder Stadtverwaltung), Abfallschlüssel beachten
E 9 Unter größter Vorsicht in kleinsten Portionen reagieren lassen (z. B. offen im Freien verbrennen)
E 10 In gekennzeichneten Behältern sammeln:
1. „Organische Abfälle – halogenhaltig“
2. „Organische Abfälle – halogenfrei“
dann E 8
E 11 Als Hydroxid fällen (pH = 8), den Niederschlag zu E 8
E 12 Nicht in die Kanalisation gelangen lassen (S-Satz S 29)
E 13 Aus der Lösung mit unedlem Metall (z. B. Eisen) als Metall abscheiden (E 14, E 3)
E 14 Recycling-geeignet (Redestillation oder einem Recyclingunternehmen zuführen)
E 15 Mit Wasser vorsichtig umsetzen, frei werdende Gase absorbieren oder ins Freie ableiten
E 16 Entsprechend den speziellen Ratschlägen für die Beseitigungsgruppen beseitigen

Wichtige Größen in der Chemie

Größen in der Chemie

Größe	Formelzeichen	Einheit	Größe	Formelzeichen	Einheit
Masse	m	kg, g	Dichte	ϱ	kg/m^3, g/cm^3, g/ℓ
Volumen	V	m^3, ℓ	Massenanteil	w	1, %
Stoffmenge	n	mol	Volumenanteil	φ	1, %
molare Masse	M	g/mol	Massenkonzentration	β	g/ℓ
molares Volumen	V_m	ℓ/mol	Stoffmengenkonzentration	c	mol/ℓ
Teilchenanzahl	N	1	Temperatur	T, ϑ	K, °C

Konstanten in der Chemie

Normdruck p_n	$p_n = 1013$ hPa
Normtemperatur T_n	$T_n = 273{,}15$ K
Molares Volumen eines idealen Gases im Normzustand $V_{m,n}$	$V_{m,n} = 22{,}4$ ℓ/mol
Avogadro-Konstante N_A	$N_A = 6{,}022\,136\,7 \cdot 10^{23}\ mol^{-1}$

Größengleichungen in der Chemie

Dichte

$$\varrho = \frac{m}{V} \qquad \varrho = \frac{M}{V_m}$$

molare Masse

$$M = \frac{m}{n}$$

molares Volumen

$$V_m = \frac{V}{n}$$

Massenanteil

$$w(\text{Stoff}) = \frac{m(\text{Stoff})}{m(\text{Stoffgemisch})}$$

Volumenanteil

$$\varphi(\text{Stoff}) = \frac{m(\text{Stoff})}{m(\text{Stoffgemisch})}$$

Massenkonzentration

$$\beta(\text{Stoff}) = \frac{m(\text{Stoff})}{V(\text{Stoffgemisch})}$$

Stoffmengenkonzentration

$$c(\text{Stoff}) = \frac{n(\text{Stoff})}{V(\text{Stoffgemisch})}$$

Vorsätze von Einheiten (Auswahl)

Vorsatz	Kurzzeichen	Faktor, mit dem die Einheit multipliziert wird	
Giga	G	1 000 000 000	(10^9)
Mega	M	1 000 000	(10^6)
Kilo	k	1 000	(10^3)
Hekto	h	100	(10^2)
Dezi	d	0,1	(10^{-1})
Zenti	c	0,01	(10^{-2})
Milli	m	0,001	(10^{-3})
Mikro	µ	0,000 001	(10^{-6})
Nano	n	0,000 000 001	(10^{-9})

Register

f. nach der Seitenzahl bedeutet „und folgende Seite", ff. „und folgende Seiten".

Bildnachweis

A1PIX: 53 (Schwäbische Alb) | Agentur Focus/SPL: 143 (oben) | akg-images, Berlin: 214/1 | AKG-images.de: 26/4, 67/9, 164/3 | ARCO Digital Images/Kroener, U.: 40 (Hortensien) | ARCO Images/Klindwort, M.: 132/1 | argum/Lehsten, C.: 136/2 | Arndt, B., Leipzig: 54/1 (rechts) | artvertise: 142 | Augenklick/sampics: 244/1 | Avenue Images: 144/1 | BASF: 82/3, 121/3,4 | Baton Rouge: 121/2 | Bayer AG, Leverkusen: 19/6, 22/1, 23/4, 101 (oben), 215/3, 246/4 | Bellmann, Heiko: 170/1 | Berlin Heart AG, Berlin: 246/2 | Beyersdorf AG, IKW: 222/1 | Bildagentur Huber/Kim Di Luzio: 191 (Seife) | Bild-agentur-online: 21 (unten), 125 (Schuh) | BilderBox.com/Wodicka 205 (Waschmittel) | BilderBox: 19/2 | blickwinkel/Hecker/Sauer: 8/3 | blickwinkel/Hoefer, M.: 43/2 | blickwinkel/McPHOTO: 20 (Hintergrund) | blickwinkel/McPHOTO: 82/1 (Feuerzeuge) | blickwinkel/Poelking, F.: 248/3 | blickwinkel/Thomas, K.: 82/1 (Stühle) | blickwinkel/Zoller, B.: 67/7 | Blomus.com: 178 (Kamin) | BlueBox/tph Bildagentur: 248/1 | Blümel, H. Mücka: 212/1 (kleines Bild) | Böhringer cc-by-sa-2.5: 181 (Ameise) | BP Oil Deutschland GmbH: 152 (Schon gewusst) | Brand New Holland: 126/2 | CARO/Hoffmann, S.: 74/2 | CARO/Jandke: 9 (Zitronen) | Coca Cola: 20/1 | Corbis/Rowell, G.: 248/2 | Corbis/Vannini, Sandro: 225/3 | Corel-DB: 48/4, 49/5 (Bier), 66/2,3, 134/1, 137 (Kuh), 159 (Eberesche), 181 (Obst), 225/2 | Cornelsen Experimenta: 79/1 | DaimlerChrysler AG, Stuttgart: 111/3–5, 166/1 | Der Grüne Punkt: 247 (Recycling) | Deutsche Lufthansa AG 205 (Flugzeug) | Deutsches Lackinstitut, Frankfurt/M.: 127/8 | Deutsches Technikmuseum, Zucker-Museum, Berlin: 232/1, 233/3 | DHB Berufsverband der Haushaltsführenden, „Moderne Hausfrau" (Foto: Cognis): 219/4 | DHV, Gmund am Tegernsee: 249/4 | Dietrich, V., Potsdam: 186/2 (oben) | Dombauarchiv, Köln: 84/1 | Döring, V., Hohen Neuendorf: 8/2, 12/, 13/4, 14/1,2, 15/3,4, 16/1, 17/4, 18/1–3, 21/3, 23/2, 26/1,3, 28/1–3, 29/4–6, 30/1, 32/1, 34/1,2, 41/3, 42/1, 44/2, 46/1–3, 47/1, 50/1,2, 56/1, 60/2,3, 62/1–4, 63/5, 65/4, 66/5,6, 68/1–3, 71/3, 73/2, 74/1,3, 94/3, 95/4, 102/1, 105/8, 106/1, 109/4, 115/4, 118/2, 119/3,4, 123 (Exp.), 127/5,7, 128 (Exp.), 130/1,2, 133/4, 136/1, 138/1,3, 139/5, 143 (Feuerzeug), 148 (Exp.), 156/1,2, 169/2, 172/1,Info, 173/2,Info, 175/3, 176/2, 177/1,5, 189/2, 193/3, 197/3,4, 200/2, 201/4, 202 (Tyndall, Aspirin), 212/2, 216/1,oben, 217/2,3, 218/2, 220/2,3, 228 (Exp.), 234/2, 240/1 (Lebensmittel), 241/4, 245/6, 246/3 | dpa/Gero Breloer: 191 (Pommes frites) | dpa/Zentralbild: 114/1 | dpa-Bildarchiv: 101 (Traktor), 122/1 | DRL, Berlin: 114/2 | Duales System Deutschland AG: 244/3, 245/5 | ecopix.de: 68 (oben) | Egbert, Martin: 177/6 | Europäische Zentralbank: 104/6 | f1 online/Bartel, A.: 227 (Embryo) | f1 online: 66/1,4 | Feiler Fotodesign/StockFood: 26/2 | Filser, Wolfgang: 211/4 | Fischer, R. J., Berlin: 12/1 | FLORA PRESS AGENCY GmbH, Hamburg: 9 (Blumentöpfe, Essig, Ölflasche) | FLORA PRESS: 186/1 | Gasometer Oberhausen GmbH: 77/2 | Getty Images/M. Cardy: Einband | Grames, E.: 24/2 | Greenpeace e.V.: 151/5 | Hein, A., Esslingen a. Neckar: 72 (Schon gewusst) | Helga Lade Fotoagentur: 184/1, 242/1, 247/1 | Henkel KGaA, Werksarchiv, Düsseldorf: 218/1, 219/5 | Howard Sochurek/The Medical File/Peter Arnold: 48/1 | h-tec Wasserstoff-Energie-Systeme GmbH, Lübeck 90/1 | I EVERSON/WWI/Still Pictures: 48/3 (Krill) | imageshop.com: 196/2 | Intro/Flohe, G.: 244/4 | Jaenicke, J.: 198 | Jahreszeiten Verlag/Schwarzwald, Oliver: 189/1 | Jahreszeiten Verlag/Sittard, V.: 81 (Schon gewusst), 202 (Kaugummi) | Jahreszeiten Verlag: 168 (Weinlese, Weinkeller) | Juniors Bildarchiv: 48 (Hintergrund) | Klopfer, K., Potsdam: 230/1 | Klosterfrau Healthcare Group, Köln: 48/2 (Maaloxan) | Kneffel, Michael: 104/5 | Knopfe, M., Freiberg: 54/1 (links), 64/1–3 | Köhler, F., Bornheim: 34/3, 141/3 | Kollektivfoto: 177/8 | Kretschmer, K., Berlin: 144 (Schon gewusst) | Landesmuseum für Kunst und Kulturgeschichte Oldenburg: 112/1 (klein) | Lange, H., Bad Lausick: 87 | Lantelme, Jörg: 125 (Motorrad), 177/2 | Leybold Didactic GmbH, Hürth: 93/3 | Lingler, K., Altlengbach: 45 (Schon gewusst) | Ludwig Preiß Industrie- und Pressebilddienst GmbH, Berlin: 147 (Schon gewusst) | Mahler, B., Berlin: 98, 200/1 | Maskinfabrikken, Bredal: 44/1 | Mauritius/Freytag: 8/4 | Mauritius/Magnusson: 240/1 (Markt) | Mauritius/Rosenfeld: 103/3 | Miele photos: 45/4 | Mineralogie Universität Bremen: 104/2 | Mitteldeutsche Erdoel-Raffinerie Elf Raffinerie: 152/1 | NASA: 110/1, 206/1, 227 (Astronaut) | Nayhauß, D. v., Berlin: 123/2, 230/2, 231/4,5, 235/5, 238/2 | Neubacher-Riens, Th., Berlin: 21/2, 187/3 | Nokia-Pressebild: 108/1 | Nordzucker AG, Braunschweig: 126/4 | Offermann, Arlesheim/Schweiz: 65/5,6 | OKAPIA: 40/1, 43/4, 72/1, 83/5 (Bauxitabbau), 209/6, 223/5, 235/4 | Opel AG, Rüsselsheim: 153/4 | Panasonic, Hamburg: 240/3 | Peuckert, Michael: 177/7 | Photo-Design/Bollen, Markus: 130/3 | photothek.net/Grabowsky, U.: 19/5 | photothek.net/Koehler, Th.: 187/4 | Photothek.net: 223/6 | picture alliance/Karl Thomas: 159 (Weinfässer) | picture NEWS Bildagentur, Frankfurt/M.: 138/2 | Picture Press: 164/1 | picture-alliance/ZB: 240/2 | Pixelio.de/Sternschnuppe1: 159 (Weinreben) | Pixelio.de/Zuppinger: 159 (Maikäfer) | pixelio/Clermac: 96/1 | Pixelio/Sternschnuppe: 159 (Weintraube) | plainpicture/Beckhaeuser, M.: 48/3 (Wal) | plainpicture/Kuttig, S.: 217/4 | project photos: 12/2, 49/5, 6, 109/4 (rechts), 126/1, 168 (Weinberg), 178 (Wein), 192/2, 205 (Gummibärchen), 184/1, 226/1, 227 (Obst) | Ralph Kleinhempel GmbH & Co.: 177/4 | Roger Klein/WaterFrame: 66 (Hintergrund) | Schleicher, S., Berlin: 25/5 | Schuster, R. Greifswald: 43/3, 212/1 (großes Bild) | Schwarz, J./www.photowind.de: 118/1 | Seilnacht, Th., Bern: 83/5 (Bauxit), 105/7 | Shell in Deutschland: 150/1, 154/1 | Simeon, R., Baden-Baden: 212/3 | SKW Stickstoffwerke Piesteritz GmbH: 112/1 (groß) | smart GmbH, Böblingen: 241/5 | Sony Deutschland: 101 (MP3-Player) | stefankiefer.com: 164/2 | Stock Food Munich/Reavell, William: 53 (Salz) | Stock Food Munich/Rees, Peter: 162/1 | Stock Food Munich: 192/1 | Superbild Bildagentur, Berlin: 19/1, 37, 103/4 | Sympatex Technologies GmbH, Wuppertal: 249/5 | Theuerkauf, H., Gotha: 168/1, 232/2, 234/1, oben, 239/3 | Ullstein-Reuters AG: 151/6 | ulrich nusko: 125 (Zaun) | vario-images/Kiefer, S.: 24/1, 137/1 | vario-images: 125 (Hintergrund) | VARTA: 19/3, 103/5, 108/2 | Vattenfall: 50/3 | VAW Aluminium AG, Bonn: 83/6 | Verlag Werbung und Foto Fabry GmbH, Rüdersdorf: 92/1 (links), 102/2 | VG-Orth GmbH & Co.Kg, Stadtoldendorf: 104/1,4,5 | VISUM/Sobotta, Stefan: 174/1 | VISUM/Sterzing, Andreas: 53 (Eierschalen) | VISUM/The Image Works: 209/5 | VISUM/Vossberg, A.: 9 (Reiniger) | Volkswagen AG, Wolfsburg 23/3, 61/4 | Weinbau Dr. Lindicke 169 (Weinetikett) | Widmann, P., Tutzing: 246/1 | Wiechoczek, Dagmar: 150/3 | Wikipedia/Public Domain: 194 | Wildlife/M. Harvey: 225/3 | Willemsen, Thomas: 82 (Hintergrund) | zefa visual media: 92/1 (rechts), 235/3 | zefa visual media: 196/1, 228 (oben), 236/1 | Zentralverband deutsches Baugewerbe, Berlin: 60/1

Alle andere Fotos: Cornelsen Verlag, Berlin

Periodensystem der Elemente

blau	Metall
grün	Halbmetall
gelb	Nichtmetall

schwarz = Feststoff
weiß = Flüssigkeit
rot = Gas
hellblau = künstliches Element
* = radioaktives Element

[1] = Gruppennummerierung IUPAC (1989): Gruppennummern 1 bis 1
[2] = vorläufiges IUPAC-Symbol

Periode	1[1] I. Hauptgruppe	2 II. Hauptgruppe	3 III. Nebengruppe	4 IV. Nebengruppe	5 V. Nebengruppe	6 VI. Nebengruppe	7 VII. Nebengruppe	8 VIII. Nebengruppe	9 VIII. Nebengrup
1	1 1,008 2,1 H Wasserstoff								
2	3 6,94 1,0 Li Lithium	4 9,01 1,5 Be Beryllium							
3	11 22,99 0,9 Na Natrium	12 24,31 1,2 Mg Magnesium							
4	19 39,10 0,8 K Kalium	20 40,08 1,0 Ca Calcium	21 44,96 1,3 Sc Scandium	22 47,88 1,5 Ti Titan	23 50,94 1,6 V Vanadium	24 51,996 1,6 Cr Chrom	25 54,94 1,5 Mn Mangan	26 55,85 1,8 Fe Eisen	27 58, 1,8 C Cobalt
5	37 85,47 0,8 Rb Rubidium	38 87,62 1,0 Sr Strontium	39 88,91 1,3 Y Yttrium	40 91,22 1,4 Zr Zirconium	41 92,91 1,6 Nb Niob	42 95,94 1,8 Mo Molybdän	43 [98] 1,9 Tc* Technetium	44 101,07 2,2 Ru Ruthenium	45 102, 2,2 R Rhodium
6	55 132,91 0,7 Cs Caesium	56 137,33 0,9 Ba Barium	57 138,91 1,1 La ● Lanthan	72 178,49 1,3 Hf Hafnium	73 180,95 1,5 Ta Tantal	74 183,84 1,7 W Wolfram	75 186,21 1,9 Re Rhenium	76 190,23 2,2 Os Osmium	77 192 2,2 Iridium
7	87 [223] 0,7 Fr* Francium	88 226,03 0,9 Ra* Radium	89 227,03 1,1 Ac* ●● Actinium	104 [261] Rf* Rutherfordium	105 [262] Db* Dubnium	106 [266] Sg* Seaborgium	107 [264] Bh* Bohrium	108 [277] Hs* Hassium	109 [2 M Meitnerium

Ordnungszahl — Atommasse in u — Elektronegativitätswert — Name — Symbol

Ordnungszahl	Atommasse in u
7	14,007
Elektronegativitätswert	**Symbol**
3,0	N
Name	
Stickstoff	

Die Atommassen in eckigen Klammern beziehen sich auf das längstlebige gegenwärtig bekannte Isotop des betreffenden Elements.

● Elemente der Lanthanreihe (Lanthanoide)

Periode					
6	58 140,12 1,1 Ce Cer	59 140,91 1,1 Pr Praseodym	60 144,24 1,2 Nd Neodym	61 [145] 1,2 Pm* Promethium	62 150 1,2 S Samarium

●● Elemente der Actiniumreihe (Actinoide)

Periode					
7	90 232,04 1,3 Th* Thorium	91 231,04 1,5 Pa* Protactinium	92 238,03 1,7 U* Uran	93 [237] 1,3 Np* Neptunium	94 [2 1,3 P Plutonium